工程设计与分析系列

详解 LabVIEW 2022 中文版
虚拟仪器与仿真

刘品潇　编著

電子工業出版社
Publishing House of Electronics Industry
北京 · BEIJING

内 容 简 介

本书以 LabVIEW 2022 中文版为平台，介绍虚拟仪器与仿真。全书共 13 章，内容包括初识 LabVIEW，LabVIEW 的基本操作，前面板与 VI，数值、字符串与变量，程序结构，复合数据类型，数学计算，波形运算和信号处理，文件 I/O，数据采集和仪器控制，以及 2D 图片缩放显示设计实例、水库预警系统设计实例、绘图软件设计使用实例。

本书可以作为职业院校及本科院校电子工程类专业的教材，也可以作为相关培训机构的培训用书，还可以作为电子设计爱好者的自学参考书。

图书在版编目（CIP）数据

详解 LabVIEW 2022 中文版虚拟仪器与仿真 / 刘品潇编著. -- 北京 : 电子工业出版社, 2024. 10. --（工程设计与分析系列）. -- ISBN 978-7-121-48944-0

Ⅰ. TP311.561

中国国家版本馆 CIP 数据核字第 2024UJ3303 号

责任编辑：宁浩洛
印　　刷：北京天宇星印刷厂
装　　订：北京天宇星印刷厂
出版发行：电子工业出版社
　　　　　北京市海淀区万寿路 173 信箱　邮编　100036
开　　本：787×1 092　1/16　印张：20.5　字数：524 千字
版　　次：2024 年 10 月第 1 版
印　　次：2024 年 10 月第 1 次印刷
定　　价：79.80 元

凡所购买电子工业出版社图书有缺损问题，请向购买书店调换。若书店售缺，请与本社发行部联系，联系及邮购电话：（010）88254888，88258888。

质量投诉请发邮件至 zlts@phei.com.cn，盗版侵权举报请发邮件至 dbqq@phei.com.cn。

本书咨询联系方式：（010）88254465，ninghl@phei.com.cn。

前言

随着计算机技术的迅猛发展，虚拟仪器技术在数据采集、自动测试和仪器控制领域得到广泛应用，促进和推动了测试系统和仪器控制的设计方法与实现技术发生深刻的变化。"软件即仪器"已成为测试与测量技术发展的重要标志。虚拟仪器技术就是利用高性能的模块化硬件，结合高效灵活的软件来完成各种测试、测量和自动化控制应用。软件是虚拟仪器技术中最重要的部分。美国国家仪器公司（National Instruments，NI）是虚拟仪器技术的主要倡导者和贡献者，其创新软件产品 LabVIEW（Laboratory Virtual Instrument Engineering Workbench）自 1986 年问世以来，已经成为虚拟仪器软件开发平台事实上的工业标准，在众多领域得到广泛应用。

LabVIEW 是图形化软件开发环境，其结合了图形化编程方式的高性能与灵活性，以及专为测试测量与自动化控制应用设计的高性能模块及配置功能，能为数据采集、仪器控制、测量分析与数据显示等各种应用提供必要的开发工具。

LabVIEW 2022 中文版是美国国家仪器公司新发布的中文版本。它的发布大大弥合了软件易用性和强大功能之间的分隔，为工程师提供了效率与性能俱佳的开发平台。它适用于各种测量和自动化领域，并且无论工程师是否拥有丰富的开发经验，都能顺利应用。

一、本书特色

● 针对性强

本书编著者根据自己多年在计算机辅助电子设计领域的工作经验和教学经验，针对初级用户学习 LabVIEW 的难点和疑点，由浅入深、全面细致地讲解了 LabVIEW 在虚拟仪器应用领域的各种功能和使用方法。

● 实例专业

本书中有很多实例本身就是工程设计项目案例，经过编著者精心提炼和改编，不仅保证了读者能够学好知识点，更重要的是能帮助读者掌握实际的操作技能。

● 内容全面

本书在有限的篇幅内，结合大量的虚拟仪器设计实例，详细讲解了 LabVIEW 的全部常用功能和知识要点，内容涵盖了 LabVIEW 的基本操作、数学计算、信号处理等知识。读者通过学习本书，可以较为全面地掌握 LabVIEW 相关知识，同时提升工程设计实践能力。本书透彻的讲解、丰富的实例，能够帮助读者找到一条学习 LabVIEW 的捷径。

二、电子资料使用说明

除传统的书面知识外，本书还配送了多媒体电子资料，包含全书实例的源文件素材和同步 AVI 视频文件。为了增强学习效果，更进一步方便读者学习本书，编著者对视频进行了配音讲解。

本书多媒体电子资料中有三个重要的目录希望读者关注："源文件"目录下是本书所有实例操作所需的原始文件；"结果文件"目录下是本书所有实例的结果文件；"视频"目录下是本书所有实例操作过程的 AVI 视频文件。

本书多媒体电子资料可以通过登录华信教育资源网（www.hxedu.com.cn）搜索本书书名或 ISBN 号进入本书主页获取，也可以进入 QQ 群 654532572 联系群主索取。

三、本书服务

1．安装软件的获取

在按照本书上的实例进行操作练习，以及使用 LabVIEW 进行工程设计时，需要事先在计算机上安装相应的软件。读者可访问美国国家仪器公司官方网站下载 LabVIEW 试用版，或到当地经销商处购买正版软件。

2．关于本书的技术问题答疑

读者如果遇到有关本书的技术问题，可以加入 QQ 群 654532572 并留言，我们将尽快回复。

四、本书编著人员

本书由南水北调元宇宙研究中心、南阳理工学院的刘品潇老师编著。河北交通职业技术学院的胡仁喜博士为本书的出版提供了大量帮助，在此表示感谢。

本书虽经编著者几易其稿，但由于时间仓促加之水平有限，书中不足之处在所难免，望广大读者联系 714491436@qq.com 批评指正，编著者将不胜感激，也欢迎读者加入 QQ 群 654532572 交流探讨。

编著者

初识LabVIEW

LabVIEW 是搭建虚拟仪器系统的软件，要想应用虚拟仪器，就必须学习 LabVIEW 的基本知识。

本章首先介绍虚拟仪器系统的概念、组成与特点，然后介绍 LabVIEW 的功能，最后介绍 LabVIEW 应用程序。

知识重点

☑ 虚拟仪器简介
☑ LabVIEW 简介
☑ LabVIEW 应用程序构成

1.1 虚拟仪器简介

Note

随着计算机技术、大规模集成电路技术和通信技术的飞速发展，仪器技术领域发生了巨大的变化：从最初的模拟仪器发展到现在的数字化仪器、嵌入式系统仪器和智能仪器；新的测试理论、测试方法不断应用于实践；新的测试领域随着学科门类的交叉发展而不断涌现；仪器结构也随着设计思想的更新而不断发展。仪器技术领域的各种创新积累使现代测量仪器的性能发生了质的飞跃，导致了仪器的概念和形式发生了突破性的变化，出现了一种全新的仪器概念——虚拟仪器（Virtual Instrument，VI）。

虚拟仪器应用了计算机技术、电子技术、传感器技术、信号处理技术和软件技术，除继承传统仪器的已有功能外，还增加了许多传统仪器所不具备的先进功能。虚拟仪器的最大特点是其灵活性，用户在使用过程中可以根据需要添加或删除仪器功能，以满足各种需求和适应各种环境，并且能充分利用计算机丰富的软硬件资源，突破传统仪器在数据处理、表达、传送及存储方面的限制。

1.1.1 概念

虚拟仪器是指通过应用程序将通用计算机与功能化模块结合起来的一种仪器系统，用户可以通过友好的图形界面来操作计算机，就像在操作自己定义、自己设计的仪器一样，从而完成对被测信号的采集、分析、处理、显示、存储和打印。

虚拟仪器的实质是，利用计算机显示器的显示功能来模拟传统仪器的控制面板，以多种形式表达输出检测结果；利用计算机强大的软件功能实现信号的运算、分析和处理；利用 I/O 接口设备完成信号的采集与调理，从而完成各种测试功能的计算机测试系统。使用者用鼠标或键盘操作虚拟仪器，就如同使用一台专用的测量仪器一样。因此，虚拟仪器的出现，使测量仪器与计算机的界限变得模糊了。

虚拟仪器的“虚拟”二字主要体现在以下两个方面。

（1）虚拟仪器面板上的各种“图标”与传统仪器面板上的各种“器件”所完成的功能是相同的：由各种开关、按钮、显示器等图标实现仪器器件电源的“通”“断”，实现被测信号的“输入通道”“放大倍数”等参数的设置，以及实现测量结果的“数值显示”“波形显示”等。

传统仪器面板上的器件都是实物，是通过手动和触摸进行操作的；虚拟仪器的前面板上没有外形与器件实物相像的“图标”，每个器件图标的“通”“断”“放大”等动作均通过用户操作鼠标或键盘来完成。因此，设计虚拟仪器的前面板就是在前面板设计窗口中摆放所需要的图标，然后对图标的属性进行设置。

（2）虚拟仪器的测量功能是通过图形化的程序来实现的，其是在以通用计算机为核心的硬件平台的支持下，通过软件编程来实现仪器的功能。因为可以通过不同测试功能软件模块的组合来实现多种测试功能，所以在硬件平台确定后，就有“软件即仪器”的说法。这也体现了测试技术与计算机的深层次结合。

1.1.2　特点

虚拟仪器的突出特点是可以通过与不同接口总线的通信，将虚拟仪器、带总线接口的各种电子仪器或插件单元调配并组建成为中小型甚至大型的自动测试系统。与传统仪器相比，虚拟仪器有以下特点。

（1）传统仪器的面板只有一个，其上布置着种类繁多的显示单元与操作元件，容易导致用户识别及操作错误。而虚拟仪器可通过在几个分面板上的操作来实现比较复杂的功能，这样在每个分面板上就实现了功能操作的单纯化与面板布置的简洁化，从而提高操作的正确性与便捷性。同时，虚拟仪器面板上的显示单元和操作元件的种类与形式不受“标准件”和“加工工艺”的限制，它们由程序来实现，用户可以根据认知要求和操作要求来设计仪器面板。

（2）在通用硬件平台确定后，由软件取代传统仪器中的硬件来完成虚拟仪器的各种功能。

（3）虚拟仪器的功能是用户根据需要由软件来定义的，而不是事先由厂家定义好的。

（4）虚拟仪器性能的改进和功能扩展只需更新相关软件设计，而无须购买新的仪器。

（5）虚拟仪器的研制周期较传统仪器大为缩短。

（6）虚拟仪器开放、灵活，可与计算机同步发展，与网络及其他周边设备互联。

决定虚拟仪器具有传统仪器所不具备特点的根本原因在于“虚拟仪器的关键是软件”。表 1-1 列出了虚拟仪器与传统仪器的比较。

表 1-1　虚拟仪器与传统仪器的比较

虚 拟 仪 器	传 统 仪 器
软件使得开发维护费用降低	开发维护费用高
技术更新周期短	技术更新周期长
关键是软件	关键是硬件
价格低、可复用、可重配置性强	价格昂贵
用户定义仪器功能	厂商定义仪器功能
开放、灵活，可与计算机技术保持同步发展	封闭、固定
是与网络及其他周边设备方便互联的面向应用的仪器系统	是功能单一、互联有限的独立设备

1.1.3　组成

从功能上说，虚拟仪器与传统仪器一样，同样划分为数据采集、数据处理分析、结果表达三大功能模块。图 1-1 所示为虚拟仪器功能构成。虚拟仪器以透明的方式把计算机资源和仪器插件的测试功能结合起来，实现了传统仪器的功能。

图 1-1 中，数据采集模块主要完成数据的调理采集；数据处理分析模块对数据进行各种分析处理；结果表达模块则将采集到的数据和分析后的结果表达出来。

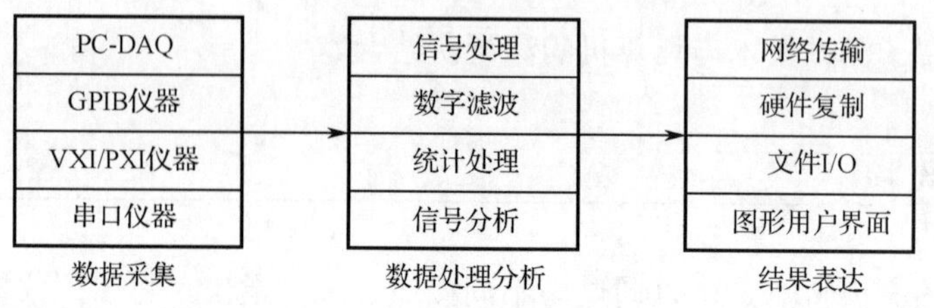

图 1-1　虚拟仪器功能构成

虚拟仪器由通用仪器硬件平台（简称硬件平台）和软件平台两大部分构成。

1. 硬件平台

虚拟仪器的硬件平台由计算机和 I/O 接口设备组成。

（1）计算机是硬件平台的核心，一般为一台 PC 或者工作站。

（2）I/O 接口设备主要完成被测信号的放大、调理、模数转换和数据采集。可根据实际情况采用不同的 I/O 接口设备，如利用 PC 总线的数据采集卡（PC-DAQ）、GPIB 仪器、VXI 仪器、PXI 仪器和串口仪器等。虚拟仪器的硬件平台构成如图 1-2 所示。

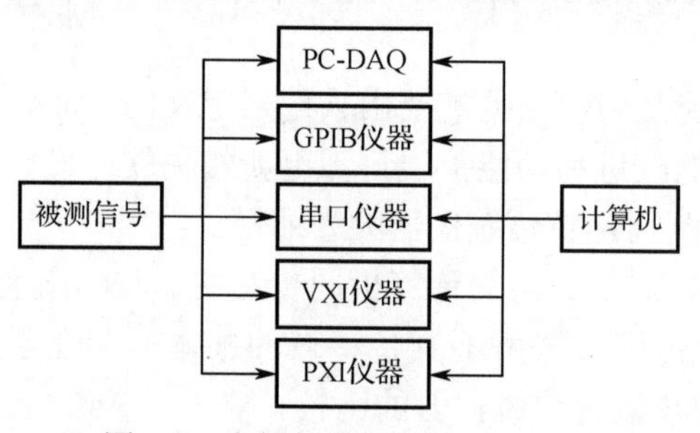

图 1-2　虚拟仪器的硬件平台构成

2. 软件平台

虚拟仪器的软件平台将可选硬件（如 PC-DAQ、GPIB 仪器）和可以重复使用源码库函数的软件模块结合起来，实现模块间的通信、定时与触发。源码库函数为用户构造自己的虚拟仪器系统提供了基本的软件模块。当用户的测试需求发生变化时，用户可以自行增减软件模块，或重新配置现有系统，以满足测试需求。

虚拟仪器的软件平台包括应用程序和 I/O 接口设备驱动程序。

1）应用程序

一是用于实现虚拟仪器的前面板功能。前面板是用户与虚拟仪器之间交流信息的纽带，用户在工作时利用前面板控制虚拟仪器系统。与传统仪器的面板相比，虚拟仪器前面板的最大特点是其由用户自己定义。因此，用户可以根据自己的需要设置灵活多样的虚拟仪器控制面板。

二是用于定义测试功能的软件程序。利用计算机强大的计算能力和虚拟仪器开发软件功能强大的函数库，极大地提高了虚拟仪器的数据分析处理能力。如 LabVIEW 的内置分析功能可以对采集到的信号进行平滑、数字滤波、频域转换等分析处理。

2）I/O 接口设备驱动程序

I/O 接口设备驱动程序用来完成特定外部硬件设备的扩展、驱动与通信。

Note

1.2 LabVIEW 简介

本节主要介绍虚拟仪器开发软件 LabVIEW，并对 LabVIEW 2022 的新功能和新特性进行介绍。

1.2.1 LabVIEW 概述

LabVIEW 是实验室虚拟仪器工程工作台（Laboratory Virtual Instrument Engineering Workbench）的简称，也是目前应用广泛、发展快、功能强的图形化软件开发环境。和 Visual C++、Delphi 等基于文本型程序代码的编程环境不同，LabVIEW 采用图形式的结构框图构建程序代码，因而，在使用 LabVIEW 时基本上不写程序代码，取而代之的是用图标、连线构成程序框图。LabVIEW 尽可能地利用了开发人员、工程师所熟悉的术语、图标和概念，是一个面向最终用户的工具。它可以增强用户构建工程系统的能力，提供了实现仪器编程和数据采集的便捷途径。使用 LabVIEW 进行原理研究、设计、测试并搭建仪器系统，可以大大提高工作效率。

LabVIEW 是一个基于工业标准的图形化软件开发环境，它结合了图形化编程方式的高性能与灵活性，以及专为测试测量与自动化控制应用而设计的高性能模块及配置功能，能为数据采集、仪器控制、测量分析与数据显示等各种应用提供必要的开发工具。

LabVIEW 被广泛应用于多种行业中，包括汽车、半导体、航空航天、交通运输、电子电信、生物医药等。无论在哪个行业，工程师与科学家们都可以使用 LabVIEW 创建功能强大的测试、测量与自动化控制系统，在产品开发中进行快速的原型创建与仿真工作。工程师也可以利用 LabVIEW 进行生产测试，监控产品的生产过程。总之，LabVIEW 可用于多种行业的产品开发阶段。

LabVIEW 是包含可扩展函数库和子程序库的通用程序设计系统，不仅可以用于一般的 Windows 桌面应用程序设计，而且还提供了用于 GPIB 仪器控制、VXI 仪器控制、串口仪器控制，以及数据分析、显示和存储的应用程序模块。LabVIEW 可方便地调用 Windows 动态链接库和用户自定义的动态链接库中的函数，还提供了 CIN（Code Interface Node）节点使用户可以使用由 C 或 C++语言编写的程序模块，这使得 LabVIEW 成为一个开放的开发平台。LabVIEW 还直接支持动态数据交换（DDE）、结构化查询语言（SQL）、TCP 和 UDP 网络协议等。此外，LabVIEW 还提供了专门用于程序开发的工具箱，使用户可以很方便地设置断点、动态执行程序，以观察数据的传输过程，方便调试。

LabVIEW 的程序是数据流驱动的。数据流程序设计规定，一个程序只有当它的所有输入都有效时才能执行；而程序的输出，则只有当它的功能完全时才是有效的。这样，LabVIEW 中被连接的框图之间的数据流控制着程序的执行次序，而不像文本型程序那样受到行执行顺序的约束。因而，用户可以通过连接功能框图，快速简捷地开发应用程序，还可以同步运行多个数据通道。

1.2.2 LabVIEW 应用领域

Note

LabVIEW 有很多优点，在某些特殊领域，其优点更为突出。

（1）测试测量：LabVIEW 最初就是为测试测量而设计的，因而测试测量就是 LabVIEW 最广泛的应用领域。经过多年的发展，LabVIEW 在测试测量领域获得了广泛的认可。现在，大多数主流的测试仪器、数据采集设备都拥有专门的 LabVIEW 驱动程序，使用 LabVIEW 可以非常便捷地控制这些硬件设备。同时，用户也可以十分方便地找到各种适用于测试测量领域的 LabVIEW 工具包。这些工具包几乎覆盖了用户所需的所有功能，用户在这些工具包的基础上再开发程序就容易多了。有时甚至只需简单地调用几个工具包中的函数，就可以组成一个完整的测试测量应用程序。

（2）控制：控制与测试测量是两个相关度非常高的领域，从测试测量领域起家的 LabVIEW 自然而然地首先拓展至控制领域。LabVIEW 拥有专门用于控制领域的模块——LabVIEW DSC。除此之外，工业控制领域常用的设备、数据线等通常也都带有相应的 LabVIEW 驱动程序。使用 LabVIEW 可以非常方便地编制各种控制程序。

（3）仿真：LabVIEW 包含多种多样的数学运算函数，特别适合进行模拟、仿真、原型设计等工作。例如，在设计机电设备之前，可以先在计算机上用 LabVIEW 搭建仿真原型，验证设计的合理性，找到潜在的问题。

（4）儿童教育：由于图形外观漂亮且容易吸引儿童的注意力，同时图形比文本更容易被儿童接受和理解，因此 LabVIEW 非常受少年儿童的欢迎。对于没有任何计算机知识的儿童而言，可以把 LabVIEW 理解成一种特殊的“积木”，把不同的原件搭在一起，就可以实现自己所需的功能。著名的可编程玩具“乐高”就可以用 LabVIEW 编程。儿童经过短暂的指导就可以利用乐高提供的积木搭建各种车辆模型、机器人等，再使用 LabVIEW 编写控制其运动和行为的程序。除了应用于玩具，LabVIEW 还有专门用于中小学生教学使用的版本。

1.2.3 LabVIEW 2022 的新功能

与原来的版本相比，LabVIEW 2022 有以下一些主要的新功能和更改。

1．支持Python

LabVIEW 2022 支持通过 Python 对象引用句柄使用 Python 节点。该引用句柄可用于传递 Python 对象，作为 Python 节点输入参数或返回类型。

2．允许选项默认值的改动

在 LabVIEW 2022 中，从新文件中分离已编译代码选项的默认值为“启用”。

3．可调用MATLAB函数

可在调用的 MATLAB 函数上设置断点，然后使用“步入”调试打开 MATLAB（R）

编辑器执行脚本。例如，安装了多个版本的 MATLAB，可右键单击函数并在快捷菜单中选择“在 MATLAB 中打开”选项，并指定 LabVIEW 调用的 MATLAB 版本。

4. Actor.lvclass的Uninit方法

在操作者框架中，Actor 类新增了 Uninit 方法（取消初始化）。用户可重写该方法，释放在执行 Pre Launch Init.vi 或 Actor.vi 时获取的资源。即使之前有错误发生，该方法仍然会执行。

5. 支持独立于LabVIEW版本的驱动程序/工具包

LabVIEW 早期版本的驱动程序、工具包等附加内容都位于 LabVIEW 目录之下。从 LabVIEW 2022 Q3 开始，LabVIEW 将从 LVaddons 共享目录中加载这些内容。在 Windows 操作系统中，LVAddons 的默认位置是 C:\Program Files\NI\LVAddons。请注意，只有一部分 NI 驱动程序和工具包会随 LabVIEW 2022 Q3 版本安装到此位置。驱动程序或工具包转到 LVAddons 共享目录后，无须升级或重新安装即可在新版本的 LabVIEW 中使用。

6. 新的帮助体验

在 LabVIEW 2022 中，当系统联网时，单击“帮助”链接将打开新的在线 LabVIEW 帮助；当系统未联网时，则会打开 NI 离线帮助查看器。该查看器随 LabVIEW 一并安装。用户可使用 NI 帮助首选项工具设置始终使用 NI 离线帮助查看器。

1.2.4 LabVIEW 的使用须知

LabVIEW 作为目前国际上优秀的图形化编程环境，提供把复杂、烦琐和费时的语言编程简化成用菜单或图标提示的方法选择功能（图形）、用线条把各种功能（图形）连接起来的简单图形编程方式。LabVIEW 中编写的程序，很接近程序流程图，只要把程序流程图画好，程序也就基本编好了。

LabVIEW 中的程序查错不需要先编译，若存在语法错误，LabVIEW 会马上告诉用户。只要用光标单击两三下，用户就可以快速查到错误的类型、原因及错误的准确位置，这个特性在程序较大的情况下使用起来特别方便。

LabVIEW 中的程序调试方法同样令人称道。程序测试中的数据探针工具最具典型性。用户可以在程序调试运行的时候，在程序的任意位置插入任意多的数据探针，以检查任意一个中间结果。增加或取消一个数据探针，只需要单击两下光标就行了。

同传统的编程语言相比，采用 LabVIEW 图形编程方式可以节省大约 60%的程序开发时间，并且其运行速度几乎不受影响。

除了具备其他编程环境所提供的常规函数功能，LabVIEW 中还集成了大量的生成图形界面的模板、丰富实用的数值分析和数字信号处理功能，以及多种硬件设备驱动功能（包括 RS232、GPIB、VXI、数据采集板卡和网络等）。另外，免费提供的几十家仪器厂商的数百种源码仪器级驱动程序，可为用户开发仪器控制系统节省大量的编程时间。

在安装 LabVIEW 2022 后，在“开始”菜单中便会自动生成启动 LabVIEW 2022 的快捷方式，如图 1-3 所示。单击该快捷方式按钮启动 LabVIEW。

图 1-3 “开始”菜单中的 LabVIEW 2022 快捷方式

LabVIEW 的启动动画效果如图 1-4 所示，启动界面如图 1-5 所示。

图 1-4 LabVIEW 的启动动画效果

图 1-5　LabVIEW 启动界面

在启动界面中，单击“查找驱动程序和附加软件”超链接，弹出的“查找驱动程序和附加软件”对话框中提供了“查找 NI 设备驱动程序”“连接仪器”“查找 LabVIEW 附加软件”的功能选项，如图 1-6 所示。单击“社区和支持”超链接，弹出的“社区和支持”对话框中提供了“NI 论坛”“NI 开发者社区”“请求支持”的功能选项，如图 1-7 所示。

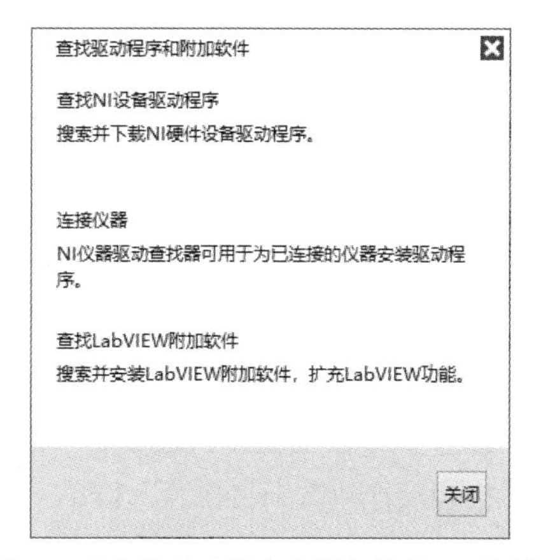

图 1-6　“查找驱动程序和附加软件”对话框

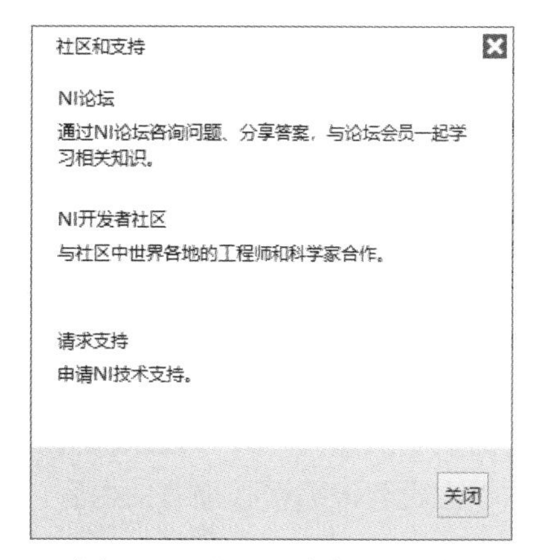

图 1-7　“社区和支持”对话框

1.3　LabVIEW 应用程序构成

LabVIEW 应用程序，即虚拟仪器（VI），包括前面板、程序框图及图标/连接器三个部分。

1.3.1 前面板

Note

前面板是图形用户界面，也就是 VI 的面板，如图 1-8 所示。

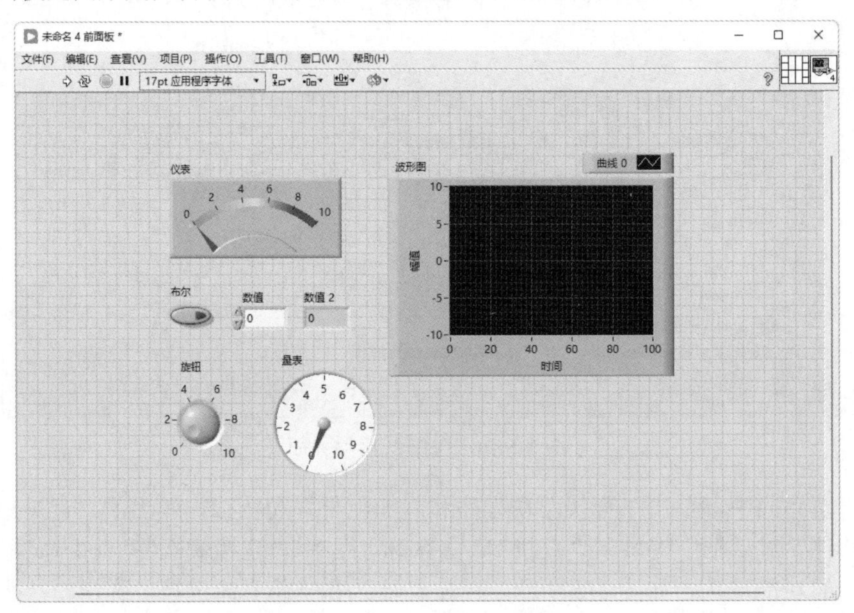

图 1-8 前面板

前面板由输入控件和显示控件组成。这些控件是 VI 的输入、输出端口。输入控件模拟旋钮、按钮、转盘等输入装置。显示控件模拟图标、指示灯等输出装置。输入控件为 VI 提供数据。显示控件输出 VI 生成的数据。

VI 并非简单地有几个控件就可以运行，在前面板后还有一个与之配套的程序框图。

1.3.2 程序框图

程序框图提供 VI 的图形化源程序。在程序框图中对 VI 进行编程，以控制和操纵定义在前面板上的输入控件和显示控件。程序框图中包含前面板上控件的连线端，还有一些前面板上没有但编程必须有的内容，如函数、结构和连线等，具体见 2.3.1 节。

1.3.3 图标/连接器

VI 具有层次化和结构化的特征。一个 VI 可以作为子程序，被其他 VI 调用，此时这个 VI 被称为子 VI。图标/连接器是子 VI 被其他 VI 调用的接口，相当于图形化的参数，其位置如图 1-9 所示。图标是子 VI 被调用的节点表现形式，连接器是节点数据的输入/输出口。

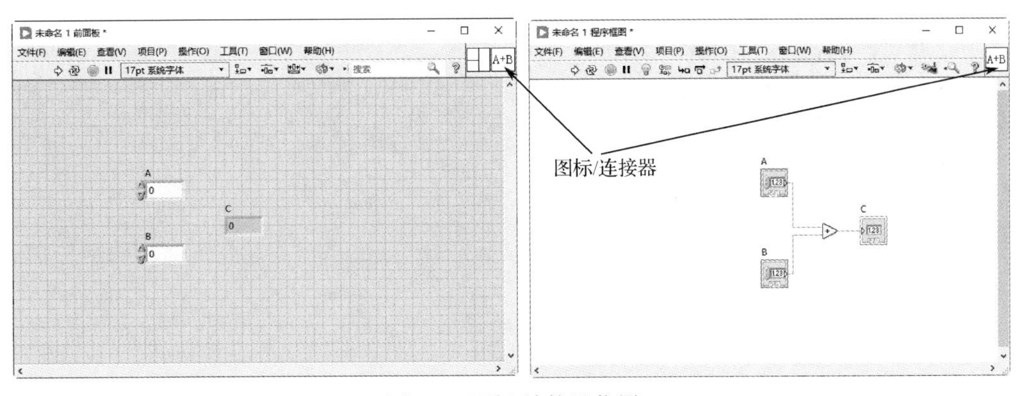

图 1-9　图标/连接器位置

Note

LabVIEW的基本操作

本章详细介绍 LabVIEW 的基本操作，包括 VI 的创建和 VI 的编辑，为深入学习 LabVIEW 编程原理和技巧打下基础。

知识重点

- ☑ 文件管理
- ☑ LabVIEW 编程环境
- ☑ LabVIEW 编程

2.1 文件管理

在 LabVIEW 启动界面利用菜单选项可以创建 VI、选择最近打开的 LabVIEW 文件、查找范例及打开 LabVIEW 帮助。同时还可查看各种信息和资源，如用户手册、帮助主题及 NI 网站上的各种资源等。

2.1.1 创建 VI

创建 VI 是 LabVIEW 编程应用中的基础，下面详细介绍如何创建 VI。

选择菜单栏中的“文件”→“新建 VI”选项，弹出如图 2-1 所示的 VI 窗口。图中，前面的窗口是 VI 的前面板窗口，后面的窗口是 VI 的程序框图窗口，在两个窗口的右上角是默认的 VI 图标/连接器。

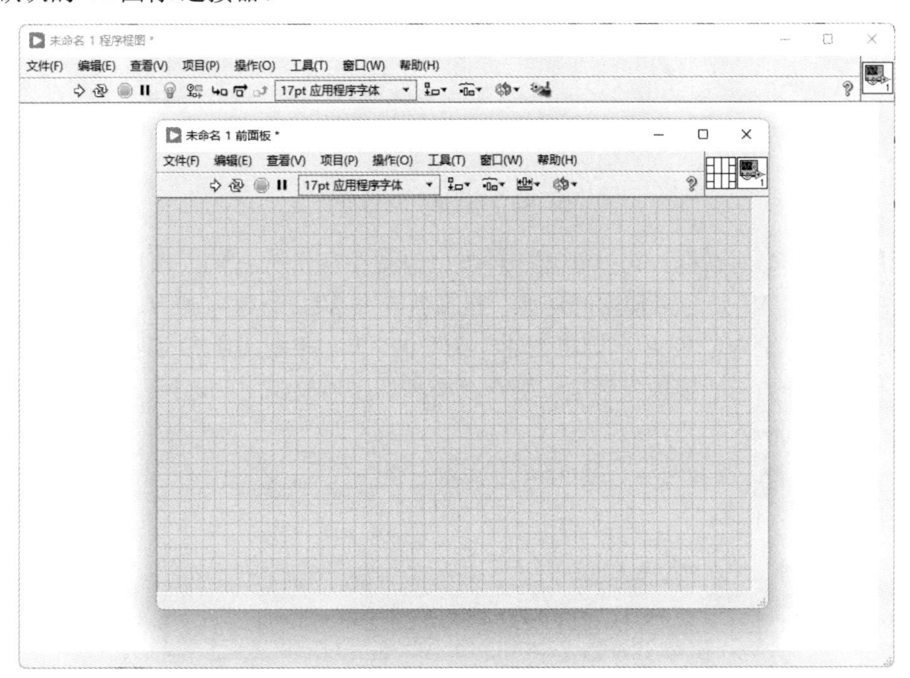

图 2-1　VI 窗口

2.1.2 保存 VI

在前面板窗口或程序框图窗口中选择菜单栏中的“文件”→“保存”选项，然后在弹出的保存文件对话框中设置适当的路径和文件名保存该 VI。如果一个 VI 在修改后没有保存，那么在 VI 的前面板窗口和程序框图窗口的标题栏中就会出现“*”标识，提示用户注意保存。

2.1.3 新建文件

单击 LabVIEW 启动界面中“文件”菜单下的“新建”选项，将打开如图 2-2 所示的“新建”对话框，在这里，可以选择多种方式建立文件。

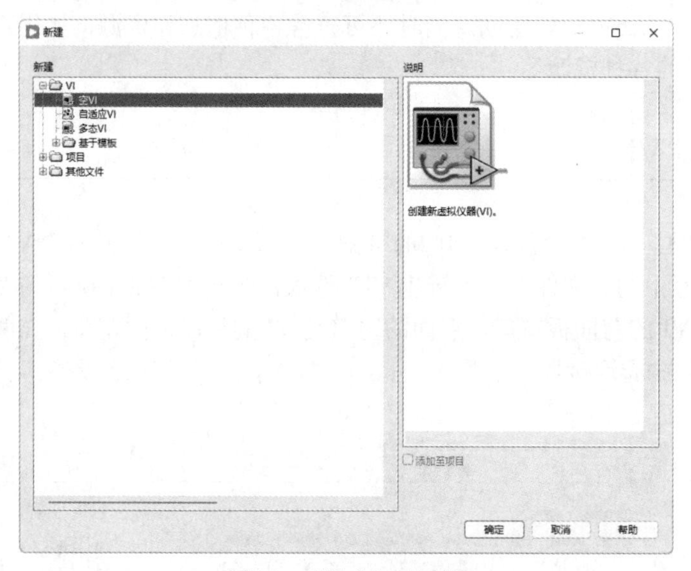

图 2-2 “新建”对话框

利用“新建”对话框，可以新建 3 种类型的文件，分别是 VI、项目和其他文件。

其中，新建 VI 是经常使用的功能，包括新建空 VI、新建多态 VI 及基于模板新建 VI。如果选择“空 VI”选项，则将创建一个空的 VI，VI 中的所有空间都需要用户自行添加。如果选择“基于模板”选项，则有很多种程序模板供用户选择，如图 2-3 所示。

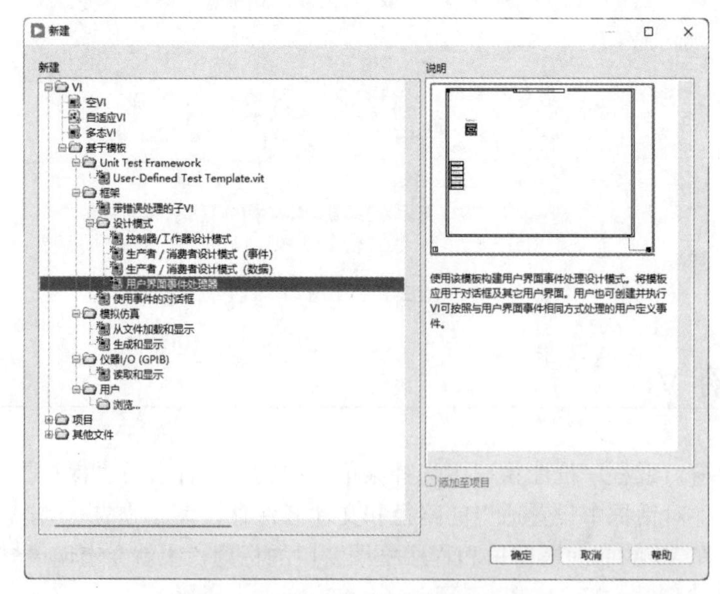

图 2-3 利用“基于模板”选项新建 VI

项目包括空白项目文件和基于向导的项目。

其他文件则包括库、类、全局变量，以及运行时的菜单、自定义控件。

用户可以根据需要选择相应的模板进行程序设计，在各种模板中，LabVIEW 已经预先设置一些组件构成了应用程序的框架，用户只需要对其进行一定程度的修改和功能上的增减，就可以在模板的基础上构建自己的应用程序。

2.1.4　创建项目

在 LabVIEW 启动界面中单击“创建项目”按钮或选择菜单栏中的“文件”→“创建项目”选项，即可弹出“创建项目”对话框，如图 2-4 所示。

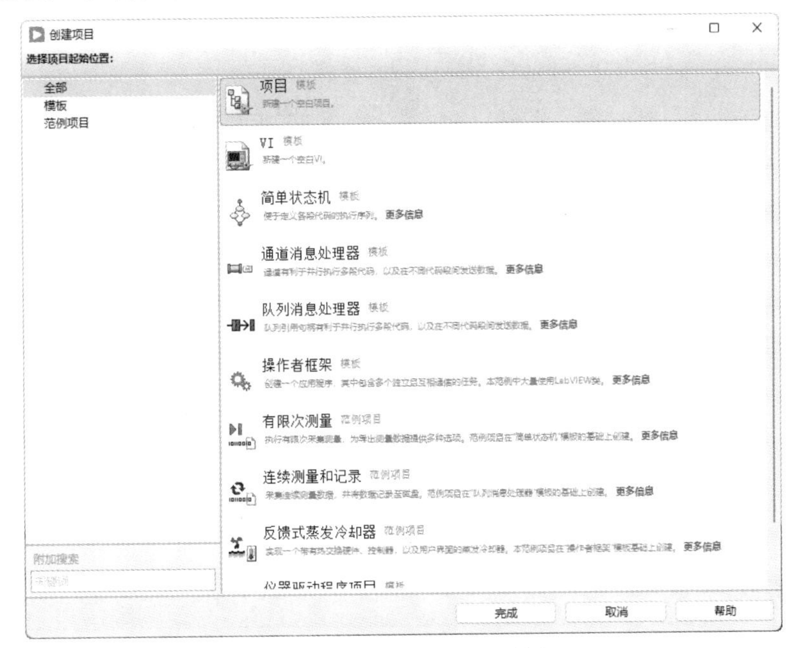

图 2-4　“创建项目”对话框

在这个对话框中，用户可以通过选择项目、VI、简单状态机等模板，打开已有的程序范例项目，来创建新项目。

2.2　LabVIEW 编程环境

2.2.1　控件选板

控件选板仅位于前面板窗口中。控件选板中包含创建前面板所需的输入控件和显示控件，如图 2-5 所示。根据输入控件和显示控件的类型，控件被归入不同的子选板中。

如需显示控件选板，则选择菜单栏中的“查看”→“控件选板”选项或在前面板窗

口单击右键进行设置。LabVIEW 将存储控件选板的位置和大小，因此当 LabVIEW 重启时，控件选板的位置和大小保持不变。在控件选板中可以进行其内容的修改。

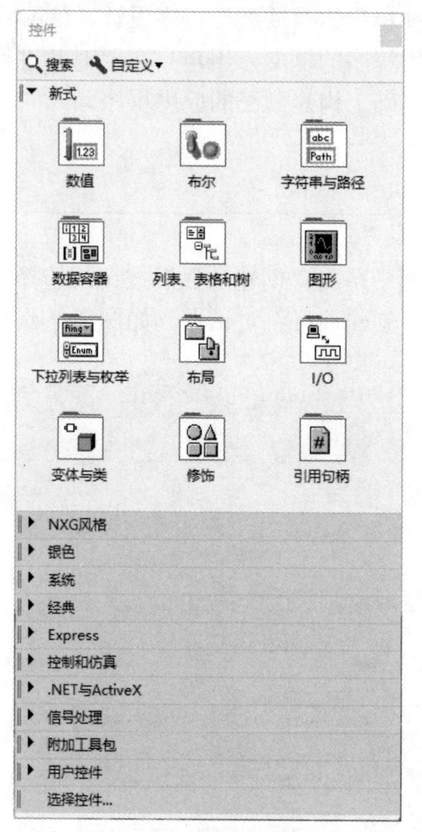

图 2-5　控件选板

2.2.2　函数选板

函数选板仅位于程序框图窗口中。函数选板中包含创建程序框图所需的 VI 和函数，如图 2-6 所示。根据 VI 和函数的类型，VI 和函数被归入不同的子选板中。如需显示函数选板，则选择菜单栏中的“查看”→“函数选板”选项或在程序框图窗口单击右键进行设置。LabVIEW 将存储函数选板的位置和大小，因此当 LabVIEW 重启时，函数选板的位置和大小不变。在函数选板中可以进行其内容的修改。

使用控件选板和函数选板工具栏上的下列按钮，可查看、配置选板，搜索控件、VI 和函数，如图 2-7 所示。

☑ ⬆：用于返回所属选板。单击该按钮并保持光标位置不动，将显示一个快捷菜单，其中列出当前子选板路径中包含的各个子选板。单击快捷菜单上的子选板名称将进入子选板。只有当选板模式设为“图标”“图标和文本”时，才会显示该按钮。

☑ 搜索：用于将选板转换至搜索模式，以通过文本搜索来查找选板中的控件、VI 或函数。当选板处于搜索模式时，可单击返回按钮，退出搜索模式，显示选板。

☑ 自定义▾：用于设置当前选板的视图模式，显示或隐藏所有选板目录，在文本和树形

模式下按字母顺序对各项内容排序。在其下拉菜单中选择“选项”，可打开“选项”对话框中的控件/函数选板页，为所有选板选择显示模式。只有当单击选板左上方的图钉标识将选板锁定时，才会显示该按钮。

☑ ：用于将选板恢复至默认大小。只有单击选板左上方的图钉标识锁定选板，并调整控件或函数选板的大小后，才会出现该按钮。

☑ 更改可见选板...：用于更改选板类别可见性。单击自定义按钮，在弹出的快捷菜单中单击更改可见选板...按钮，系统将弹出“更改可见选板”对话框，如图 2-8 所示，在其中更改选板类别可见性。

图 2-6　函数选板

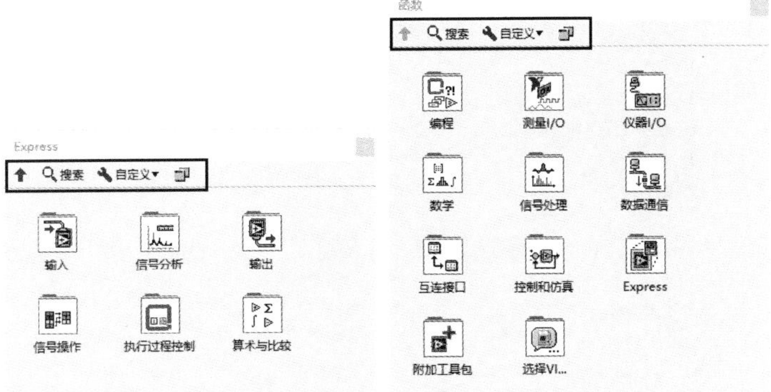

图 2-7　控件选板和函数选板的工具栏

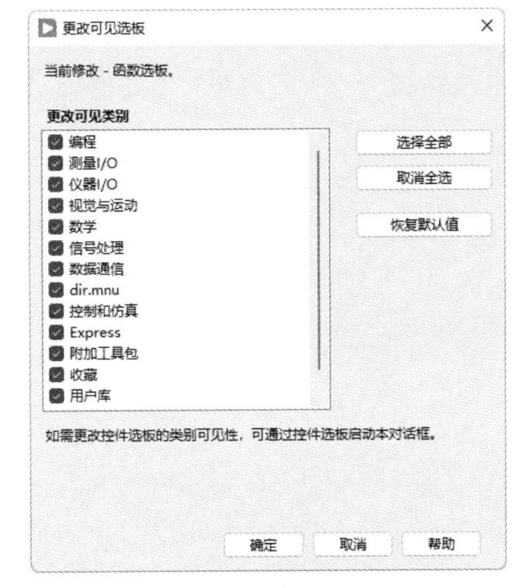

图 2-8　“更改可见选板”对话框

实例：查找模拟波形

本实例讲解如何在函数选板中查找模拟波形。

（1）在程序框图中单击右键，弹出函数选板，如图 2-9 所示。

（2）选择“编程”→“波形”→“模拟波形”选项，此时函数选板界面如图 2-10 所示，在其中选择所需的模拟波形函数以将其放置到程序框图中。

图 2-9　函数选板 1

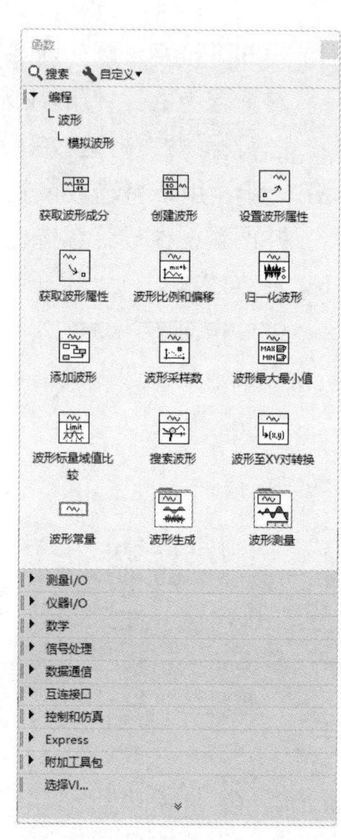

图 2-10　函数选板 2

或者，单击函数选板中的“搜索”按钮，在搜索框中输入“模拟波形”，选板中将显示搜索结果，如图 2-11 所示。单击搜索结果，进入“模拟波形”所在位置，结果如图 2-10 所示。

图 2-11　显示搜索结果

2.2.3　工具选板

在前面板窗口和程序框图窗口中都可显示工具选板，如图 2-12 所示。工具选板上的每一个工具都对应有光标的一个操作模式，即选择工具选板上的工具后光标会变为对应的图标。

利用工具选板可以创建、修改 LabVIEW 中的对象，并对程序进行调试。按住<Shift>键的同时单击右键，光标所在位置将会出现工具选板。LabVIEW 将存储工具选板的位置和大小，因此当 LabVIEW 重启时，工具选板的位置和大小保持不变。

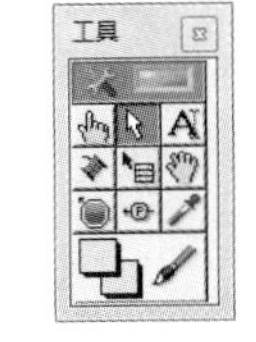

图 2-12　工具选板

工具选板中各工具的图标及其相应的功能如下：

☑ ：自动选择工具。如已经打开自动选择工具，当光标移到前面板或程序框图的对象上时，LabVIEW 将从工具选板中自动选择相应的工具。也可禁用自动选择工具，以手动选择工具。

☑ ：操作值工具。用于改变控件值。

☑ ：定位/调整大小/选择工具。用于定位、改变对象大小或选择对象。

☑ ：编辑文本工具。用于输入标签文本或创建标签。

☑ ：连线工具。用于在程序框图中连接两个对象的数据端口，当用连线工具接近对象时，会显示出其数据端口以供连线之用。如果打开了帮助窗口，那么当选择连线工具，将光标置于某连线上时，帮助窗口会显示其数据类型。

☑ ：对象快捷菜单工具。当用该工具单击某对象时，会弹出该对象的快捷菜单。

☑ ：滚动窗口工具。使用该工具，无须滚动条就可以自由滚动整个图形。

☑ ：设置/清除断点工具。用于在调试程序过程中设置断点。

☑ ：探针数据工具。用于在代码中加入探针，以在调试程序过程中监视数据的变化。

☑ ：获取颜色工具。用于从当前窗口中提取颜色。

☑ ：设置颜色工具。用于设置窗口中对象的前景色和背景色。

实例：设置前面板

利用工具选板设置如图 2-13 所示的前面板。

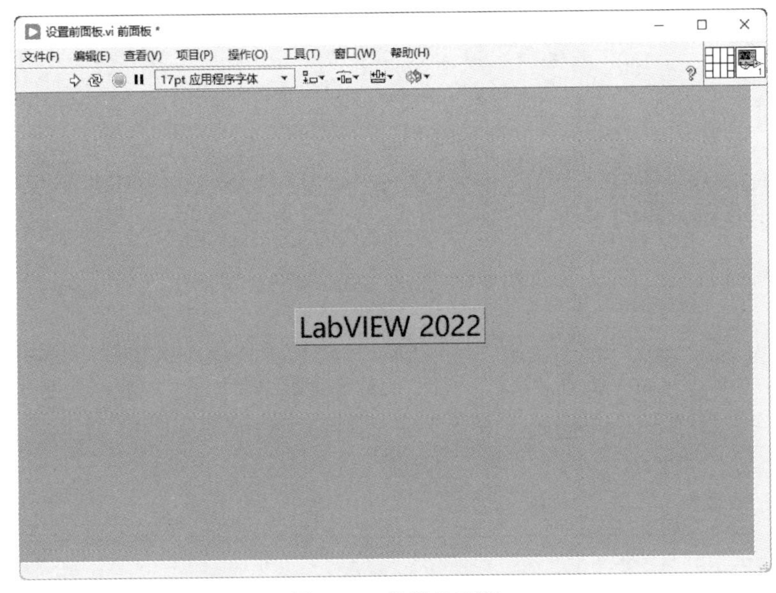

图 2-13　设置前面板

Note

（1）新建 VI。选择菜单栏中的“文件”→“新建 VI”选项，新建一个 VI（一个空白的 VI 包括前面板及程序框图）。

（2）保存 VI。选择菜单栏中的“文件”→“另存为”选项，输入 VI 名称为“设置前面板”。

（3）打开前面板，按住<Shift>键的同时单击右键，弹出如图 2-14 所示的工具选板。

（4）单击工具选板中的设置颜色工具，将光标切换至颜色编辑工具状态，以设置窗口中对象的前景色和背景色。在前面板上单击右键，弹出颜色设置面板，如图 2-15 所示。选中要设置的颜色，前面板实时改变为选中的颜色，结果如图 2-16 所示。

图 2-14　工具选板

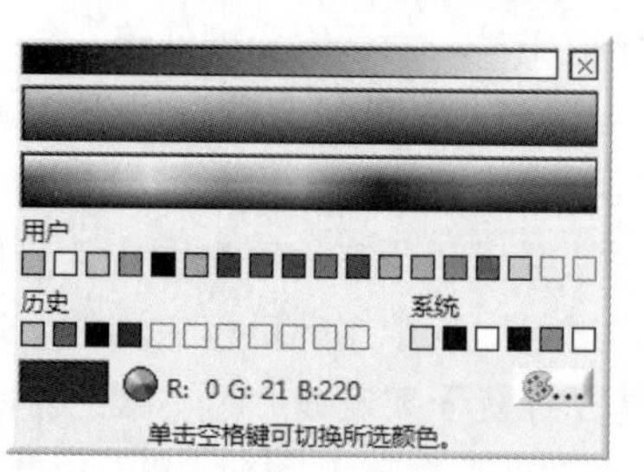

图 2-15　颜色设置面板

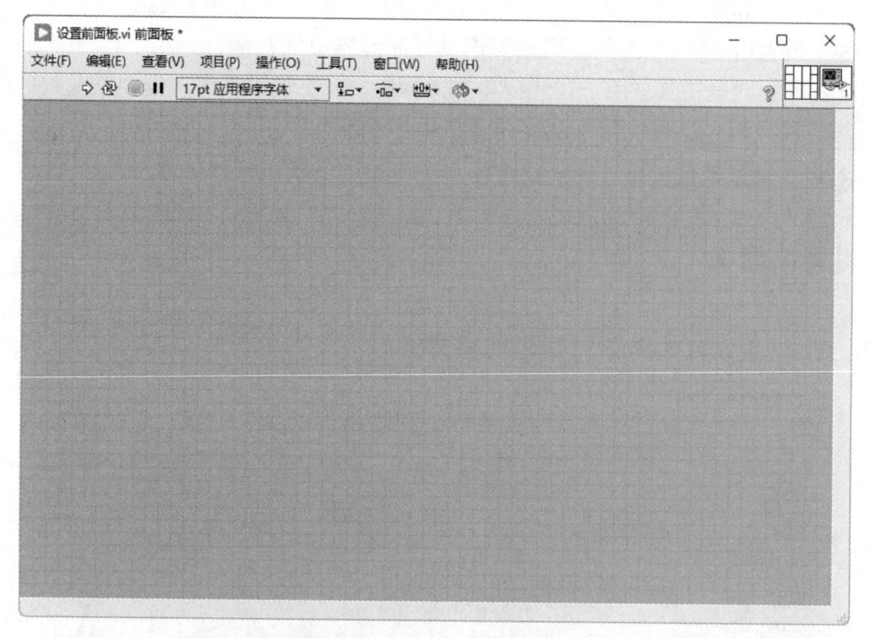

图 2-16　修改前面板颜色

（5）单击工具选板中的编辑文本工具，将光标切换至文本编辑工具状态，在前面板上单击，输入“LabVIEW 2022”字样，按快捷键<Ctrl+=>，将文字进行放大。利用工具选板中的设置颜色工具，改变文字的颜色，结果如图 2-13 所示。

2.2.4　菜单栏

LabVIEW 2022 的常用菜单有：“文件”菜单、“编辑”菜单、“查看”菜单、“项目”

菜单、“操作”菜单、“工具”菜单、“窗口”菜单和“帮助”菜单。这里以“文件”菜单为例简单进行介绍。

LabVIEW 2022 的“文件”菜单几乎囊括了对其程序（即 VI）操作的所有命令，如图 2-17 所示。

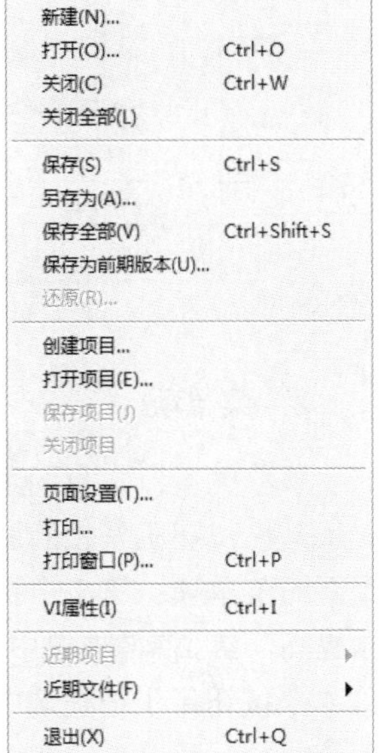

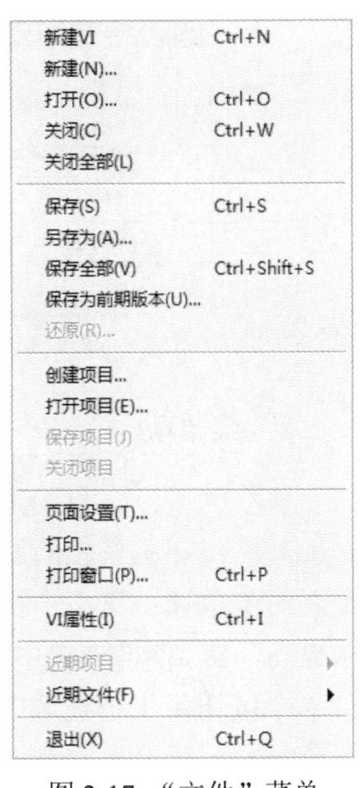

图 2-17 “文件”菜单

- ➢ 新建 VI：用于新建一个空白的 VI 程序。
- ➢ 新建：用于打开“创建项目”对话框，以新建空白 VI、根据模板创建 VI 或创建其他类型的 VI。
- ➢ 打开：用于打开一个 VI。
- ➢ 关闭：用于关闭当前 VI。
- ➢ 关闭全部：用于关闭已打开的所有 VI。
- ➢ 保存：用于保存当前编辑过的 VI。
- ➢ 另存为：用于另存为其他 VI。
- ➢ 保存全部：用于保存所有修改过的 VI，包括子 VI。
- ➢ 保存为前期版本：为了能在前期版本中打开现在所编写的程序，可以保存为前期版本的 VI。
- ➢ 还原：撤销操作到上一次保存。
- ➢ 创建项目：用于新建项目。
- ➢ 打开项目：用于打开项目。
- ➢ 保存项目：用于保存项目文件。
- ➢ 关闭项目：用于关闭项目文件。
- ➢ 页面设置：用于设置打印当前 VI 的一些参数。
- ➢ 打印：用于打印当前 VI。
- ➢ 打印窗口：用于设置打印属性。
- ➢ VI 属性：用于查看和设置当前 VI 的一些属性。
- ➢ 近期项目：用于快速打开最近曾经打开过的项目。
- ➢ 近期文件：用于快速打开最近曾经打开过的 VI。
- ➢ 退出：用于退出 LabVIEW。

2.2.5　菜单属性设置

1．菜单编辑器

菜单是图形用户界面中的重要和通用的元素，几乎每个具有图形用户界面的程序都包含菜单，流行的图形操作系统也都支持菜单。菜单的主要作用是使程序功能层次化，而且用户在掌握了一个程序菜单的使用方法之后，可以没有困难地使用其他程序的菜单。

建立和编辑菜单的工作是通过“菜单编辑器”来完成的。在前面板窗口或程序框图窗口的菜单栏里选择“编辑”→“运行时菜单...”选项，打开如图 2-18 所示的“菜单编辑器”对话框。

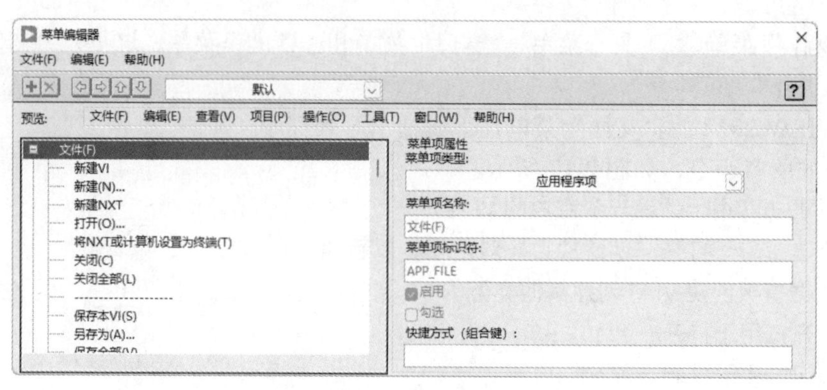

图 2-18 “菜单编辑器”对话框

2. 菜单项

菜单编辑器本身的菜单栏有“文件”、“编辑”和“帮助”3 个菜单项。菜单栏下面是工具栏，在工具栏的左边有 6 个按钮：第 1 个按钮用于在被选中的菜单项后面插入一个新的菜单项；第 2 个按钮用于删除被选中的菜单项；第 3 个按钮用于把被选中的菜单项提高一级，使得被选中菜单项后面的所有原同级菜单项成为被选中菜单项的子菜单项；第 4 个按钮用于把被选中的菜单项降低一级，使得被选中菜单项成为前面最接近的同级菜单项的子菜单项；第 5 个按钮用于把被选中的菜单项向前移动一个位置；第 6 个按钮用于把被选中的菜单项向后移动一个位置。对于第 5、6 个按钮的移动动作，如果被选中的菜单项是一个子菜单，则其所有同级子菜单项将随之移动。

3. 菜单项属性

在“菜单编辑器”对话框“菜单项属性”区域内设定被选中菜单项或新建菜单项的各种参数。“菜单项类型”下拉列表用于定义菜单项的类型，可以是“用户项”“分隔符”“应用程序项”三者之一。

“用户项”表示用户自定义的选项，必须在程序框图中编写代码，才能响应这样的选项。每一个“用户项”菜单项都有菜单项名称和菜单项标识符两个属性，这两个属性在“菜单项名称”和“菜单项标识符”文本框中指定。“菜单项名称”作为菜单项文本出现在运行时的菜单里，“菜单项标识符”作为菜单项标识出现在程序框图上。在“菜单项名称”文本框中输入菜单项文本时，菜单编辑器会自动把该文本复制到“菜单项标识符”文本框中，即在默认情况下菜单项的文本和程序框图中标识的相同。可以修改“菜单项标识符”文本框的内容，使之不同于“菜单项名称”的内容。

“分隔符”选项用于建立菜单里的分割线，该分割线表示不同功能菜单项组合之间的分界。

“应用程序项”选项实际上是一个子菜单，其中包含了所有系统预定义的菜单项。可以在“应用程序项”子菜单里选择单独的菜单项，也可以选中整个子菜单。类型为“应用程序项”的菜单项的“菜单项名称”“菜单项标识符”属性都不能修改，而且不需要在程序框图上对这些菜单项进行响应，因为它们都有定义好的标准动作。

“菜单项名称”文本框中输入的下划线具有特殊的作用：紧接在下划线后面的字母将会成为调出对应菜单的快捷键。如果在菜单项所在的菜单里按下这个字母，将会自动选中该菜单项。如果该菜单项是菜单栏上的最高级菜单项，则按下<Alt+字母>键将会选中该菜单项。例如，可以自定义某个菜单项的名字为“文件（_F）”，这样在真正的菜单里显示的文本将为“文件（F）”。如果菜单项没有位于菜单栏中，则在该菜单项所在菜单里按下<F>键，将自动选择该菜单项。如果“文件（F）”是菜单栏中的最高级菜单项，则按下<Alt+F>键将打开该菜单项。所有菜单项的“菜单项标识符”必须不同，因为“菜单项标识符”是菜单项在程序框图中的唯一标识符。

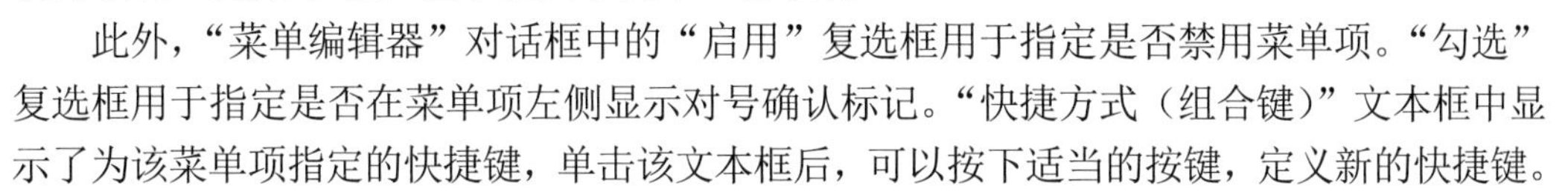

此外，“菜单编辑器”对话框中的“启用”复选框用于指定是否禁用菜单项。“勾选”复选框用于指定是否在菜单项左侧显示对号确认标记。“快捷方式（组合键）”文本框中显示了为该菜单项指定的快捷键，单击该文本框后，可以按下适当的按键，定义新的快捷键。

实例：创建菜单项

本实例为将默认的菜单栏修改为图 2-19 所示。

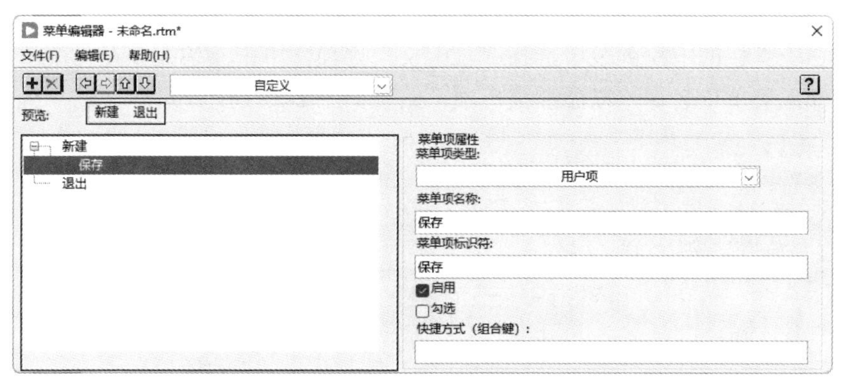

图 2-19　目标菜单预览

（1）新建 VI。选择菜单栏中的“文件”→“新建 VI”选项，新建一个 VI。

（2）保存 VI。选择菜单栏中的“文件”→“另存为”选项，输入 VI 名称为“创建菜单项”。

（3）在前面板窗口或程序框图窗口的菜单栏中选择“编辑”→“运行时菜单...”选项，打开如图 2-20 所示的“菜单编辑器”对话框。

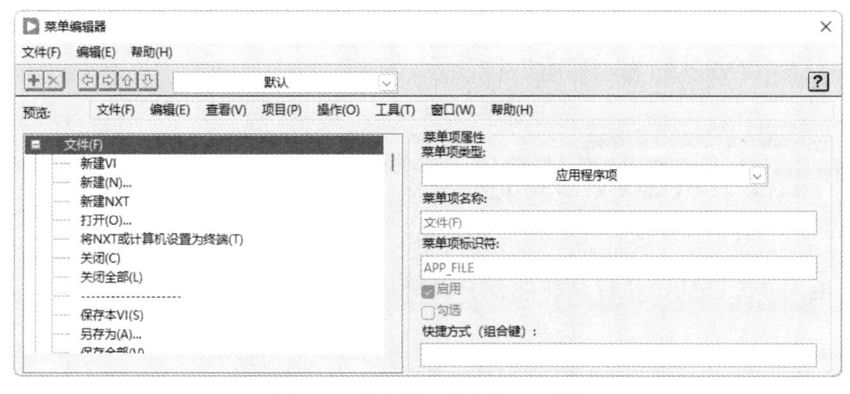

图 2-20　“菜单编辑器”对话框

（4）选择“菜单编辑器”对话框菜单栏中的“文件”→“新建”选项，显示空白的“预览”列表框，如图 2-21 所示。

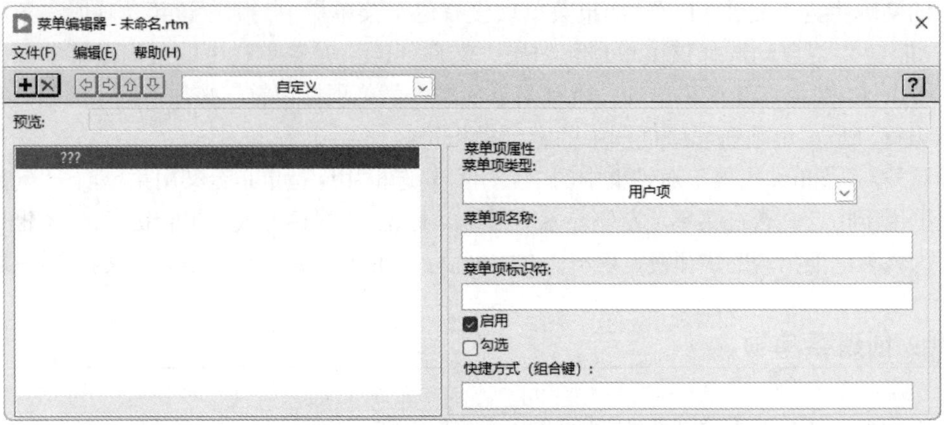

图 2-21　新建“菜单编辑器”

（5）在工具栏的下拉列表中选择“自定义”选项，单击按钮，在“菜单项名称”文本框中输入菜单项名称，以添加菜单项，结果如图 2-22 所示。

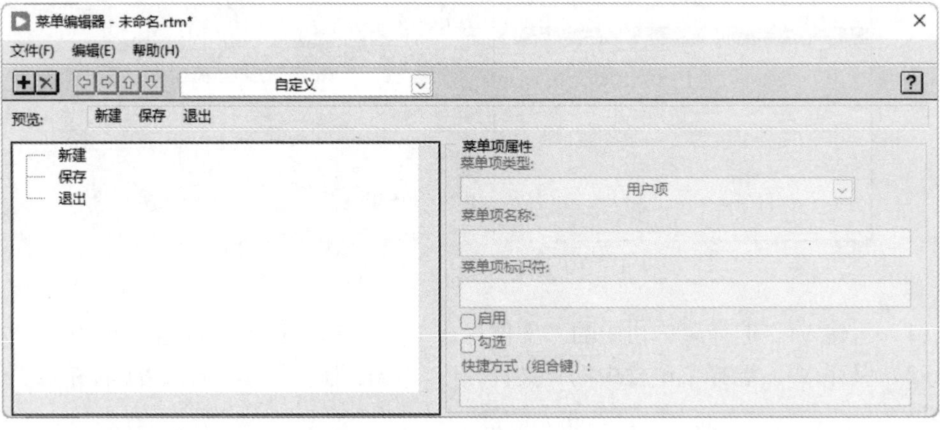

图 2-22　添加菜单项

（6）选中“保存”选项，单击按钮，降低其层级。

（7）此时，“菜单编辑器”对话框工具栏下的“预览”列表框给出了当前菜单的预览，其中显示了菜单的层次结构，如图 2-19 所示。

2.3 LabVIEW 编程

程序框图是实际的可执行的代码，是通过将完成特定功能的对象连接在一起构建出来的。

2.3.1　构建程序框图

程序框图由下列 3 种组件构建而成，如图 2-23 所示。

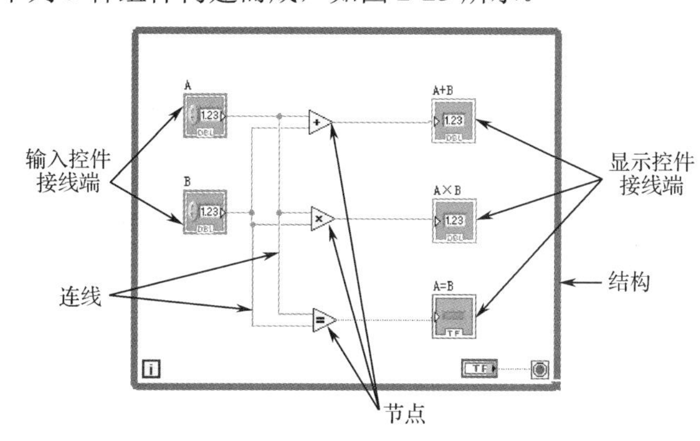

图 2-23　程序框图的构成

（1）节点：程序框图上的对象，包括函数和 VI，带有输入/输出端，在 VI 运行时进行运算。节点相当于文本型编程语言中的语句、运算符、函数和子程序。

LabVIEW 有以下类型的节点：

☑ 函数：内置的执行元素，相当于操作符、函数或语句。

☑ 子 VI：用于另一个 VI 程序框图上的 VI，相当于子程序。

☑ Express VI：协助常规测量任务的子 VI。Express VI 是在配置对话框中配置的。

☑ 结构：执行控制元素，如 For 循环、While 循环、条件结构、平铺式和层叠式顺序结构、定时结构和事件结构。

☑ 公式节点和表达式节点：公式节点是可以直接向程序框图输入方程的结构，其大小可以调节。表达式节点是用于计算含有单变量表达式或方程的结构。

☑ 属性节点和调用节点：属性节点是用于设置或寻找类的属性的结构。调用节点是设置对象执行方式的结构。

☑ 通过引用节点调用：用于调用动态加载的 VI 的结构。

☑ 调用库函数节点：调用大多数标准库或 DLL 的结构。

☑ 代码接口节点（CIN）：调用以文本型编程语言所编写的代码的结构。

（2）接线端：用以表示输入控件或显示控件的数据类型。在程序框图中可将前面板的输入控件或显示控件显示为图标接线端或数值接线端。默认状态下，前面板对象显示为图标接线端。

（3）连线：程序框图中对象间的数据传输通过连线实现。每根连线都只有一个数据源，但可以与多个读取该数据的 VI 和函数连接。

不同数据类型的连线有不同的颜色、粗细和样式，如表 2-1 所示。断开的连线显示为黑色的虚线，中间有个红色的 X。出现断线的原因有很多，如试图连接数据类型不兼容的两个对象时就会产生断线。

表 2-1　连线类型

类　型	颜　色	标　量	一维数组	二维数组
整型数	蓝色			
浮点数	橙色			
逻辑量	绿色			
字符串	粉色			
文件路径	青色			

实例：乘法运算

本实例演示如何利用简单的“乘”函数将前面板中的控件与程序框图中的函数关系联系起来，结果如图 2-24 所示。

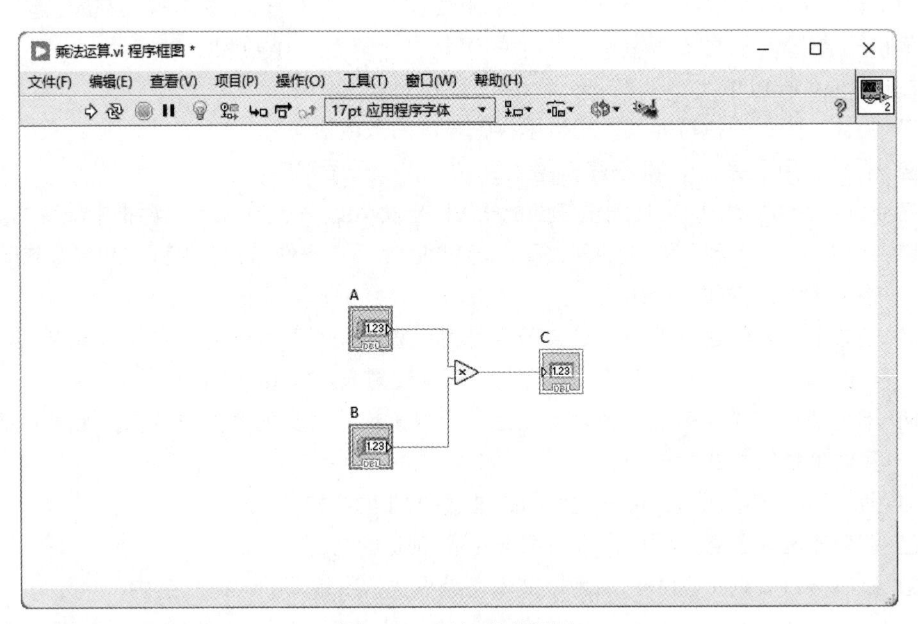

图 2-24　目标程序框图

（1）新建 VI。选择菜单栏中的“文件”→“新建 VI”选项，新建一个 VI。

（2）保存 VI。选择菜单栏中的“文件”→“另存为”选项，输入 VI 名称为“乘法运算”。

（3）打开前面板，在控件选板的“新式”子面板中依次选择 2 个“数值输入控件”和 1 个“数值显示控件”，将其置入前面板中，并修改对应的标签内容，结果如图 2-25 所示。

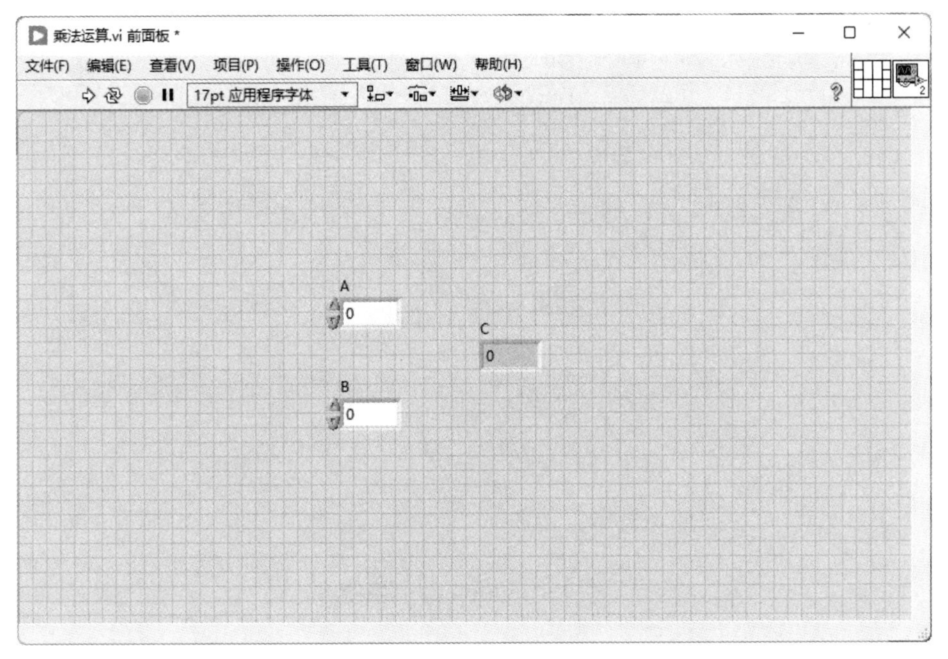

图 2-25 VI 的前面板

（4）打开程序框图，其中显示与前面板控件相对应的图标接线端，如图 2-26 所示。

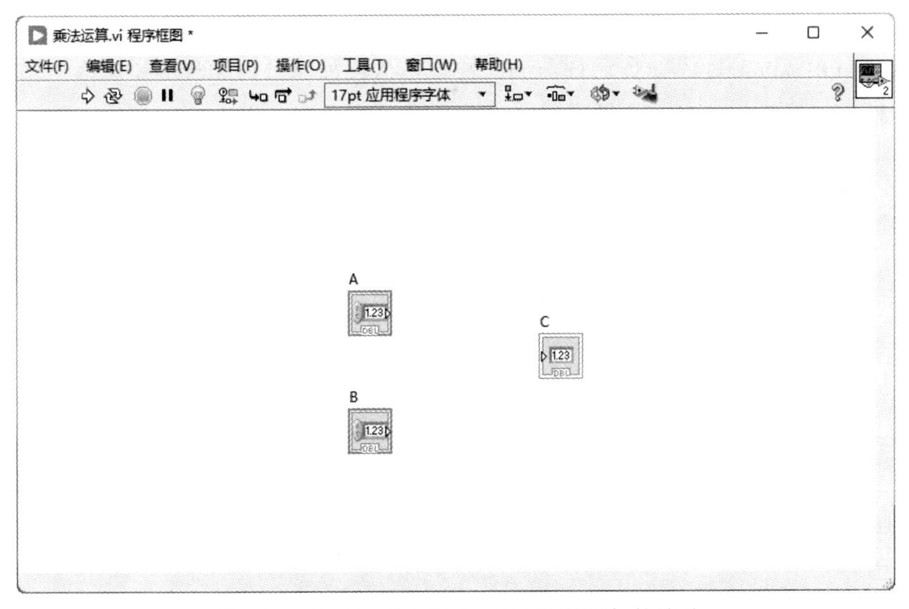

图 2-26 显示与前面板控件相对应的图标接线端

（5）单击右键，在函数选板的“编程”→“数值”子选板中选择“乘”函数▷，将其放置到程序框图中，结果如图 2-27 所示。

将在函数接线端分别连接控件图标的输出端与输入端，结果如图 2-24 所示。

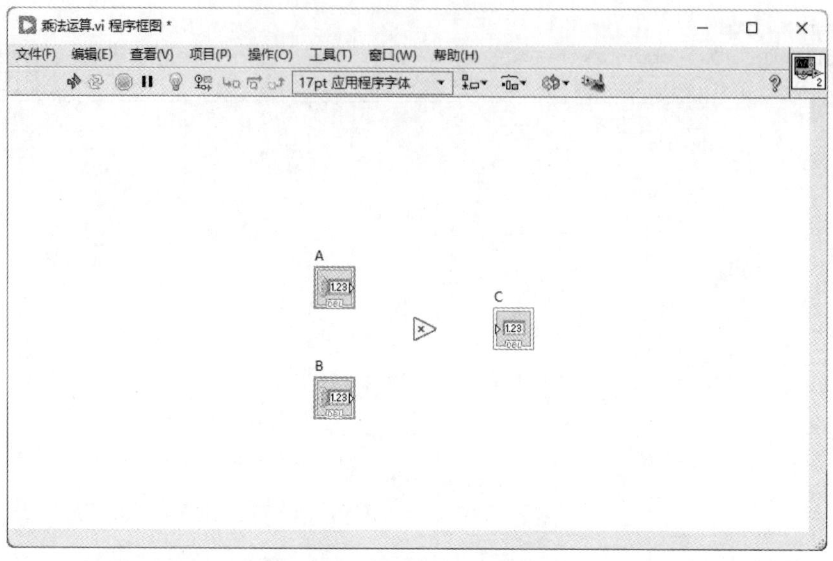

图 2-27　放置“乘”函数

2.3.2　设置连接器

按照 LabVIEW 的定义，与输入控件相关联的接线端为输入端。只能向输入端输入数据，而不能从输入端向外输出数据。当某一个输入端没有连接连线时，LabVIEW 就会将与该端口相关联的那个输入控件中的数据默认值作为该端口的数据输入值。相反，与显示控件相关联的接线端都为输出端，只能向外输出数据，而不能向内输入数据。

右击连接器，在弹出的快捷菜单中显示对接线端的添加、删除、翻转与模式选择等操作选项，如图 2-28 所示。

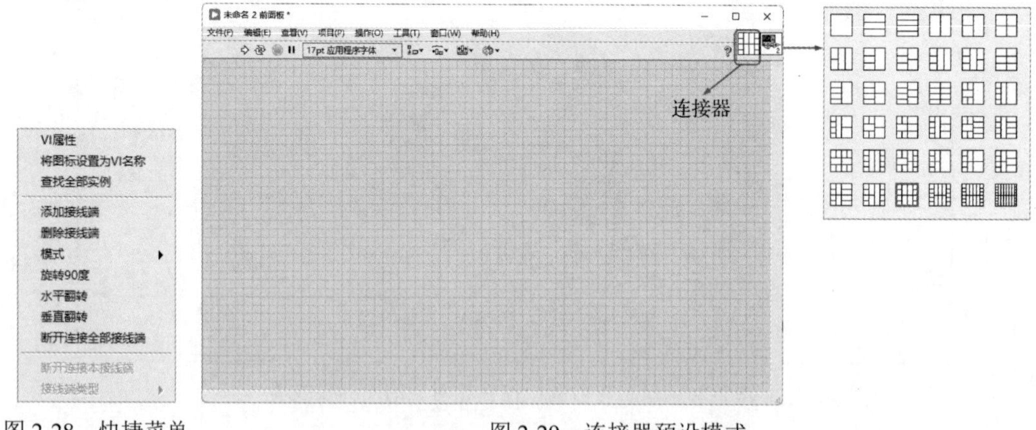

图 2-28　快捷菜单　　　　图 2-29　连接器预设模式

LabVIEW 提供了两种方法来改变端口的个数：

第一种方法是右击连接器，从弹出的快捷菜单中选择“添加接线端”或“删除接线端”选项，逐个添加或删除接线端。这种方法较为灵活，但也比较麻烦。

第二个方法是右击连接器，从弹出的快捷菜单中选择“模式”选项，会出现一个图形化的下拉菜单，菜单中会列出 36 种不同的连接器预设模式（见图 2-29），一般情况下可以满足用户的需要。这种方法较为简单，但是不够灵活。

通常的做法是，先用第二种方法选择一个与实际需要比较接近的连接器模式，然后再用第一种方法对选好的连接器进行修正。

完成了连接器的创建以后，下面的工作就是定义前面板中的输入控件和显示控件与连接器中各端口的关联关系。

实例：设置连接器模式

本实例设置如图 2-30 右上角所示的连接器模式。

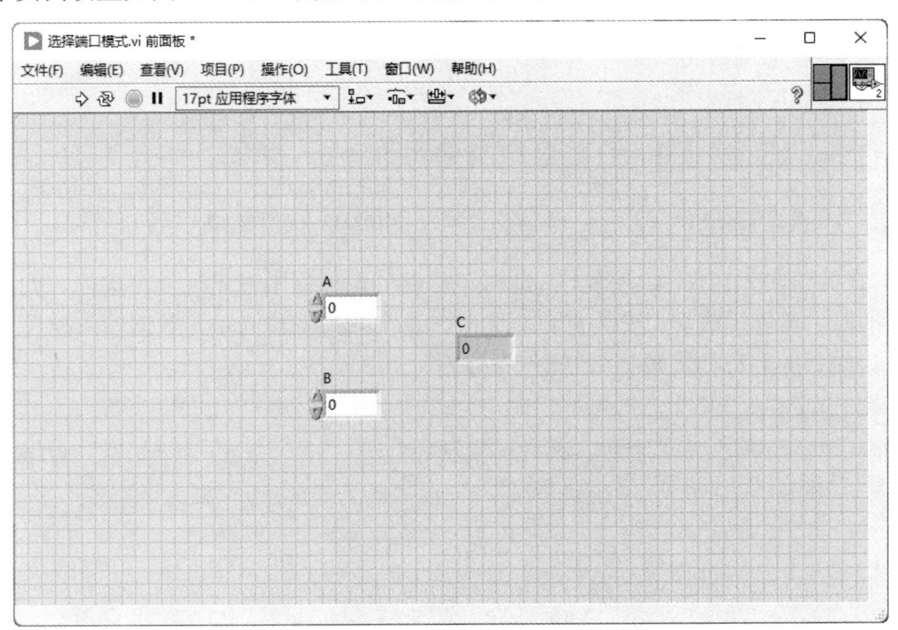

图 2-30 定制好的 VI 连接器

（1）打开 VI。选择菜单栏中的“文件”→“打开”选项，打开源文件中的第 2 章\乘法运算.vi。

（2）保存 VI。选择菜单栏中的“文件”→“另存为”选项，输入 VI 名称为“选择端口模式”。

（3）将前面板窗口置为活动窗口，将光标放置在前面板窗口右上角的连接器上方，光标变为连线工具状态。

（4）单击右键，从弹出的快捷菜单中选择“模式”选项，同时在下一级菜单中显示连接器预设模式，选择第 1 行第 5 个模式，如图 2-31 所示。

连接器位于前面板窗口的右上角，图标窗口位于前面板窗口及程序框图窗口的右上角。连接器在图标窗口左侧。

（5）关联对应端口与控件。

① 将光标移动至连接器左侧上方的端口上，单击这个端口，端口变为黑色，如图 2-32 所示。

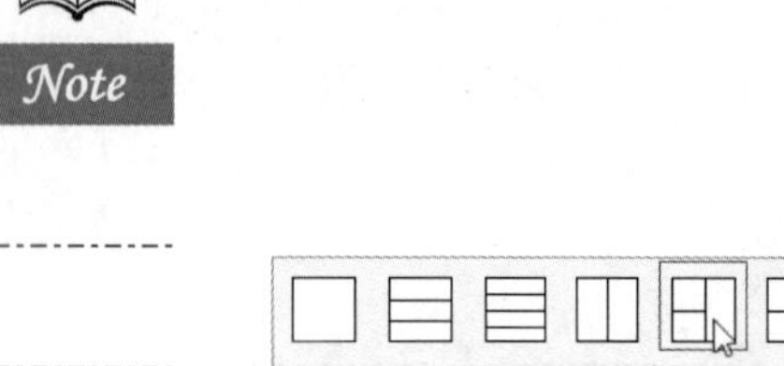

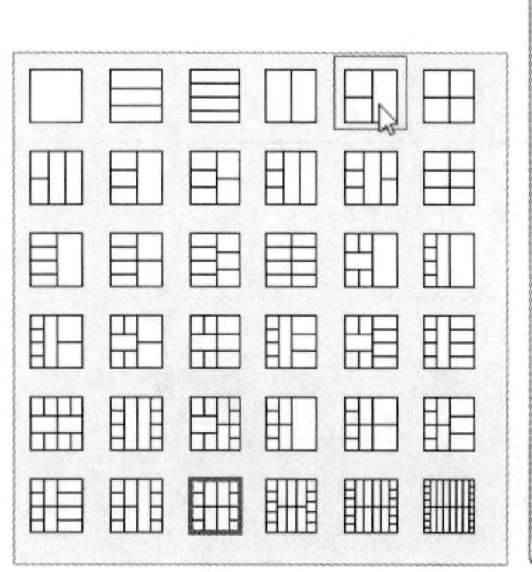

图 2-31　模式下拉菜单

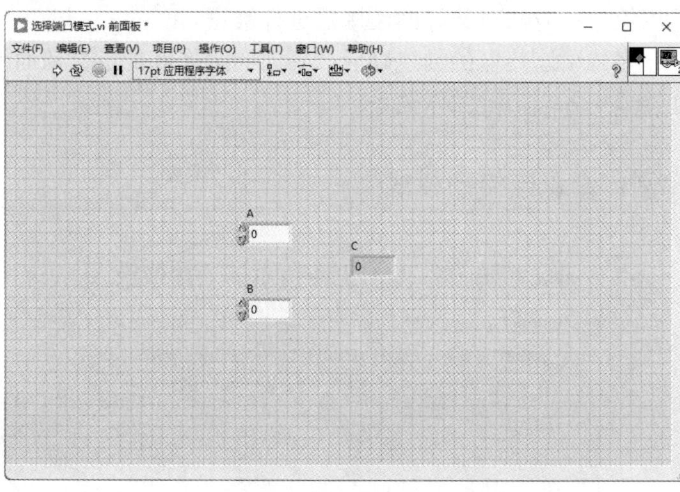

图 2-32　选中端口

② 在数值输入控件 A 上单击，此时该控件的图标周围会出现一个虚框，如图 2-33 所示，同时，黑色接线端口变为棕色。此时，这个端口就建立了与数值输入控件 A 的关联关系。端口的名称为“数值”，颜色为棕色。

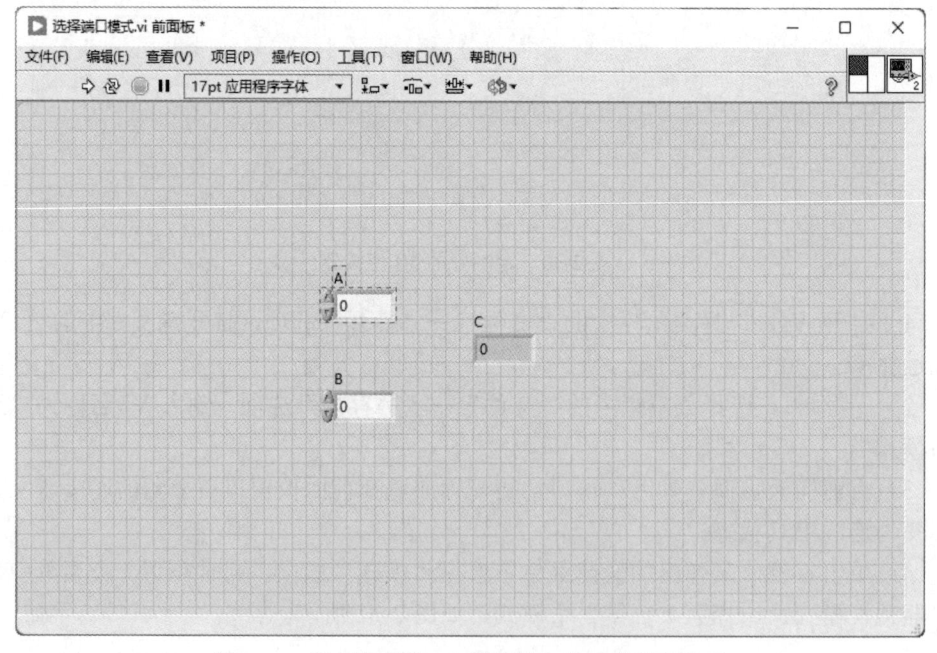

图 2-33　建立接线端口与数值输入控件的关联关系

③ 按同样的方法创建其他 2 个端口和数值输入控件 B、C 的关联关系，结果如图 2-30 所示。

小技巧

端口的颜色是由与之关联的前面板对象的数据类型来确定的，不同的数据类型对应不同的颜色。例如，与布尔量相关联的端口的颜色是绿色。

Note

2.3.3　设置图标

一个完整的 VI 是由前面板、程序框图、图标/连接器组成的。图标的图案不是随手涂鸦，它是以最直观的符号或图形让读者明白图标所代表的 VI 的含义。下面介绍几种常见的 VI 图标，如图 2-34 所示。

a)

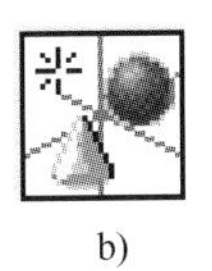

b)

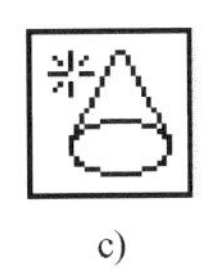

c)

a）“种植系统”图标　b）“创建对象”图标　c）“创建锥面”图标

图 2-34　VI 图标样例

LabVIEW 中允许前面板对象没有名称，并且允许重命名。

双击前面板或程序框图窗口右上角的图标，弹出如图 2-35 所示的“图标编辑器”对话框。可在该对话框中编辑图标，该对话框中包括菜单栏、选项卡、工具栏及绘图区。

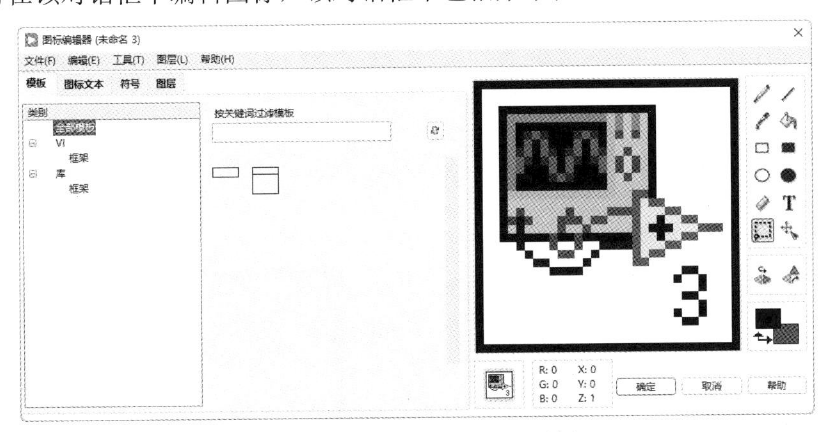

图 2-35　“图标编辑器”对话框

（1）该对话框包含 4 个选项卡。

① 在“模板”选项卡中选择需要的模板，导入绘图区，方便后续操作。

② 在“图标文本”选项卡中设置图标中要输入的文字、符号等，同时可设置输入的文本字体、颜色和样式。

③“符号”选项卡中显示多种图形符号，可作为图标编辑的基础部件，按照要求选择基本图形，装饰图标，如图 2-36 所示。

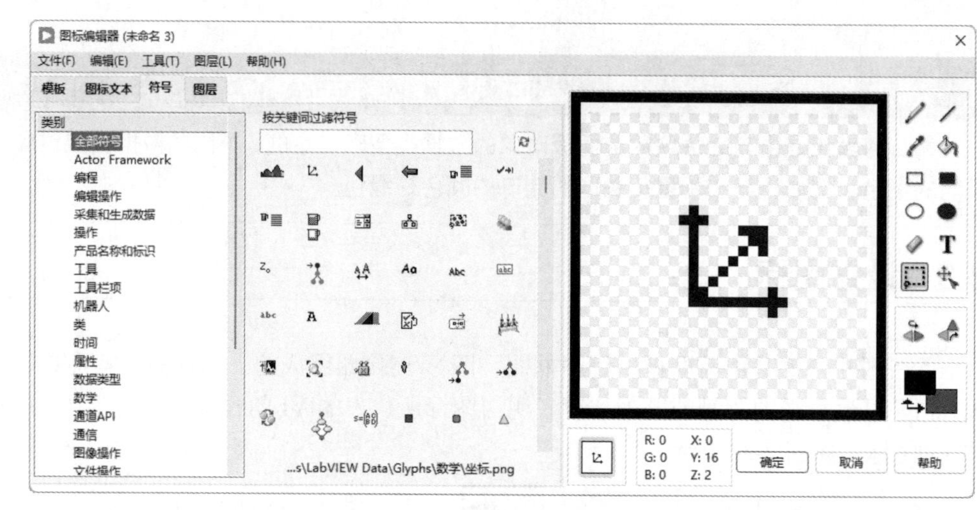

图 2-36 “符号”选项卡

④ 在“图层”选项卡中设置图标中对象的图层。图形或文字的前后次序影响图标的显示结果。

（2）工具栏包括 3 个部分：绘图、布局和颜色，如图 2-37 所示。

① 绘图部分包括 12 种工具，可利用这些工具在绘图区绘制图形。

② 布局部分包括 2 种工具：水平翻转和垂直翻转。合理使用这些工具，使图形达到所需要的效果。

③ 颜色部分可设置绘制的图形颜色。

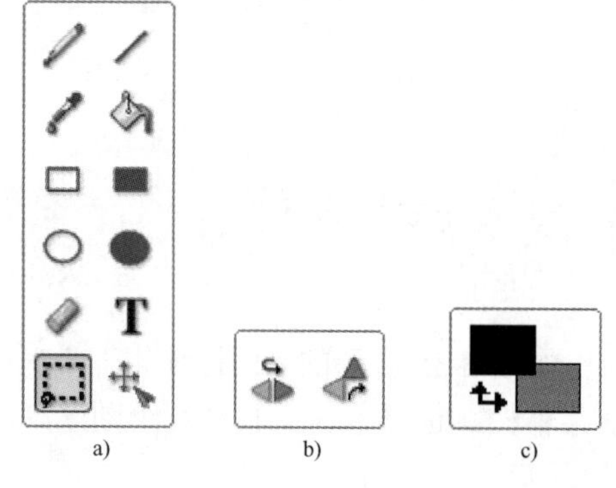

a）绘图 b）布局 c）颜色

图 2-37 工具栏

（3）绘图区中一般显示的是系统默认的图标，在设置图标的过程中，首先应单击按钮，框选并删除绘图区内（黑色边框内部）的默认图标，如图 2-38 所示。

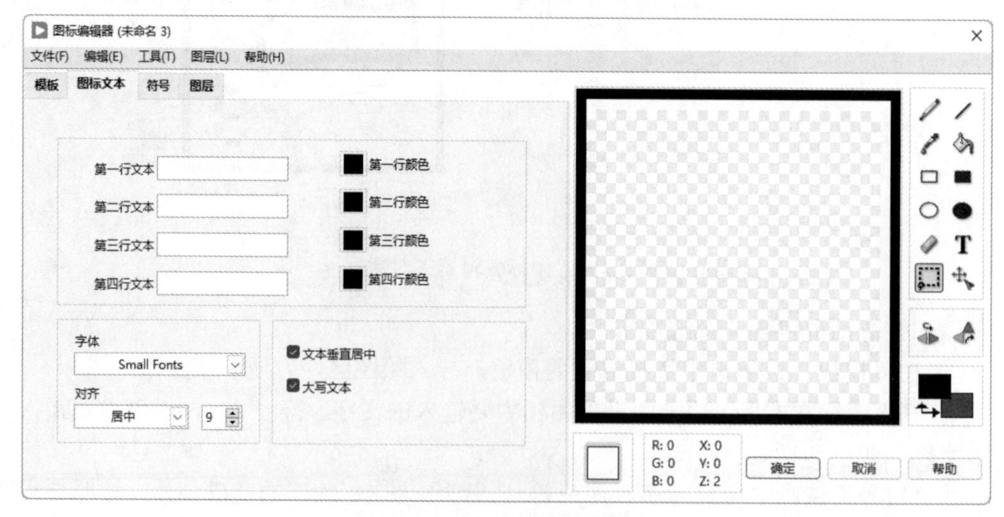

图 2-38 删除绘图区的图标

在空白黑框中进行图标绘制，如果有需要也可以将黑色边框删除。

实例：设置乘法运算图标

本实例设置如图 2-39 所示的图标。

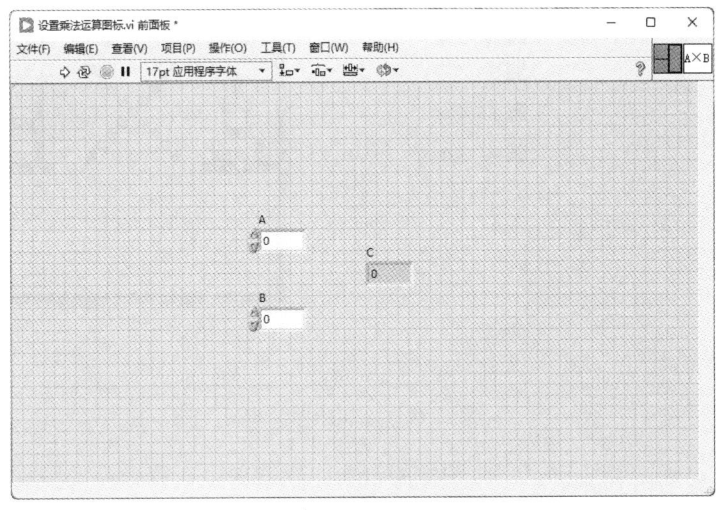

图 2-39 图标设置结果

（1）打开 VI。选择菜单栏中的“文件”→“打开”选项，打开源文件中的第 2 章\选择端口模式.vi。

（2）保存 VI。选择菜单栏中的“文件”→“另存为”选项，输入 VI 名称为“设置乘法运算图标”。

（3）图标位于前面板窗口及程序框图窗口的右上角，双击该图标，弹出“图标编辑器”对话框。

（4）单击工具栏中的按钮，框选绘图区内的默认图标并将其删除，如图 2-40 所示。

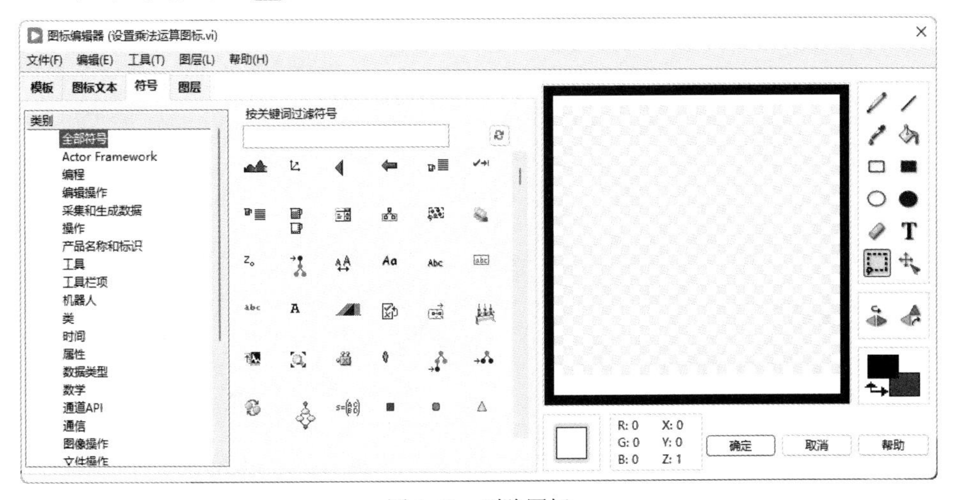

图 2-40 删除图标

（5）打开“图标文本”选项卡，在“第一行文本”文本框中输入“A×B”，调整字体大小，此时在右侧绘图区中显示结果，如图 2-41 所示。

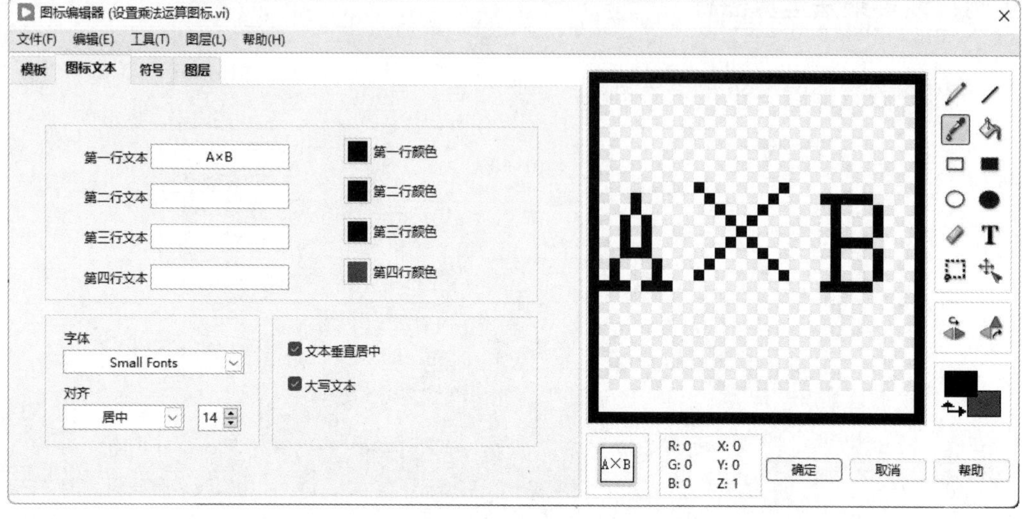

图 2-41　添加图标文本

（6）单击“确定”按钮，完成图标的设置，观察前面板窗口中的图标设置结果，如图 2-39 所示。

2.3.4　控件编辑窗口

为了使控件更真实地演示试验台，可利用自定义控件实现更加逼真的效果，同时也可以增加控件选板中控件的种类。

在图 2-42 所示的“数值输入控件”上单击右键，选择“高级”→“自定义”选项，即可打开此控件的编辑窗口，如图 2-43 所示。

图 2-42　数值输入控件

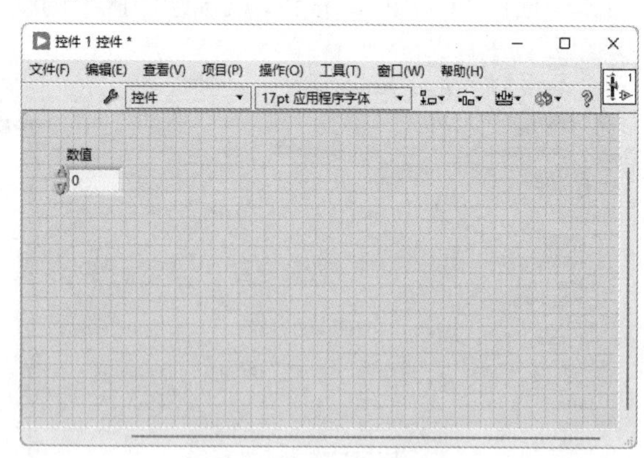

图 2-43　控件编辑窗口

控件编辑窗口与前面板窗口类似，仅工具栏稍有差异，在该窗口中可以对控件进行编辑，修改对象的大小、颜色、字体等。

单击工具栏中的“切换至自定义模式”按钮，进入编辑状态，控件由整体转换为单个的对象，如图 2-44 所示。

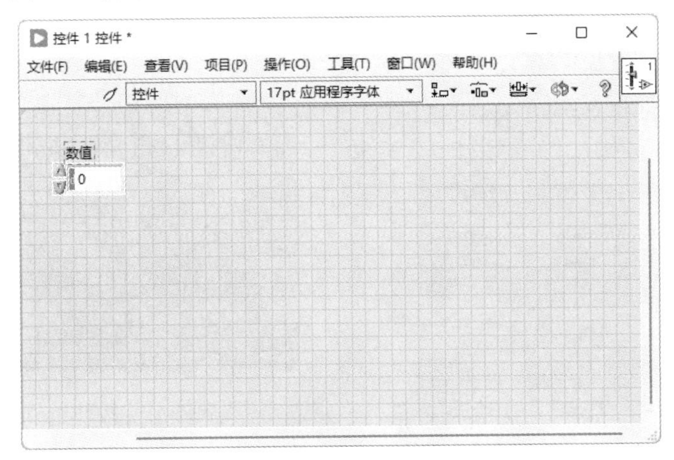

图 2-44　自定义模式

实例：设置版本切换

本实例自定义创建如图 2-45 所示的 LabVIEW 版本切换控件。

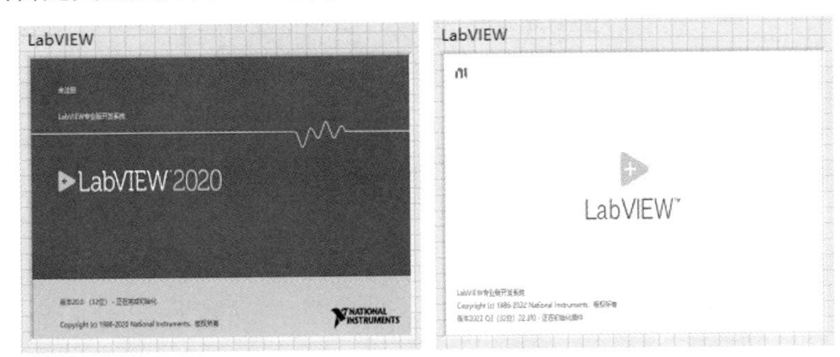

图 2-45　LabVIEW 版本切换控件

（1）打开 VI。选择菜单栏中的“文件”→“新建 VI”选项，新建一个 VI。

（2）保存 VI。选择菜单栏中的“文件”→“另存为”选项，输入 VI 名称为“设置版本切换”。

（3）打开前面板窗口，选择控件选板中的“新式”→“布尔”→“方形指示灯”控件，如图 2-46 所示，将其放置到前面板窗口中，并将控件拖动放大到适当大小，修改名称为“LabVIEW”，如图 2-47 所示。

（4）选中刚刚放置的控件，单击右键，从弹出的快捷菜单中选择“高级”→“自定义…”选项，如图 2-48 所示，弹出该控件的编辑窗口，如图 2-49 所示。

（5）单击控件编辑窗口工具栏中的“切换至自定义模式”按钮，进入编辑状态，控件由整体转换为单个的对象，如图 2-50 所示。

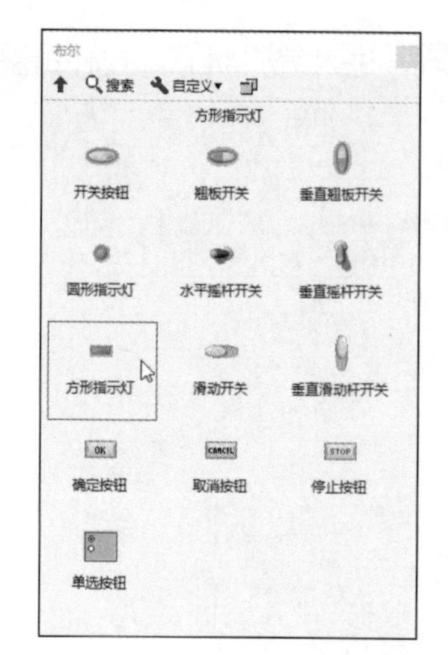

图 2-46 “布尔”子选板

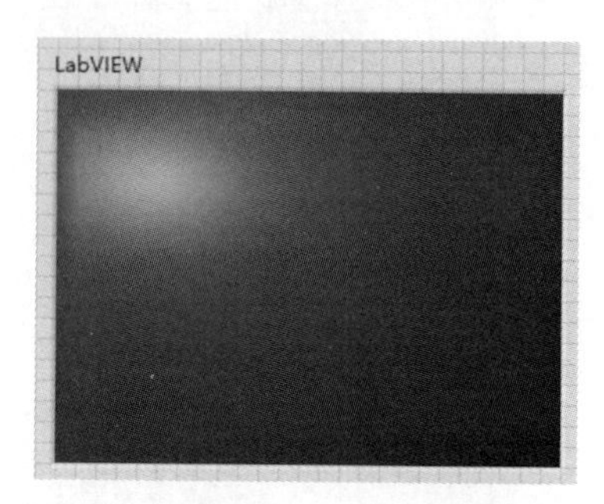

图 2-47 控件

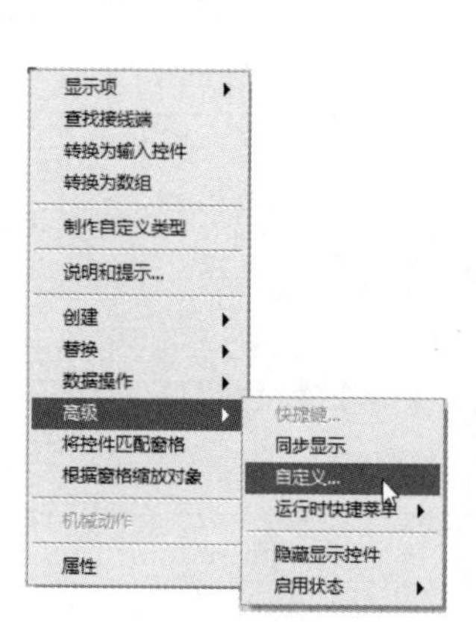

图 2-48 快捷菜单

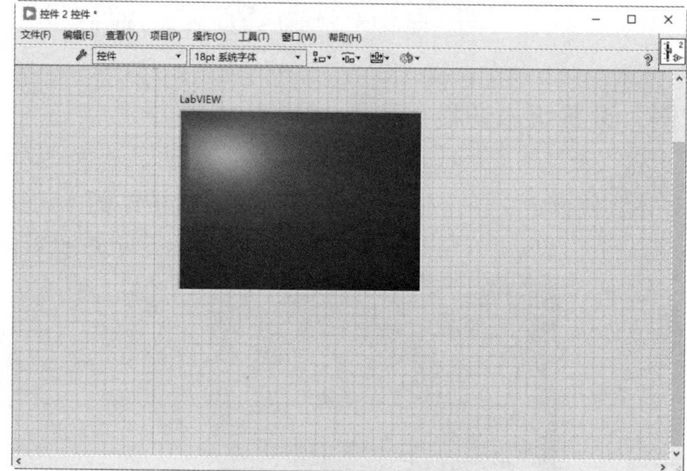

图 2-49 控件编辑窗口

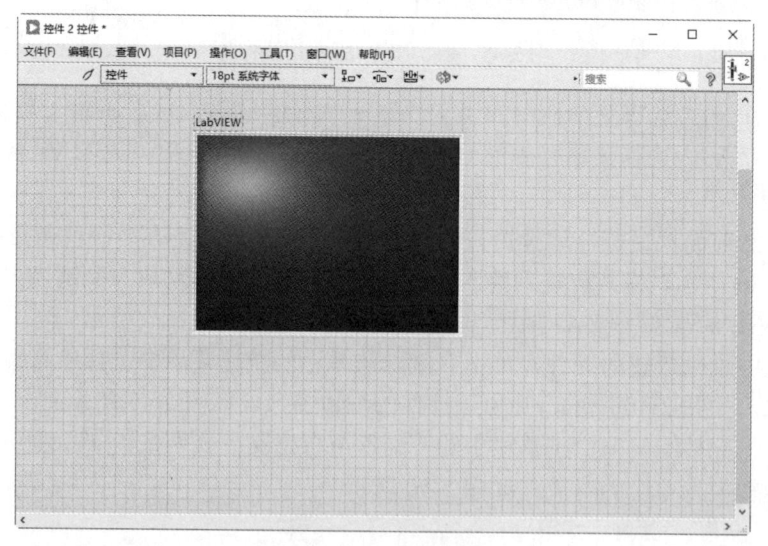

图 2-50 自定义模式

（6）选中该控件图片，单击右键，弹出如图 2-51 所示的快捷菜单，选择“图片项”选项，显示 4 种图片模式，选中样式 1。在样式 1 图片上单击右键，选择“以相同大小从文件导入”快捷选项，将样式 1 图片替换为“LabVIEW 2020”图片，如图 2-52 所示。

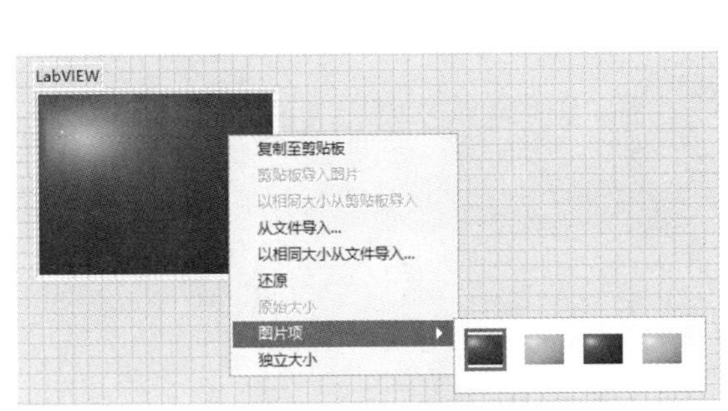

图 2-51　快捷菜单

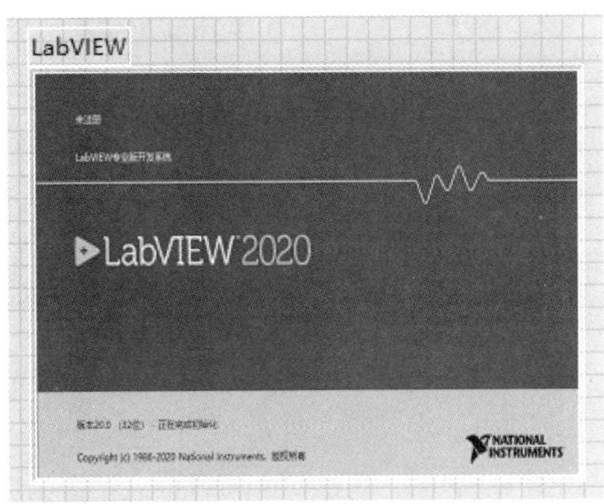

图 2-52　导入图片

（7）在图片模式中选中样式 3，将样式 3 图片替换为“LabVIEW 2020”图片。

（8）在图片模式中选中样式 2，如图 2-53 所示。在样式 2 图片上单击右键，选择“以相同大小从文件导入”快捷选项，将样式 2 图片替换为“LabVIEW 2022”图片，如图 2-54 所示。

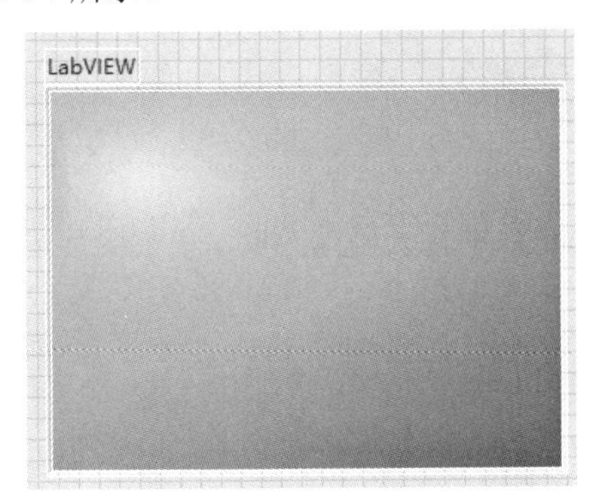

图 2-53　选中样式 2

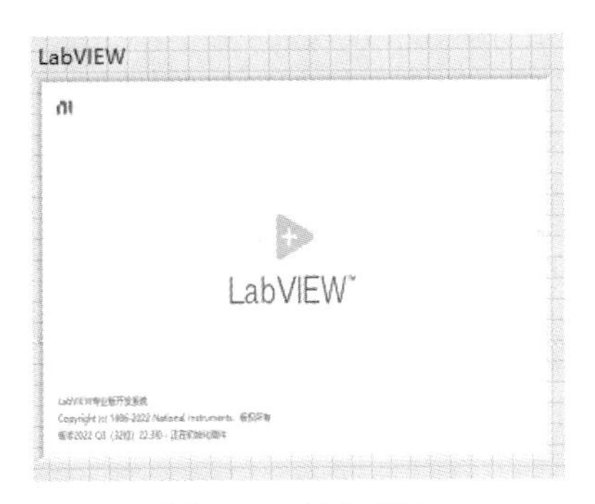

图 2-54　导入图片

（9）在图片模式中选中样式 4，将样式 4 图片替换为“LabVIEW 2022”图片。

（10）单击工具栏中的“切换至编辑模式”按钮，退出自定义模式。

（11）单击“LabVIEW”控件，完成版本切换控件的创建，如图 2-45 所示。

2.4　综合演练——读取图片内容

本例演示 LabVIEW 中 VI 的完整设计流程，即设计一个用来读取图片内容的 VI，如图 2-55 所示。

Note

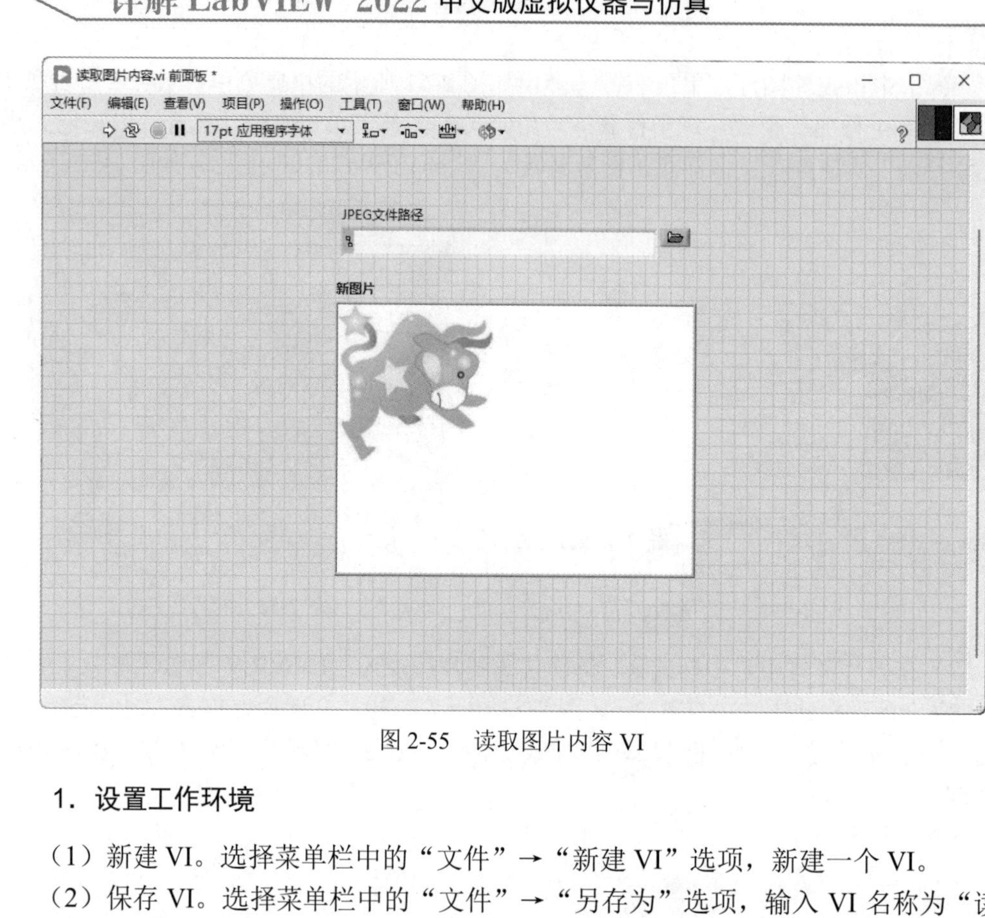

图 2-55　读取图片内容 VI

1．设置工作环境

（1）新建 VI。选择菜单栏中的“文件”→“新建 VI”选项，新建一个 VI。

（2）保存 VI。选择菜单栏中的“文件”→“另存为”选项，输入 VI 名称为“读取图片内容”。

（3）固定函数选板。单击右键，在程序框图窗口中打开函数选板，单击函数选板左上角的“固定”按钮，将函数选板固定在程序框图窗口。

2．设计程序框图

（1）选择函数选板中“编程”→“图形与声音”→“图形格式”→“读取 JPEG 文件”函数，将光标放置在“JPEG 文件路径”函数输入端口处，如图 2-56 所示。单击右键，选择“创建”→“输入控件”选项，创建“path to JPEG file”输入控件，以读取 JPEG 文件，如图 2-57 所示。

（2）选择函数选板中“编程”→“图形与声音”→“图片函数”→“绘制平化像素图”函数，以读取图片文件中的像素显示 RGB 图形。

（3）连接函数对应接线端。在“绘制平化像素图”函数“新图片”输出端，单击右键，选择“创建”→“显示控件”选项，创建“new picture”控件，如图 2-58 所示。

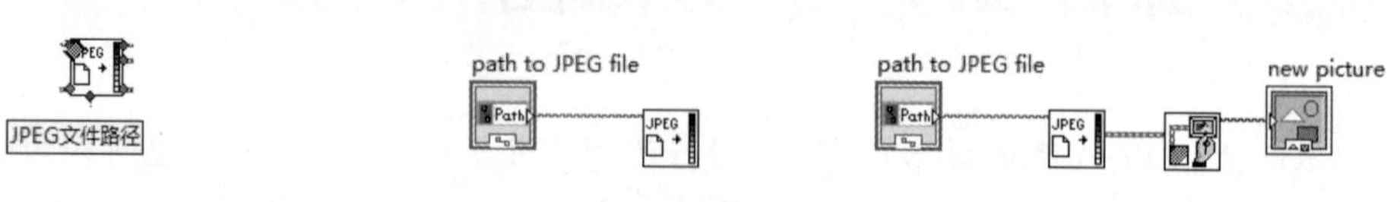

图 2-56　放置光标至输入端　　图 2-57　创建输入控件　　图 2-58　创建显示控件

3. 设计前面板

（1）选择菜单栏中的“窗口”→“显示前面板”选项，或双击程序框图中的任一输入/显示控件，将前面板置为当前活动窗口，如图 2-59 所示。

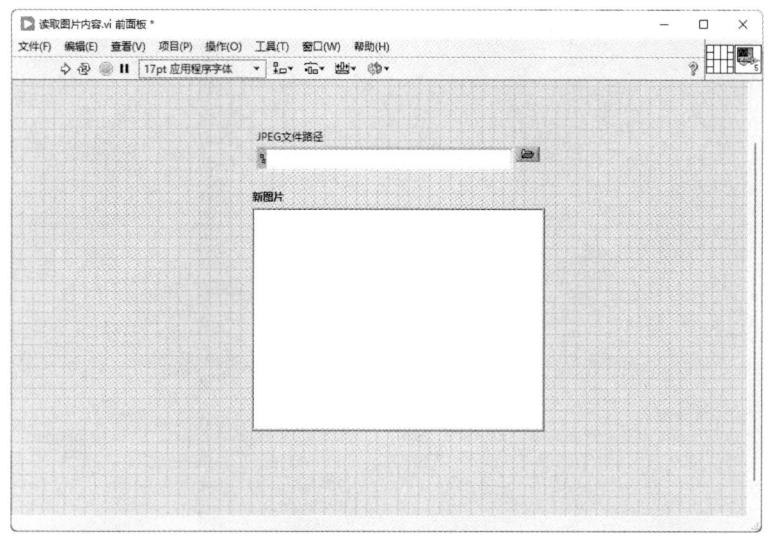

图 2-59　前面板

（2）在前面板连接器上右击，选择“模式”选项，弹出如图 2-60 所示的连接器预设模式面板，选择图中所示模式，修改结果如图 2-61 所示。

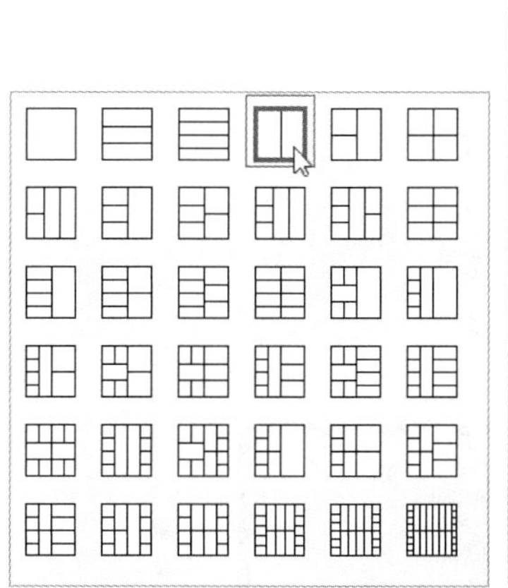

图 2-60　连接器预设模式面板

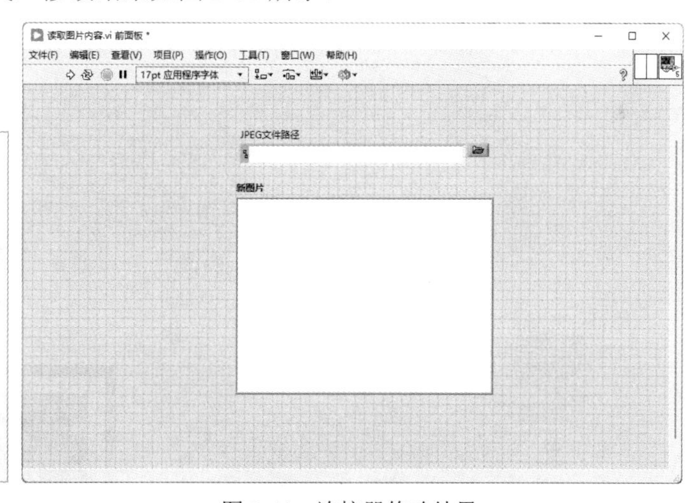

图 2-61　连接器修改结果

（3）先单击左侧的接线端，端口显示为黑色，再单击“JPEG 文件路径”控件，接线端显示为绿色，表示完成接线端的连接，如图 2-62 所示。

（4）先单击右侧的接线端，端口显示为黑色，再单击“新图片”控件，接线端显示为蓝色，表示完成接线端的连接，如图 2-63 所示。

（5）双击前面板右上角的图标，或在图标上右击并选择“编辑图标”选项，弹出“图标编辑器”对话框，如图 2-64 所示。

Note

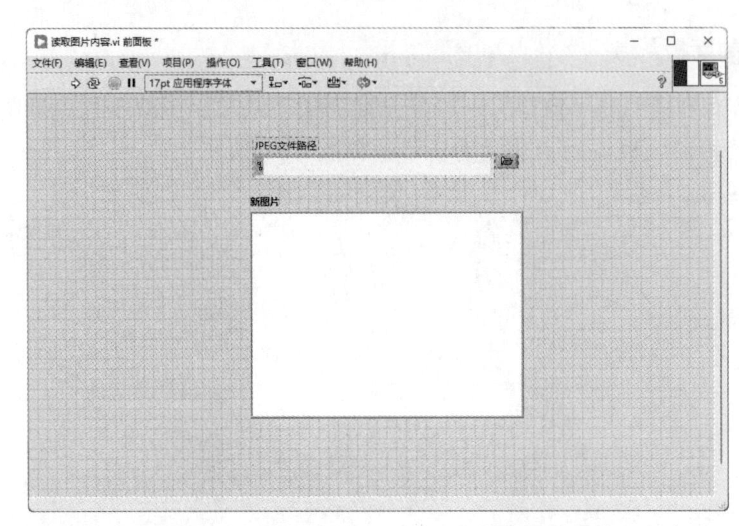

图 2-62　关联接线端与“JPEG 文件路径”控件

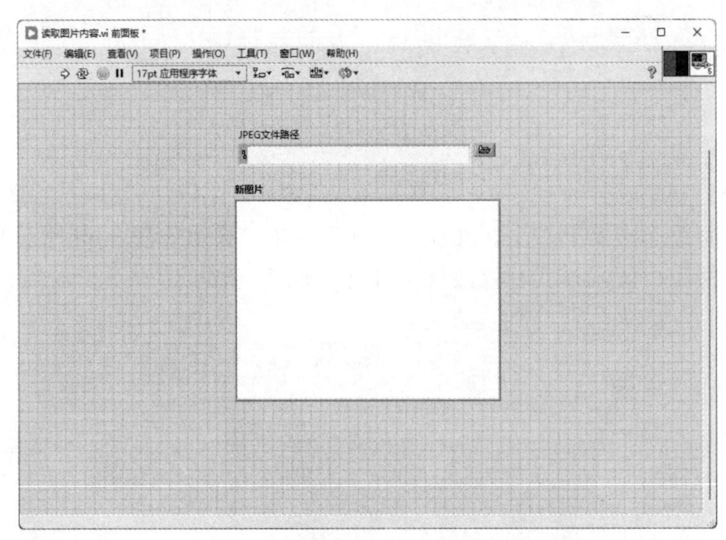

图 2-63　关联接线端与“新图片”控件

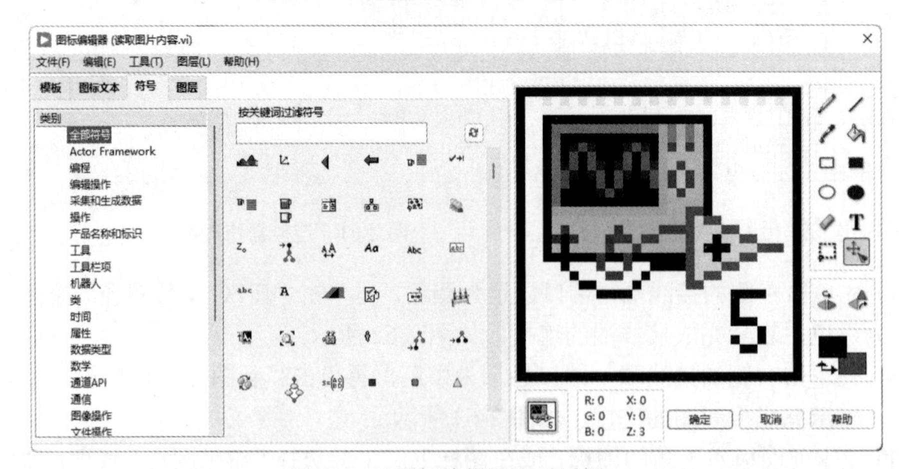

图 2-64　“图标编辑器”对话框 1

（6）删除绘图区内图形，打开“符号”选项卡，在“图像操作”类别中选择第 2 行第 4 列的图标，以在绘图区显示，结果如图 2-65 所示。

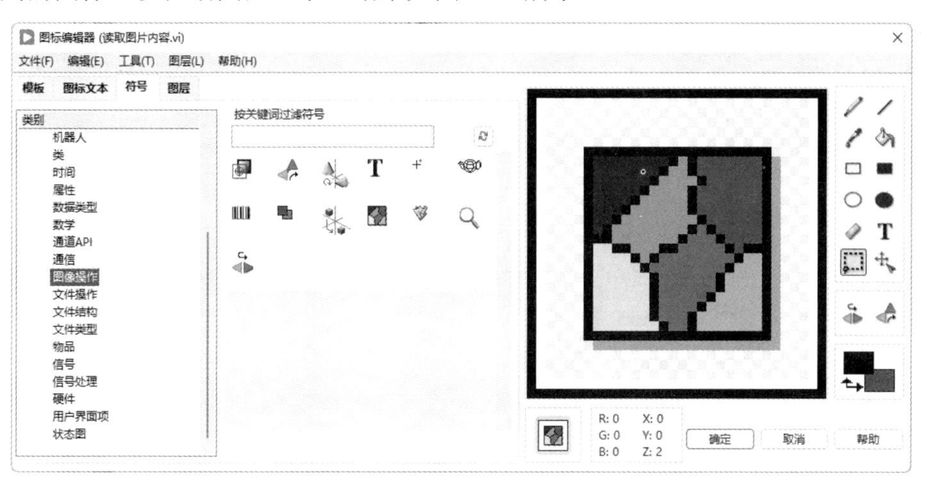

图 2-65　“图标编辑器”对话框 2

（7）单击“确定”按钮，完成图标修改，结果如图 2-66 所示。

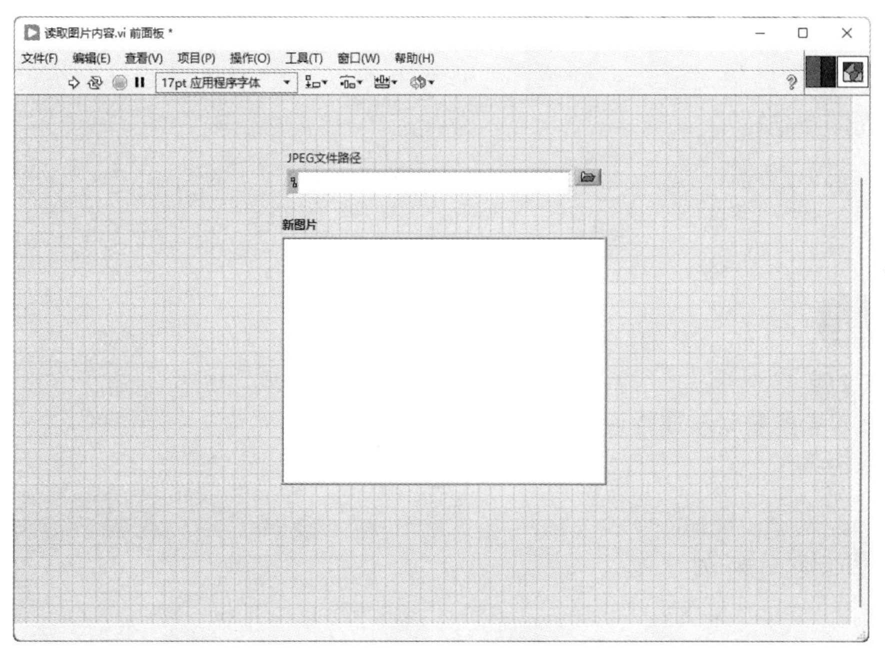

图 2-66　图标修改结果

（8）在前面板窗口或程序框图窗口的工具栏中单击“运行”按钮，运行 VI，弹出“选择需要加载的 JPEG 文件”对话框，选择要显示的文件，选中文件后，运行结果如图 2-55 所示。

前面板与VI

一个完整的VI包括前面板与程序框图两个界面，前面板是VI需要显示于人前的“衣服”，前面板对象（控件）则是组成“衣服”的“布料”。本章围绕前面板中的前面板对象进行介绍，以理论结合实例的形式讲解前面板的组成、设置与编辑。

知识重点

☑ 前面板对象
☑ 前面板对象的编辑和属性设置
☑ 运行和编辑 VI

任务驱动&项目案例

学校值日表

星期一 0　星期二 0　星期三 0
星期四 0　星期五 0　星期六 0
星期日 0

3.1 前面板对象

前面板是 VI 的用户界面，如图 3-1 所示。

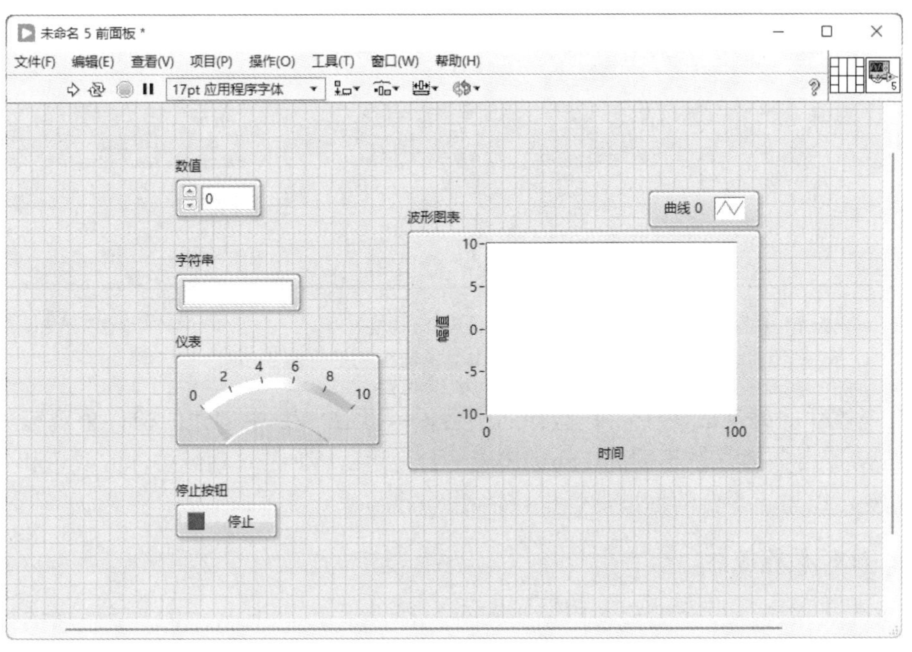

图 3-1　VI 的前面板

前面板由输入控件和显示控件组成。这些控件是 VI 的输入/输出端口。输入控件模拟旋钮、按钮、转盘等输入装置，为 VI 的程序框图提供数据。显示控件模拟图标、指示灯等显示装置，用以显示程序框图获取或生成的数据。LabVIEW 中可获得的控件样式如下。

1. 新式控件、经典控件和银色控件

许多前面板对象具有高彩外观。为了获取前面板对象的最佳外观，显示器最低应设置为 16 位色。在控件选板中，位于“新式”子选板上的新式控件有相应的低彩对象。位于“经典”子选板上的经典控件适于创建在 256 色显示器和 16 色显示器上显示的 VI。位于“银色”子选板上的银色控件为终端用户的交互 VI 提供了另外一种视觉样式，银色控件的外观将随终端用户运行 VI 的平台而改变。控件在这 3 个子选板中的组织形式如图 3-2 所示。

2. 系统控件

位于“系统”子选板（见图 3-3）上的系统控件可用在用户创建的对话框中。系统控件分为数值，布尔，字符串与路径，下拉列表与枚举，布局，列表、表格和树，修饰 7 种类型。这些系统控件仅在外观上与前面板控件不同，颜色与系统设置的颜色一致。

Note

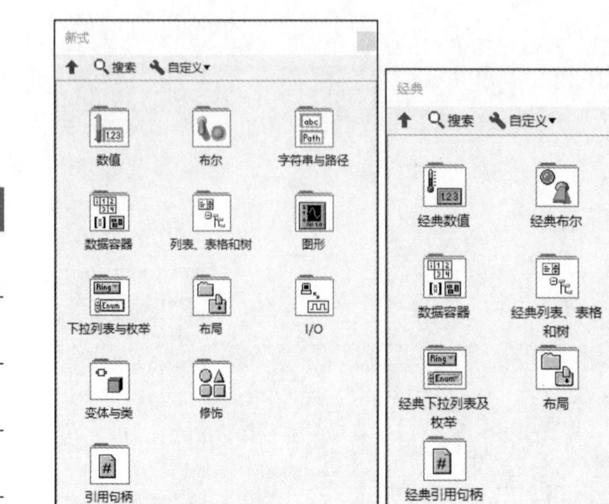

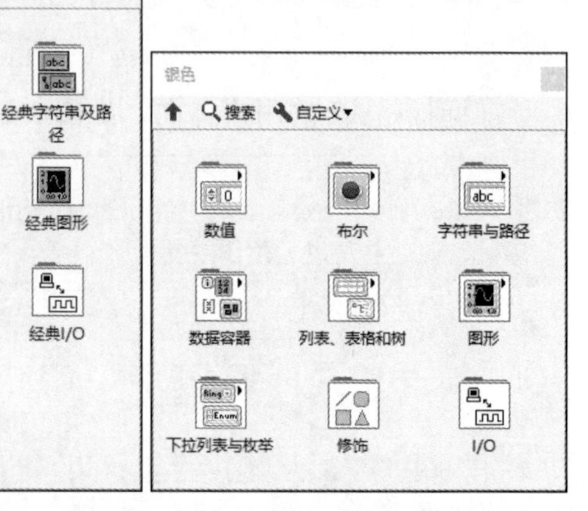

（a）“新式”子选板　　（b）“经典”子选板　　（c）“银色”子选板

图 3-2　控件选板中 3 个子选板的控件组织形式

系统控件的外观取决于 VI 运行的平台，因此在 VI 中创建的控件外观应与所有 LabVIEW 平台兼容。在不同的 LabVIEW 平台上运行 VI 时，系统控件的颜色和外观将发生改变，以与该平台的标准对话框控件相匹配。

3．NXG风格控件

NXG 风格控件包含编程常用的大部分控件，是 LabVIEW 2022 版新增的控件，位于“NXG 风格”子选板上，如图 3-4 所示。

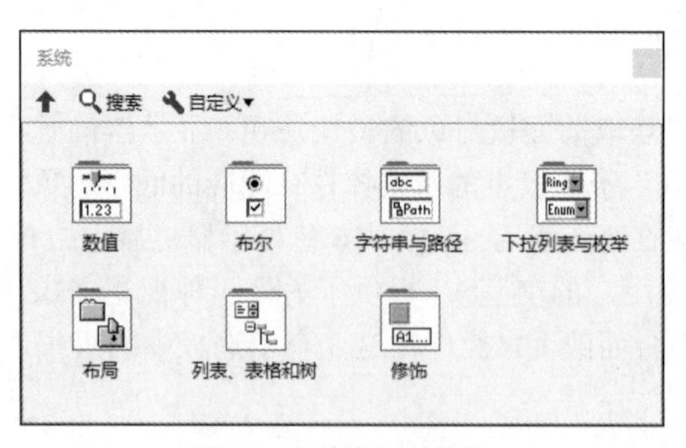

图 3-3　“系统”子选板

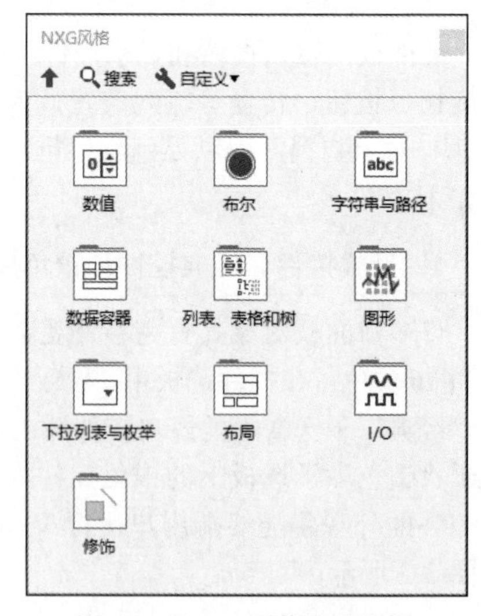

图 3-4　“NXG 风格”子选板

4．Express控件

位于“Express”子选板（见图 3-5）上的 Express 控件用于 Express VI。Express VI 由下列两个部分组成。

☑ 配置对话框 VI：配置 Express VI 运行时的动作。

☑ 源 VI：既包含 Express VI 的代码，也包含至配置对话框 VI 的链接。

在程序框图上放置 Express VI 时，将出现配置对话框 VI。配置对话框 VI 决定 Express VI 的外观和功能。配置 Express VI 并关闭配置对话框 VI 后，Express VI 在程序框图上显示为一个可扩展节点。可扩展节点的输入/输出端口可设置。但是，该可扩展节点不能像其他子 VI 那样双击，而打开其前面板和程序框图。如要查看代码，必须将 Express VI 转换为子 VI。Express VI 的内部代码由源 VI 决定。将 Express VI 转换为子 VI 后，将不能打开配置对话框 VI，也不能将子 VI 重新转换为 Express VI。

5. .NET与ActiveX控件

位于“.NET 与 ActiveX”子选板（见图 3-6）上的.NET 与 ActiveX 控件用于对常用的.NET 与 ActiveX 控件进行操作。可添加更多.NET 与 ActiveX 控件至该选板，供日后使用。

图 3-5 “Express”子选板

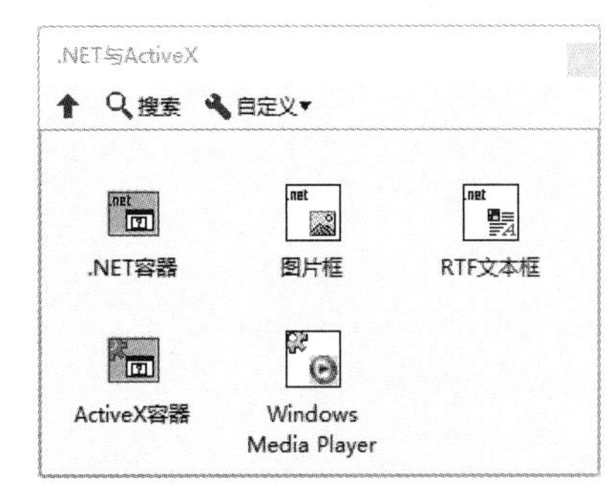

图 3-6 “.NET 与 ActiveX”子选板

选择菜单栏中的“工具”→“导入”→“.NET 控件至选板”选项，弹出“添加.NET 控件至选板”对话框，如图 3-7 所示。或选择“工具”→“导入”→“ActiveX 控件至选板”选项，弹出“添加 ActiveX 控件至选板”对话框，如图 3-8 所示。可分别转换.NET 或 ActiveX 控件集，自定义控件并将这些控件添加至“.NET 与 ActiveX”子选板。

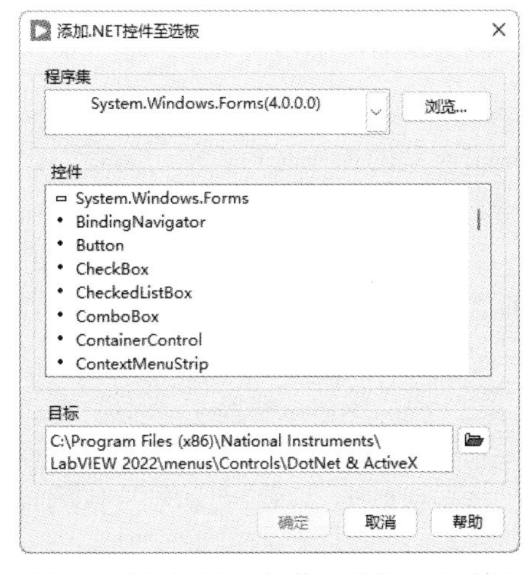

图 3-7 “添加.NET 控件至选板”对话框

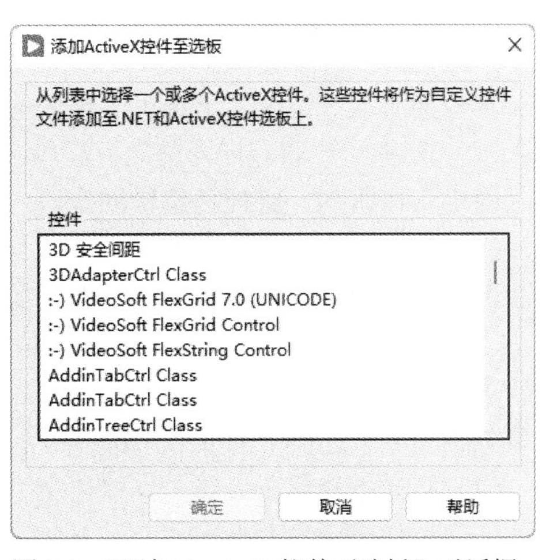

图 3-8 “添加 ActiveX 控件至选板”对话框

要想创建.NET 对象并与之通信，需要安装.NET Framework 1.1 Service Pack 1 或更高版本。笔者建议只在 LabVIEW 项目中使用.NET 对象。如装有 Microsoft .NET Framework 2.0 或更高版本，可使用应用程序生成器生成.NET 互操作程序集。

Note

6. 选择控件

在控件选板上单击“选择控件...”按钮，弹出“选择需打开的控件”对话框，如图 3-9 所示。在其中选择.ctl 文件，将相应控件添加至前面板。

图 3-9 “选择需打开的控件”对话框

实例：银色控件的使用

本实例演示“银色”子选板中控件的使用方法。

（1）新建一个 VI。打开前面板，单击右键，弹出浮动的控件选板，单击选板左上角的“固定”按钮，将控件选板固定。

（2）在控件选板中选择“银色”→“数值”→“数值输入控件（银色）”控件，并在前面板中适当的位置单击，完成控件在前面板中的放置，如图 3-10 所示。

（3）在“数值”子选板中选取“数值显示控件（银色）”和“时间标识输入控件（银色）”控件，在“布尔”子选板中选取“LED（银色）”“停止按钮（银色）”控件，在“字符串与路径”子选板中选取“字符串显示控件（银色）”控件。放置结果如图 3-11 所示。

（4）将光标放置在“布尔”控件上方，单击，当光标变为“调整大小”按钮时，向外拖动控件至适当大小。

（5）单击“时间标识”控件右上角的按钮，弹出“设置时间和日期”对话框，如

图 3-12 所示。单击“确定”按钮，退出对话框，结果如图 3-13 所示。

图 3-10　放置数值输入控件

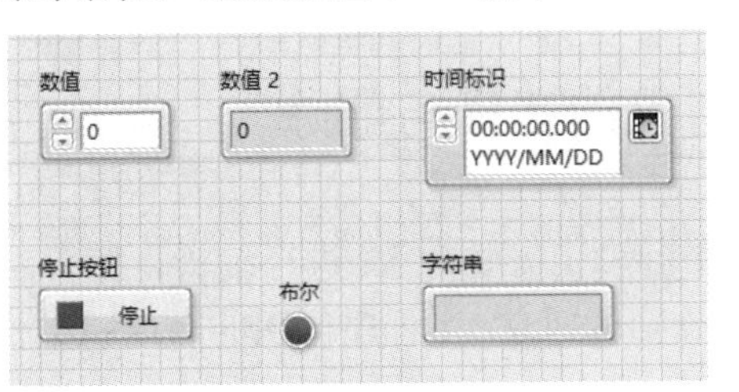

图 3-11　放置控件结果

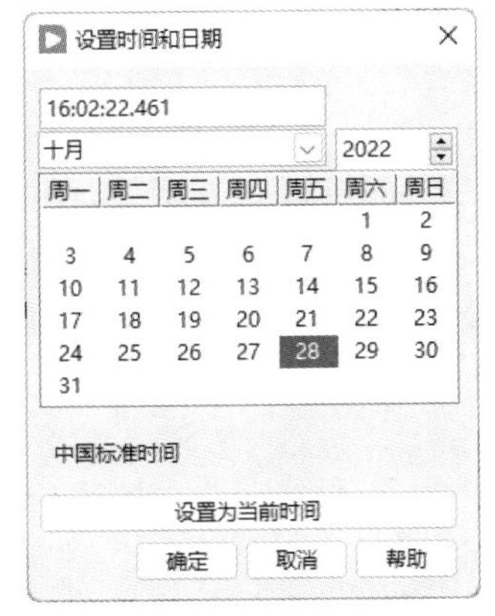

图 3-12　“设置时间和日期”对话框

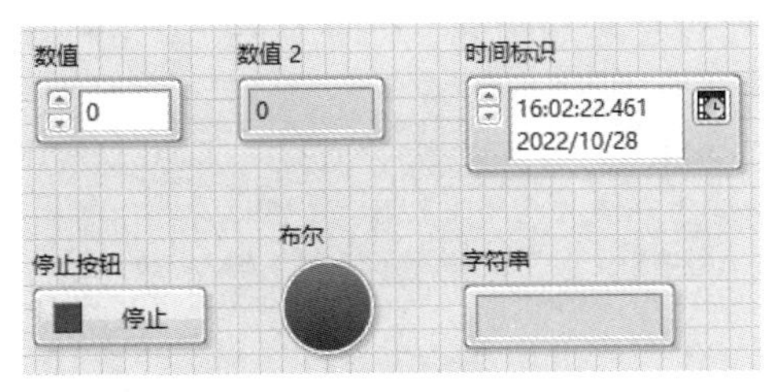

图 3-13　设置控件结果

（6）在“停止按钮”控件上单击右键，弹出快捷菜单，如图 3-14 所示。取消勾选“显示项”→“标签”选项，取消控件标签的显示，结果如图 3-15 所示。

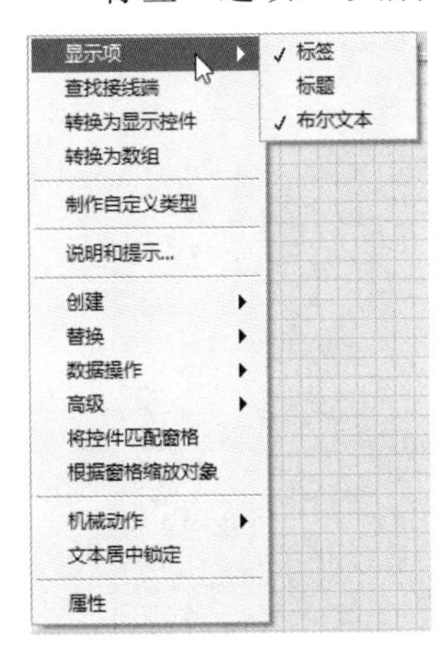

图 3-14　快捷菜单

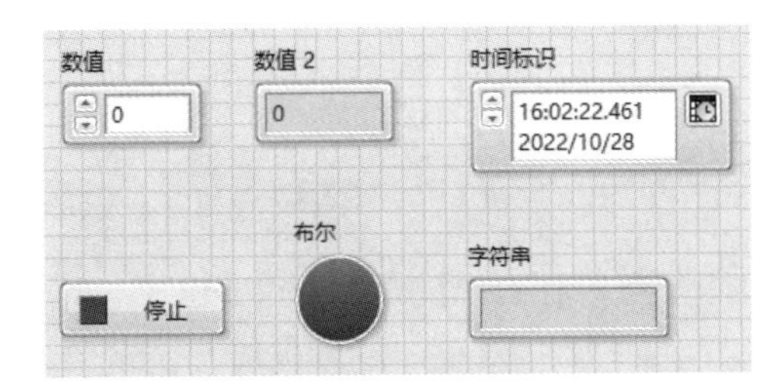

图 3-15　取消显示“停止按钮”控件标签

3.2 前面板对象的编辑

作为一种基于图形编程语言的编程环境，LabVIEW 在图形界面的设计上有着得天独厚的优势，其可以设计出漂亮、大方且方便、易用的程序界面。为了更好地进行前面板的设计，LabVIEW 提供了多种编辑前面板对象的方法。

3.2.1 对象的选择与删除

新建 VI 后，还需要对 VI 进行编辑，使 VI 的图形化交互式用户界面更加美观、友好、易于操作，同时使 VI 程序框图的布局和结构更加合理，易于理解、修改。

1. 选择对象

在工具选板中将光标切换为对象操作工具。

2. 删除对象

选中对象按 Delete 键，或在菜单栏中选择“编辑”→“删除”选项，即可删除对象。如图 3-16 所示为删除“银色数值”控件的效果。

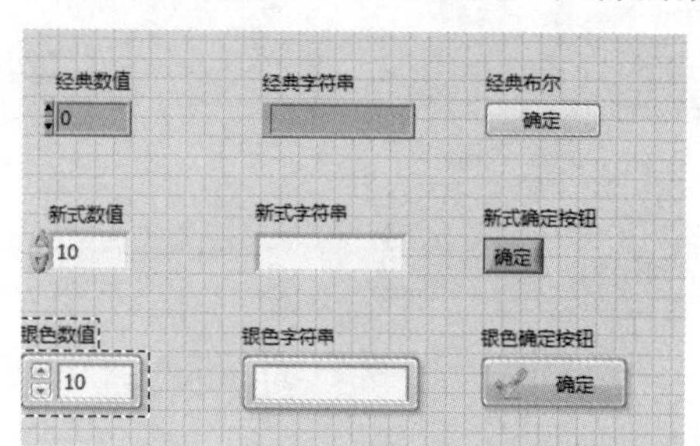

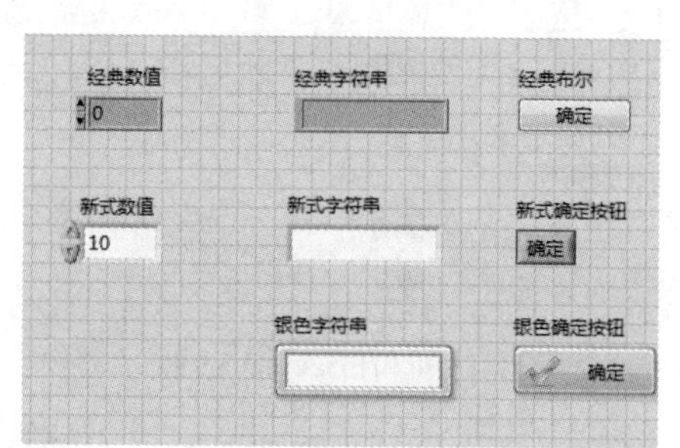

图 3-16　删除对象

3.2.2 变更对象位置

用对象操作工具拖动目标对象到指定位置，效果如图 3-17 所示。

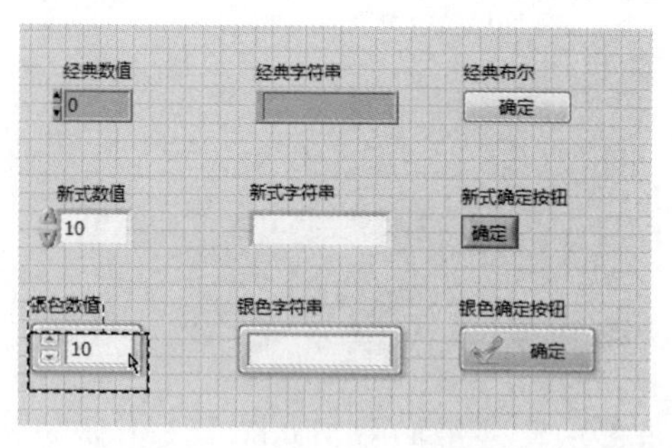

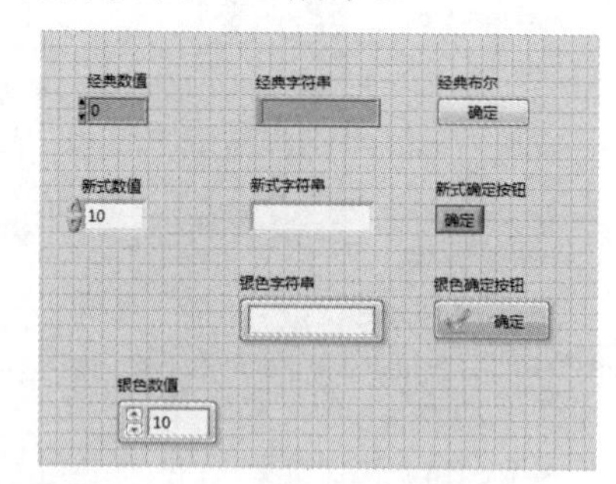

图 3-17　变更对象位置

在拖动对象时，窗口中会出现一个红色的文本框，实时显示对象移动的相对坐标。

实例：学校值日表控件的放置

选取并放置学校值日表 VI 前面板上的所有对象，如图 3-18 所示。

（1）新建VI。选择菜单栏中的“文件”→“新建VI”选项，新建一个VI。

（2）保存VI。选择菜单栏中的“文件”→“另存为”选项，输入VI名称为“学校值日表控件的放置”。

（3）打开前面板，并从控件选板的“新式”→“数值”子选板中选取“数值输入控件”，放置7个该控件在前面板中，结果如图3-19所示。

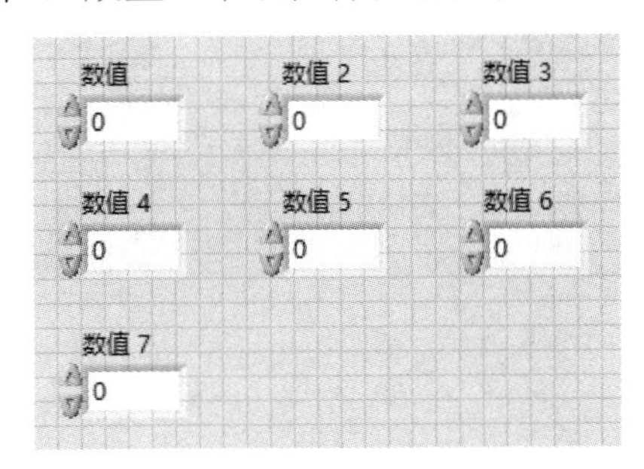

图3-18　手动调整控件位置

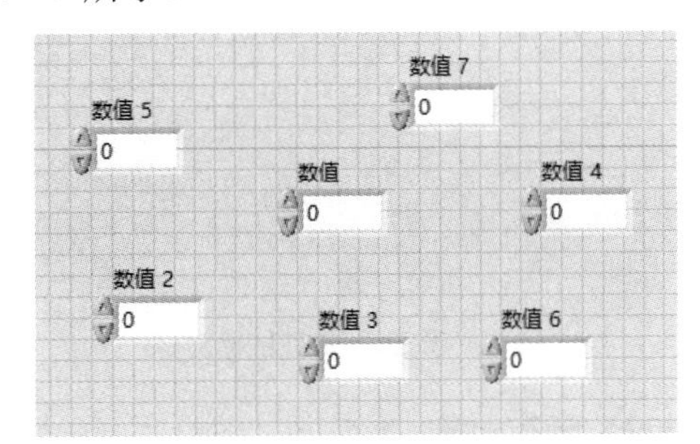

图3-19　放置控件

（4）框选单个控件，控件上将显示蓝色虚线框，此时可手动调整控件位置，使前面板整洁、美观。结果如图3-18所示。

3.2.3　设置对象的位置关系

在LabVIEW程序中，设置对象的位置关系是修饰前面板过程中一件非常重要的工作。LabVIEW 2022提供了专门用于调整多个对象位置关系及设置对象大小的工具，它们位于LabVIEW的工具栏上。

1．对齐关系

LabVIEW中用于对齐多个对象位置的工具如图3-20所示。

选中需要对齐的对象，然后在工具栏中单击“对齐对象”按钮，会出现一个图形化的下拉列表，如图3-21所示。在下拉列表中可以选择各种对齐方式。下拉列表中的图标很直观地表示了对应的对齐方式，有左边缘对齐、右边缘对齐、上边缘对齐、下边缘对齐、水平中轴线对齐及垂直中轴线对齐6种。

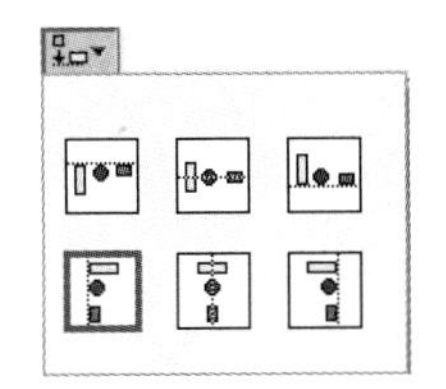

图3-20　“对齐对象”工具

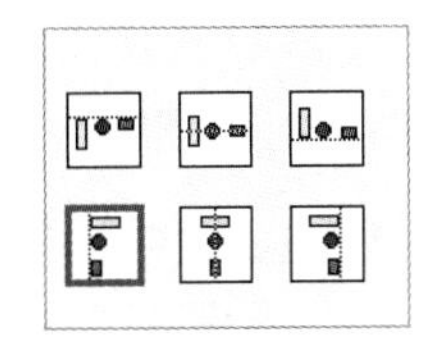

图3-21　“对齐对象”下拉列表

例如，将几个对象按左边缘对齐的操作步骤如下。

（1）选中目标对象，如图3-22所示，然后在工具栏中单击“对齐对象”按钮。

（2）在“对齐对象”下拉列表中选择“左边缘”选项，结果如图3-23所示。

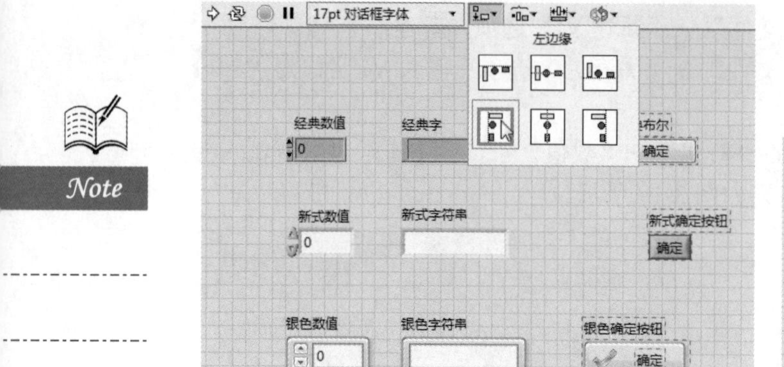

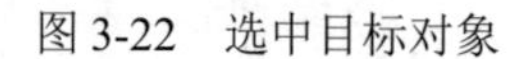
图 3-22　选中目标对象

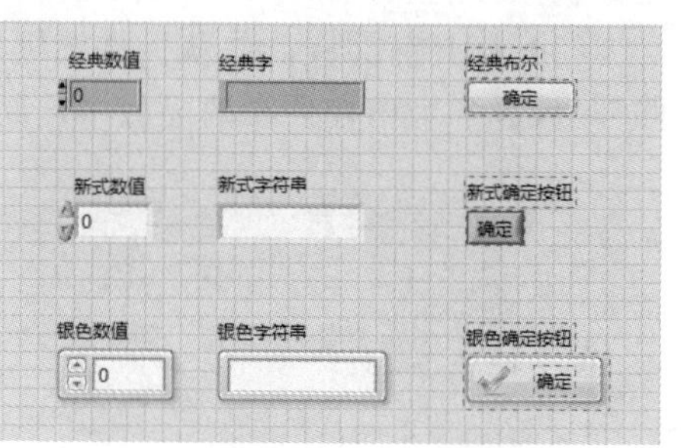

图 3-23　对象左边缘对齐后的结果

2．分布对象

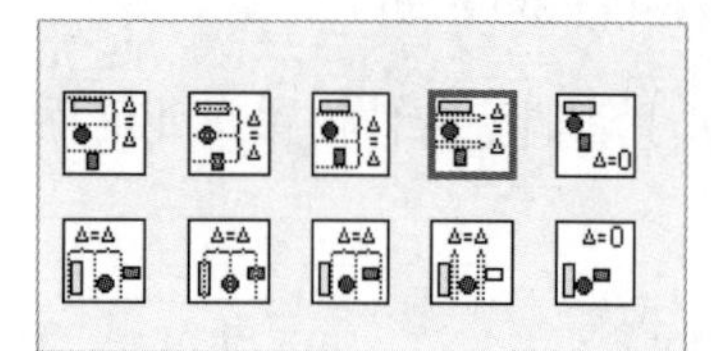

图 3-24　“分布对象”下拉列表

选中需要分布排列的对象，在工具栏中单击“分布对象”按钮，会出现一个图形化的下拉列表，如图 3-24 所示。在下拉列表中可以选择各种分布方式，其图标很直观地表示了对应的分布方式。

例如，将几个对象按等间隔垂直分布的操作步骤如下。

（1）选中目标对象，如图 3-25 所示，然后在工具栏中单击“分布对象”按钮。

（2）在“分布对象”下拉列表中选择“垂直间距”选项，结果如图 3-26 所示。

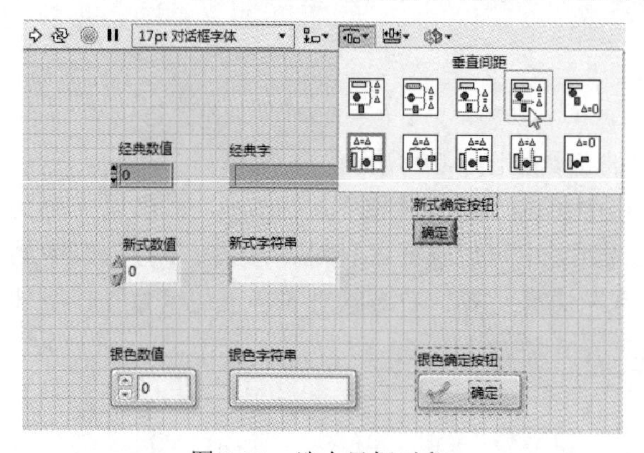

图 3-25　选中目标对象

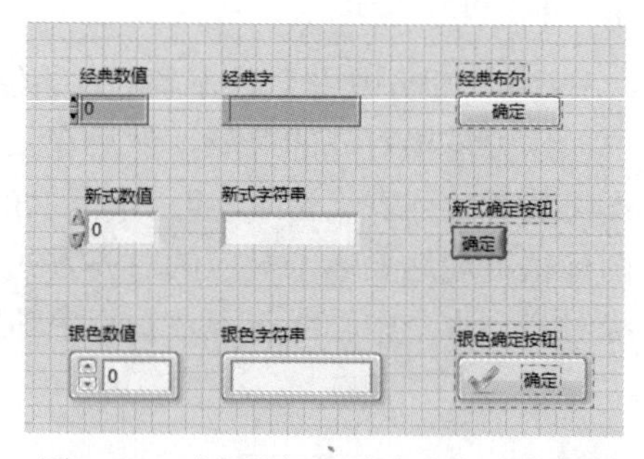

图 3-26　对象等间隔垂直分布后的结果

3．改变对象在窗口中的前后次序

选中对象，在工具栏中单击“重新排序”按钮，会出现一个下拉列表（见图 3-27），可以通过下拉列表中的选项改变对象在窗口中的前后次序。

“向前移动”是将对象向上移动一层；“向后移动”是将对象向下移动一层；“移至前面”是将对象移至窗口的最顶层；“移至后面”是将对象移至窗口的最底层。

例如，将一个对象从窗口的最顶层移至窗口的最底层的操作步骤如下。

（1）选中目标对象，如图 3-28 所示，然后在工具栏中单击“重新排序”按钮。

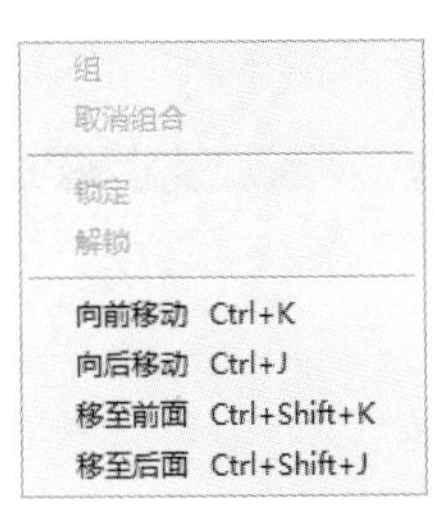

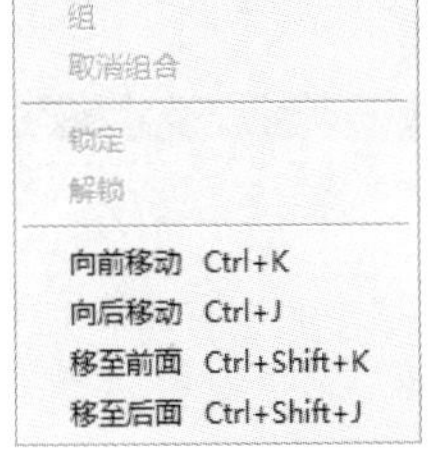

图 3-27 “重新排序”下拉列表

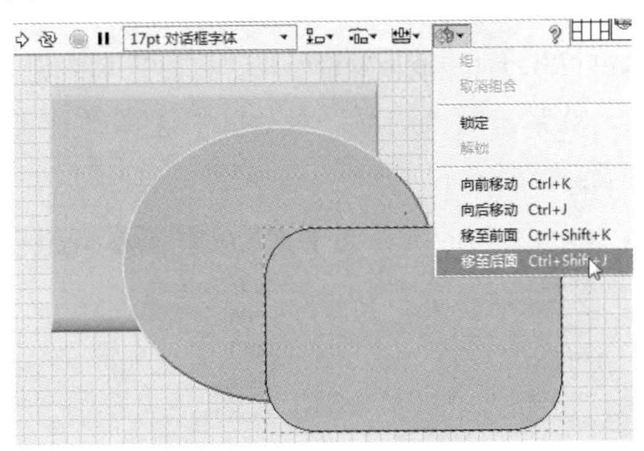

图 3-28　选中目标对象

（2）在“重新排序”下拉列表中选择“移至后面”选项，结果如图 3-29 所示。

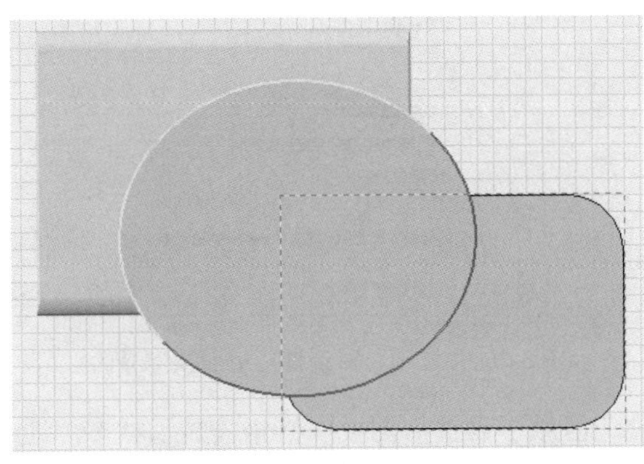

图 3-29　改变对象前后次序后的结果

4．组合与锁定对象

在“重新排序”下拉列表中还有几个选项，分别是“组”和“取消组合”、“锁定”和“解锁”。

“组”选项的功能是将几个选定的对象组合成一个对象组，对象组中的所有对象形成一个整体，它们的相对位置和相对尺寸都相对固定。当移动对象组或改变对象组的尺寸时，对象组中所有的对象同时移动相同的距离或改变相同的尺寸。注意，“组”选项的功能仅仅是将数个对象按照其位置和尺寸简单地组合在一起形成一个整体，并没有在逻辑上对它们进行组合，即它们之间在逻辑上的关系并没有因为组合在一起而发生改变。“取消组合”选项的功能是解除对象组中对象的组合，将它们还原为独立的对象。

“锁定”选项的功能是将几个选定的对象组合成一个对象组，并且锁定该对象组的位置和尺寸，用户不能改变锁定对象的位置和尺寸。当然，用户也不能删除处于锁定状态的对象。“解锁”选项的功能是解除对象的锁定状态。

当用户编辑好一个 VI 的前面板时，建议用户利用“组”或“锁定”选项将前面板中的对象组合并锁定，防止由于误操作而改变前面板对象的布局。

5．网格排布

网格可以作为排列控件的参考，其显示与隐藏可通过选择菜单栏中的“工具”→“选项”选项，在弹出的“选项”对话框中选择“前面板”类别进行设置，如图 3-30 所示。

图 3-30 “选项”对话框“前面板”界面

可在“前面板网格”区域中设置前面板网格相关显示状态，包括“显示前面板网格”“默认前面板网格大小（像素）”“前面板背景对比度”“启用前面板网格对齐”“缩放新对象以匹配网格大小”“对齐网格绘制样式”6 个选项。

6．改变对象的大小

几乎每一个 LabVIEW 对象都有 8 个尺寸控制点，当对象操作工具位于对象上时，尺寸控制点就会显示出来。用对象操作工具拖动某个尺寸控制点，可以改变对象的大小，如图 3-31 所示。

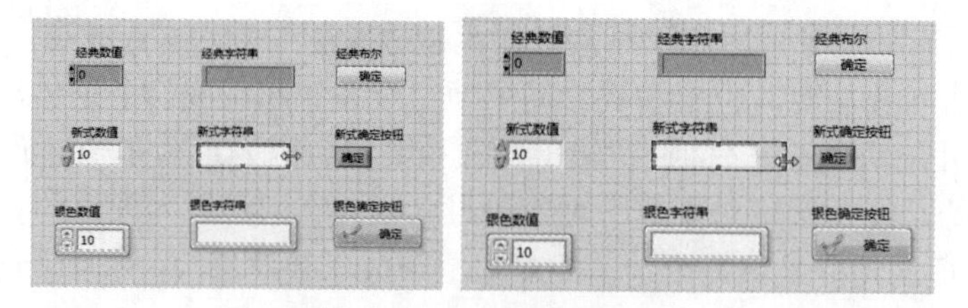

图 3-31 改变对象的大小

有些对象的大小是不能改变的，如程序框图中的接线端、函数选板中的节点图标等。

在拖动对象的边框时，窗口中会出现一个黄色的文本框，实时显示对象的相对坐标。

另外，LabVIEW前面板窗口的工具栏还提供了一个“调整对象大小”按钮，单击该按钮，会弹出一个图形化的下拉列表，如图3-32所示。

利用“调整对象大小”下拉列表中的工具可以统一设定多个对象的尺寸，包括将所选中的多个对象的尺寸设为这些对象的最大宽度、最小宽度、最大高度、最小高度、最大宽度和高度、最小宽度和高度及指定的宽度和高度。

若在“调整对象大小”下拉列表中选择“设置高度和宽度”选项，则会弹出“调整对象大小”对话框，如图3-33所示，用户可以在该对话框中设定对象的宽度和高度。

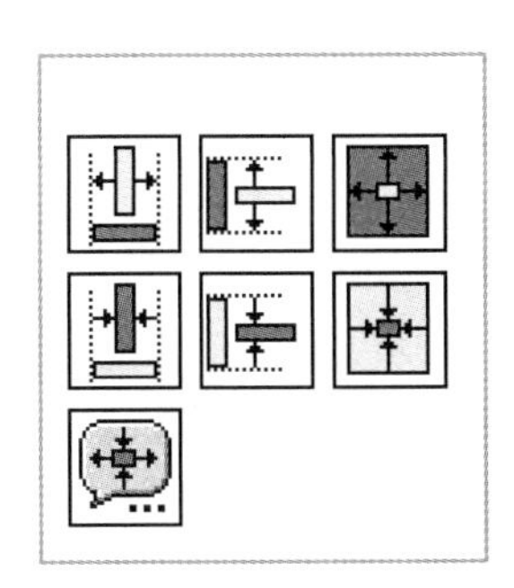

图3-32　“调整对象大小”下拉列表

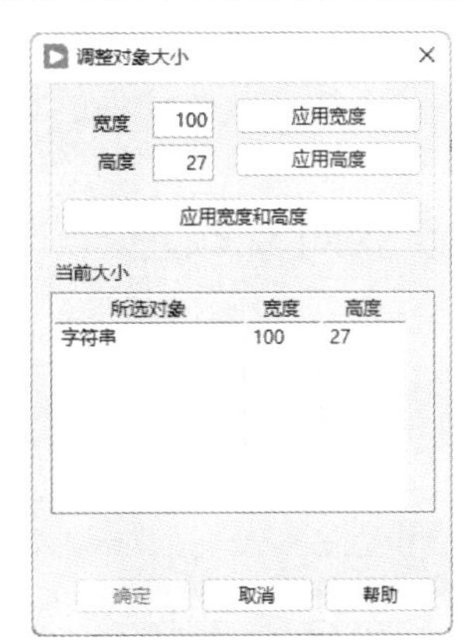

图3-33　“调整对象大小”对话框

实例：为学校值日表控件设置最大宽度

将前面板上所有对象的宽度设为这些对象的最大宽度，如图3-34所示。

（1）打开源文件：源文件\第3章\学校值日表控件的放置.vi。

（2）保存VI。选择菜单栏中的“文件”→“另存为”选项，输入VI名称为“为学校值日表控件设置最大宽度”。

（3）选中前面板中的目标对象“数值”控件，用对象操作工具拖动尺寸控制点，以改变对象的大小，结果如图3-35所示。

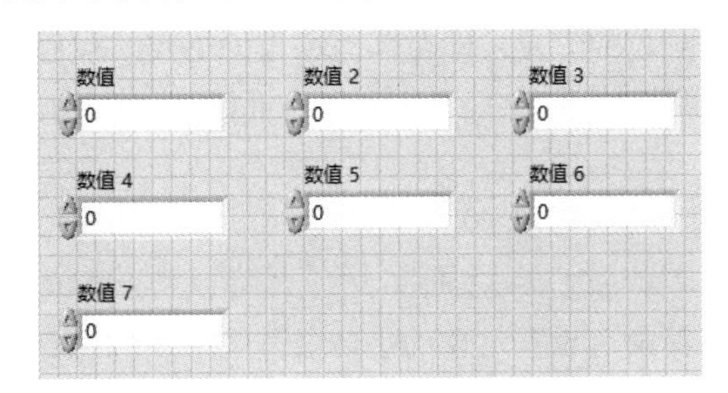

图3-34　统一至最大宽度后的对象

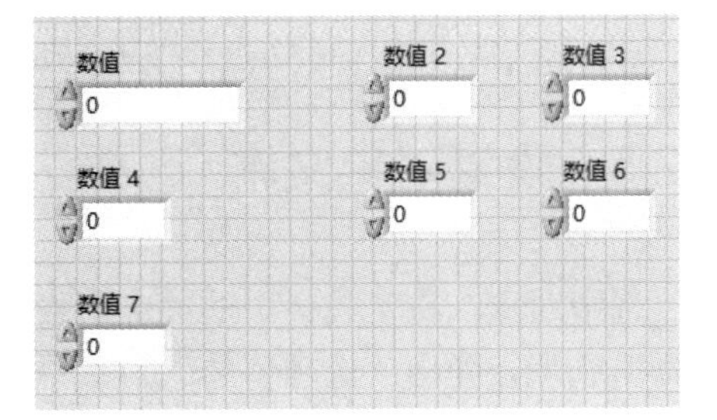

图3-35　调整对象的大小

（4）选中前面板中的第一列对象，如图3-36所示。在“调整对象大小”下拉列表中选择“最大宽度”选项，第一列对象统一至最大宽度后的结果如图3-37所示。

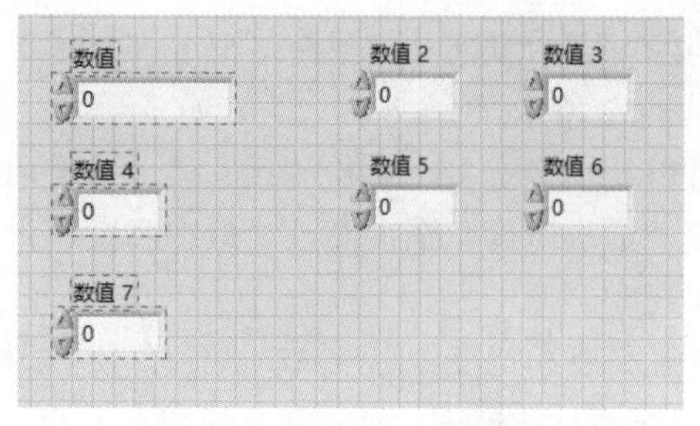

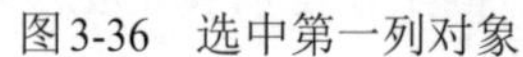
图3-36　选中第一列对象

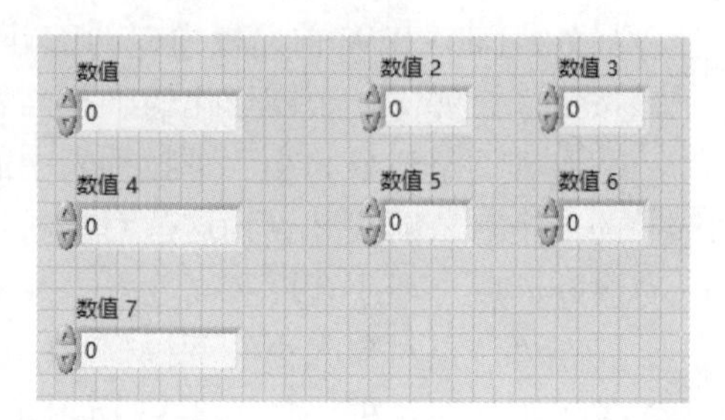

图3-37　第一列对象统一至最大宽度后的结果

（5）同理，统一其他控件的宽度，结果如图 3-34 所示。

3.2.4　改变对象颜色

前景色和背景色是前面板对象的两个重要属性，合理搭配对象的前景色和背景色会使程序增色不少。下面具体介绍设置前面板对象前景色和背景色的方法。

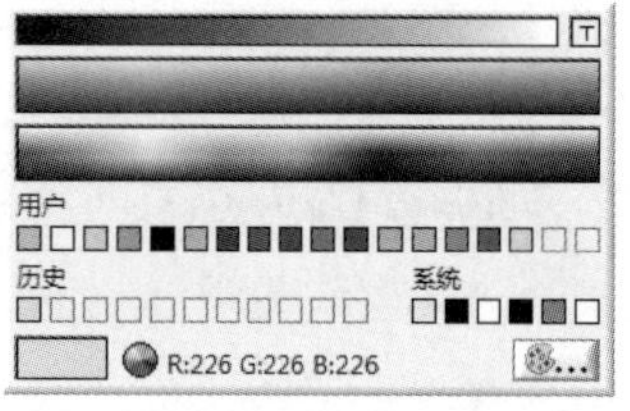

图 3-38　颜色设置面板

（1）选取工具选板中的“设置颜色工具”，这时在前面板上会出现颜色设置面板，如图 3-38 所示。

（2）选择适当的颜色，然后单击前面板，则前面板窗口的背景色被设定为指定的颜色。

（3）用同样的方法，在出现颜色设置面板后，选择适当的颜色，并单击前面板中的控件，则相应控件被设置为指定的颜色。

（4）在设置颜色工具的图标中，有两个上下重叠的颜色框，上面的颜色框面向对象的前景色或边框色，下面的颜色框面向对象的背景色。单击其中一个颜色框，就可以在弹出的颜色设置面板中设置需要的颜色。

（5）若颜色设置面板中没有所需的颜色，则可以单击面板中的“更多颜色”按钮，此时系统会弹出一个 Windows 标准“颜色”对话框。在这个对话框中可以选择预先设定的各种颜色，或者直接设定 RGB 三原色的数值，以便更加精确地选择颜色。

（6）完成颜色的选择后，单击需要改变颜色的对象，即可将对象设为指定的颜色。

3.2.5　设置对象文本

选中对象，在工具栏中的“文本设置”下拉列表 17pt 应用程序字体 中选择“字体对话框”选项，弹出“选项字体”对话框。在其中可设置对象的字体及其大小、颜色、风格和对齐方式，如图 3-39 所示。

“文本设置”下拉列表中的其他选项只是将“选项字体”对话框中的内容分别列出，若只改变对象文本的某一个属性，可以方便地利用这些选项直接更改，而无须在“选项字体”对话框中进行更改。

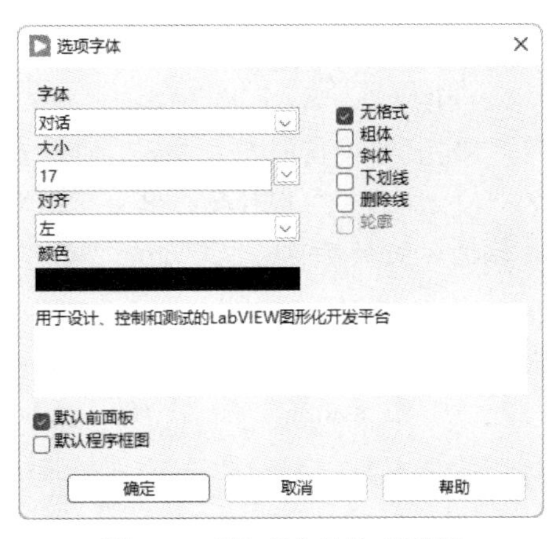

图 3-39　“选项字体”对话框

另外，还可以在“文本设置”下拉列表中将对象文本字体设置为系统默认的字体，包括应用程序字体、系统字体、对话框字体及当前字体等。

3.2.6　在窗口中添加标签

选择菜单栏中的“查看”→“工具选板”选项，或者在按住<Shift>键的同时单击右键，弹出如图 3-40 所示的工具选板。

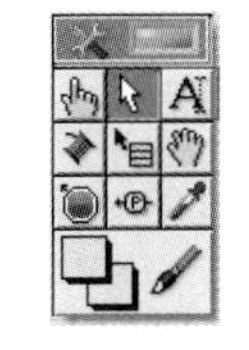

图 3-40　工具选板

单击工具选板中的“文本编辑工具”，将光标切换至文本编辑工具状态，在窗口空白处的适当位置单击，就可以在窗口中创建一个标签。然后就可以根据需要输入文字，并改变其字体和颜色。

文本编辑工具也可用于改变对象的标签、标题，以及布尔型控件的文本和数值型控件的刻度值等。

实例：设置学校值日表前面板

修改学校值日表前面板上对象的名称并添加标题，如图 3-41 所示。

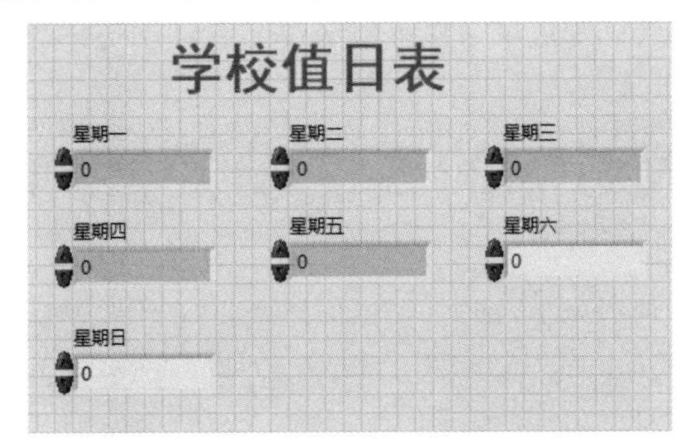

图 3-41　修改对象名称并添加标题

（1）打开源文件：源文件\第 3 章\为学校值日表控件设置最大宽度.vi。

Note

（2）保存 VI。选择菜单栏中的“文件”→“另存为”选项，输入 VI 名称为“设置学校值日表前面板”。

（3）打开前面板，在按住<Shift>键的同时单击右键，弹出如图 3-42 所示的工具选板。

（4）单击工具选板中的“文本编辑工具”，将光标切换至文本编辑工具状态。分别在各控件标签上单击，修改各控件标签，结果如图 3-43 所示。

图 3-42　工具选板

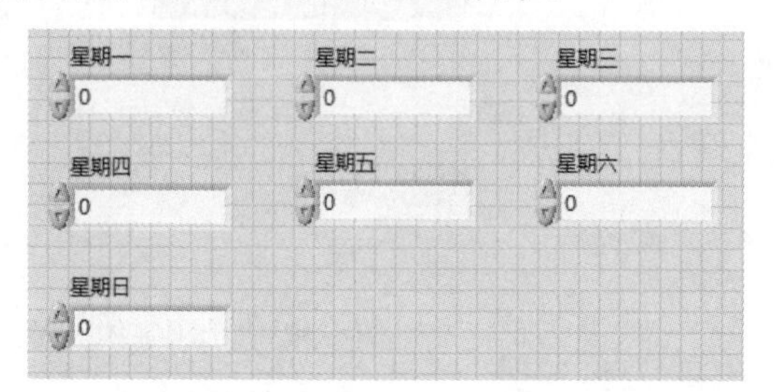

图 3-43　修改各控件标签

（5）在按住<Shift>键的同时单击右键，打开工具选板，选择“设置颜色工具”，在控件边框上单击右键，前面板上会出现颜色设置面板。

（6）选择青色，然后单击前面板界面，则背景色被设定为青色。

（7）用同样的方法，将数值控件设置为指定的颜色，如图 3-44 所示。

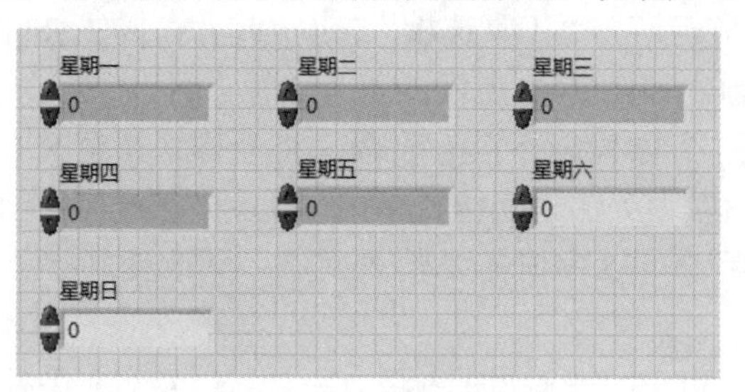

图 3-44　设置颜色

（8）单击工具选板中的“文本编辑工具”，在窗口空白处的适当位置单击，以创建一个标签，并键入“学校值日表”。

（9）选中键入的文字，在“文本设置”下拉列表中选择“大小”→“36”选项，改变字体大小；选择“样式”→“粗体”选项，设置字体样式；选择“颜色”选项，在弹出的颜色设置面板中选择红色，最终设置结果如图 3-41 所示。

3.3 前面板对象的属性设置

在用 LabVIEW 进行程序设计时，对前面板的设计主要是编辑前面板对象和设置前面板对象的属性。为了更好地操作前面板对象（控件），设置其属性是非常必要的，本节将主要介绍设置前面板对象属性的方法。

不同类型的前面板对象有着不同的属性，下面分别介绍设置数值型控件、文本型控件、布尔型控件及图形型控件的属性的方法。

3.3.1　设置数值型控件的属性

LabVIEW 中的数值型控件（位于控件选板中的“新式”→“数值”子选板中）有着许多共有属性，而各个控件又有自己独特的属性，这里只对数值型控件共有的常用属性做比较详细的介绍。

数值型控件的常用属性有：

☑ 标签：用于对控件的类型及名称进行注释。

☑ 标题：控件的标题，通常和标签相同。

☑ 数字显示：以数字的方式显示控件所表达的数据。

下面以数值型控件——量表为例，介绍数值型控件的常用属性设置方法。

图 3-45 显示了量表控件的标签、标题、数字显示等基本属性。

在前面板的图标上单击右键，弹出如图 3-46 所示的快捷菜单，选择其中的“显示项”选项，在弹出的子菜单中可以选择“标签”“标题”“数字显示”等选项，以切换是否显示控件的这些属性。另外，还可以通过工具选板中的“文本编辑工具”A来修改标签和标题的内容。

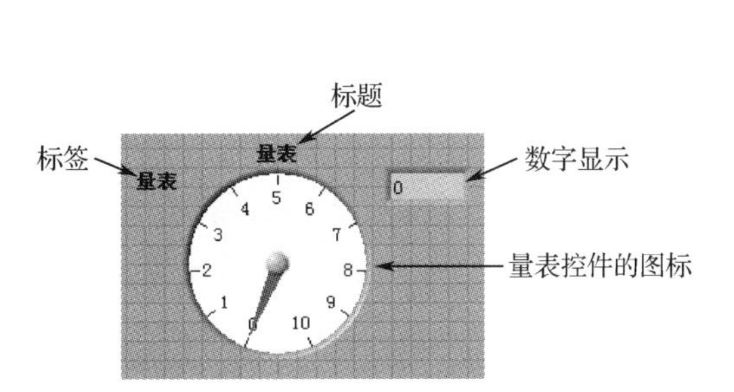

图 3-45　量表控件的基本属性

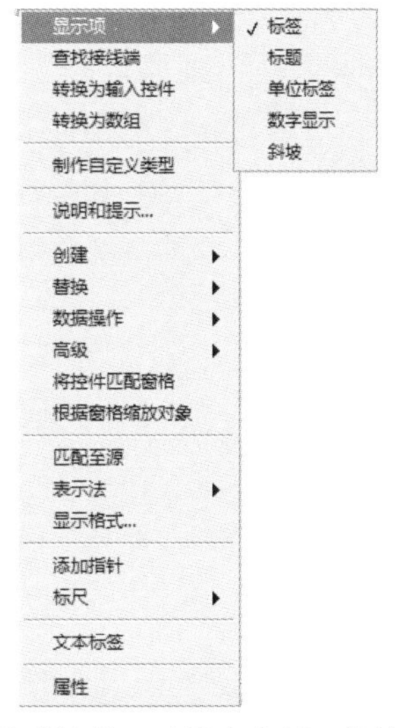

图 3-46　数值型控件（以量表为例）的快捷菜单

数值型控件的其他属性可以通过其属性对话框进行设置。在控件的图标上单击右键，并从弹出的快捷菜单中选择“属性”选项，就可以打开其属性对话框。该对话框有 8 个选项卡，分别是外观、数据类型、标尺、显示格式、文本标签、说明信息、数据绑定和快捷键。8 个选项卡分别如图 3-47 所示。

☑ “外观”选项卡：用于设置与控件外观有关的属性。用户可以修改控件的标签和标题属性，以及设置其是否可见；可以设置控件的启用状态，以决定控件能否被程序调用；也可以设置控件的颜色和风格。

☑ “数据类型”选项卡：用于设置数值型控件的数据范围以及默认值。

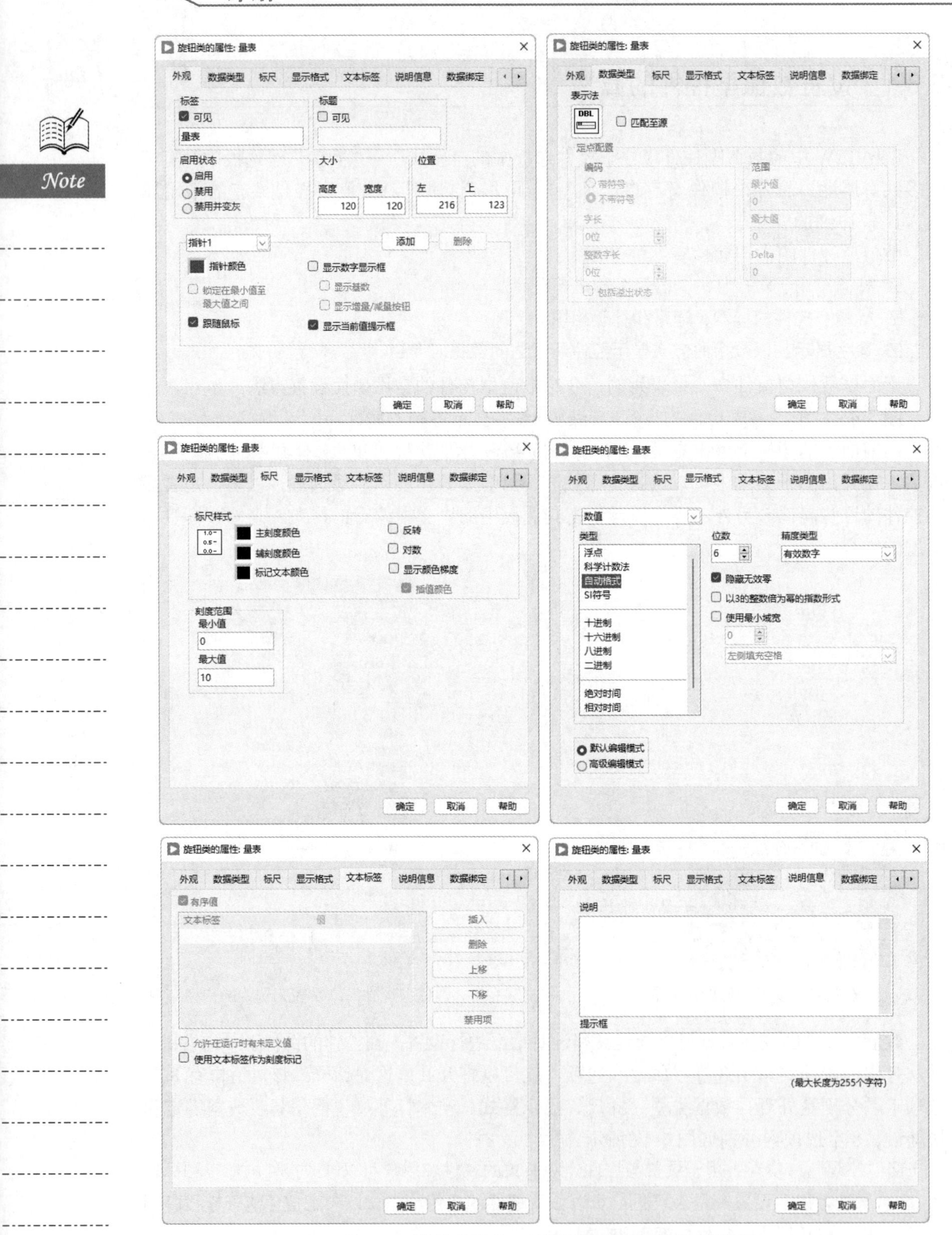

图 3-47　数值型控件（以量表为例）的属性对话框

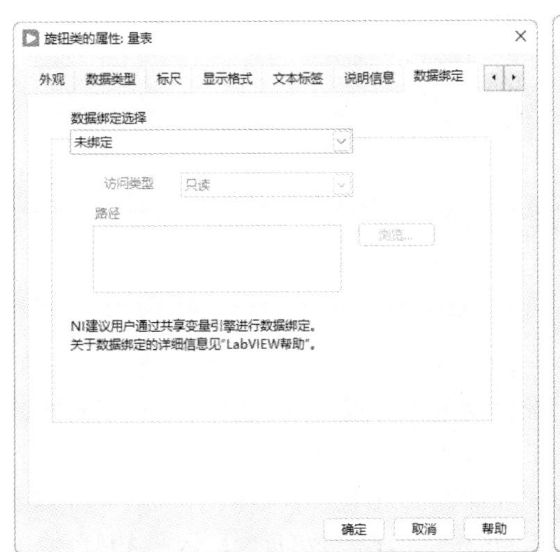

图 3-47　数值型控件（以量表为例）的属性对话框（续）

☑ “标尺”选项卡：用于设置数值型控件的刻度样式及刻度范围。可选的刻度样式如图 3-48 所示。

☑ “显示格式”选项卡：与“数据类型”选项卡和“标尺”选项卡一样，“显示格式”选项卡也是数值型控件所特有的。在“显示格式”选项卡中，用户可以设置控件的数据显示格式及精度。该选项卡包含两种编辑模式，分别是默认编辑模式和高级编辑模式。在高级编辑模式下，用户可以对控件的数据显示格式与精度做更为复杂的设置。

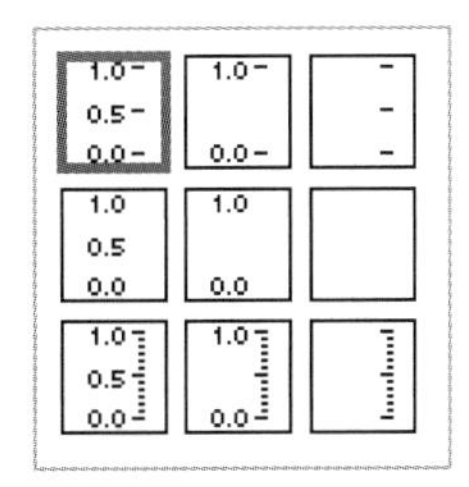

图 3-48　可选的刻度样式

☑ “文本标签”选项卡：用于配置带有标尺的数值型控件的文本标签。

☑ “说明信息”选项卡：用于描述对象的目的并给出使用说明。

☑ “数据绑定”选项卡：用于将前面板对象绑定至网络发布项目项及网络上的 PSP 数据项。

☑ “快捷键”选项卡：用于设置控件的快捷键。

LabVIEW 为用户提供了丰富、形象且功能强大的数值型控件，用于数据的控制和显示。合理地设置这些控件的属性是使用它们进行前面板设计的有力保障。

实例：控件的格式显示

本实例演示通过属性设置来设计如图 3-49 所示的程序框图中输出对象显示格式的变化。

（1）新建 VI。选择菜单栏中的“文件”→“新建 VI”选项，新建一个 VI。

（2）保存 VI。选择菜单栏中的“文件”→“另存为”选项，输入 VI 名称为“控件的格式显示”。

（3）固定控件选板。单击右键，在前面板窗口中打开控件选板，单击选板左上角的“固定”按钮，将控件选板固定在前面板窗口中。

Note

（4）选择“银色”→“数值”→“数值输入控件（银色）”及“数值显示控件（银色）”控件，并将其放置在前面板中的适当位置。双击控件标签，修改控件名称，结果如图 3-50 所示。

图 3-49　程序框图

图 3-50　修改控件名称

（5）在“输出”控件上单击右键，从弹出的快捷菜单中选择“属性”选项，在弹出的属性对话框中打开“显示格式”选项卡，取消勾选“隐藏无效零”复选框，将位数设置为 4，如图 3-51 所示。单击“确定”按钮，完成设置。

（6）切换到程序框图窗口，连接两控件，如图 3-49 所示。

（7）在“输入”控件中输入初始值“10”，单击“运行”按钮，运行 VI。“输出”控件中将显示运行结果，如图 3-52 所示。

图 3-51　设置显示格式

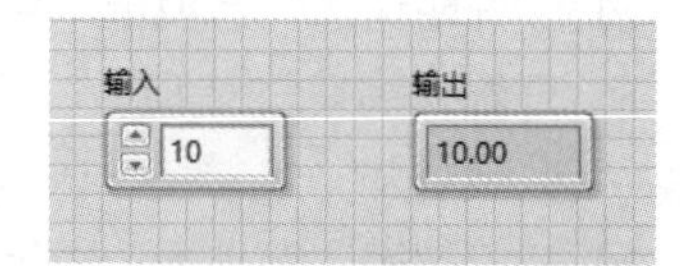

图 3-52　运行结果

3.3.2　设置文本型控件的属性

LabVIEW 中的文本型控件主要负责字符串等文本型数据的控制和显示，这些控件位于 LabVIEW 控件选板中的“字符串和路径”子选板中。

LabVIEW 中的文本型控件可以分为三种类型，分别是：用于输入/输出字符串的输入控件与显示控件，用于选择字符串的输入控件与显示控件，以及用于输入/输出文件路径的输入控件与显示控件。下面分别详细说明设置三种类型文本型控件的方法。

文本输入控件和文本显示控件是最具代表性的用于输入/输出字符串的控件，在 LabVIEW 前面板中，它们的图标分别是：“新式”和；“经典”和；“银色”和；“NXG 风格”和。

这两种控件的属性可通过其属性对话框（“字符串类的属性:字符串”对话框，见图 3-53）设置。

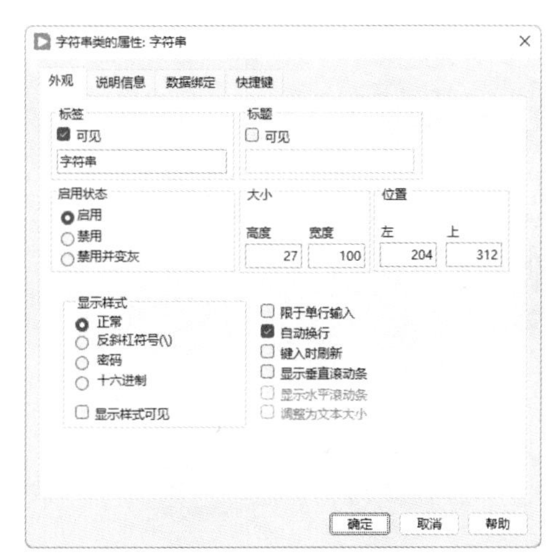

图 3-53　文本输入控件和文本显示控件的属性对话框

“字符串类的属性:字符串”对话框由外观、说明信息等选项卡组成。与 3.3.1 节介绍的数值型控件的属性对话框不同的是，在文本型控件的属性对话框中，用户不仅可以设置标签和标题等属性，还可以设置文本的显示方式。

文本输入控件和文本显示控件中的文本可以以 4 种方式进行显示，分别为正常、反斜杠符号、密码和十六进制。其中，反斜杠符号显示方式使文本框中的字符串以反斜杠符号的方式显示，例如，“\n”代表换行，“\r”代表回车，“\b”代表退格；密码显示方式以密码的方式显示文本，即不显示文本内容，而代之以“*”；十六进制显示方式以十六进制数来显示字符串。

在“字符串类的属性：字符串”对话框中，如果勾选“限于单行输入”复选框，那么将限制用户按行输入字符串，即不能回车换行；如果勾选“自动换行”复选框，那么将根据字符串的长度自动换行；如果勾选“键入时刷新”复选框，那么文本框的内容会随用户键入的字符而实时改变，不会等到用户按回车键后才改变；如果勾选“显示垂直滚动条”复选框，则当文本框中的字符串不只一行时显示垂直滚动条；如果勾选“显示水平滚动条”复选框，则当文本框中的字符串在一行显示不下时显示水平滚动条；如果勾选“调整为文本大小”复选框，则将调整文本型控件在竖直方向上的大小以显示所有文本，但不改变文本型控件在水平方向上的大小。

用于选择字符串的输入与显示控件，主要包括文本下拉列表、菜单下拉列表和组合框。与用于输入字符串的文本型控件不同，这类控件需要预先设定一些选项，用户在使用时可以从中选择一项作为控件的当前值。

这类控件的设置同样可以通过其属性对话框来完成，下面以组合框为例介绍设置这类控件属性的方法。

“组合框属性：组合框”对话框如图 3-54 所示。该对话框的“外观”“说明信息”“数据绑定”选项卡与数值型控件属性对话框的相应选项卡类似，设置方法也类似，这里不再赘述，下面主要介绍“编辑项”选项卡。

图 3-54 “组合框属性：组合框”对话框

在“编辑项”选项卡中，用户可以设定该控件中能够显示的文本选项。在“项”栏中填入相应的文本选项，单击“插入”按钮便可加入这一选项，同时在“值”栏中显示当前选项的选项值。而选择某一选项，单击“删除”按钮即可删除此选项，单击“上移”按钮即可将该选项向上移动，单击“下移”按钮即可将该选项向下移动。

实例：组合框的使用方法

本实例演示“新式”子选板中文本型控件的使用方法，读者可自行练习“经典”“银色”“NXG风格”子选板中文本型控件的使用方法。

（1）新建VI。选择菜单栏中的“文件”→“新建VI”选项，新建一个VI。

（2）保存VI。选择菜单栏中的“文件”→“另存为”选项，输入VI名称为“组合框的使用方法”。

（3）在控件选板中选择“新式”→“字符串与路径”→“组合框”控件，并将其放置在前面板上。

（4）在“组合框”控件上单击右键，从弹出的快捷菜单中选择“属性”选项，弹出“组合框属性：组合框”对话框，并切换到“编辑项”选项卡。

（5）在“项”栏中填入LabVIEW6.1、LabVIEW7.1、LabVIEW8.0、LabVIEW8.2、LabVIEW8.6、LabVIEW2009、LabVIEW2010、LabVIEW2011、LabVIEW2012、LabVIEW2013、LabVIEW2014、LabVIEW2015、LabVIEW2016、LabVIEW2017、LabVIEW2018、LabVIEW2020、LabVIEW2022。在输入每一项后单击“插入”按钮，结果如图3-55所示。单击“确定”按钮，退出对话框。

（6）切换到程序框图窗口，在“组合框”控件的数据输出端口单击右键，选择“创建”→“显示控件”选项，建立一个组合框显示控件，用以显示“组合框”控件的选项值，并将其标签改为“选项值”。

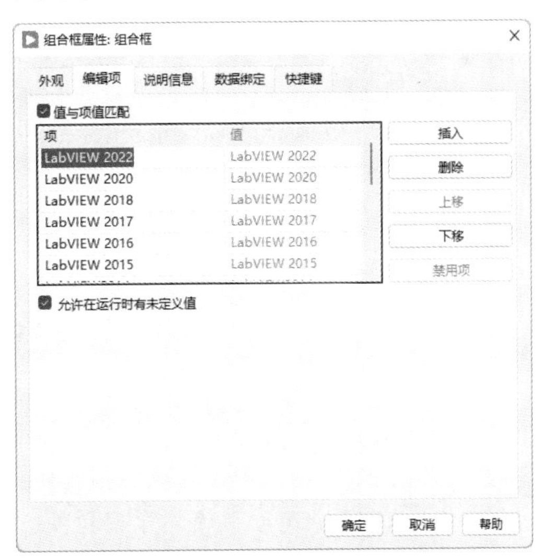

图3-55　组合框的属性设置

（7）在函数选板的“结构”子选板中选择“While循环”，并将当前程序框图中的所有对象包括在While循环结构中。

（8）在程序框图中，右键单击While循环条件的输入端口，并选择“创建输入控件”选项。

（9）运行程序，当用户选择“组合框”控件中的选项时，“选项值”控件中将显示当前选项的选项值。程序的运行结果（前面板）如图3-56所示，程序框图如图3-57所示。

图 3-56　组合框用法演示的前面板

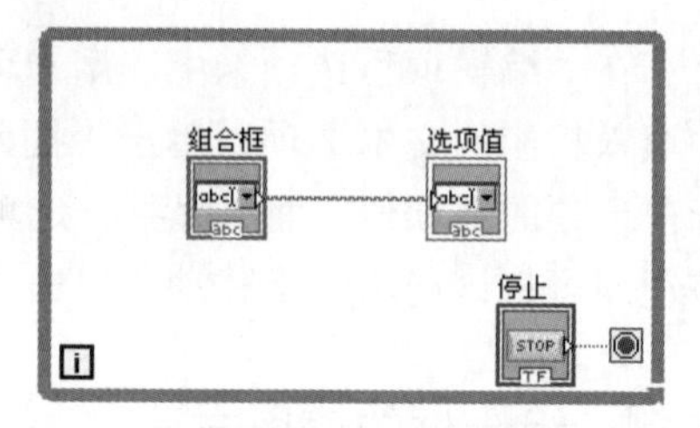

图 3-57　组合框用法演示的程序框图

3.3.3　设置布尔型控件的属性

布尔型控件是 LabVIEW 中运用得相对较多的控件，它一般作为控制程序运行的开关，或者作为检测程序运行状态的显示灯等。

布尔型控件的属性对话框有两个常用的选项卡，分别为“外观”和“操作”，如图 3-58 所示。在“外观”选项卡中，用户可以调整开关或按钮的颜色等外观参数。“操作”选项卡是布尔型控件属性对话框所特有的，在这里用户可以设置按钮或开关的机械动作类型（每种机械动作类型都有相应的说明），并可以预览动作效果及控件状态。

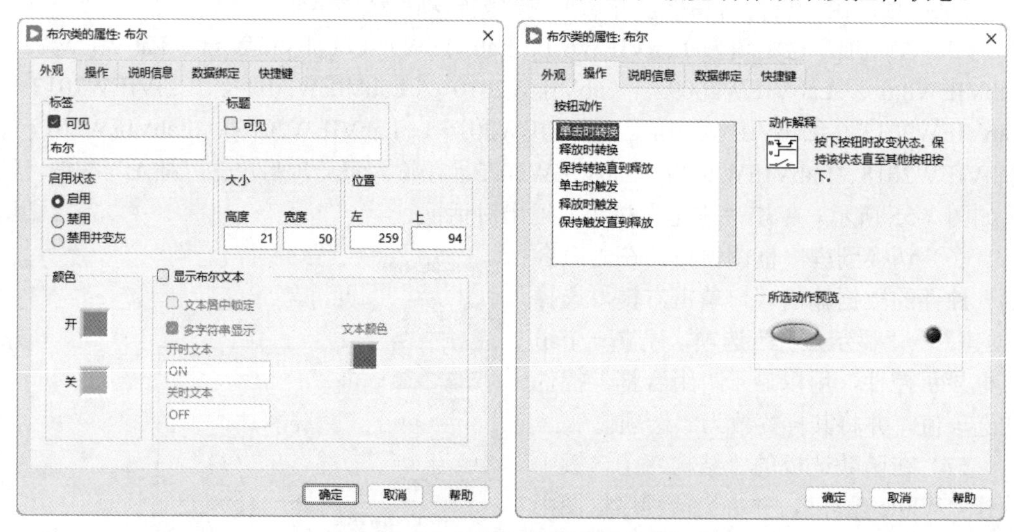

图 3-58　布尔型控件的属性对话框

布尔型控件可以用文字的方式在控件上显示其状态。例如，没有显示开关状态的按钮为，而显示开关状态的按钮为。如果要显示开关状态，只需要在布尔型控件属性对话框的“外观”选项卡中勾选“显示布尔文本”复选框，或者右键单击布尔型控件选择“显示项”→“布尔文本”选项。

实例：停止按钮

本实例演示各子选板中布尔型控件的使用方法，布置的停止按钮如图 3-59 所示。

（1）新建 VI。选择菜单栏中的“文件”→“新建 VI”选项，新建一个 VI。

（2）保存 VI。选择菜单栏中的“文件”→“保存”选项，在弹出的对话框中选择适当的路径，输入文件名“停止按钮”，保存该 VI。

（3）在控件选板中选择“新式”→“布尔”→“停止按钮”控件，将其放置在前面板中并修改控件标签为“Labview2022 新式”，同时在“文本设置”下拉列表中选择“大小”→“18”选项。

（4）用同样的方法，在“NXG 风格”→“布尔”子选板中选择“停止按钮（NXG 风格）”控件，将其放置在前面板中并修改控件标签为“Labview2022 NXG 风格”。

（5）在“银色”→“布尔”子选板中选择“停止按钮（银色）”控件，将其放置在前面板中并修改控件标签为“Labview2022 银色”。

（6）在“经典”→“经典布尔”子选板中选择“矩形停止按钮”控件，将其放置在前面板中并修改控件标签为“Labview2022 经典”，结果如图 3-60 所示。

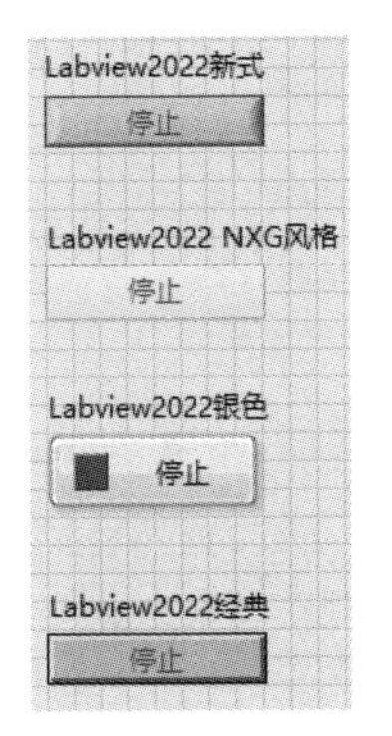

图 3-59　布置的停止按钮

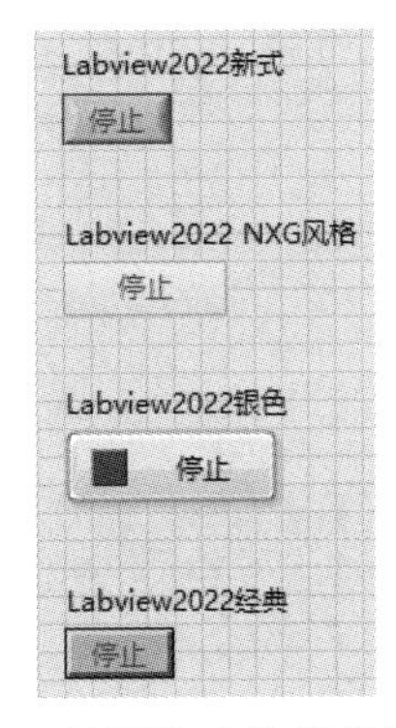

图 3-60　放置停止按钮并修改标签

（7）选中前面板中的所有对象，在“调整对象大小”下拉列表中选择“最大宽度”选项，统一宽度后的对象如图 3-59 所示。

3.3.4　设置图形型控件的属性

图形型控件是 LabVIEW 中相对比较复杂的专门用于数据显示的控件，如“波形图”控件。这类控件的属性相对数值型控件、文本型控件和布尔型控件而言更加复杂，其使用方法将在下面的章节中详细介绍，这里只对其常用的一些属性及设置方法做简略说明。

如同前面三种控件，图形型控件的属性可以通过其属性对话框进行设置。下面以图形型控件“波形图”为例，介绍设置图形型控件属性的方法。

“波形图”控件的属性对话框各选项卡如图 3-61 所示，分别为“外观”“显示格式”“曲线”“标尺”等。

其中，在“外观”选项卡中，用户可以设定是否需要显示控件的一些外观参数选项，如“标签”“标题”“启用状态”“显示图形工具选板”“显示图例”“显示游标图例”等。“显示格式”选项卡可以在“默认编辑模式”和“高级编辑模式”之间进行切换，用于设置图形型控件所显示数据的格式与精度。“曲线”选项卡用于设置图形型控件绘图时需要用到的一些参数，包括数据点的表示方法、曲线的线型及颜色等。在“标尺”选项卡中，

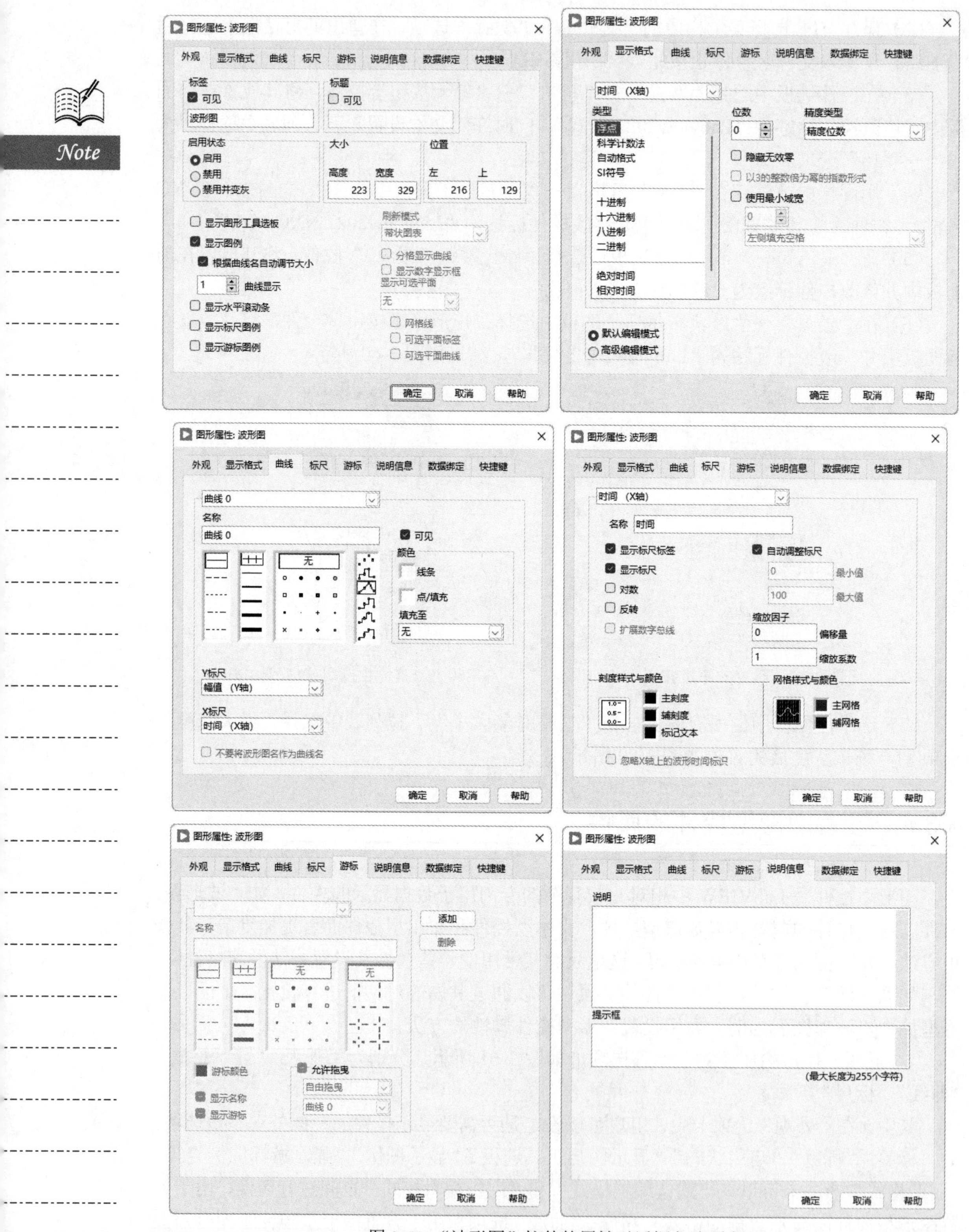

图 3-61 “波形图”控件的属性对话框各选项卡

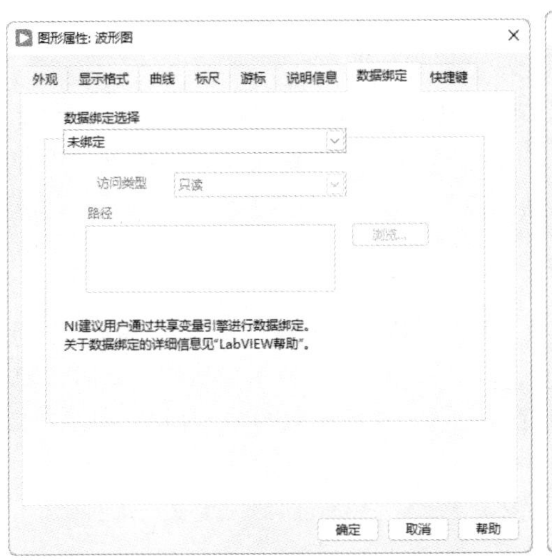

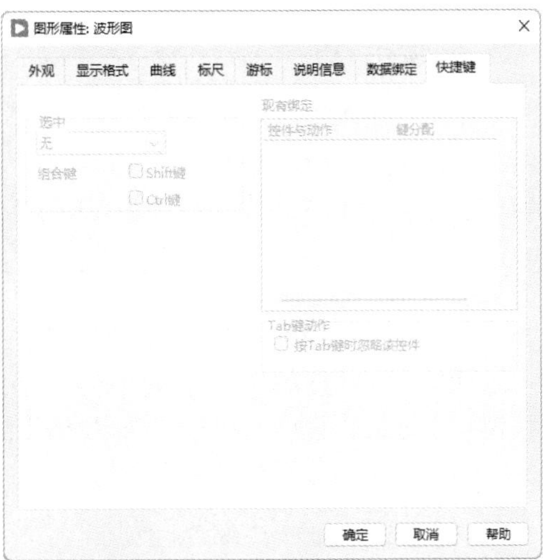

图 3-61　“波形图”控件的属性对话框各选项卡（续）

用户可以设置图形型控件有关标尺的属性，如是否显示标尺，标尺的风格、颜色及网格的颜色和样式等。在“游标”选项卡中，用户可以选择是否显示游标，以及显示游标的风格等。

在一般情况下，LabVIEW 2022 中几乎所有控件的属性对话框中都会有“说明信息”选项卡。在该选项卡中，用户可以设置对控件的注释及提示。当用户将光标指向前面板中的控件时，程序会显示该提示。

3.4 运行和编辑 VI

本节讨论 LabVIEW 的基本调试方法。LabVIEW 提供了有效的编程调试环境，以及许多优秀的交互式调试特性。这些调试特性与图形编程方式保持一致，通过加亮执行、单步、断点和探针帮助用户跟踪经过 VI 的数据流，从而使调试 VI 更容易。

3.4.1　运行 VI

在 LabVIEW 中，用户可以通过两种方式来运行 VI，即运行和连续运行。下面介绍这两种运行方式的执行方法，以及如何停止运行 VI 及暂停运行 VI。

1. 运行VI

在前面板窗口或程序框图窗口的工具栏中单击“运行”按钮，可以运行 VI。使用这种方式运行 VI，VI 只运行一次。当 VI 正在运行时，“运行”按钮会变为（正在运行）状态。

2. 连续运行VI

在工具栏中单击“连续运行”按钮，可以连续运行 VI。连续运行是指一次 VI 运行结束后，继续重新运行 VI。当 VI 连续运行时，“连续运行”按钮会变为（正在连续运行）状态。单击按钮可以停止 VI 的连续运行。

3. 停止运行VI

当 VI 处于运行状态时，在工具栏中单击“中止执行”按钮，可强行终止 VI 的运行。这项操作在程序的调试过程中非常有用，当不小心使程序处于死循环状态时，可用该按钮安全地终止程序的运行。当 VI 处于编辑状态时，“中止执行”按钮处于（不可用）状态，此时的按钮是不可操作的。

4. 暂停运行VI

在工具栏中单击“暂停”按钮，可暂停 VI 的运行，再次单击该按钮，可恢复 VI 的运行。

3.4.2 纠正 VI 的错误

由于编程错误而使 VI 不能编译或运行时，工具栏上将出现“列出错误”按钮。典型的编程错误出现在 VI 开发和编程阶段，而且一直保留到程序框图中的所有对象都被正确地连接起来之前。单击“列出错误”按钮可以显示所有的程序错误，列出所有程序错误的信息框为“错误列表”对话框，如图 3-62 所示。

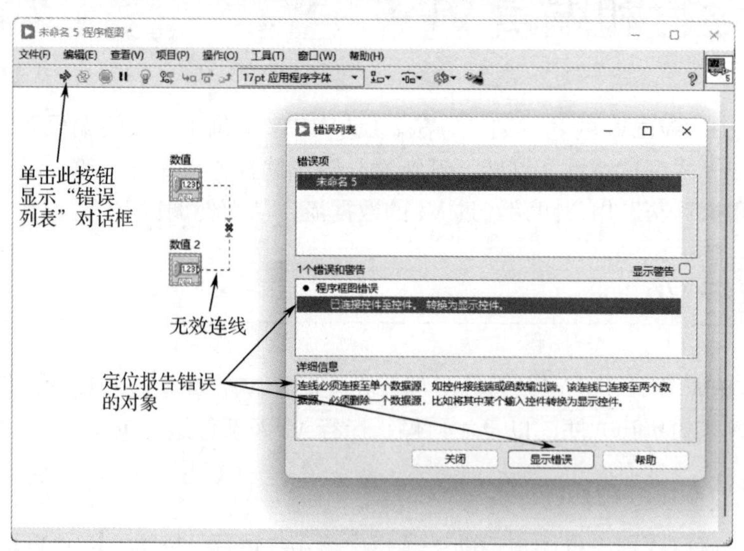

图 3-62 “错误列表”对话框

当运行 VI 时，警告信息会让用户了解潜在的问题，但不会阻止程序运行。如果想知道有哪些警告，可在“错误列表”对话框中勾选“显示警告”复选框，这样，每当出现警告情况时，工具栏上就会出现警告按钮。

如果程序中有阻止程序正确执行的任何错误，通过在“错误列表”对话框中选择错误项，然后单击“显示错误”按钮，可搜索特定错误的源代码。这一操作会加亮程序框图上报告错误的对象，如图3-62所示。在“错误列表”对话框中单击错误项也将加亮报告错误的对象。

在编辑期间导致VI中断的一些最常见的原因是：

（1）要求输入的函数端口未连接。例如，数学函数的输入端口如果未连接，将报告错误。

（2）数据类型不匹配或存在散落、未连接的线段，使程序框图存在断线。

（3）子VI中断。

3.4.3 高亮显示程序执行过程

通过单击“高亮显示执行过程”按钮，可以动画演示VI程序框图的执行情况，该按钮位于程序框图上方的运行调试工具栏中（见图3-63）。

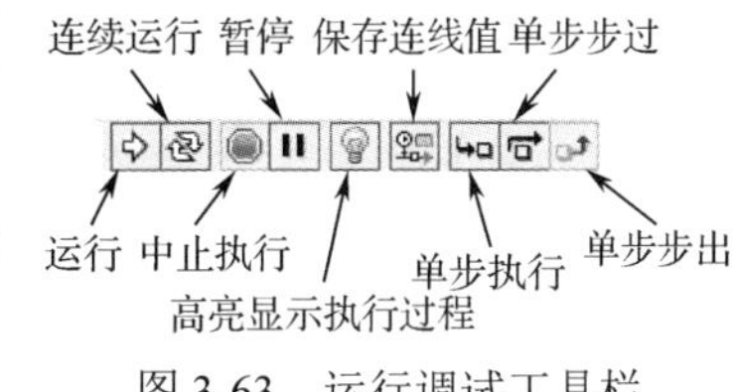

图3-63 运行调试工具栏

程序框图的高亮显示执行效果如图3-64所示。VI程序框图执行过程中的动画演示对调试是很有帮助的。当单击“高亮显示执行过程”按钮时，该按钮变为闪亮的灯泡，指示当前程序执行时的数据流情况。任何时候单击“高亮显示执行过程”按钮，都将返回正常运行模式。

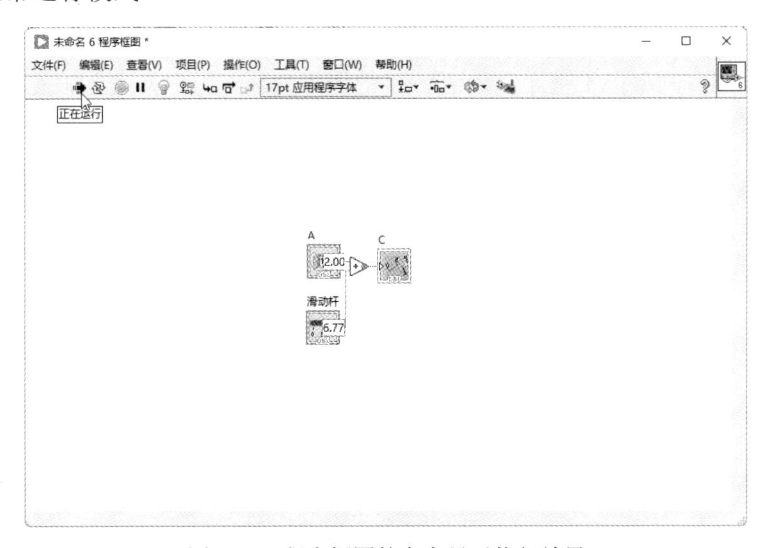

图3-64 程序框图的高亮显示执行效果

“高亮显示执行过程”功能普遍用于单步执行模式下跟踪程序框图中数据流的情况，目的是理解数据在程序框图中是如何流动的。应该注意的是，当使用“高亮显示执行过程”功能时，VI的执行时间将大大增加。执行过程中的演示动画用“气泡”来指出沿着连线运动的数据，演示从一个节点到另一个节点的数据运动。另外，在单步模式下，将要执行的下一个节点会一直闪烁，直到单击单步按钮为止。

3.4.4 单步通过 VI 及其子 VI

Note

为了进行调试，用户可能想要一个节点接着一个节点地执行程序框图，这个过程称为单步调试。要在单步模式下运行 VI，可按工具栏上任何一个单步调试按钮，然后继续进行下一步。单步调试按钮显示在图 3-63 所示的工具栏上。所按的单步调试按钮类型决定下一步从哪里开始执行。“单步执行”或“单步步过”按钮的作用都是执行完当前节点后前进到下一个节点。如果节点是结构（如 While 循环）或子 VI，可单击“单步步过”按钮执行该节点。如果节点是子 VI，单击“单步步过”按钮，则执行子 VI 并前进到下一个节点，但不能看到子 VI 节点内部是如何执行的。要想单步通过子 VI，应单击“单步执行”按钮。

单击“单步步出”按钮完成对程序框图节点的执行。当任何一个单步调试按钮按下时，“暂停”按钮也被按下。在任何时候通过释放“暂停”按钮均可返回到正常执行的情况。

值得注意的是，如果将光标放置到任何一个单步调试按钮上，将出现一个提示条，显示下一步如果单击该按钮将要执行的内容描述。

当单步通过 VI 时，用户可能想要高亮显示执行过程，以便数据流过时可以跟踪数据。在单步调试和高亮显示执行过程模式下执行子 VI 时，子 VI 的程序框图窗口显示在主 VI 程序框图窗口上面，接着可以单步执行子 VI 或让其自己执行。

3.4.5 编辑 VI

创建VI 后，还需要对 VI 进行编辑，使 VI 的图形交互式用户界面更加美观、友好且易于操作，使VI 程序框图的布局和结构更加合理，易于理解、修改。

1. 设置VI属性

选择菜单栏中的“文件”→“VI 属性”选项，弹出“VI 属性”对话框，如图 3-65 所示。在“类别”下拉列表中选择不同的选项，可以设置不同的功能。

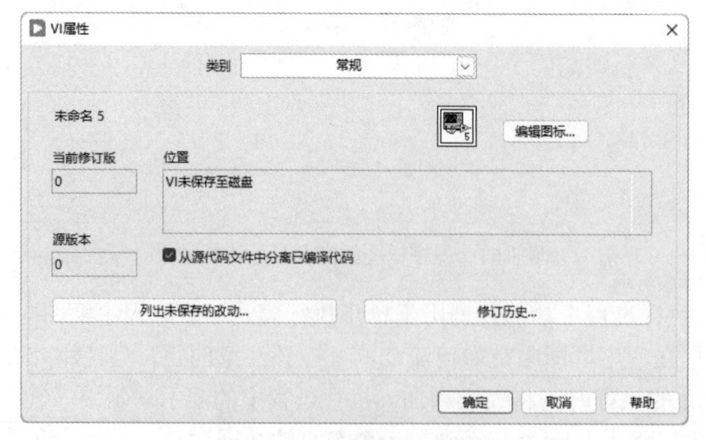

图 3-65 “VI 属性”对话框

没有单步调试或高亮显示执行过程的 VI 可以节省开销。一般情况下，可以减少内存需求并提高性能。

在“类别”下拉列表中选择“执行”选项，取消勾选“允许调试”复选框来隐藏“高亮显示执行过程”及“单步执行”按钮，如图 3-66 所示。

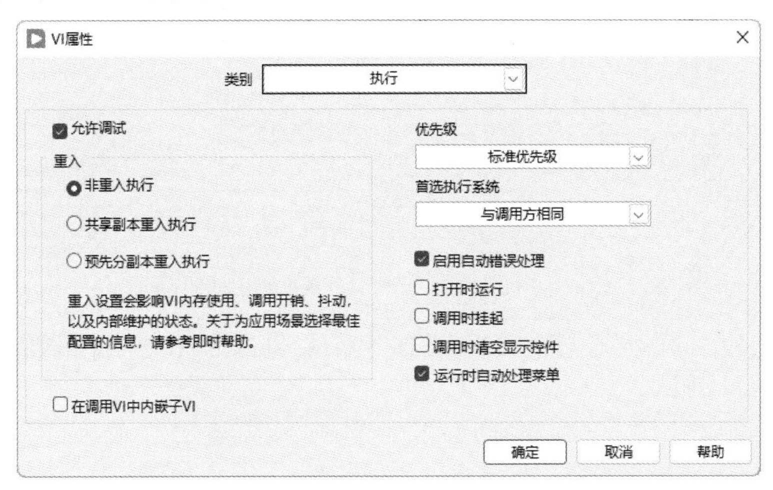

图 3-66　使用“VI 属性”对话框来关闭调试选项

采用默认的子 VI 调用方式来调用一个子 VI，只是将其作为一般的计算模块来使用，程序运行时并不显示其前面板。如果需要将子 VI 的前面板作为弹出式对话框来使用，则需要改变一些 VI 的属性设置。

在“VI 属性”对话框的“类别”下拉列表中选择“窗口外观”选项，将对话框页面切换到窗口显示属性页面，如图 3-67 所示。

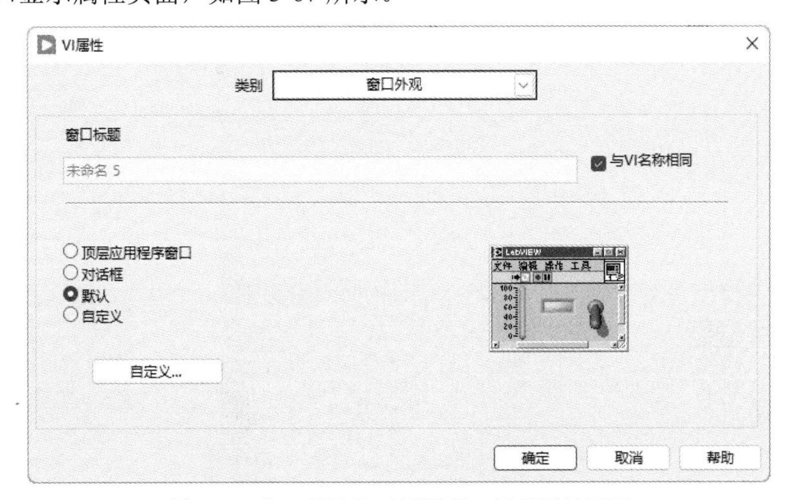

图 3-67　“VI 属性”对话框窗口显示属性页面

在对话框中单击“自定义”按钮，弹出“自定义窗口外观”对话框，如图 3-68 所示。在该对话框中勾选“调用时显示前面板”和“如之前未打开则在运行后关闭”复选框，单击“确定”按钮关闭对话框。

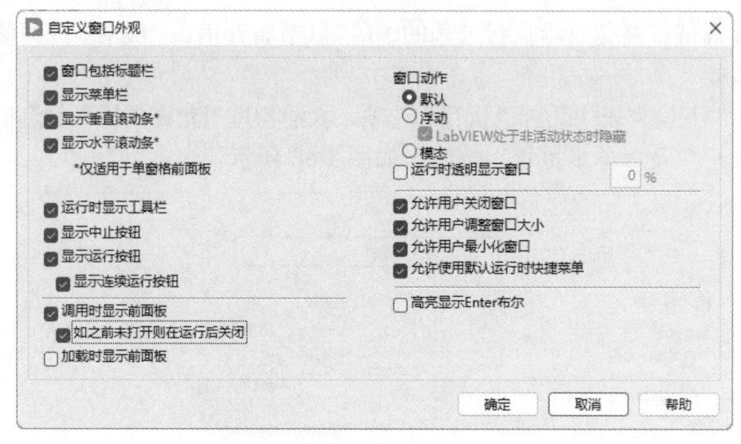

图 3-68 “自定义窗口外观”对话框

这样，当程序运行到这个子 VI 时，其前面板就会自动弹出来，当子 VI 运行结束时，其前面板会自动消失。

2. 设置断点

在工具选板中将光标切换至断点工具状态，如图 3-69 所示。

单击程序框图中需要设置断点的地方，就可完成一个断点的设置。当断点位于某一个节点上时，该节点图标就会变红；当断点位于某一条数据连线时，该数据连线的中央就会出现一个红点，如图 3-70 所示。

当程序运行到该断点时，VI 会自动暂停，此时断点处的节点会处于闪烁状态，提示用户程序暂停的位置。单击“继续”按钮，可以恢复程序的运行。用断点工具再次单击断点处，或在该处的右键快捷菜单中选择“断点”→“清除断点”选项，就会取消该断点，如图 3-71 所示。

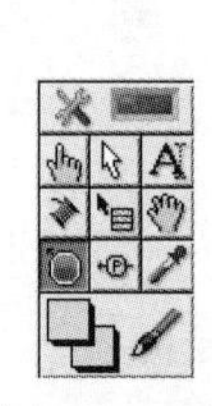

图 3-69 选中断点工具的工具选板

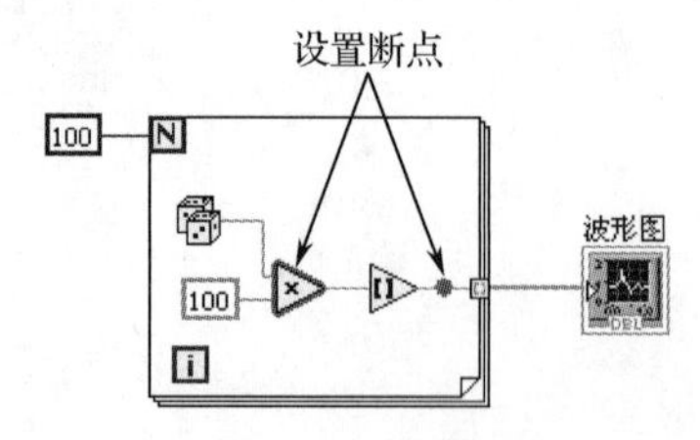

图 3-70 设置断点

图 3-71 右键快捷菜单

3. 使用探针

在如图 3-69 所示的工具选板中将光标切换至探针工具状态。

单击需要查看的数据连线，或在数据连线的右键快捷菜单中选择“探针”选项，会弹出一个探针监视窗口。当 VI 运行时，若有数据流过该数据连线，探针监视窗口会自动显示这些流过的数据，同时在探针处会出现一个黄色的内含探针数字编号的小方框。

利用探针工具弹出的探针监视窗口是 LabVIEW 默认的探针监视窗口，有时候并不能满足用户的需求，用户可以在数据连线的右键快捷菜单中选择“自定义探针”子菜单中的选项，自己定制所需的探针监视窗口。

Note

实例：设置断点运行

本实例为如图 3-72 所示的乘法运算运行程序添加断点，以显示运行情况。

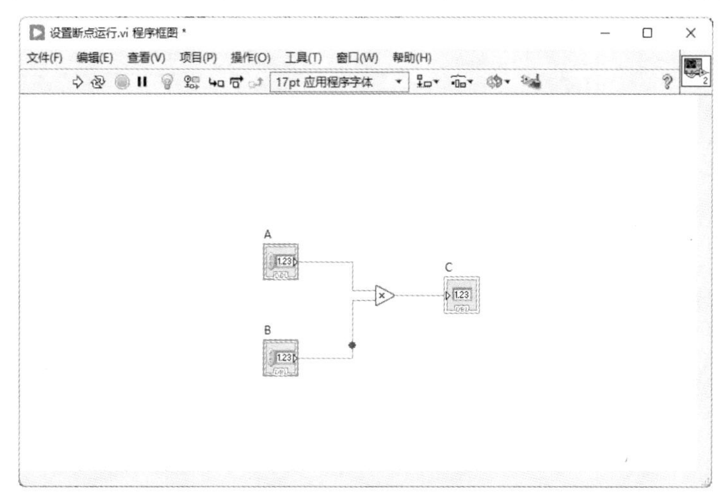

图 3-72　添加断点

（1）打开源文件：源文件\第 2 章\乘法运算.vi。

（2）保存 VI。选择菜单栏中的“文件”→“另存为”选项，输入 VI 名称为“设置断点运行”。

（3）在前面板中，输入“A”“B”控件的参数值分别为 2、3，在前面板窗口或程序框图窗口的工具栏中单击“运行”按钮，运行 VI，结果如图 3-73 所示。

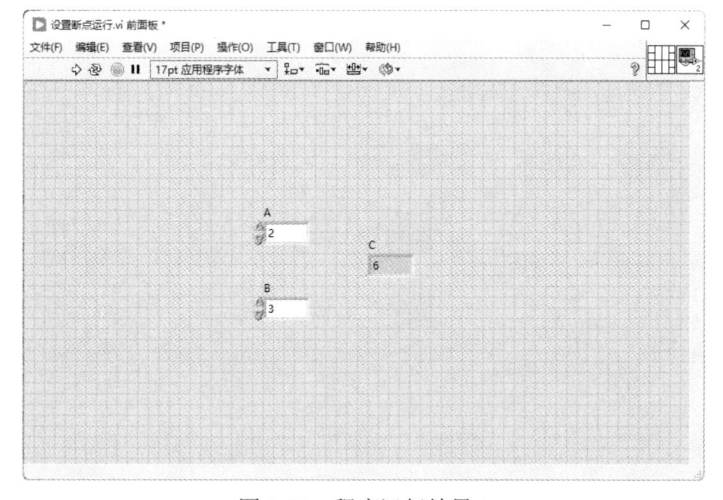

图 3-73　程序运行结果 1

Note

（4）打开程序框图，在数据连线上单击右键，从弹出的快捷菜单中选择“断点”→“设置断点”选项，在光标所在位置添加红色点，便可完成断点的添加，如图 3-72 所示。

（5）在前面板窗口的工具栏中单击“运行”按钮，运行 VI，结果如图 3-74 所示。

（6）打开程序框图，在断点上单击右键，在弹出的快捷菜单中选择“断点”→“清除断点”选项，即可删除选中的断点。

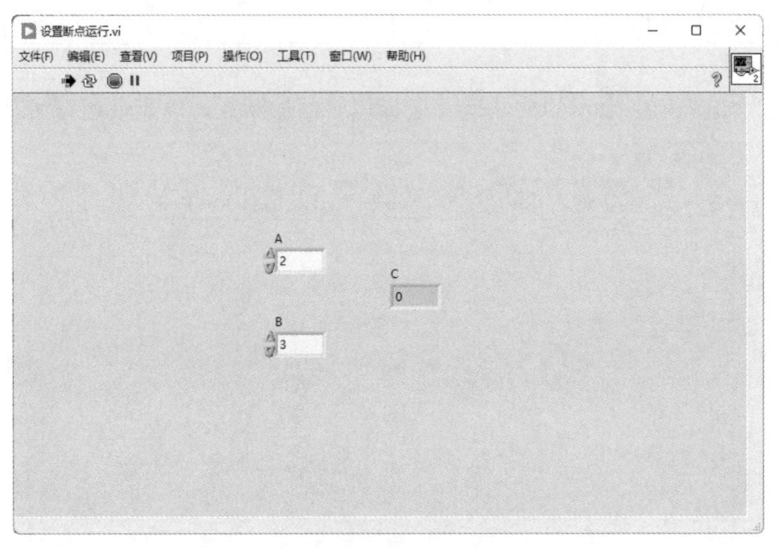

图 3-74　程序运行结果 2

3.5 综合演练——符号运算

本实例主要演示如何建立符号运算，如图 3-75 所示。

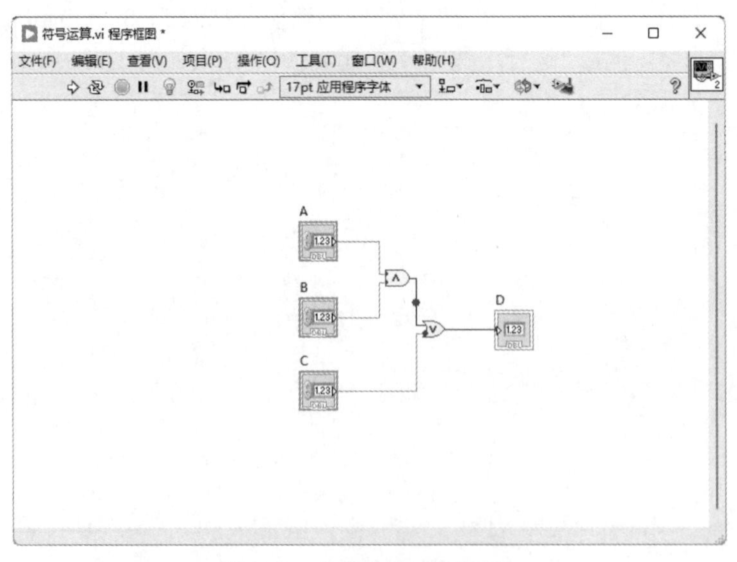

图 3-75　完整的 VI 程序框图

（1）新建 VI。选择菜单栏中的“文件”→“新建 VI”选项，新建一个 VI。

（2）保存 VI。选择菜单栏中的“文件”→“另存为”选项，输入 VI 名称为“符号运算”。

（3）打开前面板窗口，在控件选板的“新式”→“数值”子面板中选取数值控件，并修改控件名称分别为 A、B、C、D，如图 3-76 所示。

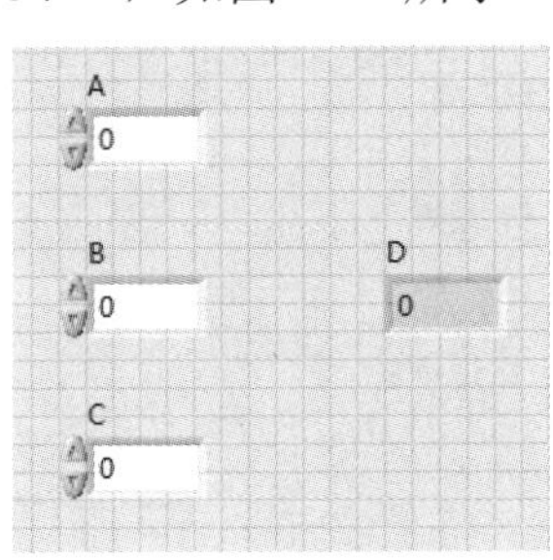

图 3-76　VI 的前面板

（4）打开程序框图窗口，单击右键，在函数选板的“布尔”子选板中选择“与”“或”函数，同时在函数接线端分别连接控件图标的输出端与输入端，结果如图 3-77 所示。

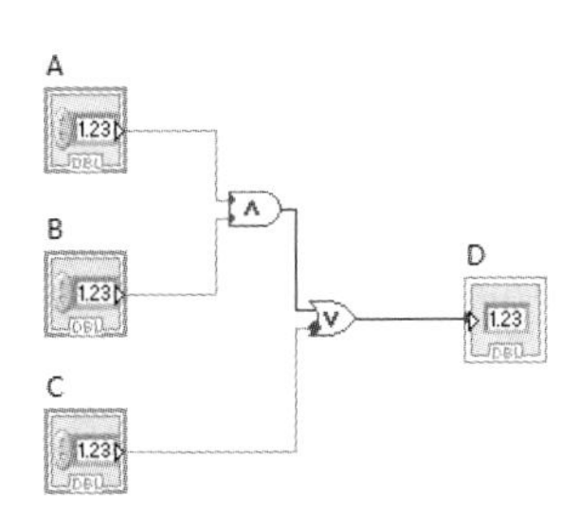

图 3-77　VI 的程序框图

（5）切换到前面板窗口，在各控件中输入初始值，单击“运行”按钮，运行 VI，在控件 D 中将显示运行结果，如图 3-78 所示。

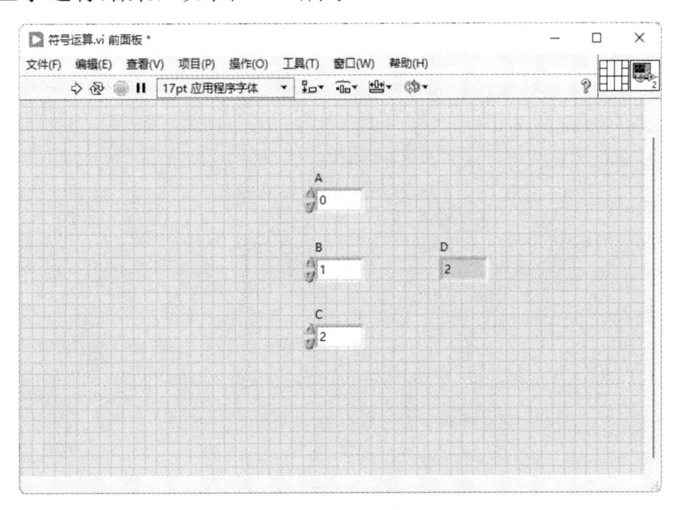

图 3-78　运行结果 1

Note

（6）打开程序框图，在连线上单击右键，从弹出的快捷菜单中选择“断点”→“设置断点”选项，在光标所在位置添加红色点，便可完成断点添加，如图 3-75 所示。

在前面板窗口或程序框图窗口的工具栏中单击“运行”按钮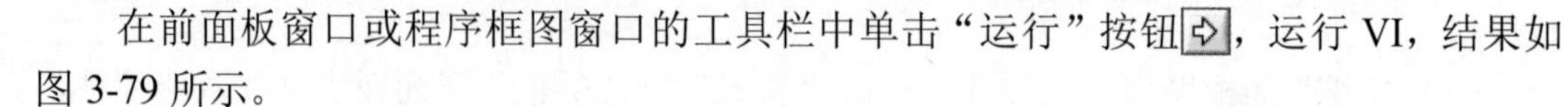，运行 VI，结果如图 3-79 所示。

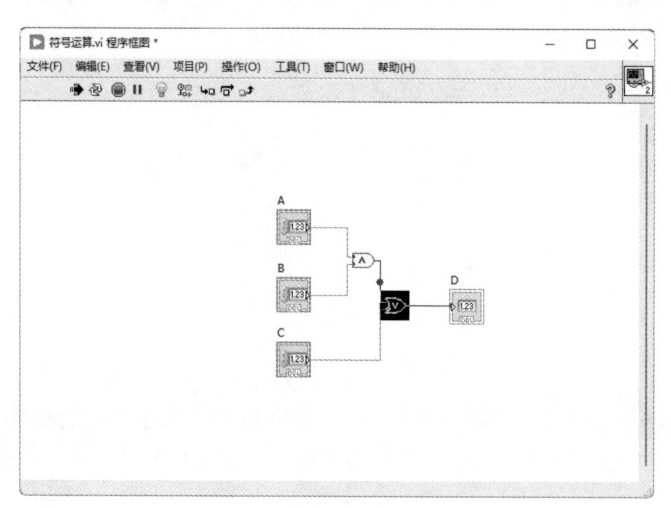

（a）程序框图运行结果

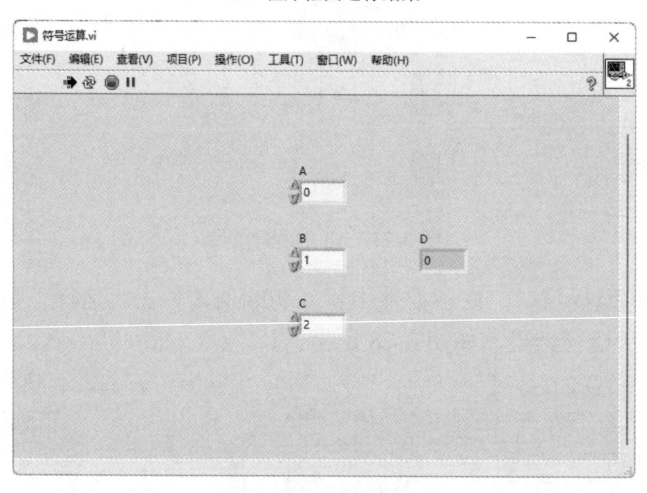

（b）前面板运行结果

图 3-79　运行结果 2

数值、字符串与变量

在 LabVIEW 中，计算机数据与控件的有机结合实现了虚拟功能，这些虚拟功能需要基本的数据来支撑，不同结构的数据需要不同的设置方法，对此，本章介绍数值与字符串的计算以及变量的应用。

知识重点

☑ 数值
☑ 字符串
☑ 变量

任务驱动&项目案例

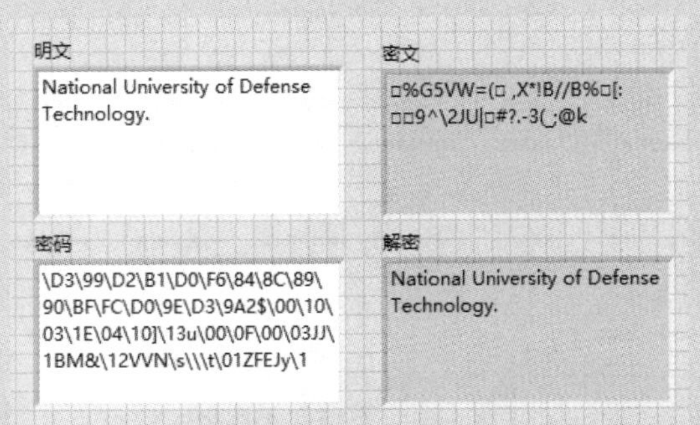

Note

4.1 数值

在函数选板中选择“数学”选项，打开如图 4-1 所示的“数学”子选板。在该子选板下常用的有“数值”“初等与特殊函数”等类别的函数或 VI。

图 4-1 “数学”子选板

4.1.1 数值函数

在“数学”子选板中打开如图 4-2 所示的“数值”子选板，其中包括基本的几何运算函数、数组几何运算函数、不同类型的数值常量等，另外还包括 6 个带子选板的选项。

图 4-2 “数值”子选板

Note

1．转换

单击“转换”选项，打开如图 4-3 所示的“转换”子选板。该子选板中函数的功能主要是转换数据类型。在 LabVIEW 中，一个数据从产生开始便拥有了其数据类型，不同类型的数据无法进行运算操作，因此当两个不同类型的数据进行运算时，需要进行转换，否则数据连线上将显示错误信息。

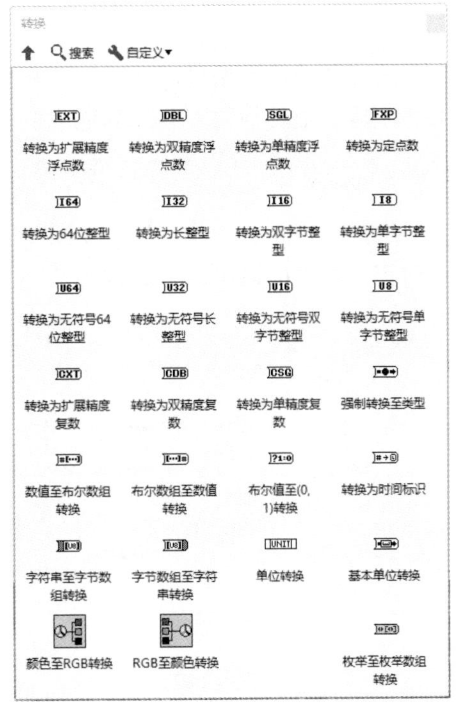

图 4-3 “转换”子选板

2．数据操作

单击“数据操作”选项，打开如图 4-4 所示的“数据操作”子选板。该子选板中的函数主要用于改变 LabVIEW 使用的数据类型。

3．复数

单击“复数”选项，打开如图 4-5 所示的“复数”子选板。该子选板中的函数主要用于根据两个直角坐标系或极坐标系中的值创建复数，或将复数分为直角坐标系或极坐标系中的两个分量。具体有以下 7 个函数。

图 4-4 “数据操作”子选板

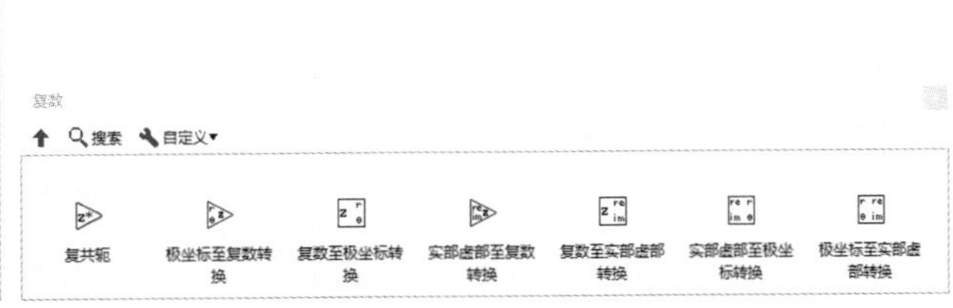

图 4-5 “复数”子选板

（1）复共轭：计算 $x+iy$ 的复共轭。

（2）极坐标至复数转换：通过极坐标分量的两个值创建复数。

（3）复数至极坐标转换：使复数分解为极坐标分量。

（4）实部虚部至复数转换：通过直角坐标分量的两个值创建复数。

（5）复数至实部虚部转换：使复数分解为直角坐标分量。

（6）实部虚部至极坐标转换：使复数从直角坐标系转换到极坐标系。

（7）极坐标至实部虚部转换：使复数从极坐标系转换到直角坐标系。

4．缩放

选择“缩放”选项，打开如图 4-6 所示的“缩放”子选板。该子选板中的函数或 VI 可将电压读数转换为温度或其他应变量。

5．定点

选择“定点”选项，打开如图 4-7 所示的“定点”子选板。该子选板中的函数或 VI 可对定点数字的溢出状态进行操作。

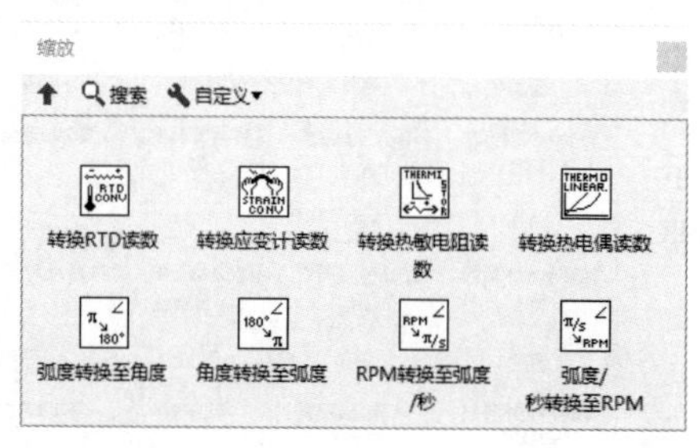

图 4-6 “缩放”子选板

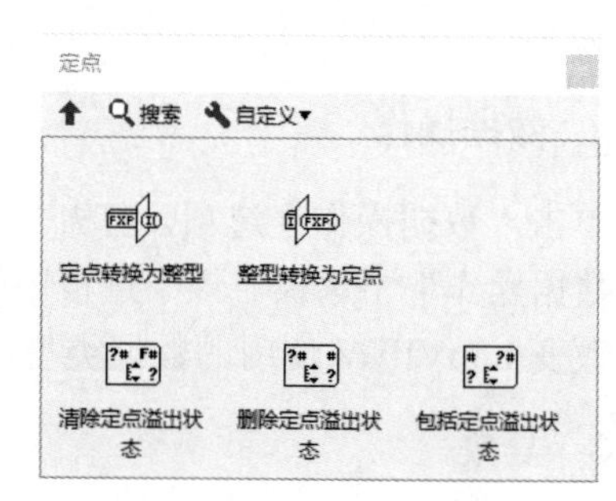

图 4-7 “定点”子选板

6．数学与科学常量

选择“数学与科学常量”选项，打开如图 4-8 所示的“数学与科学常量”子选板。该子选板中的函数或 VI 主要是特定常量。下面介绍各特定常量代表的数值。

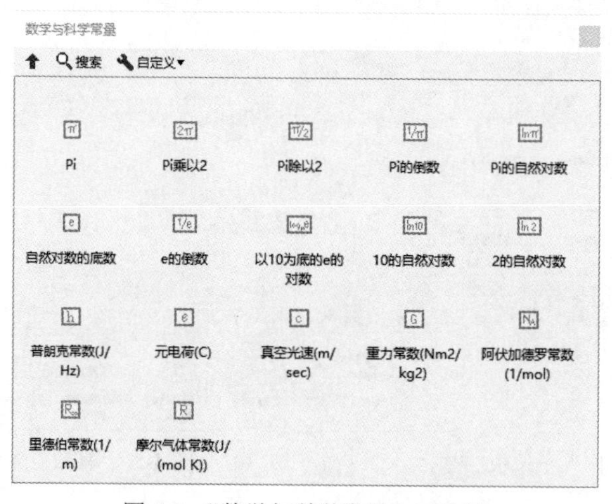

图 4-8 “数学与科学常量”子选板

（1）Pi：3.1415926535897932。

（2）Pi 乘以 2：6.2831853071795865。

（3）Pi 除以 2：1.5707963267948966。

（4）Pi 的倒数：0.31830988618379067。

（5）Pi 的自然对数：1.1447298858494002。

（6）自然对数的底数：2.7182818284590452。

（7）e 的倒数：0.36787944117144232。

（8）以 10 为底的 e 的对数：0.43429448190325183。

（9）10 的自然对数：2.3025850929940597。

（10）2 的自然对数：0.69314718055994531。

（11）普朗克常数（J/Hz）：6.62606896e-34。

（12）元电荷（C）：$1.602176487 \times 10^{-19}$。

（13）真空光速（m/sec）：299792458。

（14）重力常数（$N \cdot m^2/kg^2$）：6.67428×10^{-11}。

（15）阿伏加德罗常数（1/mol）：$6.02214179 \times 10^{23}$。

（16）里德伯常数（1/m）：10973731.568527。

（17）摩尔气体常数［J/（mol • K）］：8.314472。

4.1.2 函数快捷选项

一般的函数或 VI 包括图标、输入端和输出端。图标为简单的图画来显示函数或 VI 的功能；输入端和输出端可用来连接控件、常量或其余函数，也可空置。在函数的快捷菜单（在函数图标处右击显示）中显示了该函数可以执行的操作，如图 4-9 所示。

在不同函数或 VI 上显示的快捷菜单不同，如图 4-10 所示为另一种函数快捷菜单。下面简单介绍函数快捷菜单中的常用选项。

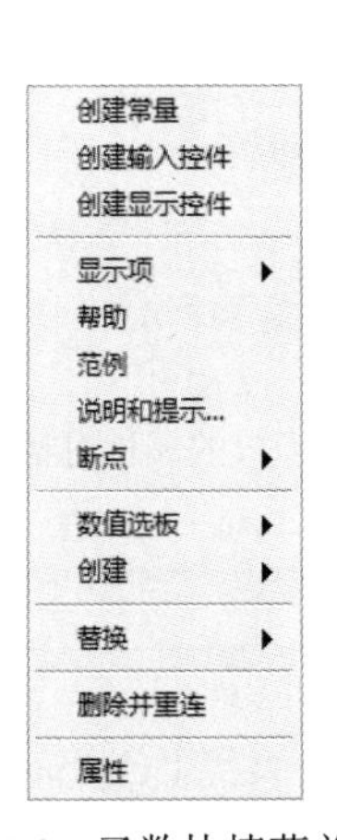

图 4-9 函数快捷菜单 1

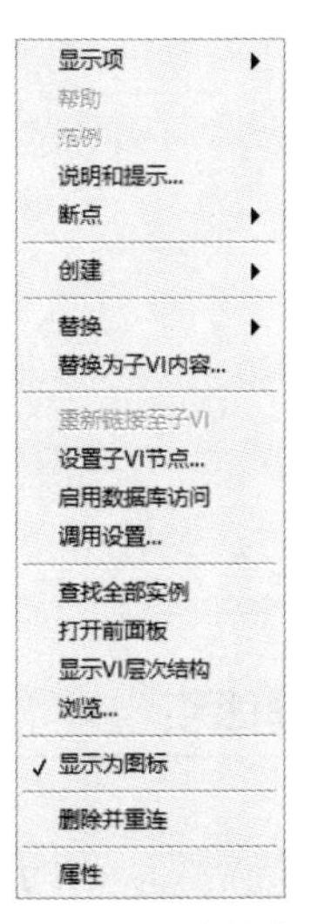

图 4-10 函数快捷菜单 2

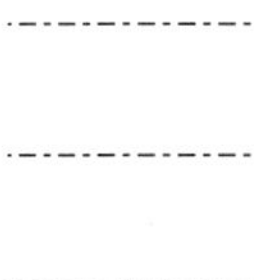

1. 显示项

在显示项的子菜单中包括函数的基本参数——标签与连线端。标签一般以图例的形式显示，连线端以直观的方式显示输入端、输出端的个数。

2. 断点

利用该选项，可启用、禁用断点。

3．创建

选择“创建”选项，在弹出的子菜单中选择相应的选项（见图 4-11），可在函数输入端、输出端创建不同的对象。

4．替换

“替换”选项用于将函数或 VI 替换为其余函数或 VI。此操作可用于绘制完成的 VI（即各函数已相互连接），但此时删除原函数、添加新函数，容易导致连线发生错误。因此使用“替换”选项，一般要求替换的函数与原函数的输入端、输出端个数相同，以免出现连线错误的现象。

5．属性

选择“属性”选项，弹出函数的属性对话框，如图 4-12 所示。该对话框与前面板中控件的属性对话框相似，具体设置这里不再赘述。

常量
输入控件
显示控件
局部变量
引用
属性节点 ▸
调用节点 ▸

图 4-11 “创建”子菜单

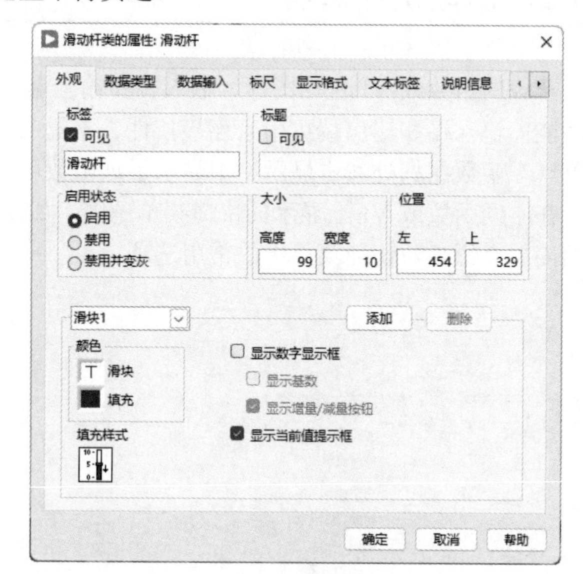

图 4-12 函数的属性对话框

实例：计算圆锥体积

本实例设计一个 VI，用于计算圆锥体积，其中半径与高均为 5。建成的程序框图如图 4-13 所示。

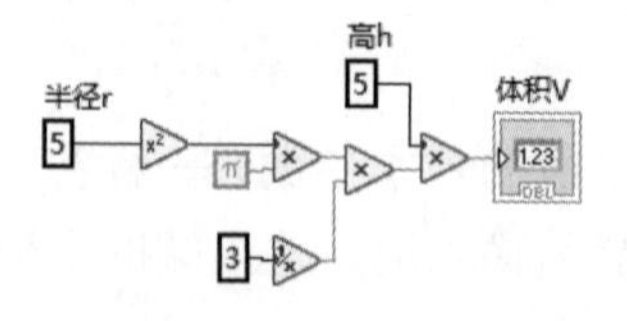

图 4-13 程序框图

（1）新建 VI。选择菜单栏中的“文件”→“新建 VI”选项，新建一个 VI。

（2）保存 VI。选择菜单栏中的“文件”→“另存为”选项，输入 VI 名称为“计算圆锥体积”。

（3）固定控件选板。单击右键，在前面板窗口打开控件选板，单击选板左上角的“固定”按钮，将控件选板固定在前面板窗口。

（4）在函数选板中选择“编程”→“数值”→“平方”、“乘”和“倒数”函数，并将其放置到程序框图中；创建常量 5 和 3，并设置标签内容，连接各图标结果如图 4-14 所示。

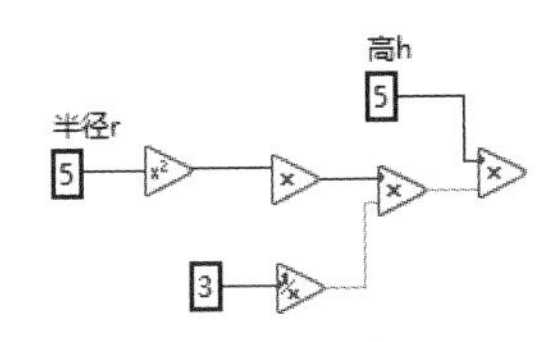

图 4-14　放置数值函数

（5）在函数选板中选择“编程”→“数值”→“数学与科学常量”→“Pi”函数，并将其放置到程序框图中，连接图标。

（6）在“乘”函数处单击右键，弹出快捷菜单，如图 4-15 所示，选择“创建显示控件”选项，自动创建显示控件并连接，修改其标签为“体积 V”。

（7）单击工具栏中的“整理程序框图”按钮，整理程序框图，结果如图 4-13 所示。

（8）单击“运行”按钮，运行 VI，在前面板显示运行结果，如图 4-16 所示。

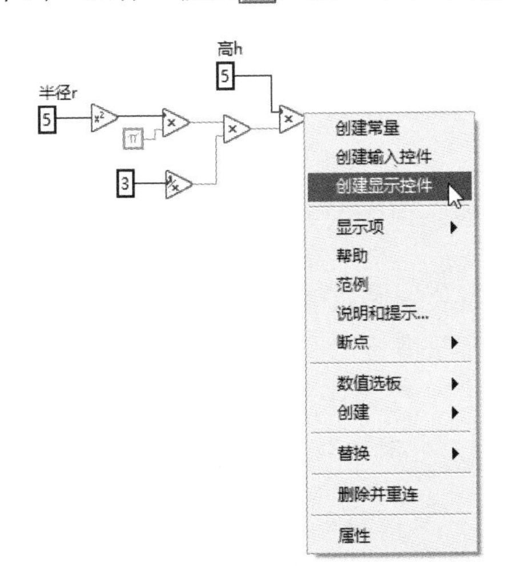

图 4-15　快捷菜单

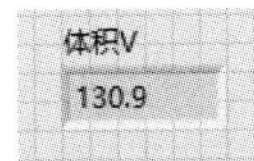

图 4-16　前面板运行结果

4.2 字符串

在函数选板中选择“编程”→“字符串”选项，打开如图 4-17 所示的“字符串”子选板，在该子选板中，常用的是字符串长度、连接字符串等。具体介绍见 4.2.2 节。

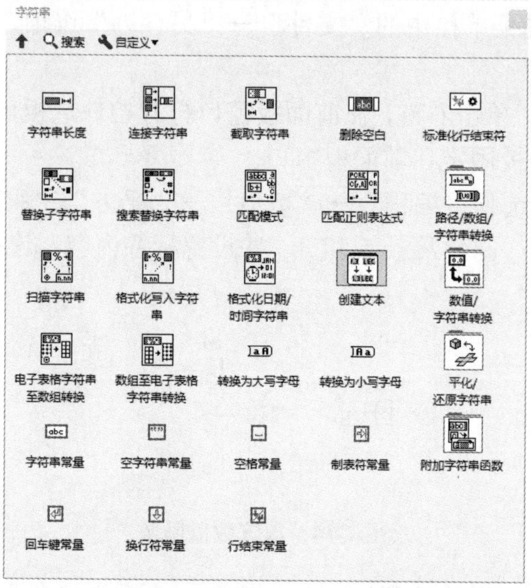

Note

图 4-17 “字符串”子选板

4.2.1 字符串的概念与用途

在 LabVIEW 中，经常需要用到字符串控件或字符串常量，用于显示屏幕信息。下面介绍字符串的概念。

字符串是一系列 ASCII 码字符的集合，这些字符可能是可显示的，也可能是不可显示的（如换行符、制表位等）。程序通常会在以下三种情况下用到字符串。

（1）传递文本信息。

（2）用 ASCII 码格式存储数据。要把数值型的数据作为 ASCII 码文件存盘，必须先把它转换为字符串。

（3）与传统仪器的通信。在仪器控制中，需要先把数值型的数据作为字符串传递，再将字符串转化为数字。

在前面板中，“字符串与路径”子选板中的函数或 VI 对应字符串控件（包括输入控件与显示控件），如图 4-18 所示。

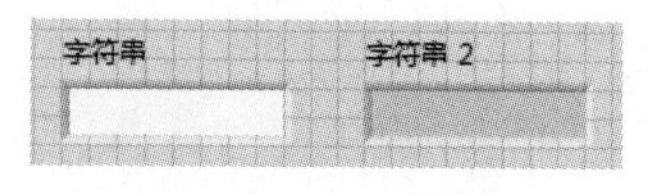

图 4-18 字符串控件

实例：字符显示

本实例绘制如图 4-19 所示的字符显示程序框图。

（1）新建 VI。选择菜单栏中的“文件”→“新建 VI”选项，新建一个 VI。

（2）保存 VI。选择菜单栏中的“文件”→“另存为”选项，输入 VI 名称为“字符显示”。

（3）固定控件选板。单击右键，在前面板窗口中打开控件选板，单击控件选板左上角的“固定”按钮[image]，将控件选板固定在前面板窗口。

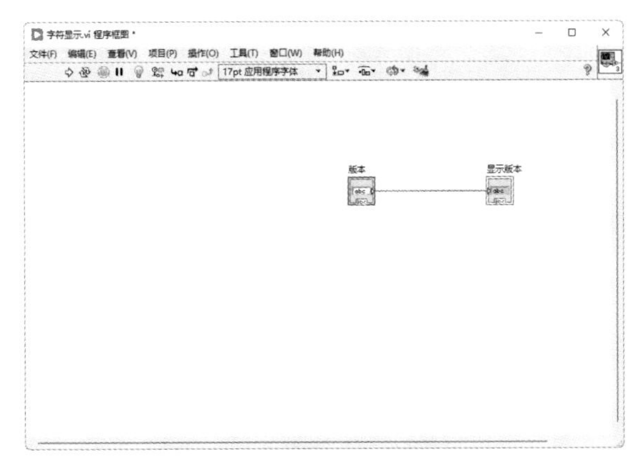

图 4-19　字符显示程序框图

（4）在控件选板中，选择“新式”→“字符串与路径”→“字符串控件”“字符串显示控件”，并将其放置在前面板中的适当位置，双击控件标签，修改控件名称，结果如图 4-20 所示。

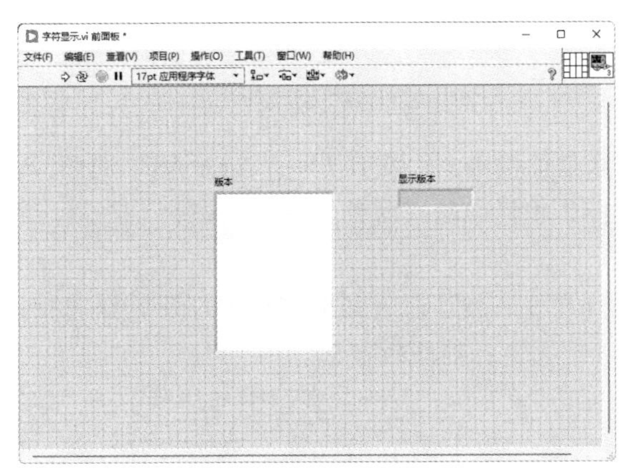

图 4-20　修改控件名称

（5）打开程序框图窗口，连接两控件的输入、输出端，结果如图 4-19 所示。

（6）在“版本”控件中输入初始值“LABVIEW 2022”，单击“运行”按钮，运行 VI，在“显示版本”控件中显示运行结果，如图 4-21 所示。

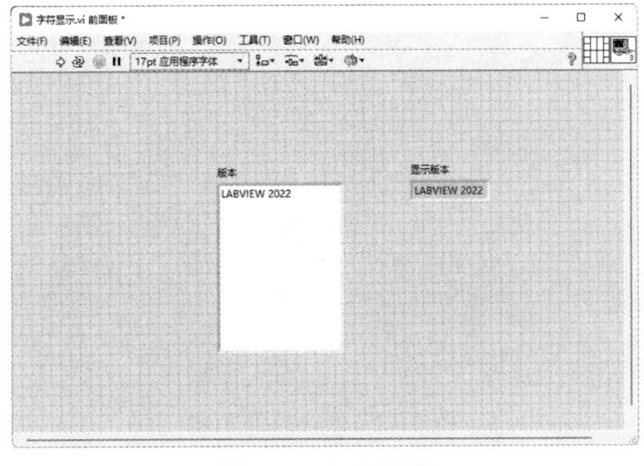

图 4-21　运行结果

实例：字符转换

本实例绘制如图 4-22 所示的字符转换程序框图。

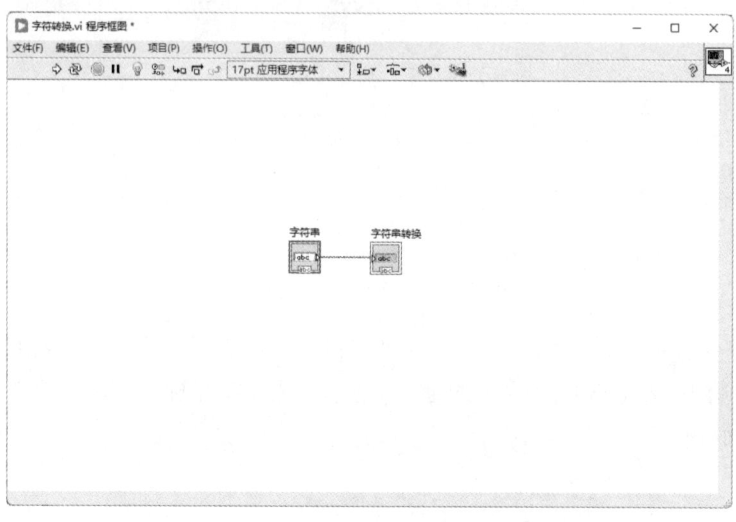

图 4-22　字符转换程序框图

（1）新建 VI。选择菜单栏中的“文件”→“新建 VI”选项，新建一个 VI。

（2）保存 VI。选择菜单栏中的“文件”→“另存为”选项，输入 VI 名称为“字符转换”。

（3）固定控件选板。单击右键，在前面板窗口中打开控件选板，单击选板左上角“固定”按钮，将控件选板固定在前面板窗口。

（4）在控件选板中，选择“新式”→“字符串与路径”→“字符串控件”“字符串显示控件”，并将其放置在前面板中的适当位置，双击控件标签，修改控件名称，结果如图 4-23 所示。

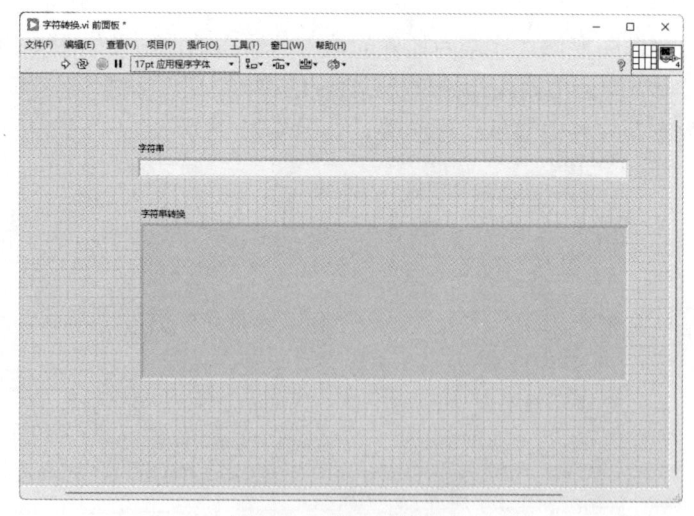

图 4-23　修改控件名称

（5）打开程序框图，连接两控件的输入、输出端，结果如图 4-22 所示。

（6）在“字符串”控件中输入初始值“LABVIEW 2022 LABVIEW 2020 LABVIEW 2018 LABVIEW 2016 LABVIEW 2015 LABVIEW 2014”，单击“运行”按钮，运行 VI，在“字符串转换”控件中显示运行结果，如图 4-24 所示。

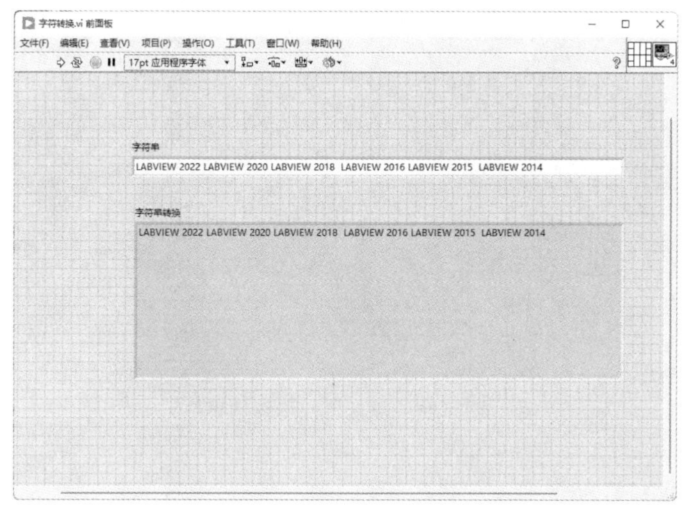

图 4-24　运行结果

（7）在“字符串”控件上单击右键，在弹出的快捷菜单中选择“属性”选项，弹出属性设置对话框，在“显示样式”选项组下选中“反斜杠符号”单选按钮，如图 4-25 所示，单击“确定”按钮，退出设置，此时前面板显示如图 4-26 所示。

图 4-25　设置属性

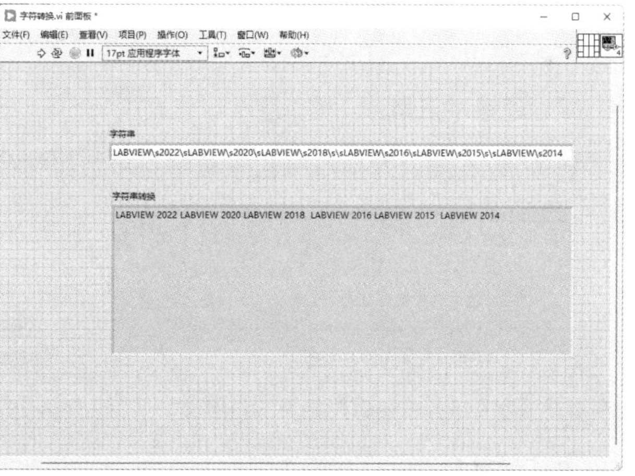

图 4-26　应用属性设置后的前面板

（8）修改“字符串”控件中的初始值为“LABVIEW\s2022\nLABVIEW\s2020\nLABVIEW\s2018\nLABVIEW\s2016\nLABVIEW\s2015\nLABVIEW\s2014”，单击“运行”按钮，运行 VI，在“字符串转换”控件中显示换行运行结果，如图 4-27 所示。

字符转换.vi 前面板 *

文件(F) 编辑(E) 查看(V) 项目(P) 操作(O) 工具(T) 窗口(W) 帮助(H)

17pt 应用程序字体

字符串

LABVIEW\s2022\nLABVIEW\s2020\nLABVIEW\s2018\nLABVIEW\s2016\nLABVIEW\s2015\nLABVIEW\s2014

字符串转换

LABVIEW 2022
LABVIEW 2020
LABVIEW 2018
LABVIEW 2016
LABVIEW 2015
LABVIEW 2014

图 4-27　显示换行运行结果

4.2.2　字符串函数

字符串函数用于合并两个或两个以上字符串、从字符串中提取子字符串、将数据转换为字符串、将字符串格式化以用于文字处理或电子表格应用程序。

1. 字符串长度

该函数用于返回输入字符串的字符长度（字节），其图标及端口定义如图 4-28 所示。

2. 连接字符串

该函数连接输入字符串和一维字符串数组作为输出字符串，其图标及端口定义如图 4-29 所示。

图 4-28　字符串长度函数图标及端口定义　　图 4-29　连接字符串函数图标及端口定义

3. 截取字符串

该函数返回输入字符串的子字符串（从"偏移量"位置开始，包含"长度"个字符），其图标及端口定义如图 4-30 所示。

4. 删除空白

该 VI 将删除字符串起始、末尾或两端处的所有空白（空格、制表符、回车符和换行符），其图标及端口定义如图 4-31 所示。

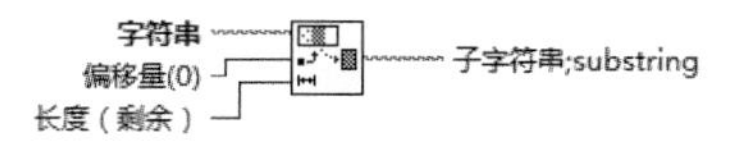

图4-30 截取字符串函数图标及端口定义

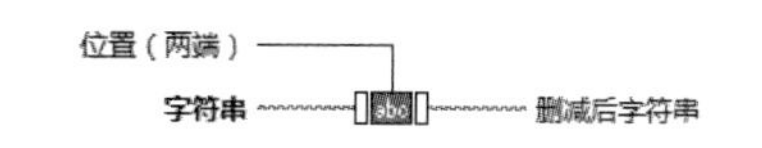

图4-31 删除空白VI图标及端口定义

5. 标准化行结束符

该VI转换输入字符串的行结束为指定格式的行结束，其图标及端口定义如图4-32所示。

6. 替换子字符串

该函数用于插入、删除或替换子字符串，偏移量在字符串中指定，其图标及端口定义如图4-33所示。

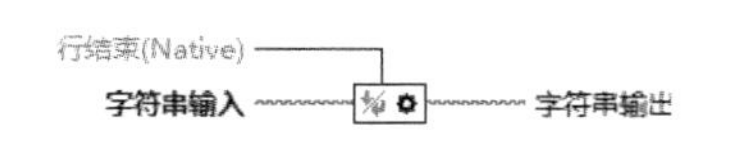

图4-32 标准化行结束符VI图标及端口定义

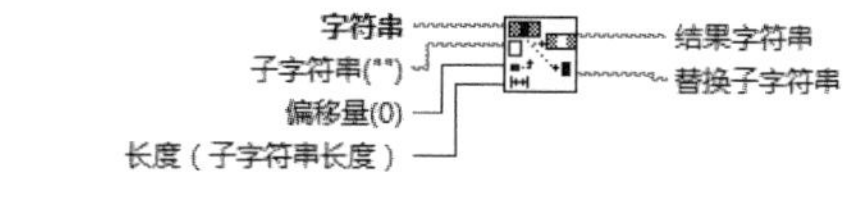

图4-33 替换子字符串函数图标及端口定义

7. 搜索替换字符串

该函数用于将一个或所有子字符串替换为另一个子字符串，其图标及端口定义如图4-34所示。

8. 匹配模式

该函数用于从输入字符串的指定位置处开始搜索正则表达式，其图标及端口定义如图4-35所示。正则表达式为特定的字符组合，用于模式匹配。

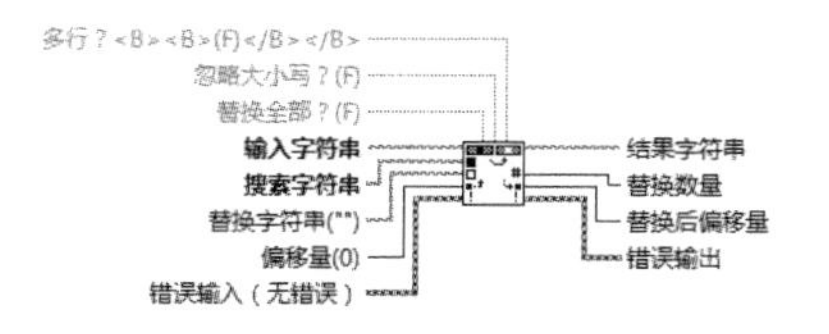

图4-34 搜索替换字符串函数图标及端口定义

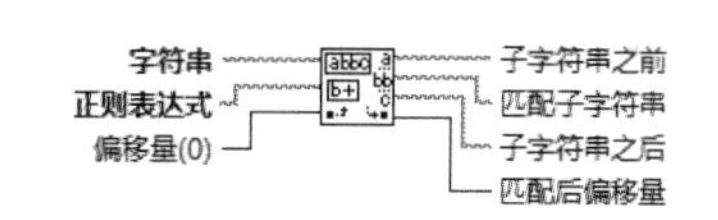

图4-35 匹配模式函数图标及端口定义

9. 匹配正则表达式

该函数的作用与匹配模式类似，用于在匹配结果字符串中继续搜索正则表达式，进行子匹配，其图标及端口定义如图4-36所示。

10. 路径/数组/字符串转换

该子选板中的函数用于转换路径、数组和字符串，具体函数如图4-37所示。

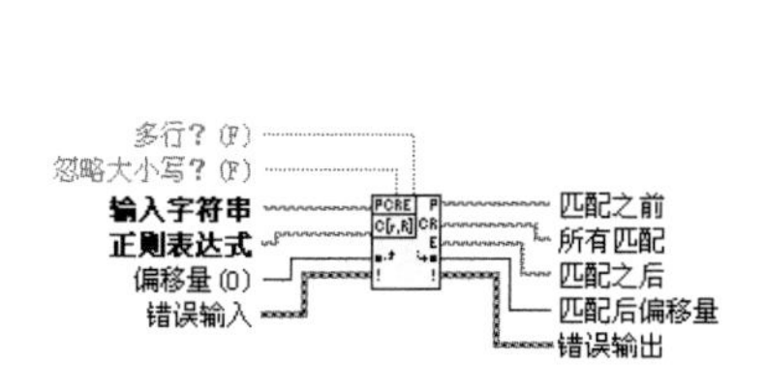

图4-36 匹配正则表达式函数图标及端口定义

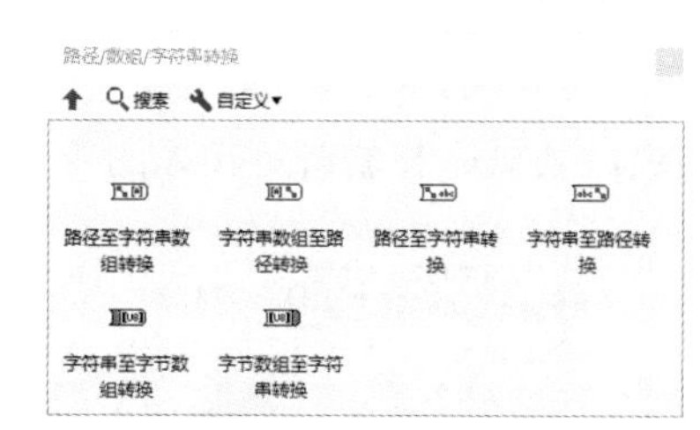

图4-37 “路径/数组/字符串转换”子选板中的函数

11. 扫描字符串

该函数用于扫描输入字符串，然后依据格式字符串进行转换，其图标及端口定义如图 4-38 所示。

12. 格式化日期/时间字符串

该函数通过 UTC 格式代码指定时间格式，并按照该格式使时间标识的值显示为时间，其图标及端口定义如图 4-39 所示。

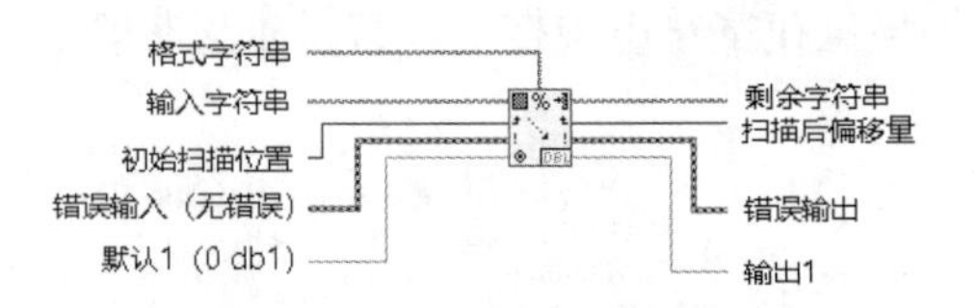

图 4-38 扫描字符串函数图标及端口定义

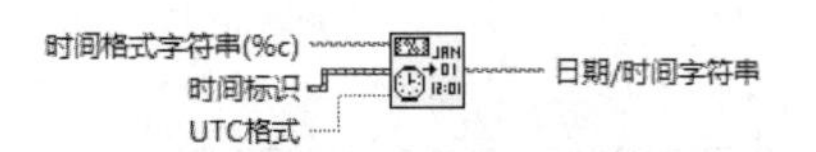

图 4-39 格式化日期/时间字符串函数图标及端口定义

13. 创建文本

该 VI 用于将文本和参数化输入进行组合，以创建输出字符串，如果输入的不是字符串，该 VI 将依据配置使之转化为字符串。

14. 数值/字符串转换

该子选板中的函数用于转换字符串，具体函数如图 4-40 所示。

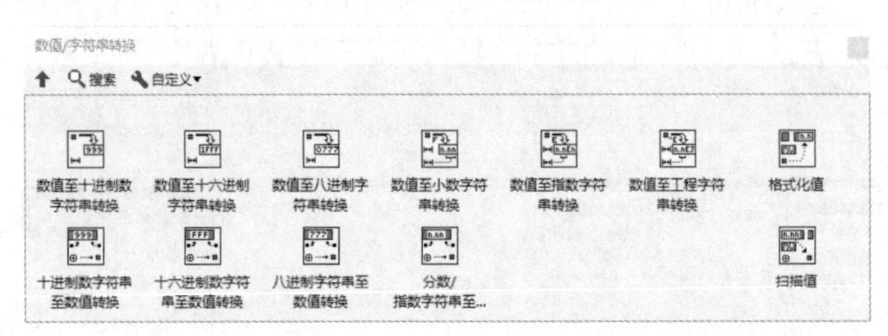

图 4-40 “数值/字符串转换”子选板中的函数

15. 电子表格字符串至数组转换

该函数使电子表格字符串转换为数组，维度和表示法与数组类型一致，其图标及端口定义如图 4-41 所示。

16. 数组至电子表格字符串转换

该函数可以使任何维数的数组转换为字符串形式的表格（包括制表位分隔的列元素、独立于操作系统的 EOL 符号分隔的行），对于三维或更多维数的数组而言，还包括表头分隔的页，其图标及端口定义如图 4-42 所示。

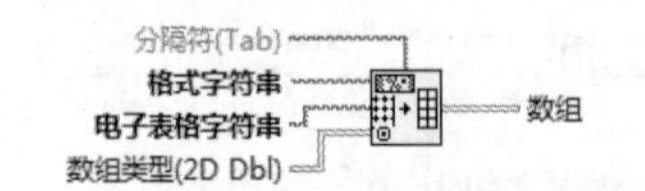

图 4-41 电子表格字符串至数组转换函数图标及端口定义

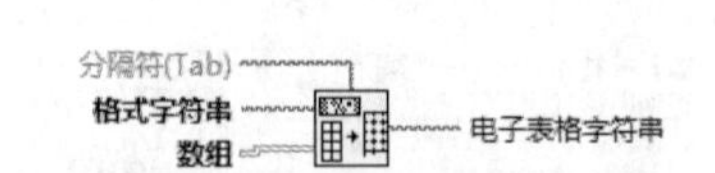

图 4-42 数组至电子表格字符串转换函数图标及端口定义

Note

17. 转换为大写字母

该函数使字符串中的所有字母字符转换为大写字母，其图标及端口定义如图 4-43 所示。

18. 转换为小写字母

该函数使字符串中的所有字母字符转换为小写字母，其图标及端口定义如图 4-44 所示。

字符串 所有大写字母字符串

图 4-43 转换为大写字母函数图标及端口定义

字符串 所有小写字母字符串

图 4-44 转换为小写字母函数图标及端口定义

19. 平化/还原字符串

该子选板中的函数用于将 LabVIEW 数据类型转换为字符串或进行反向转换，具体函数如图 4-45 所示。

20. 附加字符串函数

该子选板中的函数用于进行字符串内扫描和搜索、模式匹配等操作，具体函数如图 4-46 所示。

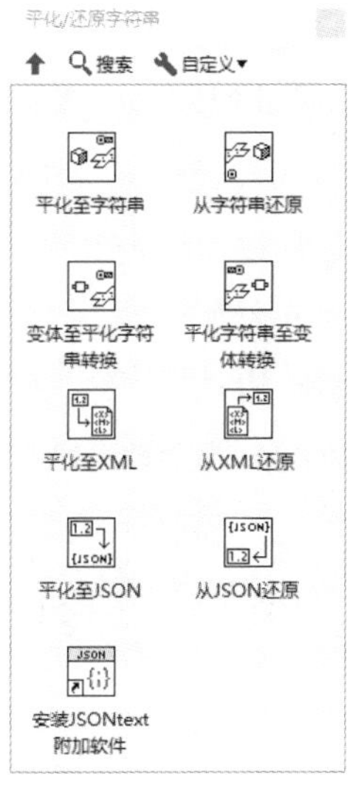

图 4-45 “平化/还原字符串”子选板中的函数

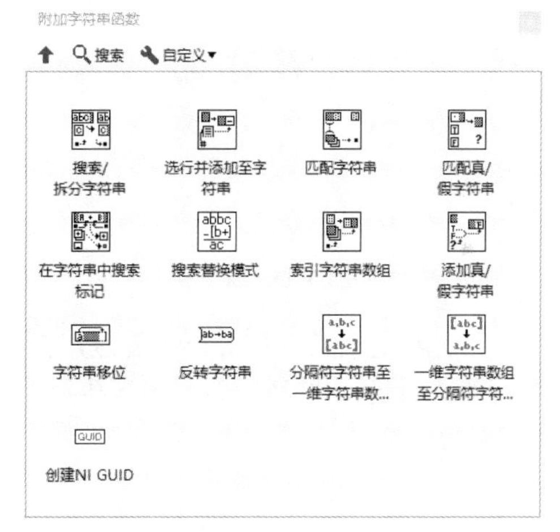

图 4-46 “附加字符串函数”子选板中的函数

21. 字符串常量

该函数通过建立常量为程序框图提供文本字符串常量。用户可以通过操作工具设置字符串常量的值，或使用标注工具单击字符串常量并输入字符串。

“字符串”子选板中还包括另外 6 种特殊功能字符串常量：空字符串常量、空格常量、制表符常量、回车键常量、换行符常量、行结束常量。

实例：数据解码

本实例设计如图 4-47 所示的数据解码程序框图。

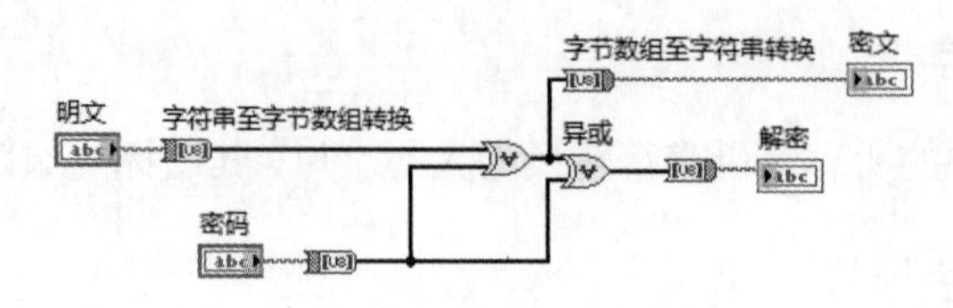

图 4-47　数据解码程序框图

（1）新建 VI。选择菜单栏中的“文件”→“新建 VI”选项，新建一个 VI。

（2）保存 VI。选择菜单栏中的“文件”→“另存为”选项，输入 VI 名称为“数据解码”。

（3）打开程序框图窗口，在函数选板中，选择“编程”→“字符串”→“路径/数组/字符串转换”→“字符串至字节数组转换”函数，并将其放置在程序框图中，在函数图标上单击右键，在弹出的快捷菜单中，选择“创建输入控件”选项，如图 4-48 所示，自动创建输入控件并连接，如图 4-49 所示。

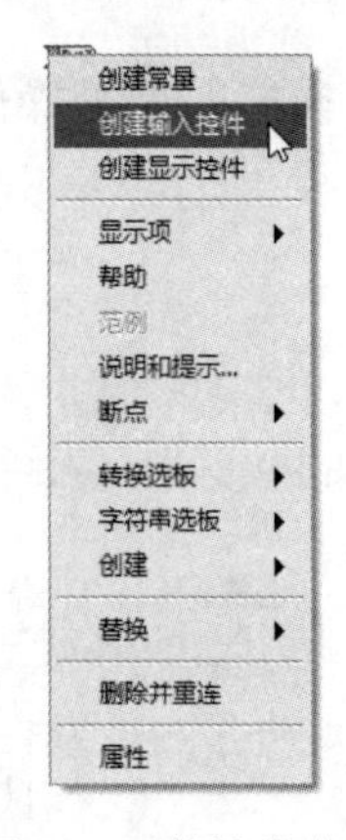

图 4-48　快捷菜单 1

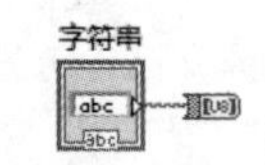

图 4-49　放置输入控件

（4）框选所有控件，单击右键，在弹出的快捷菜单中，选择“显示为图标”选项，如图 4-50 所示，取消控件的图标显示，修改标签为“明文”，结果如图 4-51 所示。

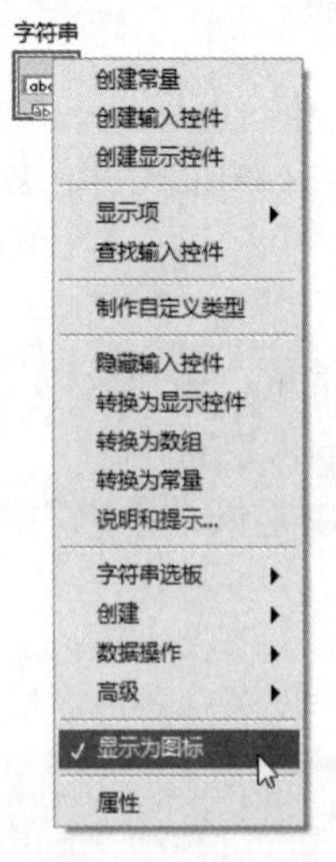

图 4-50　快捷菜单 2

图 4-51　修改结果

（5）在函数选板中，选择“编程”→“布尔”→“异或”函数，并将其放置在程序框图中。

（6）在函数选板中，选择“编程”→“字符串”→“路径/数组/字符串转换”→“字节数组至字符串转换”函数，并将其放置在程序框图中。在该函数图标上单击右键，在弹出的快捷菜单中，选择“创建显示控件”选项，自动创建显示控件并连接。

（7）单击工具栏中的“整理程序框图”按钮，整理程序框图，结果如图 4-47 所示。

（8）在输入控件中输入初始值，单击“运行”按钮，运行 VI，在前面板上显示运行结果，如图 4-52 所示。

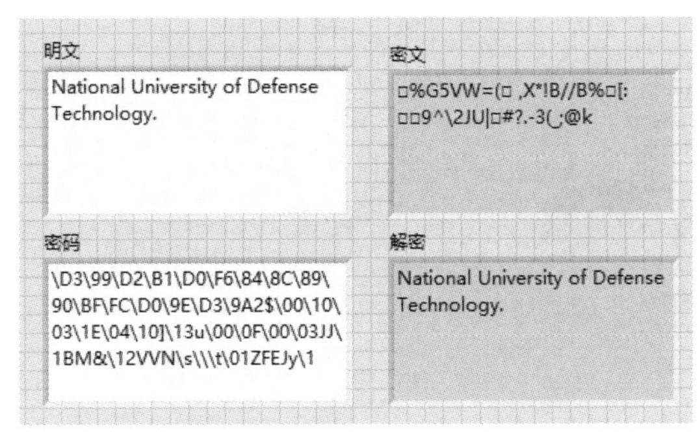

图 4-52　前面板上显示运行结果

4.3 变量

LabVIEW 通过数据流驱动的方式来控制程序的运行，在程序中用连线连接多个控件以交换数据。这种驱动方式和数据交换方式在某些情况下可能会遇到麻烦，例如，当程序复杂时，连线容易混乱，其结果是导致程序的可读性变得很差，甚至影响程序的正常工作和调试，而且仅仅依靠连线也无法进行两个程序之间的数据交换。局部变量和全局变量的引入在某种程度上解决了上述问题，所以本节将介绍局部变量和全局变量。

4.3.1　局部变量

创建局部变量的方法有两种：第一种方法是直接在程序框图中已有的对象上单击右键，从弹出的快捷菜单中创建局部变量，如图 4-53 所示；第二种方法是在函数选板中的“结构”子选板中选择局部变量，形成一个没有被赋值的变量，此时的局部变量没有任何用处，因为它还没有和前面板中的控件相关联，这时可以通过在前面板添加控件来填充其内容。如图 4-54 所示为对以这种方式添加的局部变量关联控件。

使用局部变量既可以在一个程序的多个位置实现对前面板控件的访问，也可以在无法连线的框图区域之间传递数据。每一个局部变量都是对某一个前面板控件数据的引用。可以为一个输入量或输出量建立任意多的局部变量，从它们中的任何一个都可以读取控件中的数据；向这些局部变量中的任何一个写入数据，都将改变控件本身和其他局部变量。

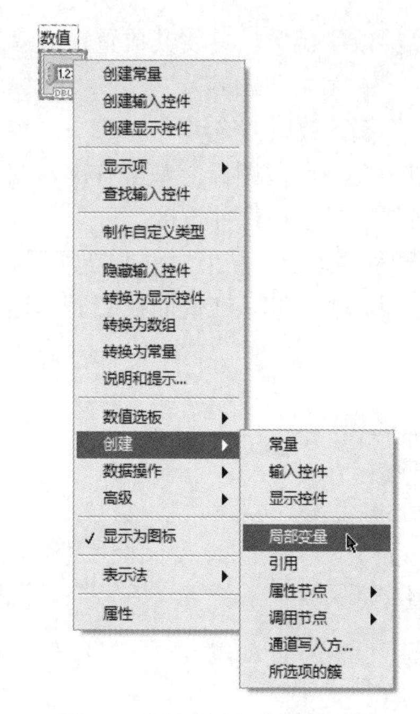

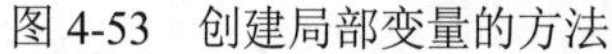

图 4-53　创建局部变量的方法

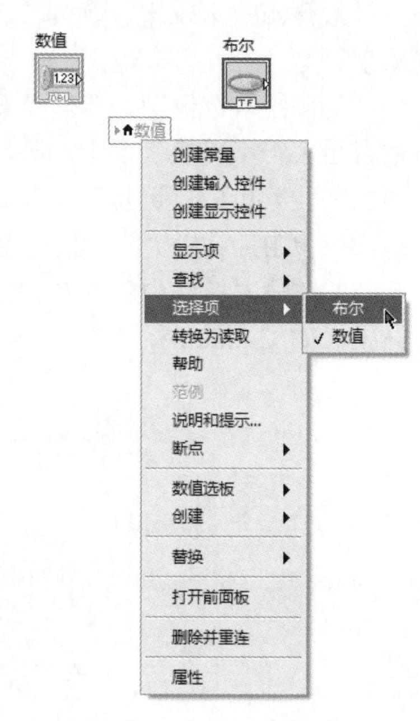

图 4-54　为创建的局部变量关联控件

图 4-55 显示了使用同一个开关同时控制两个 While 循环的程序框图：使用随机数（0～1）和 While 循环分别产生两组波形，在第一个循环中用布尔变量来控制循环是否继续，并创建其局部变量；在第二个循环中将第一个开关的局部变量连接到条件端口，对循环进行控制。相应的前面板如图 4-56 所示。

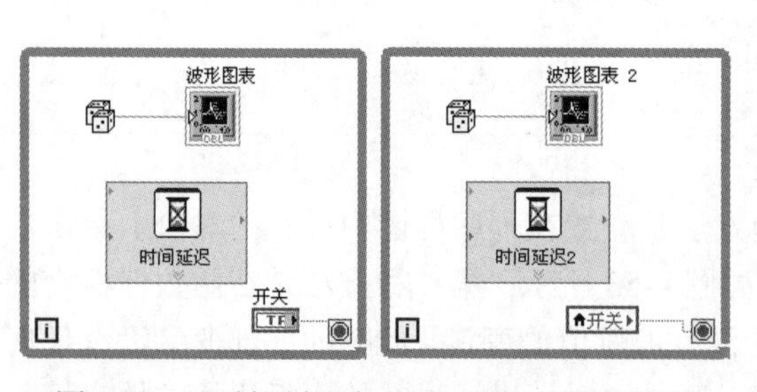

图 4-55　同时控制两个 While 循环的程序框图

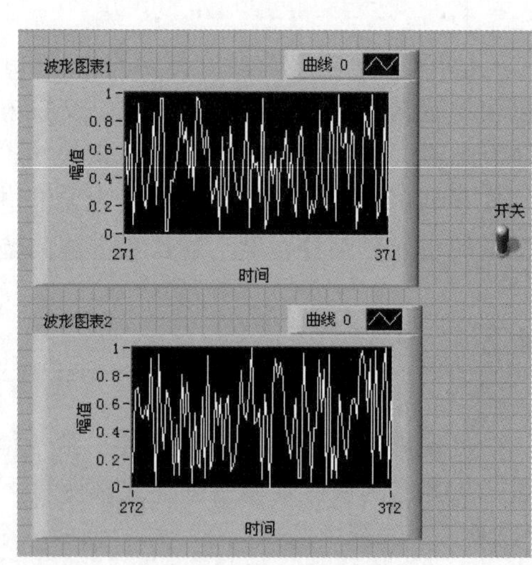

图 4-56　同时控制两个循环的前面板显示

一个局部变量就是其对应前面板对象的一个复制，要占一定的内存，所以使用过多的局部变量会占用大量内存，尤其当局部变量是数组这样的复合数据类型时。局部变量会复制数据缓冲区，即从一个局部变量读取数据时，便为相关控件的数据创建了一个新的缓冲区。如果使用局部变量将大量数据从程序框图上的某个对象传递到另一个对象，通常会使用更多的内存，最终导致执行速度比使用连线来传递数据更慢。并且，过多地

使用局部变量还会使程序的可读性变差，有可能导致不易发生的错误出现。

局部变量还可能引起竞态问题，如图 4-57 所示，此时无法估计出数值的最终值是多少，因为无法确认两个并行执行代码在时间上的执行顺序。该程序的输出取决于各运算的运行顺序。由于这两个运算间没有数据依赖关系，因此很难判断出哪个运算先运行。为避免竞争状态，可以使用数据流或顺序结构，以强制加入控制运行顺序的机制，或者不要同时读写同一个变量。

图 4-57　竞态问题举例

局部变量只能在同一个 VI 中使用，不能在不同的 VI 之间使用。若需要在不同的 VI 之间进行数据传递，则要使用全局变量。

4.3.2　全局变量

全局变量的创建也有两种方法：第一种方法是在“结构”子选板中选择全局变量，将生成一个小图标，双击该图标，弹出全局变量的前面板窗口，如图 4-58 所示。在其中即可编辑全局变量；第二种方法是在 LabVIEW“新建”对话框中选择“全局变量”，如图 4-59 所示，单击“确定”按钮后就可以打开设计全局变量的前面板窗口，如图 4-58 所示。

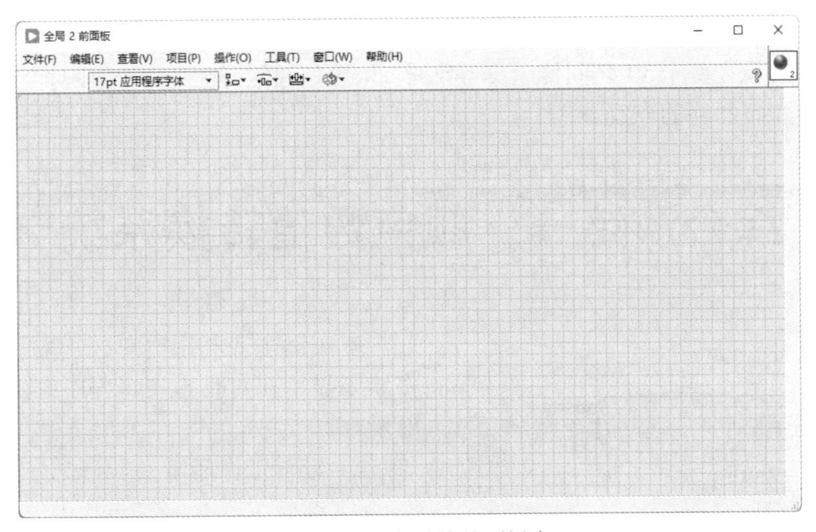

图 4-58　全局变量的前面板窗口

但此时的全局变量只是一个没有程序框图的 LabVIEW 程序，要使用全局变量可按以下步骤：第一步，向全局变量前面板内添加想要的变量，如添加数据 X、Y、Z；第二步，保存这个全局变量，关闭全局变量的前面板窗口；第三步，新建一个程序，打开其程序框图窗口，从函数选板中选择“选择 VI”选项，打开保存的文件，从中拖出一个全局变量的图标；第四步，右键单击图标，从弹出的快捷菜单中选择“选择项”，就可以根据需要选择相应的变量了，如图 4-60 所示。

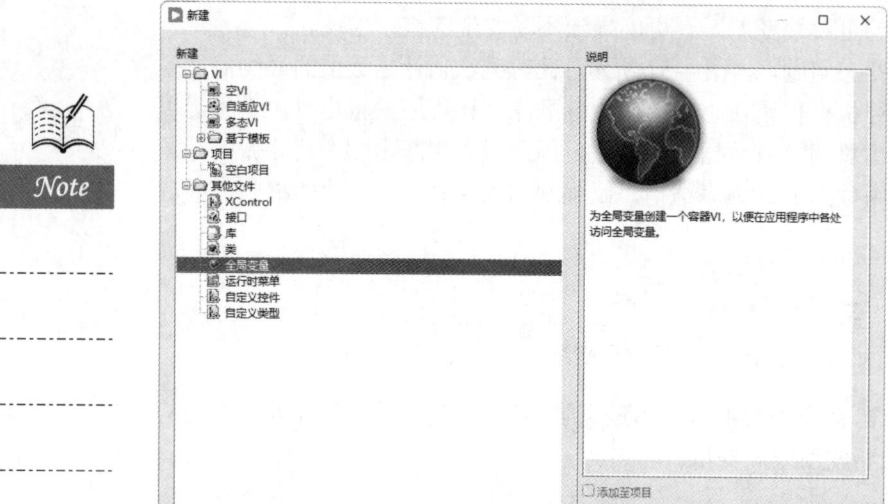

图 4-59　创建全局变量

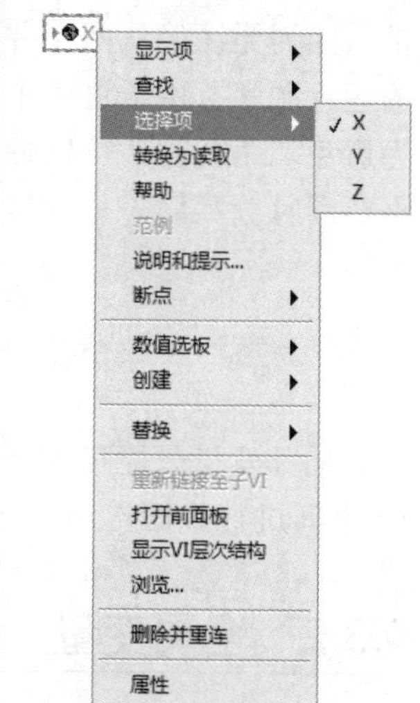

图 4-60　使用全局变量

全局变量可以同时在运行的几个 VI 之间传递数据。例如，可以在一个 VI 里向全局变量写入数据，在随后运行的同一程序中的另一个 VI 里从全局变量读取写好的数据。通过全局变量在不同的 VI 之间进行数据交换只是 LabVIEW 中 VI 之间进行数据交换的方式之一，通过动态数据交换的方式也可以进行数据交换。需要注意的是，在一般情况下，不能利用全局变量在两个 VI 之间传递实时数据，原因是通常情况下两个 VI 对全局变量的读写速度不能保证严格的一致。

4.4 综合演练——颜色数值转换系统

本实例主要利用“单按钮对话框”函数将结果显示在对话框中，程序框图如图 4-61 所示。

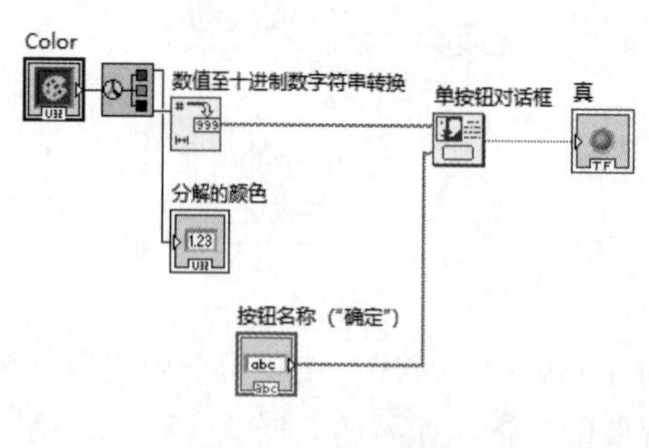

图 4-61　程序框图

1）设置工作环境

① 新建 VI。选择菜单栏中的“文件”→“新建 VI”选项，新建一个 VI。

② 保存 VI。选择菜单栏中的“文件”→“另存为”选项，输入 VI 名称为“颜色数值转换系统”。

③ 固定函数选板。单击右键，在程序框图窗口中打开函数选板，单击选板左上角的“固定”按钮，将函数选板固定在程序框图窗口。

2）设计程序框图

① 在函数选板中选择“编程”→“图形与声音”→“图片函数”→“颜色至 RGB

转换”VI，并将其放置在程序框图中，在该 VI 左侧接线端单击右键，从弹出的快捷菜单中选择“创建”→“输入控件”选项，创建一个颜色盒输入控件“Color”。

② 由于所有颜色均是由红色、绿色、蓝色这 3 种颜色以不同比例混合而成的，因此任意选择的颜色也可分解成这 3 种颜色，并以数字输出。

③ 打开前面板，选择“新式”→“数值”→“数值显示控件”，并将其放置在前面板适当的位置，双击控件标签，修改控件名称为“分解的颜色”。

④ 打开程序框图，选择“分解的颜色”控件，右击弹出快捷菜单，选择“表示法”→“U32”选项，设置表示法；右击该控件，在弹出的快捷菜单中选择“属性”选项，打开“数值类的属性：分解的颜色”对话框，设置如图 4-62 所示。在函数选板中选择“编程”→“对话框与用户界面”→“单按钮对话框”VI，并将其放置在程序框图中。

图 4-62 “数值类的属性：分解的颜色”对话框

⑤ 在输入控件中选择颜色，经 VI 转换成对应 R、G、B 的 3 种数字，但由于输出端输出数值结果，不能直接将结果连接到“单按钮对话框”VI 输入端，因此需要转换数据类型。

⑥ 在函数选板中选择“编程”→“字符串”→“数值/字符串转换”→“数值至十进制数字符串转换”函数，以将输入从数值类型结果转换成字符串，同时将转换结果连接到“单按钮对话框”VI 的“消息”输入端。

⑦ 在“单按钮对话框”VI 的“按钮名称（‘确定’）”输入端处单击右键，从弹出的快捷菜单中选择“创建”→“输入控件”选项，创建一个输入控件。

⑧ 在“单按钮对话框”VI 的“真”输出端处单击右键，从弹出的快捷菜单中选择“创建”→“显示控件”选项，创建“真”布尔显示控件。

⑨ 程序框图绘制结果如图 4-63 所示。

⑩ 单击工具栏中的“整理程序框图”按钮，整理程序框图，结果如图 4-61 所示。

Note

3）打开前面板

选择菜单栏中的“窗口”→“显示前面板”选项，或双击程序框图中的任一控件接线端，将前面板置为当前活动窗口，结果如图 4-64 所示。

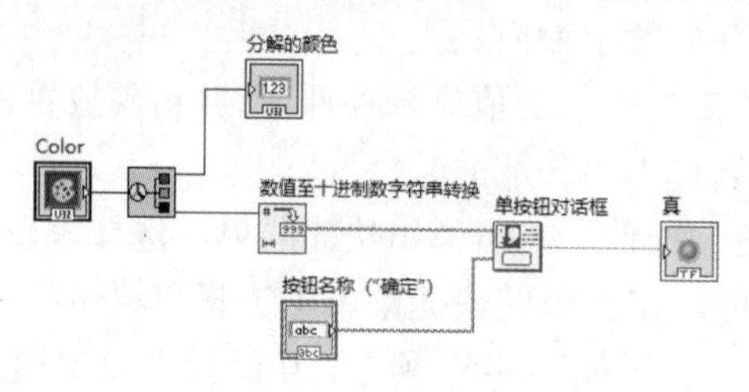

图 4-63　程序框图绘制结果

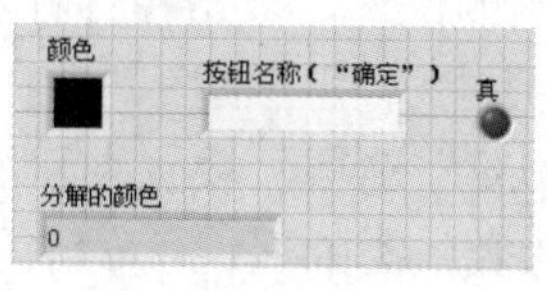

图 4-64　前面板

程序结构

在编程时，仅有顺序执行的语法和语义是不够的，还必须有循环、分支等特殊结构的控制程序流程的程序设计，才能设计出功能完整的程序。本章对LabVIEW中的程序结构进行介绍，包括循环结构、条件结构、顺序结构、事件结构、禁用结构和定时结构。LabVIEW采用结构化的数据流程图编程，提供能够进行循环、条件、顺序和事件等程序控制的结构框图，这是LabVIEW编程的核心，也是其区别于其他图形化编程开发环境的独特和灵活之处。

知识重点

☑ 循环结构、条件结构、顺序结构、事件结构、禁用结构和定时结构
☑ 公式节点、属性节点

任务驱动&项目案例

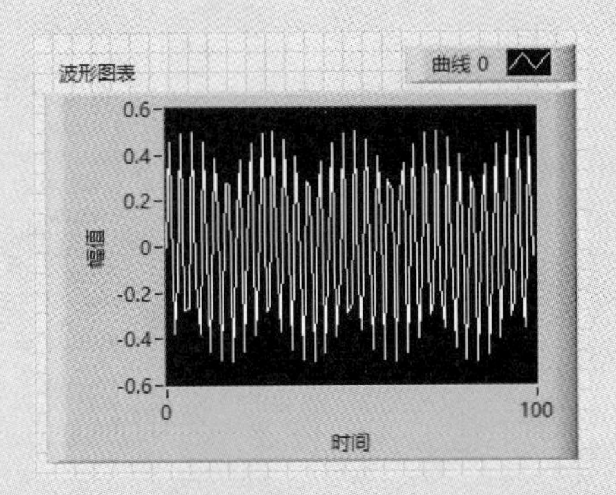

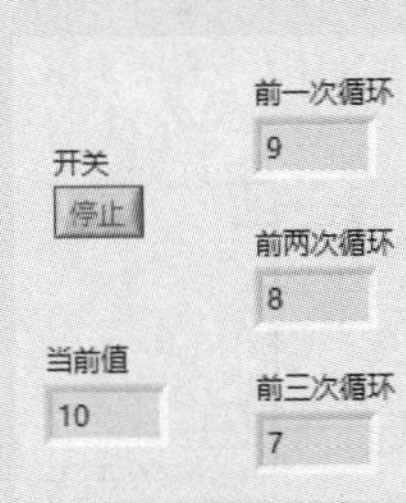

5.1 循环结构

LabVIEW 中有两种类型的循环结构，分别是 For 循环和 While 循环。它们的区别是 For 循环在使用时要预先指定循环次数，当循环体运行了指定次数的循环后会自动退出；而 While 循环则无须指定循环次数，只要满足循环退出的条件便可退出相应的循环，如果无法满足循环退出的条件，则循环变为死循环。在本节中，将分别介绍 For 循环和 While 循环两种循环结构。

5.1.1 For 循环

For 循环位于“函数选板”→“编程”→“结构”子选板中，其是以表示 For 循环的小图标显示的，用户可以将其拖曳到程序框图中，自行调整大小并定位于适当位置。

如图 5-1 所示，For 循环有两个端口——总线接线端（输入端）和计数接线端（输出端）。输入端用于指定要循环的次数，该端口的数据类型是 32 位有符号整数，若输入为 6.5，则其将被截取为 6，即把浮点数截取为最近的整数；若输入为 0 或负数，则该循环无法执行并在输出中显示该数据类型的默认值。输出端用于显示当前的循环次数，该端口的数据类型也是 32 位有符号整数，默认从 0 开始，以 1 递增，即 $N-1$ 表示的是第 N 次循环。

若启用 For 循环并行迭代，则总线接线端下将显示并行实例接线端。若利用 For 循环处理大量计算，则可启用并行循环迭代提高计算性能，此时 LabVIEW 会利用多个处理器提高 For 循环的执行速度。但是，并行的循环必须独立于所有其他循环。可以通过查找可并行循环结果窗口确定可并行的 For 循环。右键单击 For 循环外框，如图 5-2 所示，在快捷菜单中选择“配置循环并行”选项，可显示“For 循环并行迭代”对话框，如图 5-3 所示，在其中可启用 For 循环并行迭代，并设置 LabVIEW 在编译时生成的 For 循环实例数量。

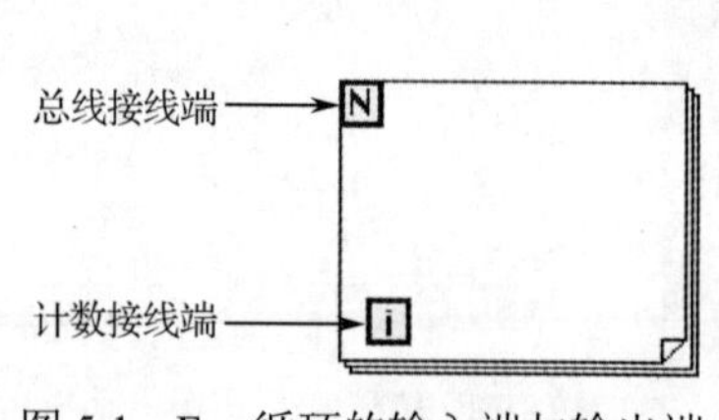

图 5-1　For 循环的输入端与输出端

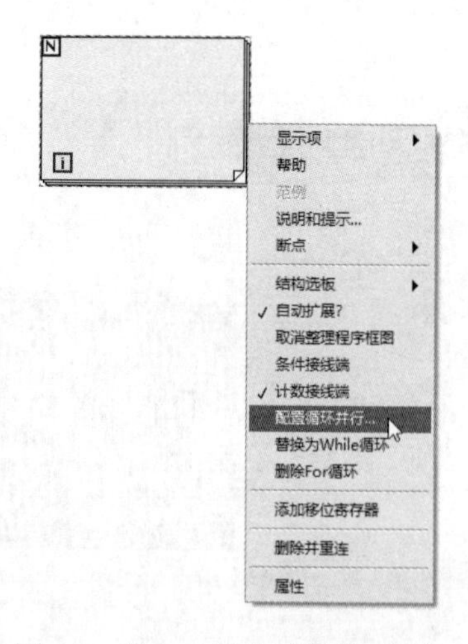

图 5-2　为 For 循环配置并行迭代

配置并行 For 循环的输入端与输出端，如图 5-4 所示，通过并行实例接线端可指定运行时的循环实例数量。若未连线并行实例接线端，则 LabVIEW 会确定运行时可用的逻辑处理器数量，为 For 循环创建相同数量的循环实例。通过 CPU 信息函数可确定计算机包含的可用逻辑处理器数量。

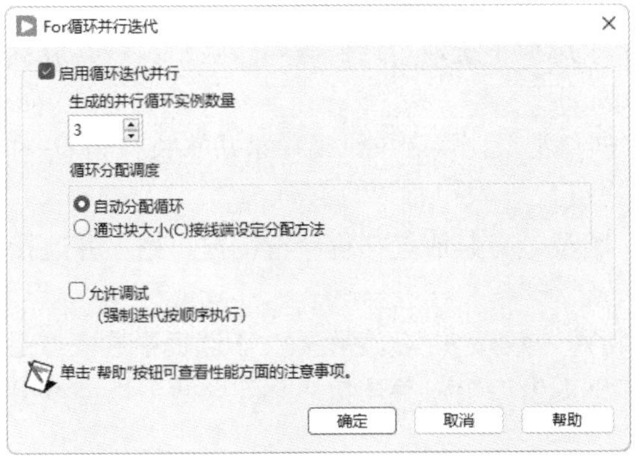

图 5-3　“For 循环并行迭代”对话框

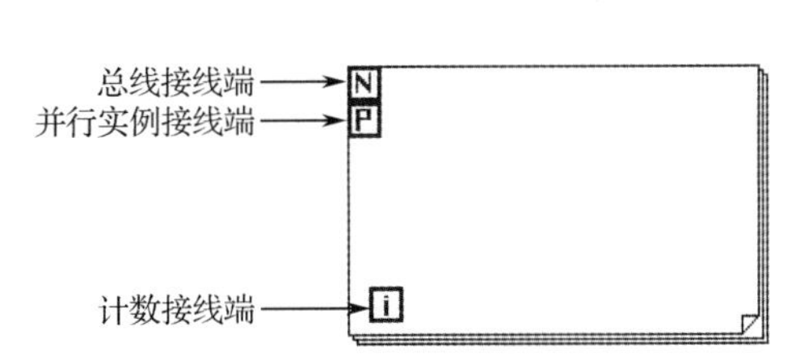

图 5-4　配置并行 For 循环的输入端与输出端

“For 循环并行迭代”对话框包括以下部分：

（1）“启用循环迭代并行”复选框：勾选该选项后，总线接线端下将显示并行实例接线端。在 For 循环上配置并行迭代时，LabVIEW 将自动把移位寄存器转换为错误寄存器，从而遵循通过移位寄存器传输错误的最佳实践。错误寄存器是一种特殊形式的移位寄存器，它存在于启用了并行迭代的 For 循环中，且其数据类型是错误簇。

（2）“生成的并行循环实例数量”文本框：用于确定编译时 LabVIEW 生成的 For 循环实例数量。生成的并行循环实例数量应当等于执行 VI 的逻辑处理器数量。如需在多台计算机上发布 VI，生成的并行循环实例数量应当等于计算机的最大逻辑处理器数量。通过 For 循环的并行实例接线端可指定运行时的并行实例数量。若连线至并行实例接线端的值大于该对话框中输入的值，则 LabVIEW 将使用对话框中的值。

（3）“允许调试”复选框：通过强制迭代按顺序执行，可以在 For 循环中进行调试。默认状态下，勾选“启用循环迭代并行”复选框后将无法进行调试。

实例：显示波形图表

本实例演示使用正弦函数和余弦函数在波形图表中显示曲线，对应的程序框图如图 5-5 所示。

1．设置工作环境

（1）新建 VI。选择菜单栏中的“文件”→“新建 VI”选项，新建一个 VI。

（2）保存 VI。选择菜单栏中的“文件”→“另存为”选项，设置 VI 名称为“显示波形图表”。

（3）固定控件选板。单击右键，在前面板中打开控件选板，单击选板左上角的“固定”按钮，将控件选板固定在前面板窗口。

（4）固定函数选板。打开程序框图窗口，单击右键，打开函数选板，单击选板左上

角的“固定”按钮，将函数选板固定在程序框图窗口。

2. 设计前面板与程序框图

（1）在控件选板中选择“新式”→“图形”→“波形图表”控件，将其放置在前面板窗口中的适当位置。

（2）在函数选板的“编程”→“结构”子选板中选取“For 循环”函数，将其放置在程序框图窗口中的适当位置。

（3）在 For 循环的输入端上单击右键，创建常量。由于 For 循环是从 0 执行到 $N-1$ 的，所以为输入端赋值 100。

（4）选择“编程”→“数值”→“乘”函数，将其放置在程序框图窗口中，并连接“波形图表”控件。

（5）在函数选板的“数学”→“初等与特殊函数”→“三角函数”子选板中选取“正弦”函数与“余弦”函数，将其放置在程序框图窗口中，并连接“乘”函数，以将结果输出到“波形图表”控件。

3. 程序运行

（1）单击程序框图窗口工具栏中的“整理程序框图”按钮，整理程序框图，结果如图 5-5 所示。

（2）单击前面板窗口工具栏中的“运行”按钮运行 VI，结果如图 5-6 所示。

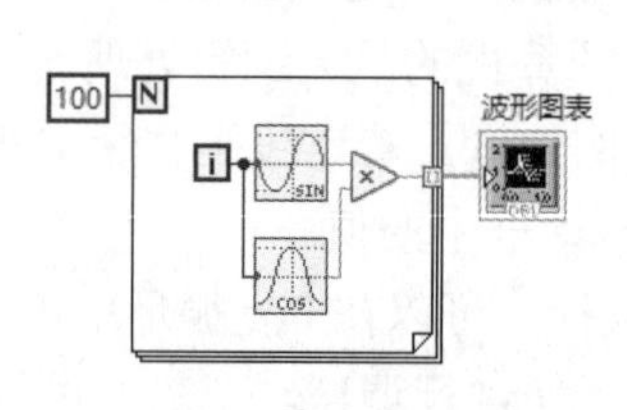

图 5-5 程序框图

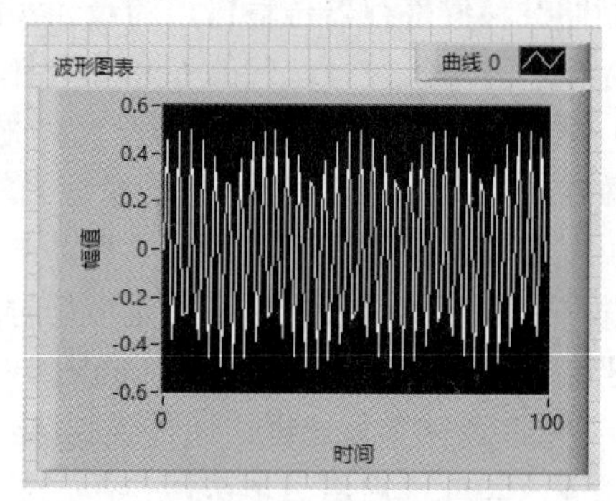

图 5-6 运行结果

5.1.2 移位寄存器

移位寄存器是 LabVIEW 循环结构中的一个附加对象，有着非常重要的作用，其功能是把当前循环完成时的某个数据传递给下一个循环。可以通过在循环结构的边框上单击右键，在弹出的快捷菜单中选择“添加移位寄存器”选项，如图 5-7 所示，为循环添加移位寄存器。图 5-8 显示的是添加移位寄存器后的程序框图。

移位寄存器可以存储任何数据类型，但连接在同一个移位寄存器端口上的数据必须是同一种类型，移位寄存器存储的数据类型与第一个连接到其端口的对象的数据类型相同。

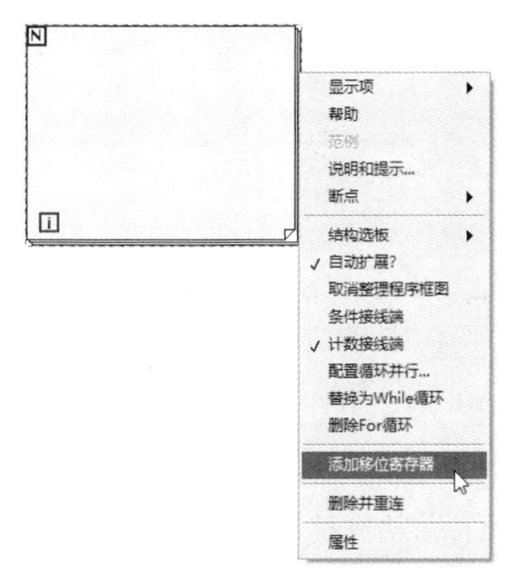

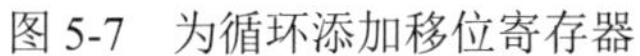

图 5-7　为循环添加移位寄存器

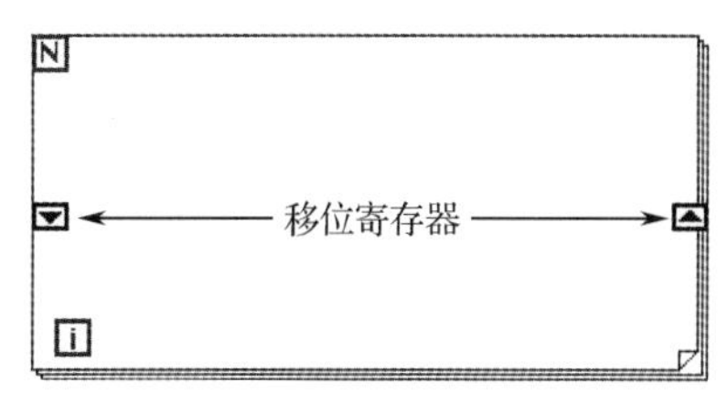

图 5-8　添加移位寄存器后的程序框图

移位寄存器右端口储存每次循环得到的数据，然后在下次循环之前将数据传送到左端口，以赋值给下次循环。传送的数据类型包括数字、布尔值、字符串和数组，并且会自动适应与它连接的第一个对象的数据类型。移位寄存器的初始化方法是，把一个控件连接在移位寄存器的左端口。初始化移位寄存器相当于设置寄存器传给第一次循环的值。移位寄存器会保留上次运行的最终值，所以每次工作前必须初始化移位寄存器。如图 5-9 所示是为移位寄存器创建多个不同类型的反馈节点。

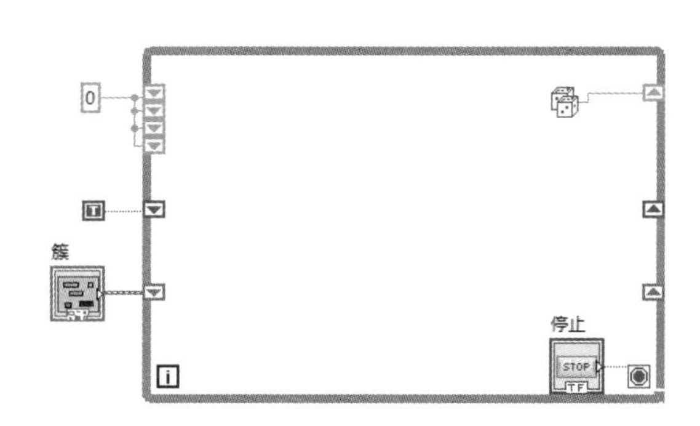

图 5-9　为移位寄存器创建多个不同类型的反馈节点

5.1.3　While 循环

While 循环位于函数选板的“编程”→“结构”子选板中，与 For 循环类似的是，While 循环也需要自行拖动来调整大小和定位适当的位置。与 For 循环不同的是，While 循环无须指定循环的次数，当且仅当满足循环退出条件时，才会退出循环，所以当用户不知道循环要运行的次数时，While 循环就显得很重要。例如，当希望满足某种逻辑条件才在一个正在执行的循环中跳转出去时，就可以使用 While 循环。

While 循环会重复执行代码片段直到其条件接线端接收到某一特定的布尔值为止。While 循环有两个端口——计数接线端（输出端）和条件接线端（输入端），如图 5-10 所示。输出端用于记录循环已经执行的次数，作用与 For 循环中的输出端相同；输入端

的设置分两种情况：条件为真时停止执行，见图 5-11（a）；条件为真时继续执行，见图 5-11（b）。

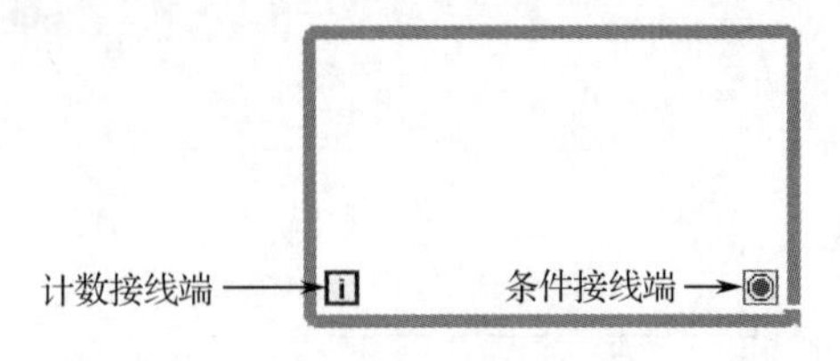

图 5-10　While 循环的输入端和输出端

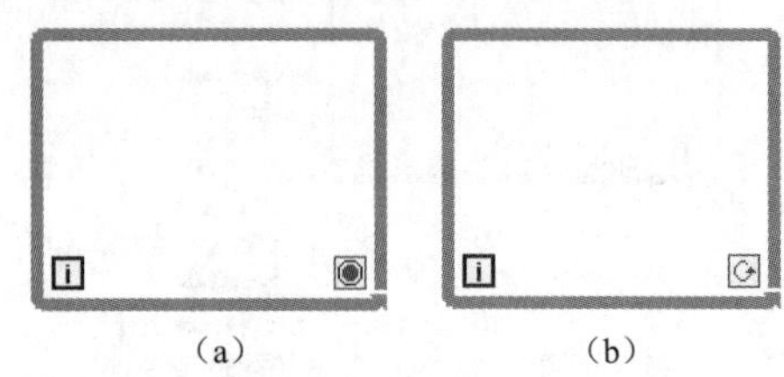

图 5-11　条件为真时停止执行或执行

若已知循环的具体次数，可以用 For 循环来代替 While 循环，如图 5-12 所示。While 循环是执行后再检查条件接线端，而 For 循环是执行前就检查是否符合条件，所以 While 循环至少执行一次。如果把控制条件接线端的控件放在 While 循环外，则根据初值的不同将出现两种情况：无限循环、循环仅被执行一次。

LabVIEW 编程属于数据流编程，那什么是数据流编程呢？数据流即控制 VI 程序的运行方式。对一个节点而言，只有当它的所有输入端上的数据都成为有效数据时，它才能被执行。当节点程序运行完毕后，它会把结果数据传给所有的输出端，使之成为有效数据。并且数据会很快地从输入端送到输出端，这就是数据流编程原理。

在 LabVIEW 的循环结构中有“自动索引”这一概念。自动索引是指使循环体外面的数据成员逐个进入循环体，或使循环体内的数据累积成为一个数组后再输出到循环体外。

对于 For 循环，自动索引是默认打开的；对于 While 循环，自动索引是默认关闭的，需在循环隧道的方框上单击右键，如图 5-13 所示，选择“索引”选项，使其变为▣状态。

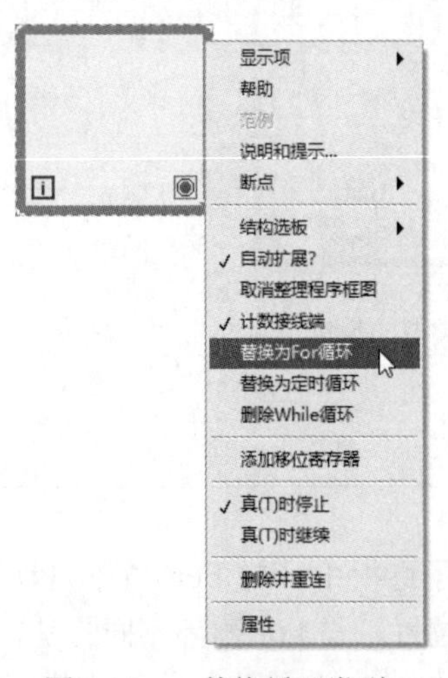

图 5-12　替换循环类型

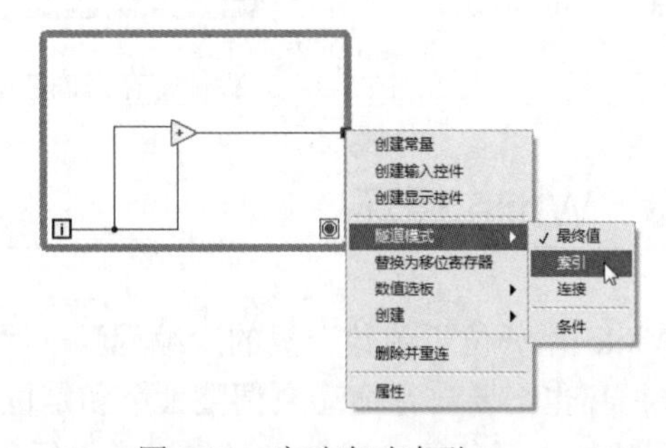

图 5-13　启动自动索引

由于 While 循环是先执行再判断条件的，所以容易出现死循环。例如，将一个真常量连接到条件接线端，或出现了一个恒为真的条件，那么循环将永远执行下去，如图 5-14 所示。

因此，为了避免死循环的发生，在编写程序时最好添加一个布尔控件，与控制条件相“与”后再连接到条件接线端（见图 5-15）。这样，即使程序出现逻辑错误而导致死

循环，也可以通过这个布尔控件来强行结束程序的运行，等完成了所有程序的开发，经检验无误后，再将布尔控件去除。当然，也可以通过单击窗口工具栏上的停止按钮来强行终止程序。

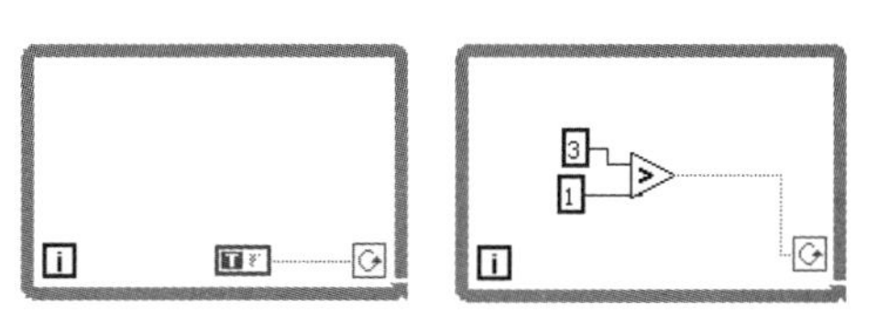

图 5-14　处于死循环状态的 While 循环

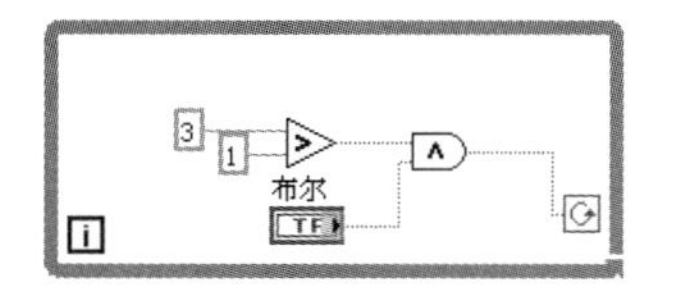

图 5-15　添加了布尔控件的 While 循环

实例：理解移位寄存器的作用

本实例用于理解移位寄存器的作用，对应的程序框图如图 5-16 所示。

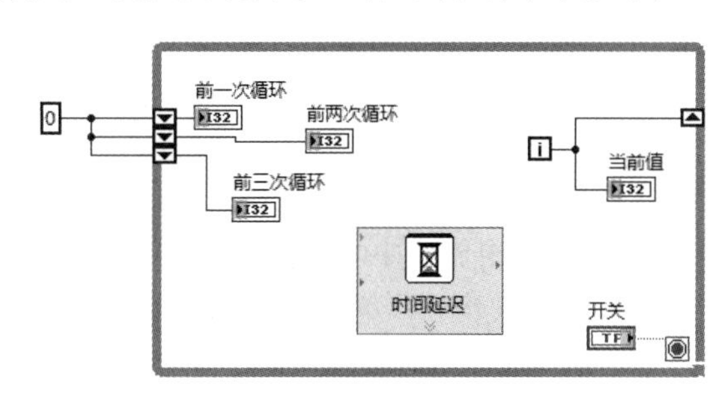

图 5-16　程序框图

（1）新建 VI。选择菜单栏中的“文件”→“新建 VI”选项，新建一个 VI。

（2）保存 VI。选择菜单栏中的“文件”→“另存为”选项，设置 VI 名称为“理解移位寄存器的作用”。

（3）打开程序框图窗口，在函数选板中选择“编程”→“结构”→“While 循环”函数，在程序框图窗口中拖曳出适当大小的矩形框并放置。

（4）在“While 循环”的边框上单击右键，选择“添加移位寄存器”快捷菜单选项，以添加一组移位寄存器，并创建数值常量 0，连接循环结构。

（5）在左侧移位寄存器上单击右键，选择“添加元素”快捷菜单选项，添加两个元素，并创建显示控件，修改标签分别为“前一次循环”“前两次循环”“前三次循环”。

（6）在 While 循环内部的计数接线端上单击右键，创建显示控件，修改标签为“当前值”。

（7）在函数选板中选择“编程”→“定时”→“时间延迟”函数，将其放置到程序框图窗口中，此时会弹出“配置时间延迟”对话框，如图 5-17 所示。保持默认值不变，单击“确定”按钮退出对话框。

（8）在 While 循环条件接线端上右击，在弹出的快捷菜单中选择“创建输入控件”选项，创建“停止”控件，并在该控件上右击选择“显示为图标”选项，再修改标签为“开关”。

（9）单击程序框图窗口工具栏中的“整理程序框图”按钮，整理程序框图，结果如图 5-16 所示。

（10）单击前面板窗口工具栏中的“运行”按钮，运行 VI，单击“停止”按钮，结果如图 5-18 所示。

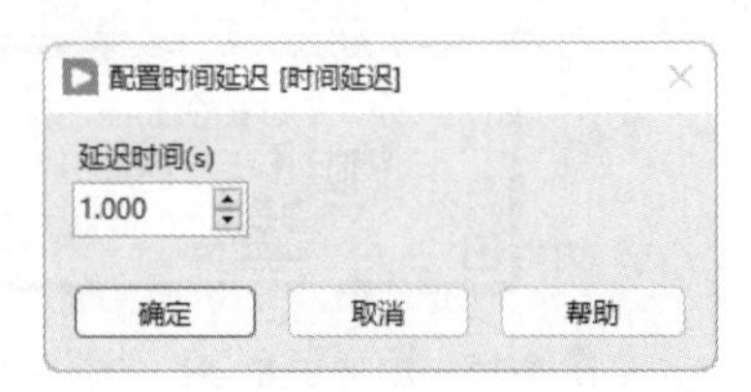

图 5-17 “配置时间延迟”对话框

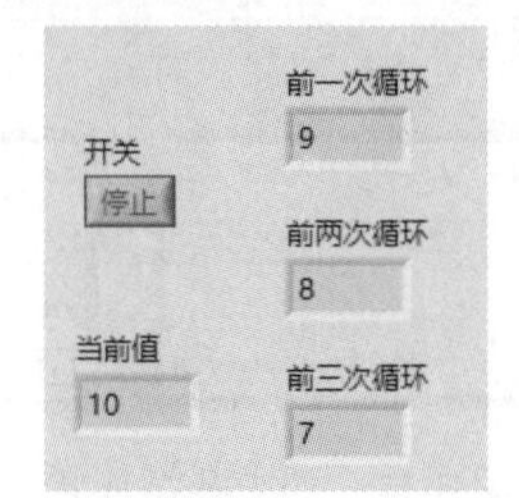

图 5-18 运行结果

5.1.4 反馈节点

反馈节点是用于进行循环间数据传输的功能节点。当用户把循环内的子 VI、函数等对象的输出端连接到同一个对象的输入端时，就会自动形成一个反馈节点。像移位寄存器一样，反馈节点在循环结束时储存数据，并且把数据传送到下一个循环（可以是任意类型）。反馈节点与移位寄存器功能相仿，并可以省去不必要的连线。在循环结构中，一旦连线构成反馈，就会自动出现反馈节点箭头和初始化接线端。反馈节点的箭头方向为数据流的传输方向。在初始化接线端创建常量，可设置反馈节点的初始化值，如图 5-19 所示。另外，可以设置反馈节点更新数据的延迟次数。例如，在反馈节点上单击右键，选择“属性”快捷菜单选项，弹出“对象属性”对话框，如图 5-20 所示，打开“配置”选项卡，设置延迟为 3，结果如图 5-21 所示。

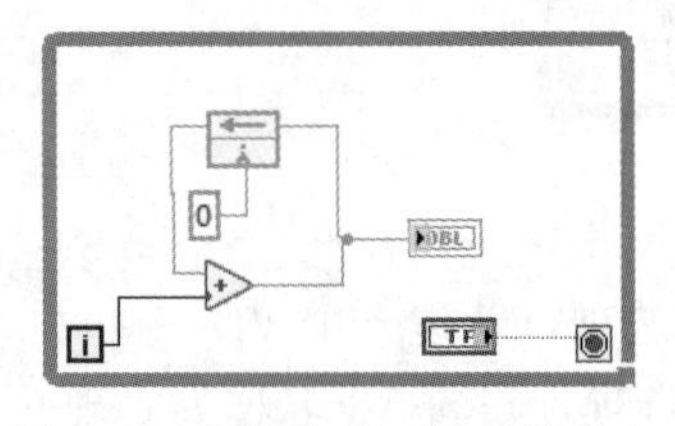

图 5-19 初始值为 0 的反馈节点

使用反馈节点时，需注意其位置，若在分支连接到数据输入端之前，把反馈节点放在连线上，则反馈节点会把每个值都传递给数据输入端；若在分支连接到数据输入端之后，把反馈节点放到连线上，则反馈节点会把每个值都传回 VI 或函数的输入端，并把最新值传递给数据输入端。

图 5-20 “对象属性”对话框

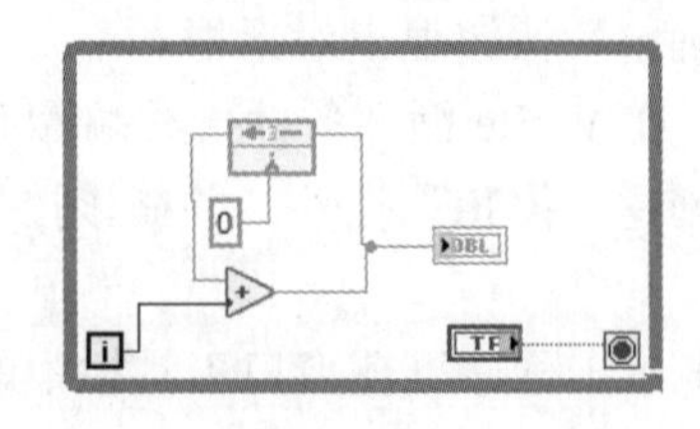

图 5-21 延迟为 3 的反馈节点

实例：延迟波形

本实例通过输入相同数据，观察反馈节点与移位寄存器的输出结果差异，以对比两者的作用。对应的程序框图如图 5-22 所示。

1. 设置工作环境

（1）新建 VI。选择菜单栏中的“文件”→“新建 VI”选项，新建一个 VI。

（2）保存 VI。选择菜单栏中的“文件”→“另存为”选项，设置 VI 名称为“延迟波形”。

2. 添加控件

在控件选板中选择“银色”→“图形”→“波形图”控件，放置 3 个该控件到前面板中的适当位置，修改控件名称分别为“延迟输出”“延迟输出（反馈节点）”“延迟输出（移位寄存器）”，结果如图 5-23 所示。

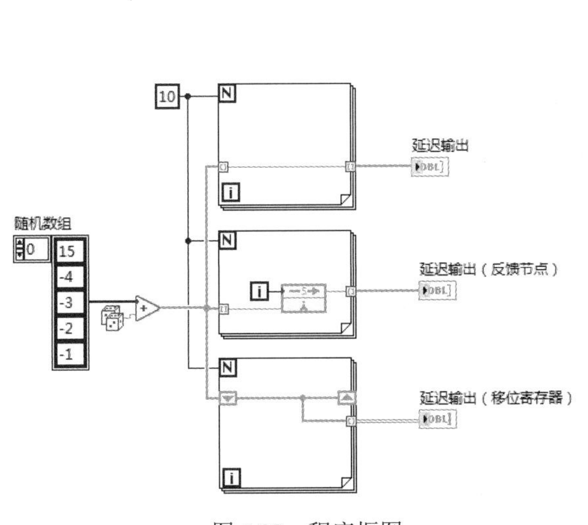

图 5-22　程序框图

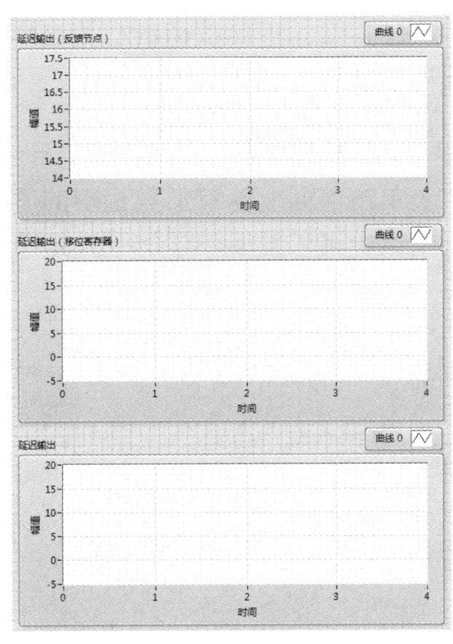

图 5-23　添加“波形图”控件

3. 设计程序框图

（1）选择菜单栏中的“窗口”→“显示程序框图”选项，或双击前面板中的任一控件，将程序框图窗口置为当前。

（2）在函数选板中选择“编程”→“数组”→“数组常量”，将其置于程序框图中。再选择“编程”→“数值”→“数值常量”，将其置于“数组常量”图标中，拖动光标，以创建包含 5 个数值的数组常量，并为数组中的各元素赋值。

（3）在函数选板中选择“编程”→“数值”→“随机数”和“加”函数，以求数组常量与随机数之和。

（4）在函数选板中选择“编程”→“结构”→“For 循环”函数，以创建 3 个 For 循环结构，并设置循环次数均为 10。

4．创建循环1

将“加”运算结果通过第 1 个 For 循环连接到“延迟输出”控件上。

5．创建循环2

（1）在第 2 个 For 循环内部，连接“加”运算结果与计数接线端，输出结果到“延迟输出（反馈节点）”控件上。

（2）选中反馈节点，单击右键选择“属性”快捷菜单选项，弹出“对象属性”对话框，打开“配置”选项卡，在“延迟”文本框中设置延迟次数为 5，如图 5-24 所示，单击“确定”按钮，退出对话框。

6．创建循环3

（1）在第 3 个 For 循环的边框上单击右键，选择“添加移位寄存器”快捷菜单选项，以添加一组移位寄存器，并通过移位寄存器连接“加”运算结果与循环结构，输出结果到“延迟输出（移位寄存器）”控件上。

（2）单击程序框图窗口工具栏中的“整理程序框图”按钮，整理程序框图，结果如图 5-22 所示。

7．运行程序

单击前面板窗口工具栏中的“运行”按钮，运行 VI，结果如图 5-25 所示。从运行结果中可以发现，添加了反馈节点的程序比其余两个延迟 5s。

图 5-24　设置“对象属性”对话框

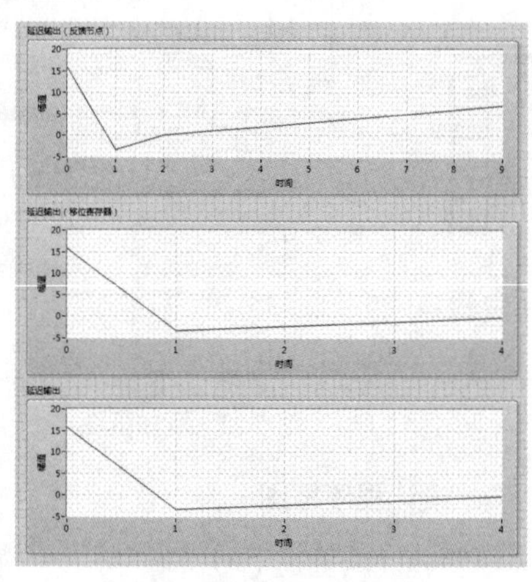

图 5-25　运行结果

5.2　条件结构

条件结构同样位于函数选板的“结构”子选板中，从“结构”子选板中选取“条件结构”函数，并在程序框图上拖曳以形成一个图框即创建条件结构，如图 5-26 所示。图框左边的接线端是条件选择端口，通过其中的值，程序会选择到底是哪个子图形代码被

执行，这个值的默认类型是布尔型，也可以改变为其他类型。在改变数据类型时要考虑的一点是：如果条件结构的条件选择端口最初接收的是数字输入，那么代码中可能存在 *n* 个分支；当数据类型改变为布尔型时，分支 0 和 1 自动变为假和真，而分支 2、3 等却未丢失。在条件结构执行前，一定要删除这些多余的分支，以免出错。图框顶端是选择器标签，里面有所有可以被选择的条件，两旁的按钮分别为减量按钮和增量按钮。

5.2.1 选择器标签

选择器标签的个数可以根据实际需要来确定。在选择器标签上选择在前面添加分支或在后面添加分支，就可以增加选择器标签的个数。

在选择器标签中可输入单个值、数值列表和数值范围。在使用数值列表时，数值之间用逗号隔开；在使用数值范围时，指定如“10..20”的范围来表示 10 到 20 之间的所有数字（包括 10 和 20），而“..100”表示所有小于或等于 100 的数字，“100..”表示所有大于 100 的数字。当然也可以将数值列表和数值范围结合起来使用，如“..6,8,9,16..”。若在同一个选择器标签中输入的数字有重叠，条件结构将以更紧凑的形式重新显示该标签，如输入“..9,..18,26,70..”，那么将标签自动更新为“..18,26,70..”。使用字符串范围时，范围“a..c”包括 a、b 和 c。

在选择器标签中输入字符串和枚举型数据时，这些值将显示在双引号中，如“blue”，但在输入这些字符串时并不需要输入双引号，除非字符串或枚举值本身包含逗号或范围符号（“,”“..”）。在字符串值中，反斜杠用于表示非字母数字的特殊字符，例如\r 表示回车，\n 表示换行。

当选择器标签的值和条件选择端口所连接的对象不是同一数据类型时，该值将变成红色，在结构执行之前必须删除或编辑该值，否则程序将不能运行。若将条件选择端口连接的对象修改为相匹配的数据类型，如图 5-27 所示，则选择器标签可正常显示。同样，由于浮点运算可能存在四舍五入误差，因此浮点数不能作为选择器标签的值，若将一个浮点数连接到条件选择端口，LabVIEW 会将其舍入到最近的偶数值。

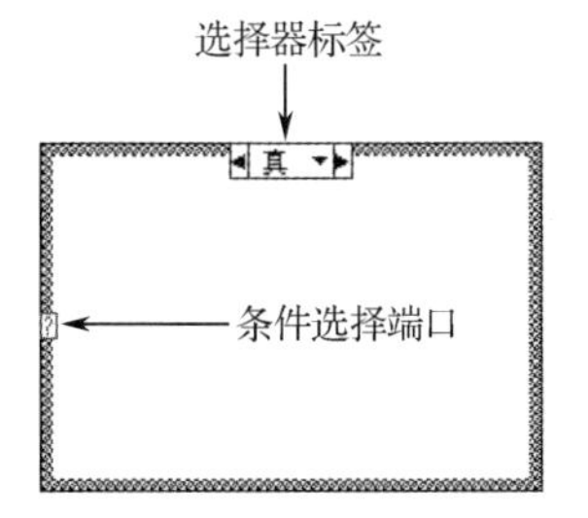

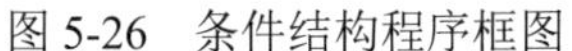
图 5-26 条件结构程序框图

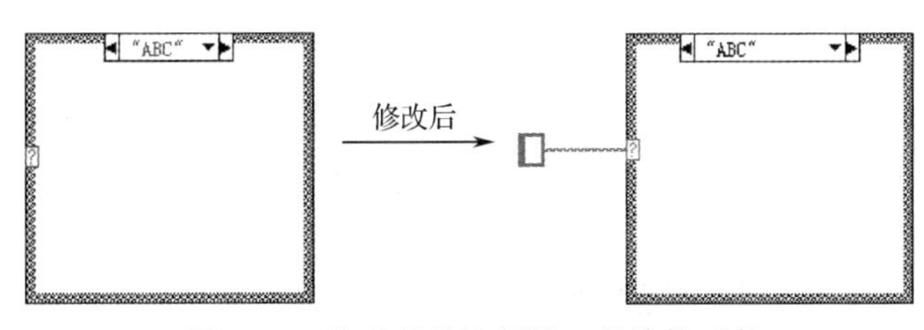

图 5-27 修改条件选择端口的连接对象

5.2.2 条件结构分支

图 5-28 和图 5-29 显示了求平方根的程序框图的两个分支。由于被开方的数需要大于或等于零，所以应先判断输入的数是否满足被开方的条件，可以用条件结构分支来分

两种情况执行：当输入大于或等于零时，满足条件，正常运行；当输入小于零时，报告有错误，输出错误代码 - 1，同时发出蜂鸣声。在连接输出时要注意的是，分支不一定提供输出数据，但若任何一个分支提供了输出数据，则所有分支都必须提供。这主要是因为，条件结构是根据外部控制条件从其所有子框架中选择其一执行的，子框架的选择非此即彼，所以每个子框架都必须连接一个数据。对于一个框架通道来说，如果子框架没有连接数据，那么在根据控制条件执行到这个子框架时，框架通道就没有向外输出数据的来源，程序就会出错。因此，在图 5-28 所示的程序框图中，即在输入小于零时，若没给输出赋予错误代码，程序就不能正常运行，因为分支 2 已经连接了输出数据。这时系统会提示错误“隧道未赋值”，如图 5-30 所示。

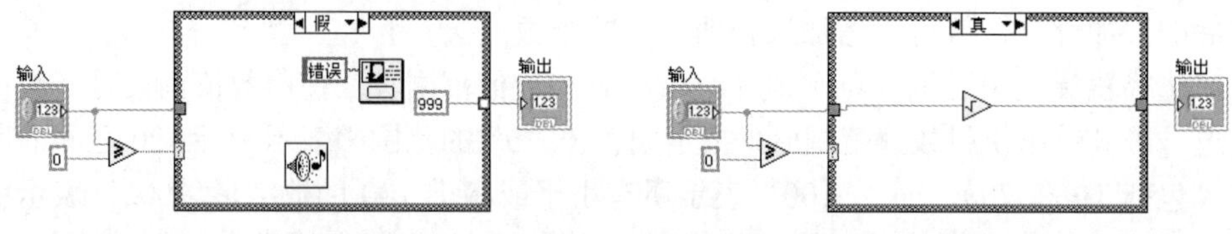

图 5-28　求平方根的程序框图分支 1　　　　图 5-29　求平方根的程序框图分支 2

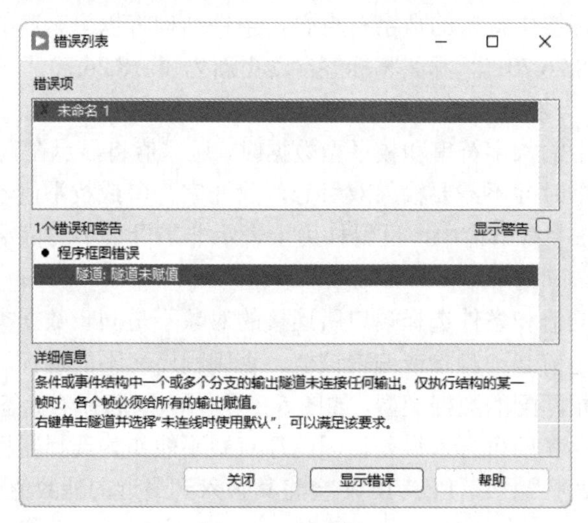

图 5-30　错误提示

LabVIEW 的条件结构与其他语言的条件结构相比，简单明了、结构简单，不但相当于 Switch 语句，还可以实现 if…else 语句的功能。条件结构的边框通道和顺序结构的边框通道都没有自动索引和禁止索引这两种属性。

5.3 顺序结构

虽然数据流编程为用户带来了很多方便，但也在某些方面存在不足。如果 LabVIEW 程序框图中有两个节点同时满足节点执行的条件，那么这两个节点就会同时执行。但是若要求这两个节点按一定的先后顺序执行，那么数据流编程是无法满足要求的，这时就必须使用顺序结构来明确执行次序。

顺序结构分为平铺式顺序结构和层叠式顺序结构两种，从功能上讲两者完全相同。

层叠式顺序结构框架的使用比较灵活，在编辑状态时可以很容易地改变其各框架的顺序。平铺式顺序结构各框架的顺序不能改变，但可以先将平铺式顺序结构转换为层叠式顺序结构（见图 5-31），再在层叠式顺序结构中改变各框架的顺序（见图 5-32），最后将层叠式顺序结构转换为平铺式顺序结构，这样就可以改变平铺式顺序结构各框架的顺序了。

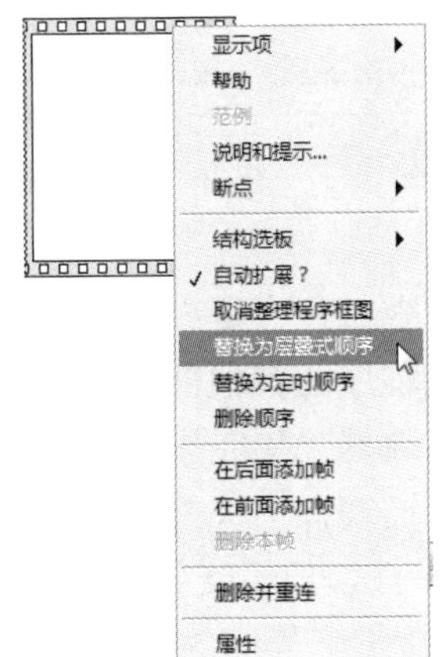

图 5-31　平铺式顺序结构转换为层叠式顺序结构

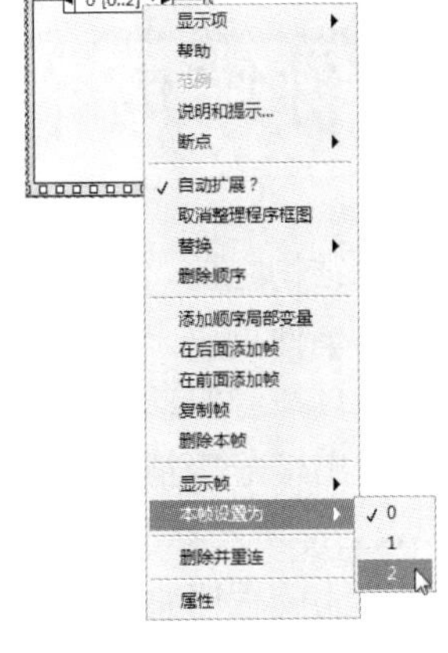

图 5-32　改变各框架的顺序

1. 平铺式顺序结构

平铺式顺序结构如图 5-33 所示。

顺序结构中的每个子框图都称为一个帧，刚建立的顺序结构只有一个帧，对于平铺式顺序结构，可以通过在帧的左右边框上分别选择“在前面添加帧”和“在后面添加帧”快捷菜单选项来增加空白帧。

由于平铺式顺序结构的每个帧都是可见的，所以其不能添加局部变量，也就不需要借助局部变量这种机制在帧之间传输数据。

2. 层叠式顺序结构

层叠式顺序结构如图 5-34 所示。

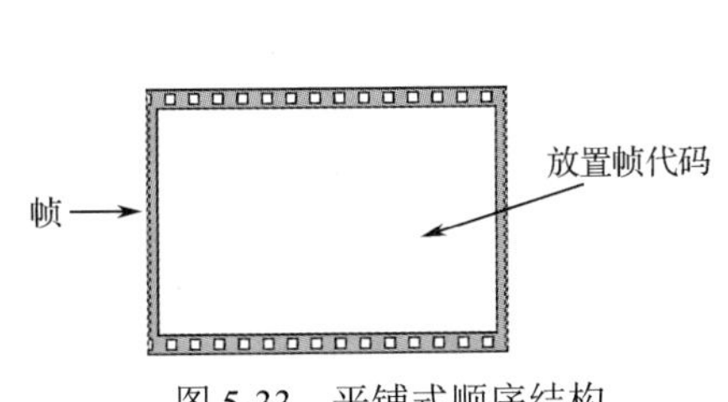

图 5-33　平铺式顺序结构

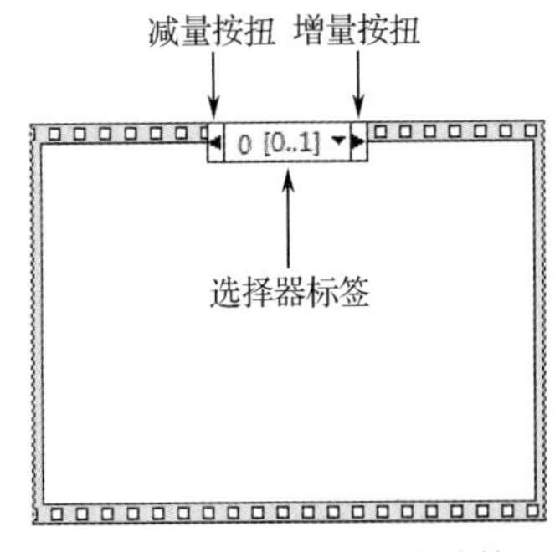

图 5-34　层叠式顺序结构

层叠式顺序结构的表现形式与条件结构十分相似，都是在框图的同一位置层叠多个子框图，每个子框图都有自己的序号。在执行层叠式顺序结构时，程序会按照序号大小由小到大逐个执行。条件结构与层叠式顺序结构的异同：条件结构的每一个分支都可以为输出隧道提供一个数据源，而在层叠式顺序结构中，输出隧道只能有一个数据源。输出隧道的数据源可源自任何帧，但仅在执行完毕后数据才输出，而不是在个别帧执行完毕后，数据就离开层叠式顺序结构。层叠式顺序结构中的局部变量用于在帧间传送数据。对输入隧道中的数据，所有的帧都可使用。

Note

5.4 事件结构

在讲解事件结构之前，先介绍一下事件的有关内容。什么是事件？事件是对活动发生的异步通知。事件可以来自用户界面、外部 I/O 或程序的其他部分。用户界面事件包括光标单击、键盘按键等动作。外部 I/O 事件则包括数据采集完毕或发生错误时硬件定时器或触发器发出信号等情况。其他类型的事件可通过编程生成并与程序的不同部分通信。LabVIEW 支持用户界面事件和通过编程生成的事件，但不支持外部 I/O 事件。

在由事件驱动的程序中，系统中发生的事件将直接影响程序的执行流程。与此相反，过程式程序按预定的自然顺序执行。事件驱动式程序通常包含一个循环，该循环等待事件的发生并执行代码来响应事件，然后不断重复以等待下一个事件的发生。程序如何响应事件取决于为该事件所编写的代码。事件驱动式程序的执行顺序取决于具体所发生的事件及事件发生的顺序。程序的某些部分可能因其所需处理事件的频繁发生而频繁执行，而其他部分也可能由于其所需处理事件从未发生而根本不执行。

另外，使用事件结构的原因是，在 LabVIEW 中使用用户界面事件可使前面板的用户操作与程序框图的执行保持同步。事件结构允许用户每当执行某个特定操作时执行特定的事件处理分支。如果没有应用事件结构，程序框图必须在一个循环中轮询前面板对象的状态以检查是否发生任何变化。轮询前面板对象需要较多的 CPU 时间，且如果操作执行得太快则可能检测不到变化。通过事件结构响应特定的用户操作则不必轮询前面板对象即可确定用户执行了何种操作。LabVIEW 将在指定的交互发生时主动通知程序框图。事件结构不仅可以减少程序对 CPU 的需求、简化程序框图代码，还可以保证程序框图对用户的所有交互都能作出响应。

使用通过编程生成的事件，可在程序中不存在数据流依赖关系的不同部分之间进行通信。通过编程生成的事件具有许多与用户界面事件相同的作用，可共享相同的事件处理代码，从而更易于实现高级结构，如使用事件的队列式状态机。

事件结构是一种多选择结构，能同时响应多个事件，传统的选择结构没有这个能力，只能一次接收并响应一个选择。事件结构位于函数选板的“结构”子选板上。

事件结构就像内置了等待通知函数的条件结构。事件结构可包含多个分支，一个分支即一个独立的事件处理程序。一个分支配置可处理一个或多个事件，但每次只能响应这些事件中的一个事件。事件结构执行时，将等待一个已指定事件的发生，待该事件发生后即执行该事件相应的条件分支。一个事件处理完毕后，事件结构的执行亦告完成。

事件结构并不通过循环来处理多个事件。与“等待通知”函数相同，事件结构也会在等待事件通知的过程中超时，发生这种情况时，将执行特定的超时分支。

事件结构由超时端口、事件数据节点和事件选择标签组成，如图 5-35 所示。

（1）超时端口用于设定事件结构在等待指定事件发生时的超时时间，以毫秒为单位。当值为-1 时，事件结构处于永远等待状态，直到指定的事件发生为止；当值为一个大于 0 的整数时，事件结构会等待相应的时间，当指定的事件在指定的时间内发生时，事件结构接受并响应该事件，若在指定的时间内事件没发生，则事件结构会停止执行，并返回一个超时事件。通常情况下，应当为事件结构指定一个超时时间，否则事件结构将一直处于等待状态。

（2）事件数据节点由若干个事件数据端口组成，增减数据端口可通过拖拉事件数据节点来进行，也可以在事件数据节点上单击右键选择添加或删除元素来进行。

（3）事件选择标签用于标识当前显示的子框图所处理的事件源，其增减与层叠式顺序结构和选择结构中的增减类似。

与条件结构一样，事件结构也支持隧道。但在默认状态下，无须为每个分支中的输出隧道连线。所有未连线隧道的数据类型将使用默认值。右键单击隧道，从弹出的快捷菜单中取消选择“未连线时使用默认”选项，则所有隧道都必须连线。

对于事件结构，无论是编辑还是添加抑或是复制等操作，都会使用到“编辑事件”对话框。该对话框的打开，可以通过在事件结构的边框上单击右键，从中选择“编辑本分支所处理的事件”选项实现，如图 5-36 所示。

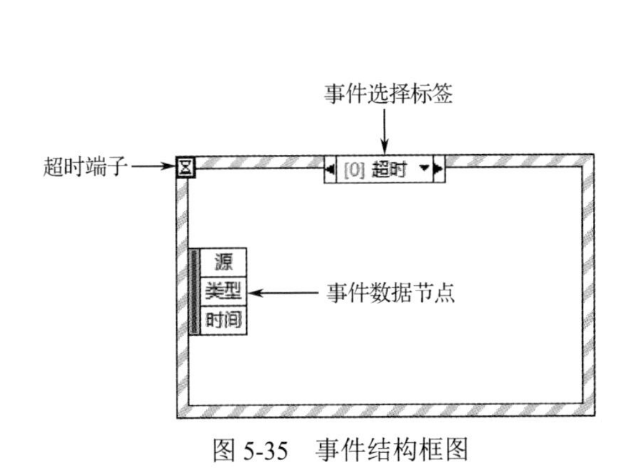

图 5-35　事件结构框图

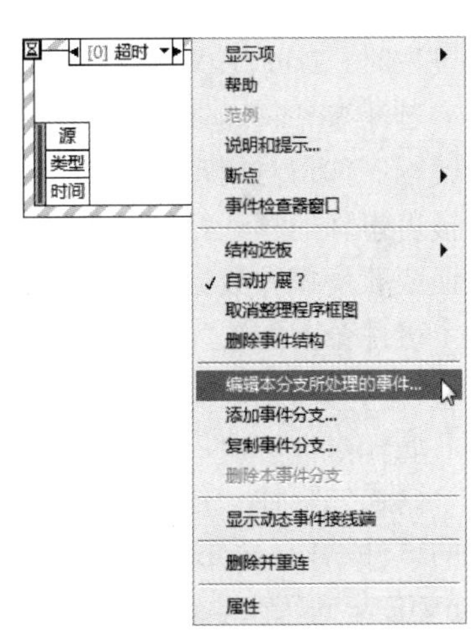

图 5-36　打开“编辑事件”对话框

如图 5-37 所示为一个“编辑事件”对话框。每个事件分支均可以配置有多个事件，当这些事件中有一个发生时，对应的事件分支代码就会得到执行。事件说明符的每一行都是一个配置好的事件，每行分为左右两部分，左边列出事件源，右边列出该事件源产生的事件名称，如图 5-37 中分支 0 只指定了一个事件，事件源是<应用程序>，事件名称是超时。

事件结构能够响应的事件有两种类型：通知事件和过滤事件。在“编辑事件”对话框的“事件”列表中，通知事件左边为绿色箭头，过滤事件左边为红色箭头。

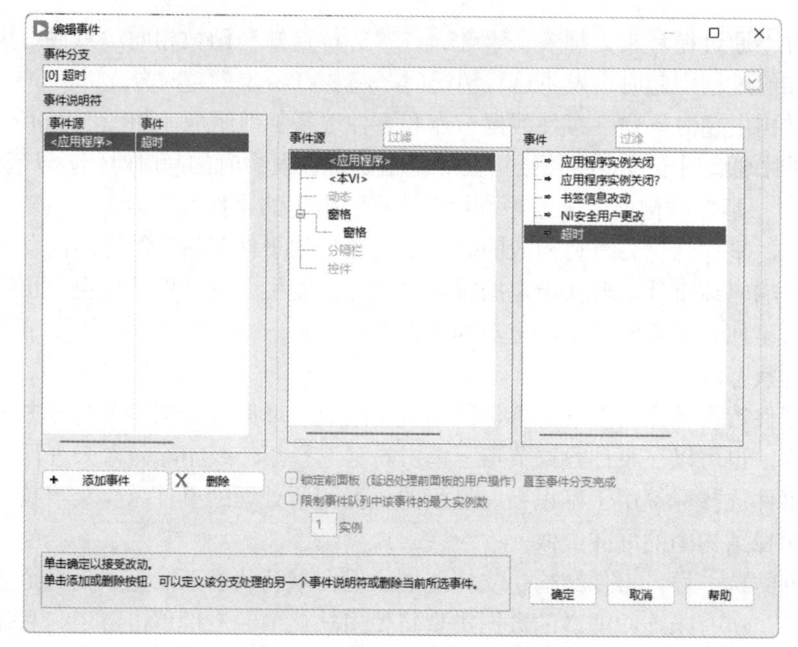

图 5-37　“编辑事件”对话框

通知事件用于通知程序代码某个用户界面事件发生了，如用户改变了某个控件的值。通知事件用于在事件发生且 LabVIEW 已对事件作出系统默认的处理后，直接对事件作出响应的情景。可配置一个或多个事件结构对一个对象上的同一通知事件作出响应。事件发生时，LabVIEW 会将该事件的副本发送到每个并行处理该事件的事件结构。

过滤事件将通知用户在 LabVIEW 处理事件之前已由用户执行了某个操作，以便用户就程序如何对用户界面的交互作出响应进行自定义。使用过滤事件参与事件处理可能会覆盖事件的默认行为。处理过滤事件的事件分支可在 LabVIEW 结束处理该事件之前验证或改变事件数据，或完全放弃该事件以防止数据的改变影响到 VI 的运行。例如，将一个事件分支配置为放弃前面板关闭事件，可防止用户误关闭 VI 的前面板。过滤事件的名称以问号结束，如“前面板关闭？”，以便与通知事件区分。多数过滤事件都有相关的同名通知事件，但后者的名称中没有问号。

同通知事件一样，对于一个对象上同一个过滤事件，可配置任意数量的对其进行响应的事件结构。LabVIEW 将按自然顺序将过滤事件发送给为该事件所配置的每个事件。LabVIEW 向每个事件结构发送事件的顺序取决于这些事件的注册顺序。在 LabVIEW 能够通知下一个事件结构之前，每个事件结构都必须执行完该事件的所有事件分支。如果某个事件结构改变了事件数据，LabVIEW 会将改变后的值传递到整个过程中的每个事件结构。如果某个事件结构放弃了事件，LabVIEW 便不把该事件传递给其他事件结构。只有当所有已配置的事件结构处理完事件，且未放弃任何事件时，LabVIEW 才能完成对触发事件的用户操作的处理。

建议仅在希望参与处理用户操作时使用过滤事件，过滤事件可以是放弃事件或修改事件数据。如仅需 LabVIEW 知道用户执行的某一特定操作，应使用通知事件。

处理过滤事件的事件分支有一个事件过滤节点，可将新的数据值连接至此接线端以改变事件数据。如果不对某一数据项连线，那么该数据项将保持不变。可将真值连接至“放弃？”接线端以完全放弃某个事件。

事件结构中的单个分支不能同时处理通知事件和过滤事件。一个分支可处理多个通知事件，而仅当所有事件的数据项完全相同时才能处理多个过滤事件。

图 5-38 和图 5-39 给出了包含两种事件类型的事件结构示例。图 5-38 对应于分支 0，在“编辑事件”对话框内，响应了数值控件上的“键按下？”过滤事件，用假常量连接了“放弃？”，这使得通知事件“键按下”得以顺利生成。若将真常量连接了“放弃？”，则表示完全放弃了这个事件，即通知事件“键按下”不会产生。图 5-39 对应于分支 1，用于处理通知事件“键按下”，处理时将弹出内容为“通知事件”的消息框。图 5-38 中 While 循环接入了一个假常量，所以循环只进行一次就退出了，这样，“键按下”事件实际上并没有得到处理；若连接真常量，则处理。

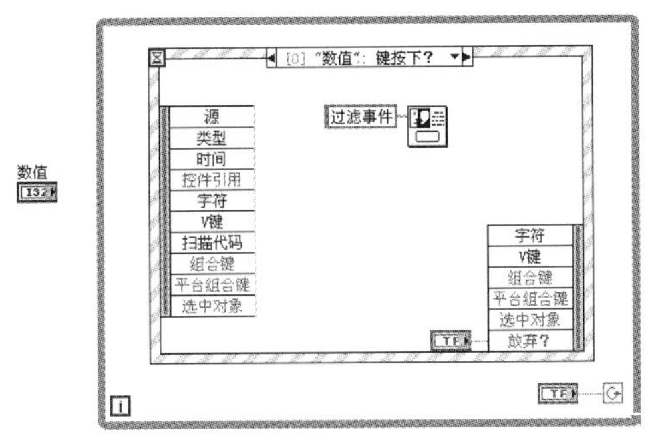

图 5-38　过滤事件

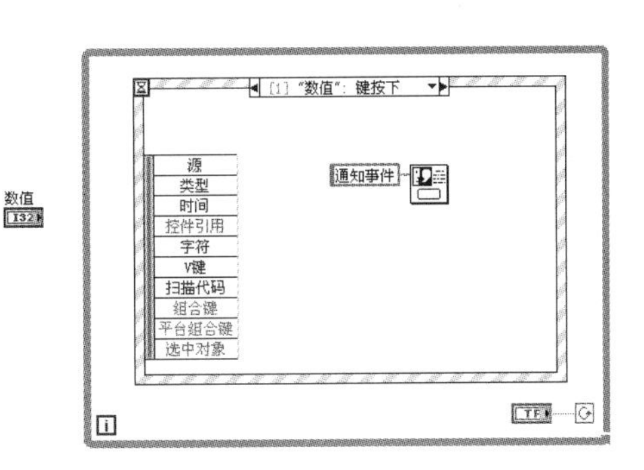

图 5-39　通知事件

5.5 禁用结构

1. 程序框图禁用结构

程序框图禁用结构（见图 5-40）用于使程序框图上的部分代码失效，LabVIEW 不编译禁用的子程序框图中的任何代码。其包括一个或多个子程序框图（分支），仅有启用的子程序框图可执行。

该结构与条件结构相似，默认包括“启用”与“禁用”两个选择器标签，还可以添加多个选择器标签，如图 5-41 所示。

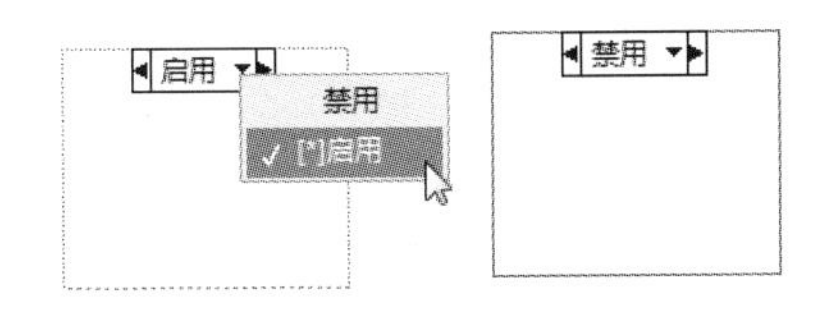

图 5-40　程序框图禁用结构

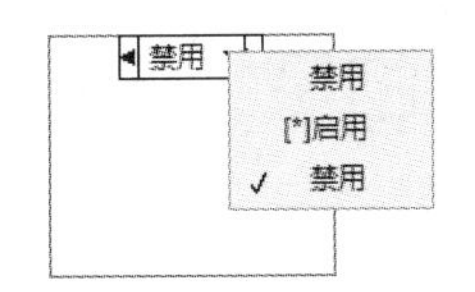

图 5-41　程序框图禁用结构选择器标签

选中该结构，单击右键，弹出如图 5-42 所示的快捷菜单，该菜单可以对程序框图禁用结构进行设置，快捷选项与其余结构中的类似，这里不再一一赘述。

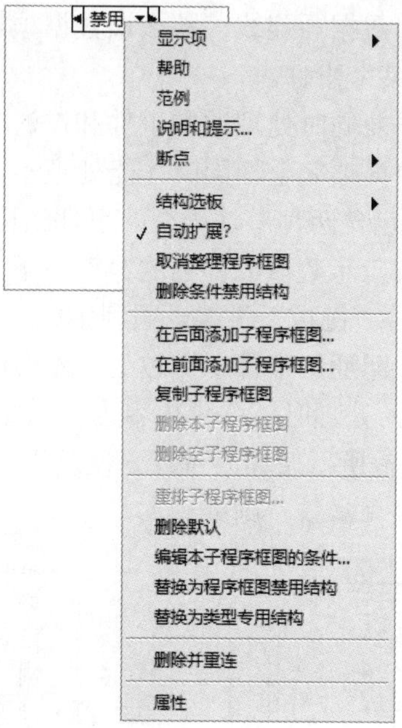

Note

禁用
显示项
帮助
范例
说明和提示...
断点
结构选板
✓ 自动扩展?
取消整理程序框图
删除条件禁用结构
在后面添加子程序框图...
在前面添加子程序框图...
复制子程序框图
删除本子程序框图
删除空子程序框图
重排子程序框图...
删除默认
编辑本子程序框图的条件...
替换为程序框图禁用结构
替换为类型专用结构
删除并重连
属性

图 5-42　快捷菜单

2. 条件禁用结构

条件禁用结构包括一个或多个子程序框图，如图 5-43 所示。

默认

图 5-43　条件禁用结构

LabVIEW 在执行时依据条件禁用结构子程序框图的条件配置，只使用其中一个子程序框图。当需要依据用户定义的条件，禁用程序框图上某部分的代码时，使用该结构。右键单击结构边框，可以添加或删除子程序框图。添加子程序框图或右键单击结构边框，在快捷菜单中选择“编辑本子程序框图的条件...”选项，可在“配置条件”对话框中配置条件。

单击选择器标签中的向左和向右箭头可以滚动浏览条件禁用结构已有的子程序框图。创建条件禁用结构后，可以添加、复制、重排或删除子程序框图。

右键单击条件禁用结构的边框，在快捷菜单中选择“替换为程序框图禁用结构”选项，可以完成两种禁用结构的转换。

5.6 定时结构

定时结构包括定时循环和定时顺序，它们分别用于在程序框图上重复执行代码块或在限时及延时条件下按特定顺序执行代码块。定时循环和定时顺序都位于“定时结构”子选板中，如图 5-44 所示。

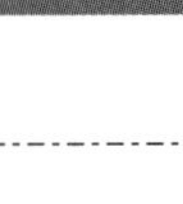

图 5-44　“定时结构”子选板

5.6.1　定时循环和定时顺序

添加定时循环与添加普通循环一样，通过定时循环用户可以设定精确定时，协调多个对时间要求严格的测量任务，并定义不同优先级的循环，以创建多采样的应用程序。与 While 循环不同，定时循环不要求“停止”接线端必须接线。若不把任何条件连接到“停止”接线端，循环将无限运行下去。定时循环的执行优先级介于“实时”和“高”之间，这意味着在一个程序框图的数据流中，定时循环总是在优先级不是“实时”的 VI 前执行。若程序框图中同时存在优先级为“实时”的 VI 和定时循环，将导致无法预计的定时行为。

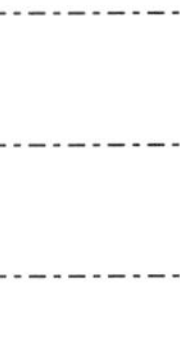

如图 5-46 所示为定时循环程序框图。对于定时循环，双击输入节点，或右击输入节点并从快捷菜单中选择“配置输入节点”选项，可打开“配置定时循环”对话框。在该对话框中可以配置定时循环的参数，如图 5-45 所示。也可以直接将各参数值连接至输入节点的输入端来进行定时循环的初始配置。

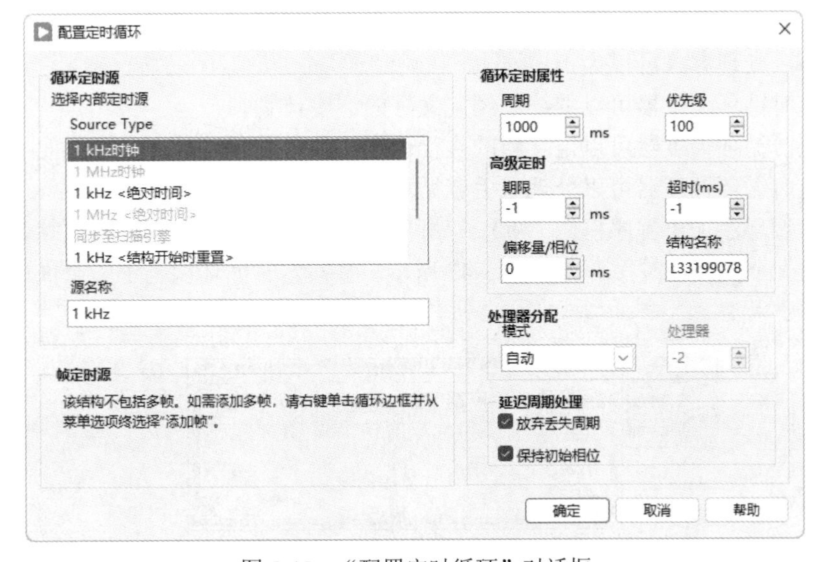

图 5-45　“配置定时循环”对话框

定时循环的左侧数据节点用于返回各配置参数值并提供上一次循环的定时和状态信息，如循环是否延迟执行、循环实际起始执行时间、循环的预计执行时间等。可将各值连接至右侧数据节点的输入端，以动态配置下一次循环，或右键单击右侧数据节点，从快捷菜单中选择“配置输入节点”选项，在弹出的“配置下一次循环”对话框中输入各参数值。

输出节点返回由输入节点错误输入端接收的信息、执行中结构产生的错误信息，或在定时循环内执行的子程序框图所产生的错误信息。输出节点还返回定时和状态信息。

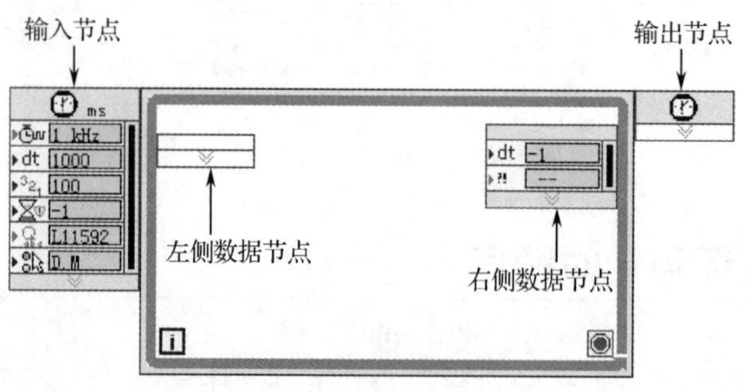

图 5-46　定时循环程序框图

输入节点的下侧有 6 个可用的端口，将光标附在输入端口上可以看到其各自的名称，包括：定时源、周期、优先级、期限、结构名称、模式。

定时源决定了循环能够执行的最高频率，默认为 1kHz。

周期为相邻两次循环之间的时间间隔，其单位由定时源决定。当采用默认定时源时，循环周期的单位为 ms。

优先级为整数，数字越大，优先级越高。优先级的概念是在同一程序框图中的多个定时循环之间相对而言的，即在其他条件相同的前提下，优先级高的定时循环先被执行。

结构名称是指定定时循环的一个标志，一般被作为停止定时循环的输入参数，或者用来标识具有相同的启动时间的定时循环组。

执行定时循环的某一次循环的时间可能比指定的时间晚，模式决定了如何处理这些迟到的循环，处理方式可以如下：

（1）定时循环调度器可以继续已经定义好的调度计划。

（2）定时循环调度器可以定义新的执行计划，并且立即启动。

（3）定时循环调度器可以处理或丢弃循环。

向定时循环添加子程序框图（帧），可顺序执行多个子程序框图并指定其每次循环的周期，形成一个多帧定时循环，如图 5-47 所示。多帧定时循环相当于一个嵌入顺序结构的定时循环。

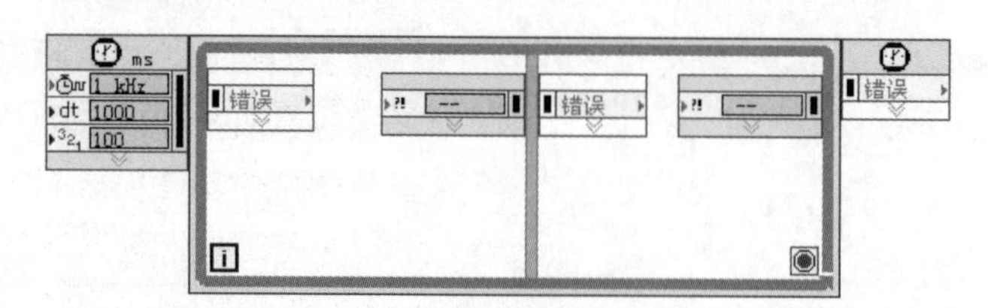

图 5-47　多帧定时循环

定时顺序程序框图（见图 5-48）由一个或多个子程序框图组成，是根据外部或内部信号时间源定时后顺序执行的结构。定时顺序适于开发精确定时、执行反馈、定时特征等动态改变或有多层执行优先级的 VI。

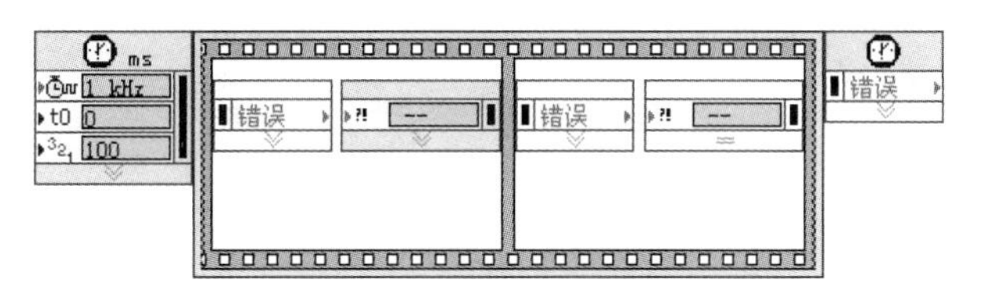

图 5-48　定时顺序程序框图

实例：使用定时循环

本实例演示定时循环的使用，该定时循环采用默认的 1kHz 的定时源，对应的程序框图如图 5-49 所示。

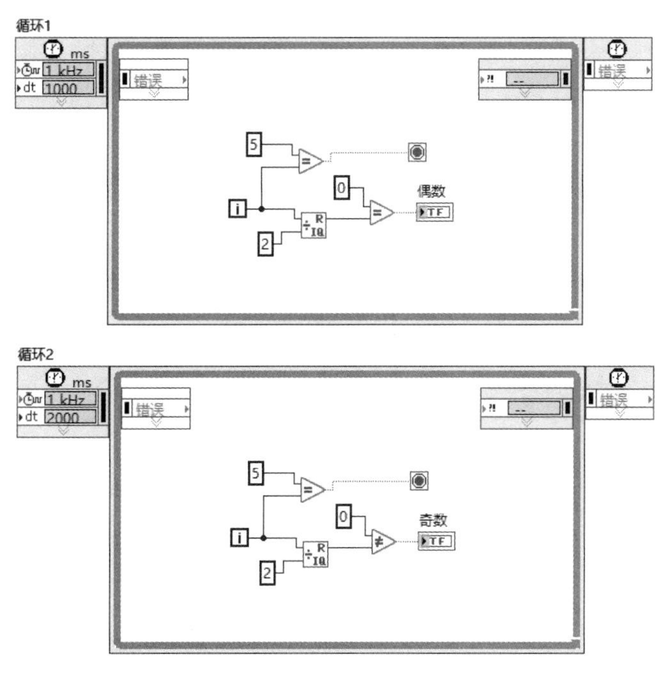

图 5-49　程序框图

（1）新建 VI。选择菜单栏中的“文件”→“新建 VI”选项，新建一个 VI。

（2）保存 VI。选择菜单栏中的“文件”→“另存为”选项，设置 VI 名称为“使用定时循环”。

（3）打开程序框图窗口，在函数选板中选择“编程”→“结构”→“定时结构”→“定时循环”函数，在程序框图窗口中拖曳出适当大小的矩形框并放置，然后修改标签为“循环 1”，设置周期为 1000ms，如图 5-50 所示。

（4）在函数选板中选择“编程”→“数值”→“商与余数”函数，将其放置在结构体中并创建常量 2，将它们连接至定时循环的循环计数端。

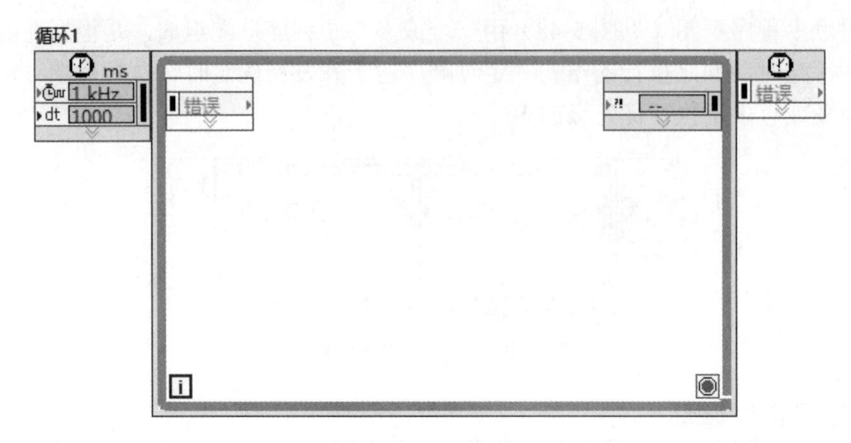

图 5-50　放置“定时循环”函数

（5）在函数选板中选择“编程”→“比较”→“等于？”函数，放置 2 个该函数至结构体中，并分别创建常量 5 和 0，参考图 5-49 中的“循环 1”连线。

（6）在“等于？”函数上单击右键，创建显示控件，并修改控件标签为“偶数”。

（7）将“循环 1”的结构体复制，修改标签为“循环 2”，设置周期为 2000ms，将“等于？”函数替换为“不等于？”函数，修改控件标签为“奇数”。

（8）单击程序框图窗口工具栏中的“整理程序框图”按钮，整理程序框图，结果如图 5-49 所示。

（9）单击前面板窗口工具栏中的“运行”按钮，运行 VI，则循环 1 每秒执行一次，循环 2 每两秒执行一次。

5.6.2　配置定时结构

配置定时结构主要包括以下几个方面。

1．配置下一帧

双击当前帧的右侧数据节点或右键单击该节点，从快捷菜单中选择“配置输入节点”选项，打开“配置下一次循环”对话框，如图 5-51 所示。

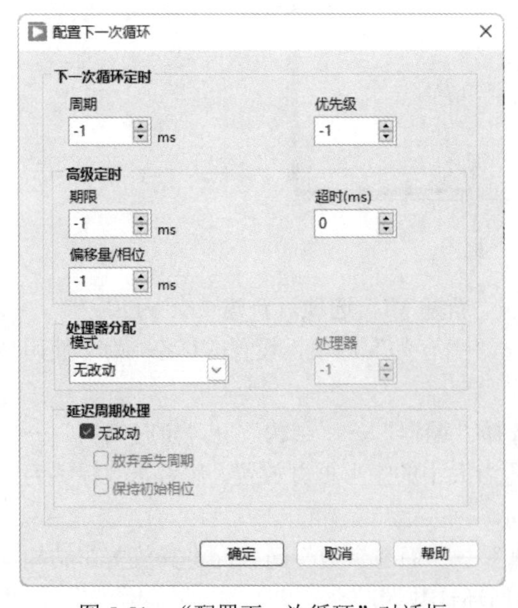

图 5-51　“配置下一次循环”对话框

在这个对话框中，可为下一帧设置优先级、执行期限以及超时时间等选项。通过“偏移量/相位”文本框可以指定下一帧开始执行的起始时间。要指定一个相对于当前帧的起始时间值，其单位应与帧定时源的绝对单位一致。通过帧的右侧数据节点的输入端可动态配置下一次定时循环或动态配置下一帧。默认状态下，定时循环帧的右侧数据节点不显示所有可用的输出端。如需显示所有可用的输出端，可调整右侧数据节点大小或右键单击右侧数据节点并从快捷菜单中选择“显示全部输出”选项。

2．设置定时结构的优先级

定时结构的优先级指定了定时结构相对于程序框图上其他对象开始执行的次序。设置定时结构的优先级，可使应用程序中存在多个互相预占执行顺序的任务。定时结构的优先级越高，它相对于程序框图中其他定时结构的优先级便越高。优先级的输入值必须为1～65535之间的正整数。

程序框图中的每个定时结构都会创建和运行含有单一线程的自有执行系统，因此不会出现并行的任务。

用户可为每个定时顺序或定时循环的帧指定优先级。运行包含定时结构的VI时，LabVIEW将检查结构框图中所有可执行帧的优先级，并从优先级为“实时”的帧开始执行。

使用定时循环时，可将一个值连接至循环中最后一帧的右侧数据节点的“优先级”输入端，以动态设置定时循环后续各次循环的优先级。对于定时结构，可将一个值连接至当前帧的右侧数据节点，以动态设置下一帧的优先级。

3．选择定时结构的定时源

定时源控制着定时结构的执行，有内部或外部两种定时源可供选择。内部定时源可在定时结构输入节点的配置对话框中选择；外部定时源可通过创建定时源VI及DAQmx中的数据采集VI来创建。

内部定时源用于控制定时结构的内部定时，包括操作系统自带的1kHz时钟及实时（RT）终端的1MHz时钟。通过“配置定时循环”、“配置定时顺序”或“配置多帧定时循环”对话框的循环定时源或顺序定时源，可选中一个内部定时源。部分常用的内部定时源如下。

（1）1kHz时钟：默认状态下，定时结构以操作系统的1kHz时钟为定时源。如使用1kHz时钟，定时结构每毫秒执行一次循环。对所有可运行的定时结构，LabVIEW都支持1kHz定时源。

（2）1MHz时钟：终端可使用终端处理器的1MHz时钟来控制定时结构。如使用1MHz时钟，定时结构每微秒执行一次循环。若终端没有系统所支持的处理器，便不能选择使用1MHz时钟。

（3）1kHz时钟<结构开始时重置>：与1kHz时钟相似的定时源，每次定时结构开始时重置为0。

（4）1MHz时钟<结构开始时重置>：与1MHz时钟相似的定时源，每次定时结构开始时重置为0。

外部定时源可以创建用于控制定时结构的外部定时，可使用创建定时源VI通过编程选中一个外部定时源。另有几种类型的DAQmx定时源可用于控制定时结构，如频率、数字边缘计数器、数字改动检测和任务源生成的信号等。通过DAQmx的数据采集VI可创建用于控制定时结构的DAQmx定时源。此外，可使用次要定时源控制定时结构中各帧的执行。例如，以 1kHz 时钟控制定时循环，以 1MHz 时钟控制每次循环中各个帧的定时。

4. 设置期限

期限是指执行一帧所需要的时间，其值是相对于帧的起始时间的。通过期限可设置子程序框图的执行时限。若子程序框图未能在期限前执行完成，下一帧的左侧数据节点将在“延迟完成？”输出端返回真值并继续执行。期限的单位与帧定时源的单位一致。

在图 5-52 中，定时顺序中首帧的期限已配置为 50，即指定子程序框图须在 1kHz 时钟走满 50 下前结束执行，也即在 50ms 内完成。而子程序框图要耗时 100ms 才能执行完成。当帧无法在指定的最后期限前结束执行时，第二帧的“延迟完成？”输出端将返回真值。

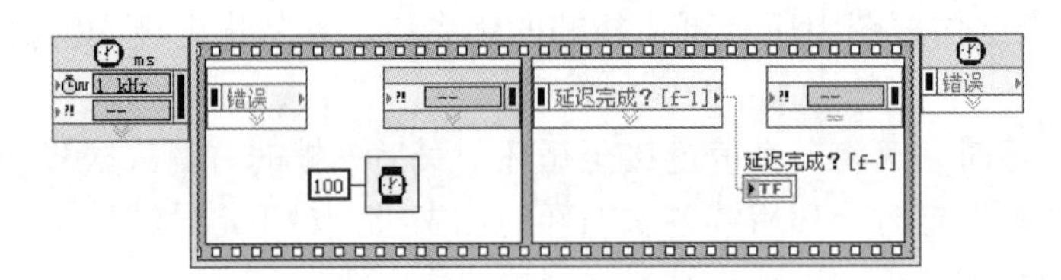

图 5-52　设置期限

5. 设置超时

超时是指子程序框图开始执行前可等待的最长时间，以 ms 为单位。超时的值是相对于结构起始时间，或上一帧的结束时间的。若子程序框图未能在指定的超时前开始执行，定时循环将在该帧的左侧数据节点的“唤醒原因”输出端中返回超时。

如图 5-53 所示，定时顺序的第一帧耗时 50ms 执行，第二帧配置为定时顺序开始 51ms 后再执行。第二帧的超时设为 10 ms，这意味着，该帧将在第一帧执行完毕后最多等待 10ms 再开始执行。如第二帧未能在此之前开始执行，定时结构将继续执行余下的非定时循环，而第二帧则在左侧数据节点的“唤醒原因”输出端中返回超时。

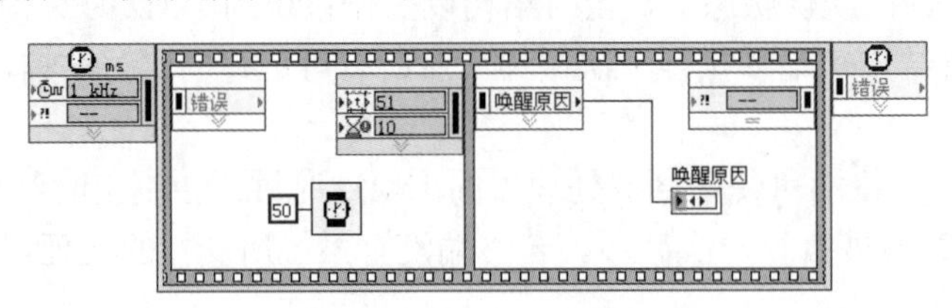

图 5-53　设置超时

余下各帧的定时信息与发生超时的帧的定时信息相同。若定时循环必须再完成一次循环，则循环会停止于发生超时的帧，等待最初的超时事件。

定时结构第一帧的超时默认值为-1，即无限等待子程序框图或帧的开始。其他帧的超时默认值为 0，即保持上一帧的超时值不变。

6. 设置偏移量

偏移量用于设置定时结构的开始时间或相位。偏移量的单位与结构定时源的单位一致。

可在不同定时结构中使用与定时源相同单位的偏移量，以对齐不同定时结构的相位，如图 5-54 中，定时循环都使用相同的 1kHz 定时源，且偏移量（t0）的值为 500，这意味着循环将在定时源触发循环开始后等待 500ms。

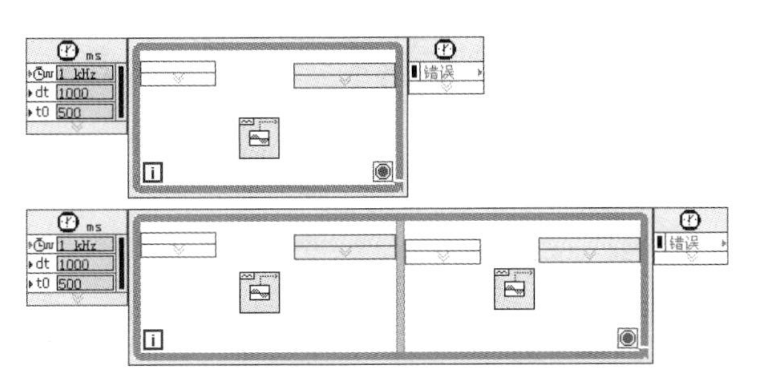

图 5-54　设置偏移量

在定时循环的最后一帧中，可使用右侧数据节点动态改变下一次循环的偏移量。然而，在动态改变下一次循环的偏移量时，须将值连接至右侧数据节点的“模式”输入端以指定一个模式。若通过右侧数据节点改变偏移量，则必须选择一个模式值。

注意，通过设置偏移量对齐两个定时结构的相位无法保证二者的开始时间相同。使用同步定时结构起始时间 VI，可以令定时结构执行起始时间同步。

5.6.3　定时结构的同步开始和中止

同步定时结构用于将程序框图中各定时结构的起始时间同步，例如，使两个定时结构根据同一时间表来执行。

可创建同步组以指定程序框图中需要同步的定时结构。创建同步组的步骤如下：将定时结构名称连接至同步组名称输入端，再将定时结构名称数组连接至同步定时结构开始 VI 的定时结构名称输入端。同步组将在程序执行完毕前始终保持活动状态。

定时结构无法属于两个同步组。若要向一个同步组添加一个已属于另一同步组的定时结构，LabVIEW 将把该定时结构从前一个组中移除，再添加到新组。可将同步定时结构开始 VI 的替换输入端设为假，这样在移动该定时结构时，LabVIEW 将报错，防止已属于某个同步组的定时结构被移动。

使用定时结构停止 VI 可通过编程中止定时结构的执行。将字符串常量或控件中的结构名称端口连接至定时结构停止 VI 的名称输入端，以指定需要中止的定时结构的名称。

5.7　公式节点

由于一些复杂的算法完全依赖图形代码实现会过于烦琐，因此在 LabVIEW 中还包含了以文本编程的形式实现程序逻辑的公式节点。

公式节点类似于其他结构，本身也是一个可调整大小的矩形框。当需要添加输入变

量时可在边框上单击右键，在弹出的快捷菜单中选择“添加输入”选项，并且键入变量名，如图 5-55 所示。

同理也可以添加输出变量，如图 5-56 所示。

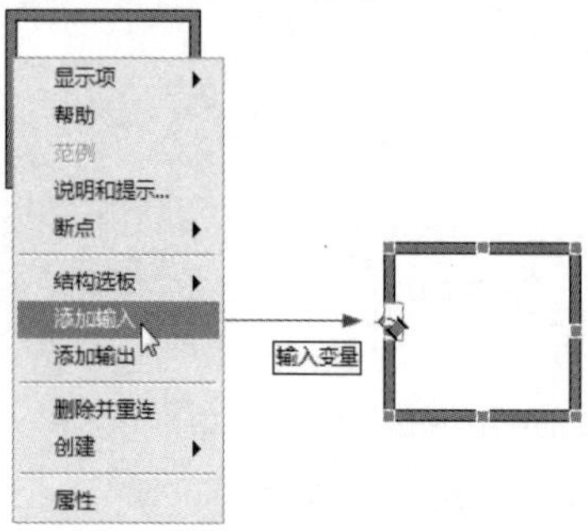

图 5-55　添加输入变量

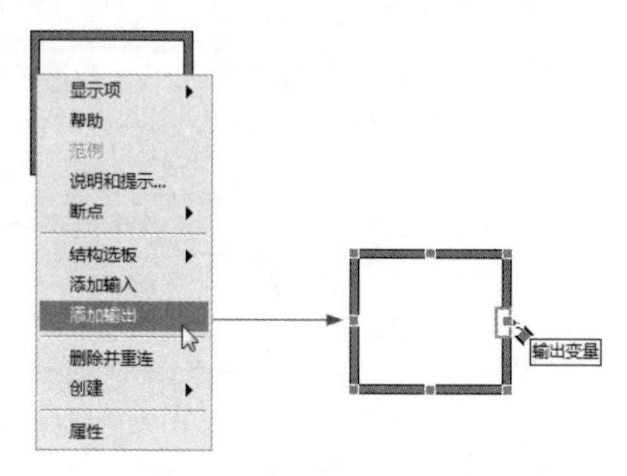

图 5-56　添加输出变量

输入变量和输出变量的数目可以根据具体情况而定，设定的变量名字是大小写敏感的。

实例：计算函数

有一函数：当 $x<0$ 时，y 为−1；当 $x=0$ 时，y 为 0；当 $x>0$ 时，y 为 1。本实例演示编写程序，以输入一个 x 值，输出相应的 y 值，对应的程序框图如图 5-57 所示。

（1）新建 VI。选择菜单栏中的“文件”→“新建 VI”选项，新建一个 VI。

（2）保存 VI。选择菜单栏中的“文件”→“另存为”选项，设置 VI 名称为“计算函数”。

（3）打开程序框图窗口，在函数选板中选择“编程”→“结构”→“公式节点”函数，在程序框图窗口中拖曳出适当大小的矩形框并放置，然后创建输入变量和输出变量各 1 个。

（4）直接将表达式写入公式节点中。

（5）分别在输入变量与输出变量上单击右键，从弹出的快捷菜单中分别选择“创建输入控件”“创建显示控件”选项，并修改控件名称为“x”“y”，然后照图 5-57 连接程序。

（6）将界面切换到前面板窗口，在 x 控件中输入初始值 5，然后单击“运行”按钮⇨，运行 VI，显示的运行结果如图 5-58 所示。

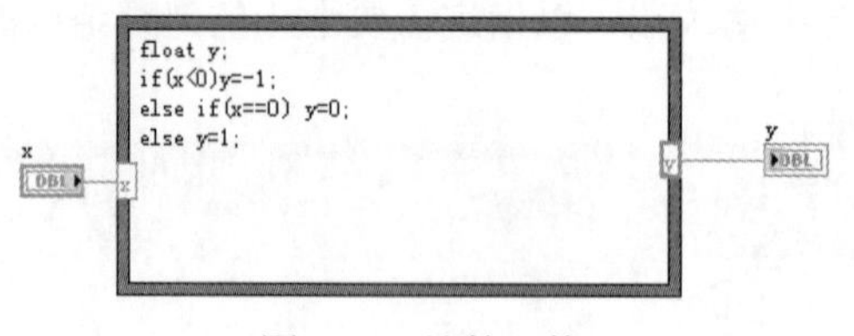

图 5-57　计算函数

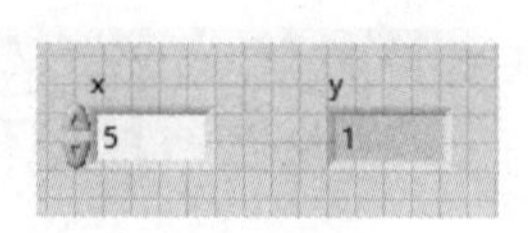

图 5-58　运行结果

实例：构建波形

本实例演示使用公式节点构建波形，对应的程序框图如图 5-59 所示。

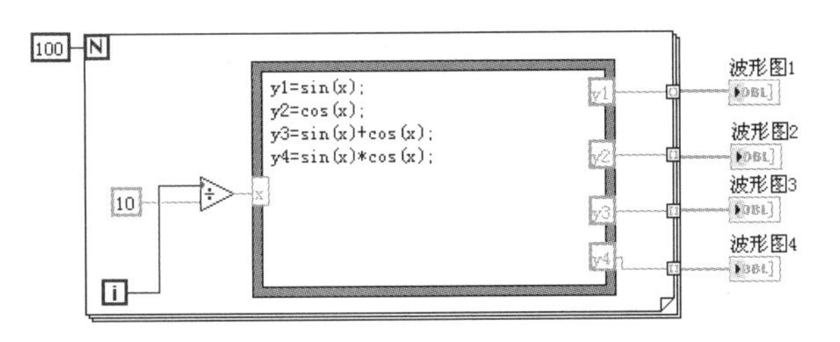

图 5-59　程序框图

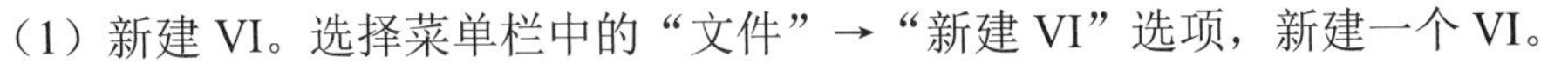

（1）新建 VI。选择菜单栏中的“文件”→“新建 VI”选项，新建一个 VI。

（2）保存 VI。选择菜单栏中的“文件”→“另存为”选项，设置 VI 名称为“构建波形”。

（3）打开程序框图窗口，在函数选板中选择“编程”→“结构”→“For 循环”函数，在程序框图窗口中拖曳出适当大小的矩形框并放置，然后在其输入端创建常量 100。

（4）在函数选板中选择“编程”→“结构”→“公式节点”函数，创建公式节点，然后创建输入变量 1 个、输出变量 4 个。

（5）直接将波形表达式写入公式节点中。

（6）在函数选板中选择“编程”→“数值”→“除”函数，将其放置在程序框图窗口中，并创建常量 10，再建立两者与公式节点的输入变量和 For 循环的循环计数接线端的连线。

（7）打开前面板窗口，在控件选板的“新式”→“图形”子选板中选取“波形图”控件，创建 4 个该控件到前面板窗口。然后将界面切换到程序框图窗口，将这 4 个控件连接至输出变量。

（8）单击工具栏中的“整理程序框图”按钮，整理程序框图，结果如图 5-59 所示。

（9）单击“运行”按钮，运行 VI，前面板中显示的运行结果如图 5-60 所示。

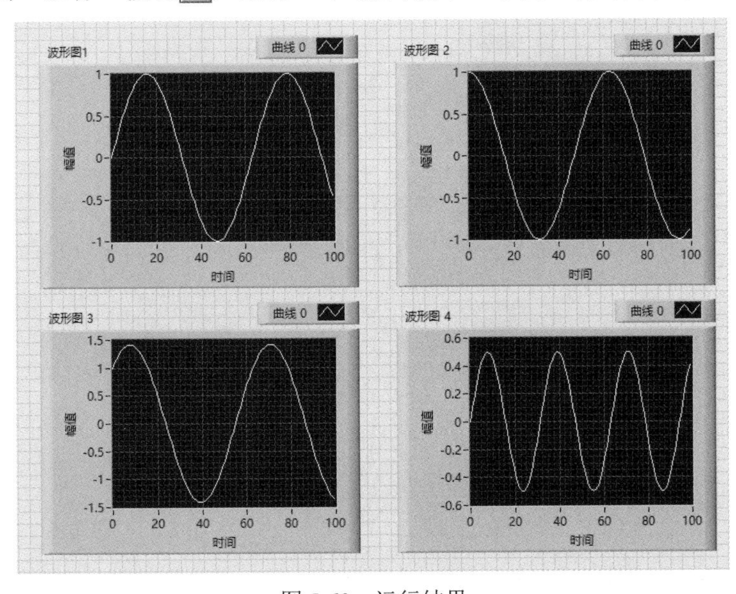

图 5-60　运行结果

5.8 属性节点

属性节点可以实时改变前面板对象的颜色、大小和是否可见等属性，从而达到最佳的人机交互效果。通过应用属性节点，可以在程序执行过程中动态改变前面板对象的显示效果。

下面以数值控件为例来介绍属性节点的创建。在数值控件上单击右键，在弹出的快捷菜单中选择“创建”→“属性节点”选项，然后在其子菜单中选择所需的属性。若此时选择可见属性，则单击“可见”选项，如图 5-61 所示，则控件图标变成图中箭头所指的样式。

若需要同时改变所选对象的多个属性，一种方法是创建多个属性节点，如图 5-62 所示；另外一种便捷的方法是在一个属性节点的图标上添加多个端口。添加的方法有两种：一种是用光标拖动属性节点图标下边缘的尺寸控制点，如图 5-63 的左边所示；另一种是在属性节点图标的右键快捷菜单中选择“添加元素”选项，如图 5-63 的右边所示。

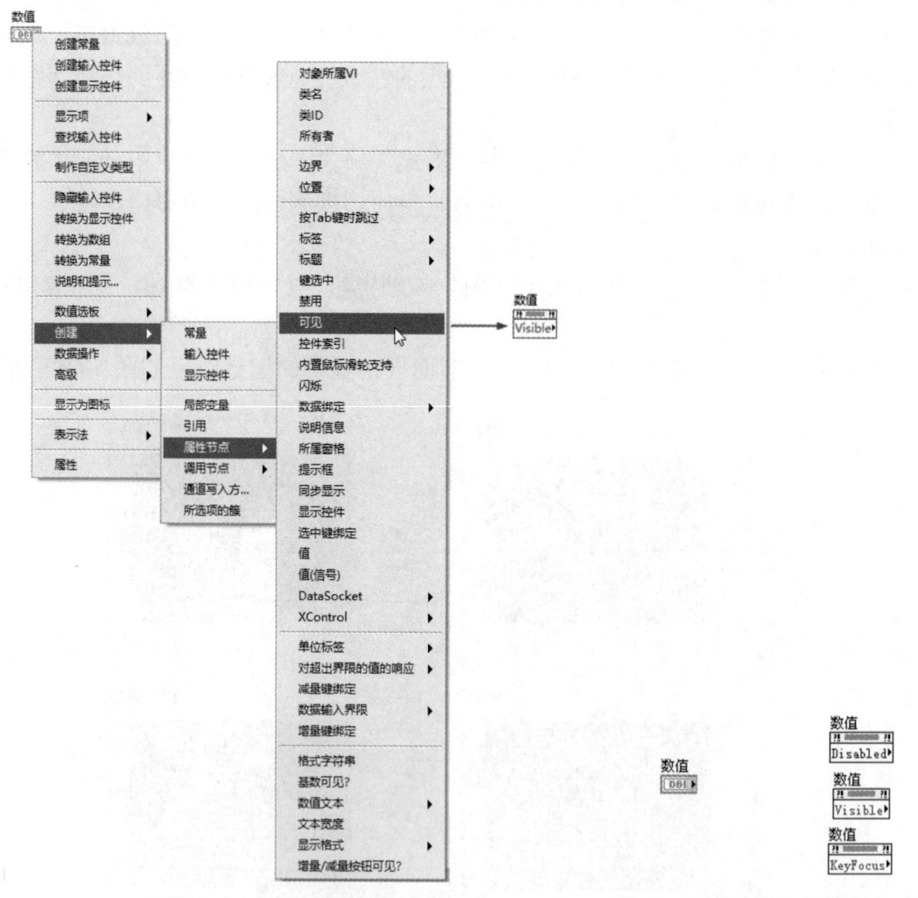

图 5-61　属性节点的建立　　　　图 5-62　创建多个属性节点方法 1

有效地使用属性节点可以使用户设计的图形化人机交互界面更加友好、美观、易操作。由于前面板对象的属性种类繁多，很难一一介绍，所以下面仅以数值控件为例来介绍部分属性节点的用法。

1. 键选中属性

该属性用于控制所选对象是否处于焦点状态，其数据类型为布尔型，如图 5-64 所示。

- ➢ 当输入值为真时，所选对象将处于焦点状态。
- ➢ 当输入值为假时，所选对象将处于一般状态。

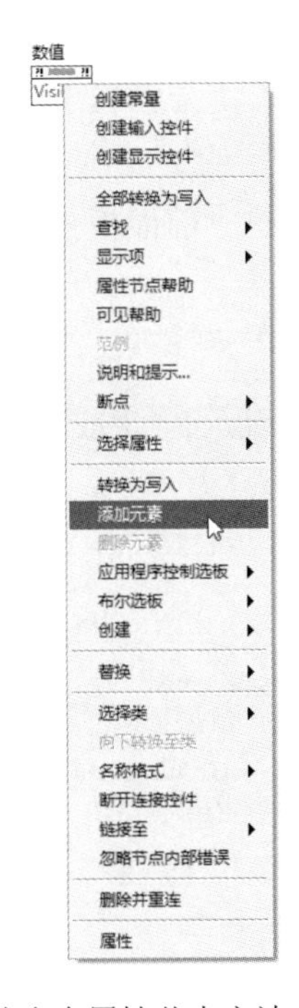

图 5-63　创建多个属性节点方法 2

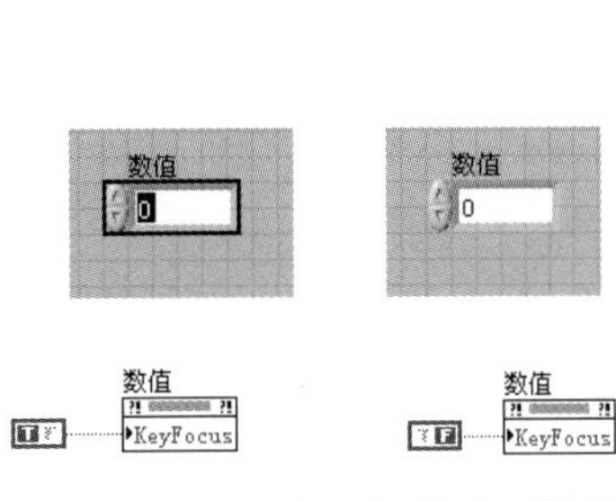

图 5-64　键选中属性的应用效果

2. 禁用属性

该属性用于控制用户是否可以访问某个前面板对象，其数据类型为数值型，如图 5-65 所示。

- ➢ 当输入值为 0 时，前面板对象处于正常状态，用户可以访问前面板对象。
- ➢ 当输入值为 1 时，前面板外观处于正常状态，但用户不能访问前面板对象的内容。
- ➢ 当输入值为 2 时，前面板对象处于禁用状态，用户不可以访问前面板对象的内容。

3. 可见属性

该属性用于控制前面板对象是否可视，其数据类型为布尔型，如图 5-66 所示。

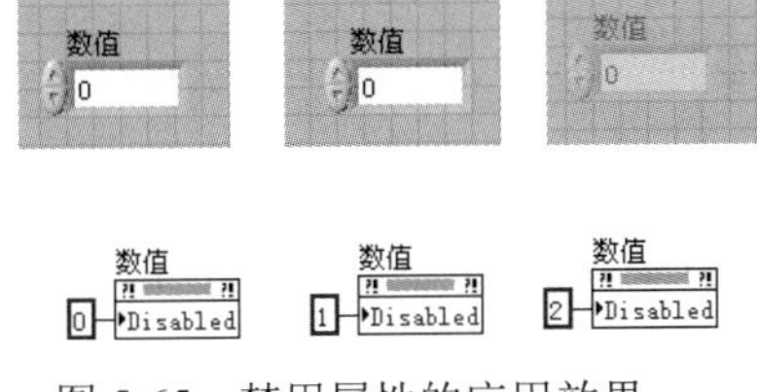
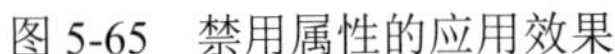

图 5-65　禁用属性的应用效果

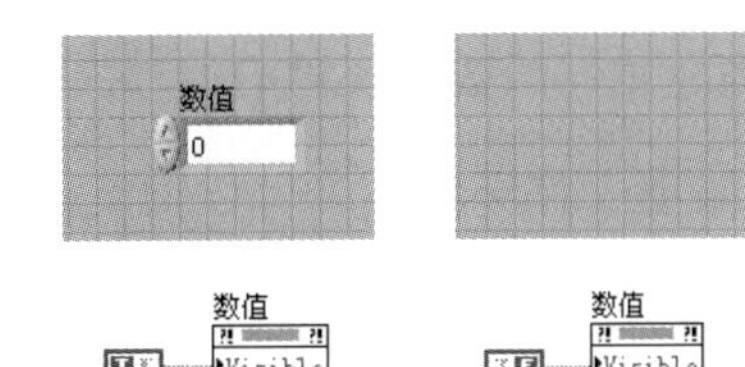

图 5-66　可见属性的应用效果

➢ 当输入值为真时，前面板对象在前面板上处于可见状态。
➢ 当输入值为假时，前面板对象在前面板上处于不可见状态。

Note

4．闪烁属性

该属性用于控制前面板对象是否闪烁，其数据类型为布尔型。
➢ 当输入值为真时，前面板对象处于闪烁状态。
➢ 当输入值为假时，前面板对象处于正常状态。

在 LabVIEW 菜单栏中选择“工具”→“选项”选项，弹出“选项”对话框，在该对话框中可以设置闪烁的速度：在界面左侧“类别”列表框中选择“前面板”选项，在界面右侧将出现如图 5-67 所示的属性设定选项，通过“前面板控件的闪烁延迟（毫秒）”文本框可以设置闪烁速度。

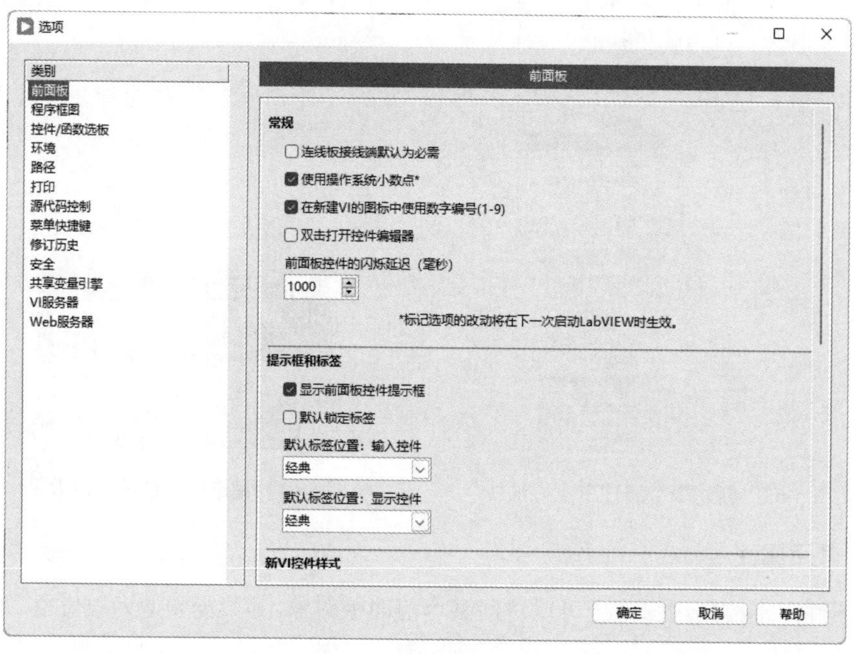

图 5-67　设置闪烁速度

5.9 综合演练——计算时间

本演练创建一个 VI，以实现输入一个 0～10000 的整数，测量机器需要多少时间才能产生与之相同的数字，对应的程序框图如图 5-68 所示。

1．设置工作环境

（1）新建 VI。选择菜单栏中的“文件”→“新建 VI”选项，新建一个 VI。

（2）保存 VI。选择菜单栏中的“文件”→“另存为”选项，设置 VI 名称为“计算时间”。

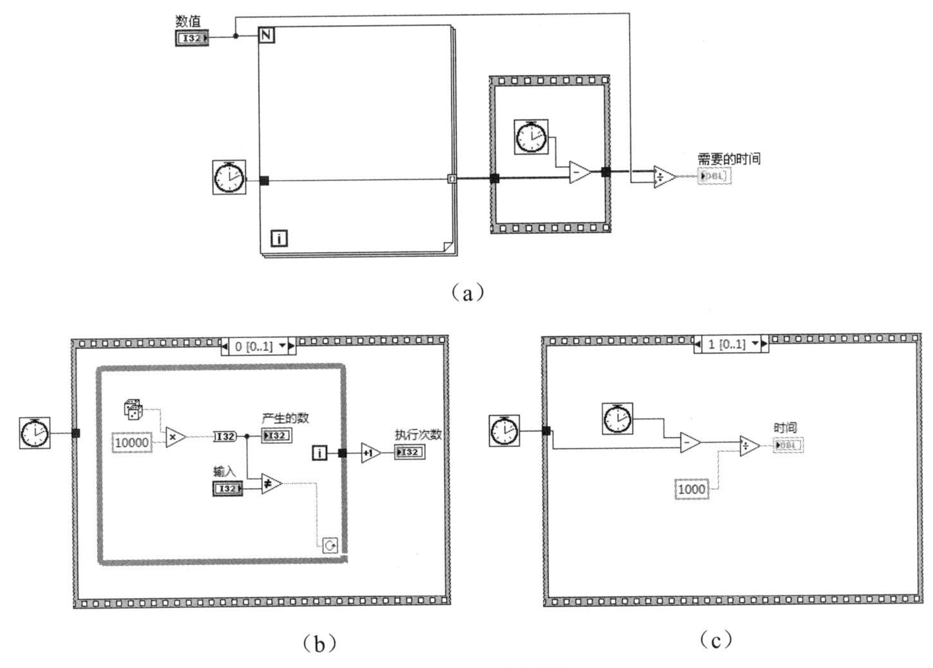

（a）

（b）　　（c）

图 5-68　程序框图

2．设计程序框图和前面板

（1）打开程序框图窗口，在函数选板的“编程”→“结构”子选板中选取“For 循环”函数，创建 For 循环，在循环总数接线端创建数值输入控件。

（2）在函数选板的“编程”→“结构”子选板中选取“平铺式顺序结构”函数，创建平铺式顺序结构。

（3）在函数选板的“编程”→“定时”子选板中选取“时间计数器”函数，将 2 个时间计数器放置在程序框图窗口中。

（4）在函数选板的“编程”→“数值”子选板中选取“减”和“除”函数，将其放置在程序框图窗口中，并将它们与时间计数器和数值输入控件连接。

（5）打开前面板窗口，在控件选板“新式”→“图形”的子选板中选取“波形图”控件，将其放置在前面板窗口中。将界面切换到程序框图窗口，连接“除”函数和“波形图”控件，修改控件标签为“需要的时间”，结果如图 5-68（a）所示。

3．设置顺序结构

（1）选择第 0 帧。

① 在函数选板的“编程”→“结构”子选板中选取“平铺式顺序结构”函数，将其放置在程序框图窗口中，在边框上单击右键，选择“在后面添加帧”快捷菜单选项，将平铺式顺序结构转变为 2 帧，再次单击右键，选择“替换为层叠式顺序”快捷菜单选项，将平铺式顺序结构转变为层叠式顺序结构，如图 5-69 所示。

② 在函数选板的“编程”→“结构”子选板中选取“While 循环”函数，将其放置在程序框图窗口中，再在函数选板中选取“编程”→“数值”→“乘”、“加 1”和“随

Note

机数”函数并创建，然后创建常量 10000，将“加 1”函数和循环计数接线端连接，并为函数创建显示控件，修改控件标签为“执行时间”。

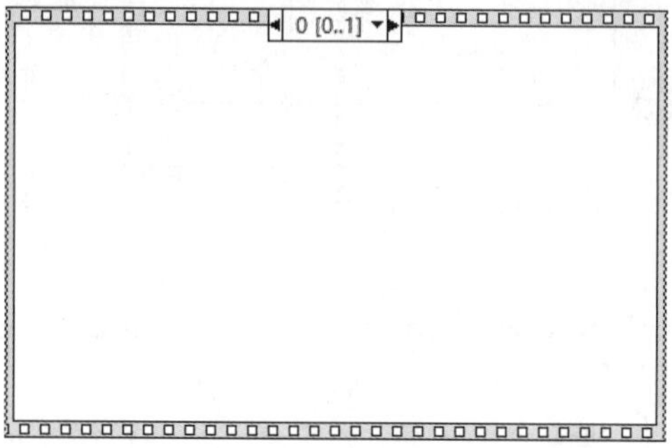

图 5-69　层叠式顺序结构

③ 在函数选板中选取“编程”→“数值”→“转换”→“转换为长整型”函数，将其放置在程序框图窗口中并为其创建显示控件，修改控件标签为“产生的数”。

④ 在函数选板中选取“编程”→“比较”→“不等于？”函数，将其放置在程序框图窗口中并为其创建数值输入控件，修改控件标签为“输入”，再将函数连接至循环条件接线端。

⑤ 在函数选板中选取“编程”→“定时”→“时间计数器”函数，将其与顺序结构的边框连接，再创建其余连线结果如图 5-68（b）所示。

（2）设置第 1 帧。

① 在函数选板中选取“编程”→“数值”→“减”和“除”函数，将其放置在程序框图窗口中。创建“除”函数的常量为 1000，并创建显示控件，修改控件标签为“时间”。

② 在函数选板中选取“编程”→“定时”→“时间计数器”函数，放置 2 个时间计数器到程序框图窗口中，然后参考图 5-68（c）创建其余连线。

（3）单击工具栏中的“整理程序框图”按钮，整理程序框图。

（4）将界面切换至前面板窗口，在“输入”控件中输入“1234”，单击“运行”按钮，运行 VI，显示的运行结果如图 5-70 所示。

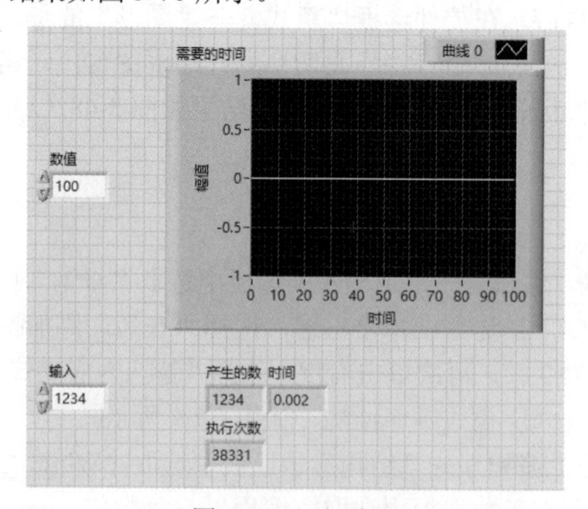

图 5-70　运行结果

复合数据类型

LabVIEW 通过数据流驱动的方式来控制程序的运行，在程序中用连线连接多个控件以交换数据。数组、簇与矩阵是 LabVIEW 中比较复杂的数据类型，也是学习 LabVIEW 编程必须掌握并且需要灵活使用的数据类型。

知识重点

☑ 数组
☑ 簇
☑ 矩阵

任务驱动&项目案例

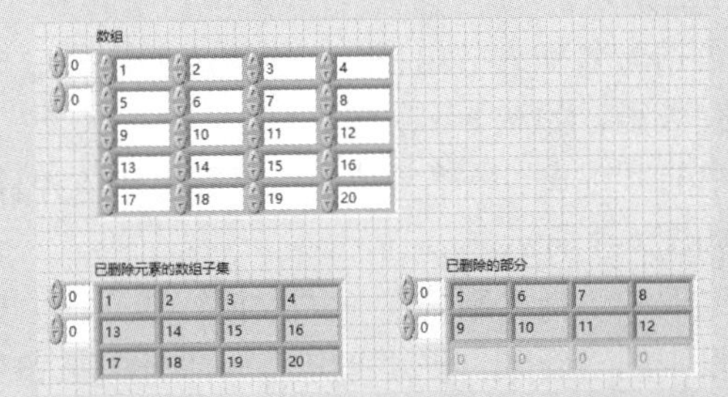

6.1 数组

在程序设计语言中，“数组”是一种常用的数据结构，是存储和组织相同类型数据的良好方式。与其他程序设计语言一样，LabVIEW 中的数组是数值型、布尔型、字符串型等多种数据类型中的同类数据的集合。前面板上的数组往往由一个盛放数据的容器和数据本身构成，而程序框图上的数组则体现为一个一维矩阵或多维矩阵。数组中的每一个元素都有其唯一的索引值，可以通过索引值访问数组中的元素。下面详细介绍数组及处理数组元素的方法。

6.1.1 数组的组成与创建

数组是由同一数据类型元素组成的大小可变的集合。当有一串数据需要处理时，可以将其组织成数组；当需要频繁地对一批数据进行绘图时，使用数组将会受益匪浅，数组作为组织绘图数据的一种机制是十分有用的。当执行重复计算，或解决能自然描述成矩阵向量符号的问题时，数组也是很有用的，如解答线性方程。在 VI 中使用数组能够压缩程序框图代码，并且由于 labVIEW 具有大量的内部数组函数和 VI，使得代码开发更加容易。

数组控件的左端或左上角为数组的索引值，显示在数组左边方框中的索引值对应数组中第一个可显示的元素，通过索引值的组合可以访问到数组中的每一个元素。

实例：创建数组

本实例创建如图 6-1 所示的数组。

（1）新建 VI。选择菜单栏中的“文件”→“新建 VI”选项，新建一个 VI。

（2）保存 VI。选择菜单栏中的“文件”→“另存为”选项，设置 VI 名称为“创建数组”。

（3）打开前面板，从控件选板中选择“新式”→“数据容器”→“数组”控件，将其拖入前面板中，如图 6-2 所示。

（4）将需要的有效数据对象拖入数组框，以分配数据类型，若不进行此操作，数组控件将显示为空框，即空数组，如图 6-3 所示。

（5）选择控件选板中的“新式”→“数值”→“数值输入控件”，将其放置到空数组内部，创建数值数组，如图 6-4 所示。

（6）同理，从控件选板中选择“新式”→“数据容器”→“数组”控件，创建空数组 2，然后选择控件选板中的“新式”→“布尔”→“开关按钮”控件，将其放置到空数组 2 内部，创建布尔数组。

（7）从控件选板中选择“新式”→“数据容器”→“数组”控件，创建空数组 3，然后选择控件选板中的“新式”→“字符串与路径”→“字符串控件”，将其放置到空数组 3 内部，创建字符串数组。

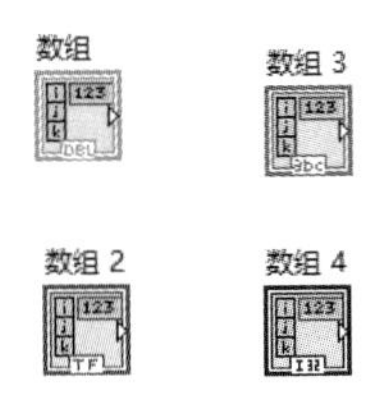

图 6-1　创建的数组

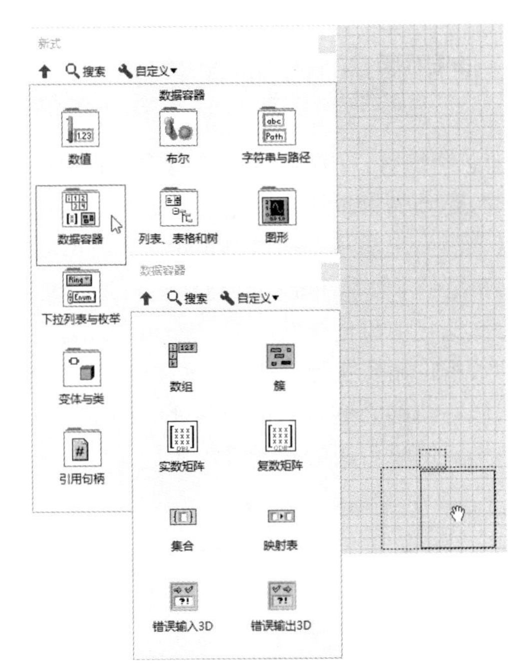

图 6-2　拖入数组控件

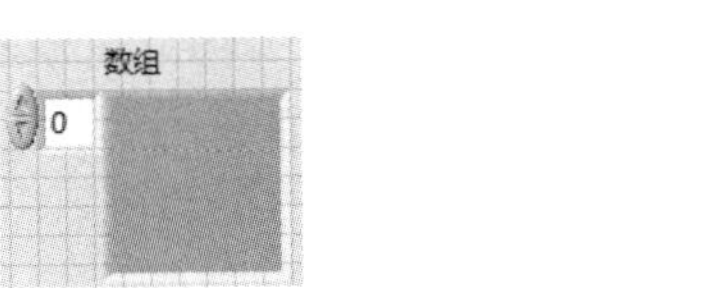

图 6-3　创建的空数组

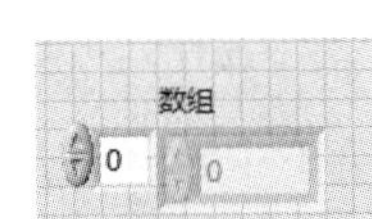

图 6-4　创建的数值数组

（8）从控件选板中选择“新式”→“数据容器”→“数组”控件，创建空数组 4，然后选择控件选板中的“新式”→“列表、表格和树”→“列表框”控件，将其放置到空数组 4 内部，创建列表框数组，最终结果如图 6-5 所示。

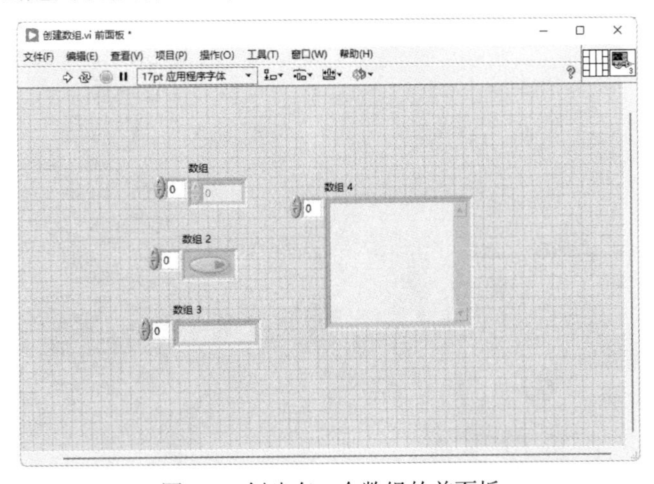

图 6-5　创建有 4 个数组的前面板

（9）双击任一控件，切换到程序框图，如图 6-1 所示，发现 4 个数组控件根据其数据类型的不同显示不同的颜色。

6.1.2 使用循环结构创建数组

数组经常要用一个循环结构来创建，其中 For 循环是最适用的，这是因为 For 循环的循环次数是预先指定的，在循环开始前它已被分配好了内存，而 While 循环却无法做到这一点，因为无法预先知道 While 循环将循环多少次。

图 6-6 显示了使用 For 循环自动索引功能创建含 8 个元素的数组的程序框图。在 For 循环的每次迭代中将创建数组的一个元素。若循环次数设置为 *n*，那么将创建一个有 *n* 个元素的数组，循环执行完成后，数组将从循环内输出到显示控件中。

若在循环结构的隧道上单击右键，在弹出的快捷菜单中选择“禁用索引”选项，那么循环结构将仅输出最后一个值，并且其与显示控件的连线将变细，如图 6-7 所示。

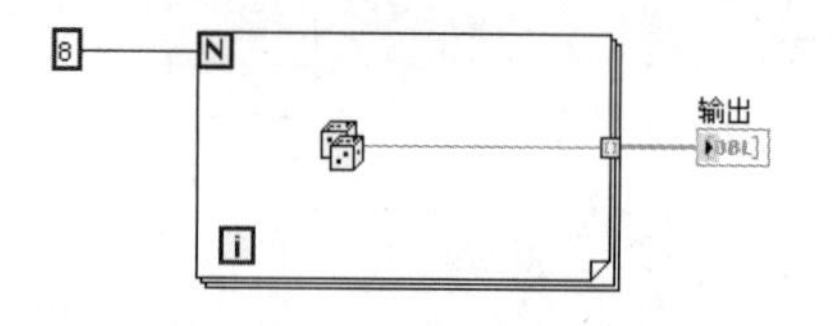

图 6-6 自动索引下创建数组

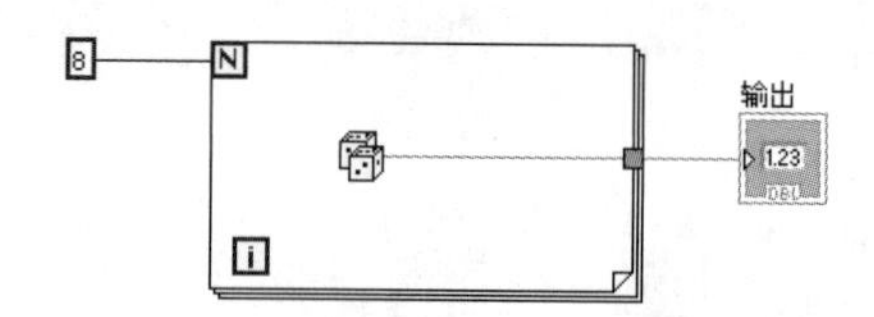

图 6-7 禁用索引下输出单个值

对于 For 循环来说，默认状态下是允许自动索引的，所以其可以直接连接显示控件。但对于 While 循环，默认状态下自动索引被禁用，若希望启用自动索引，需要在 While 循环隧道的右键快捷菜单中选择“启用索引”选项。当不知道数组的具体长度时，使用 While 循环是最合适的，用户可以根据需要设定循环终止条件。

图 6-8 显示了使用 While 循环创建随机数数组的程序框图，实现了当按下停止键或数组长度超过 100 时退出循环。

创建二维数组，可以直接在数组控件的索引值上单击右键，在弹出的快捷菜单中选择“添加维度”选项，如图 6-9 所示；也可以使用两个嵌套的 For 循环来创建，外循环创建行，内循环创建列。

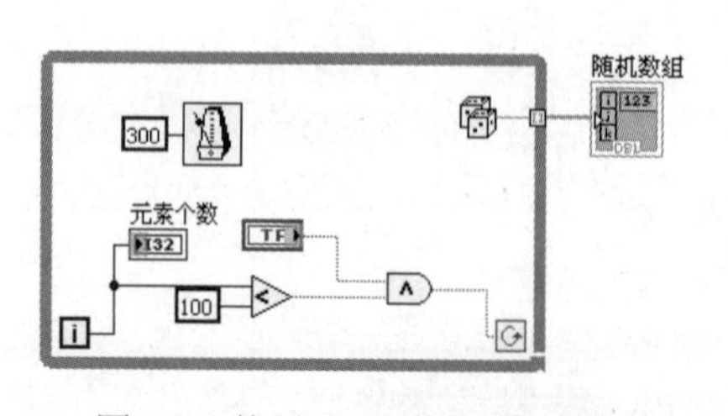

图 6-8 使用 While 循环创建数组

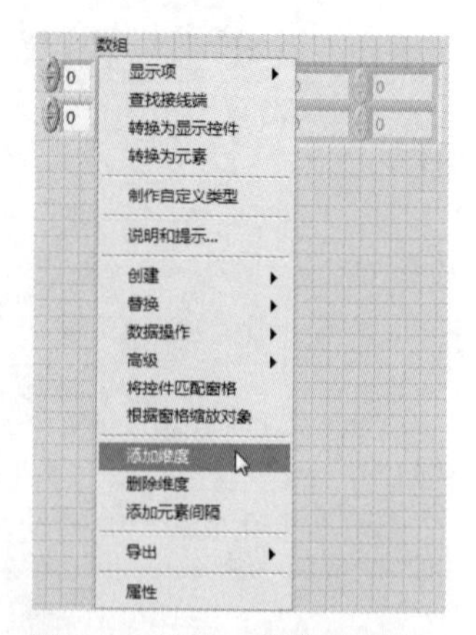

图 6-9 创建二维数组方法一

图 6-10 显示了使用 For 循环创建一个 8 行 8 列的二维数组的程序框图。

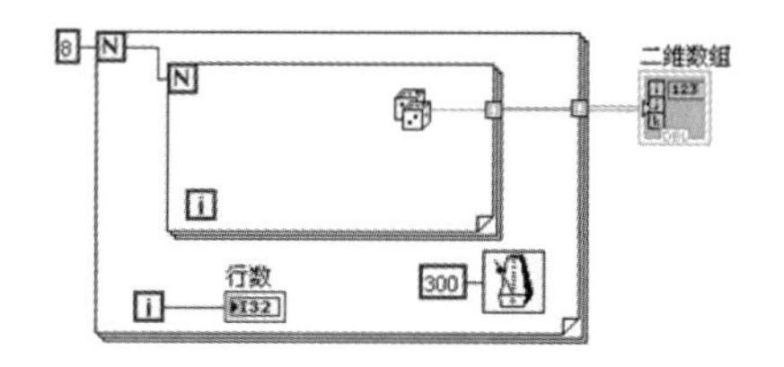

图 6-10　使用 For 循环创建二维数组

6.1.3　数组函数

对于一个数组可进行很多操作，如求数组的长度、对数组进行排序、查找数组中的某一元素、替换数组中的元素等。传统的编程语言主要依靠各种数组函数代码来实现这些操作，而在 LabVIEW 中，这些函数是以功能函数节点的形式来表现的。LabVIEW 中用于处理数组的函数，即数组函数，位于函数选板中的“数组”子选板中，如图 6-11 所示。

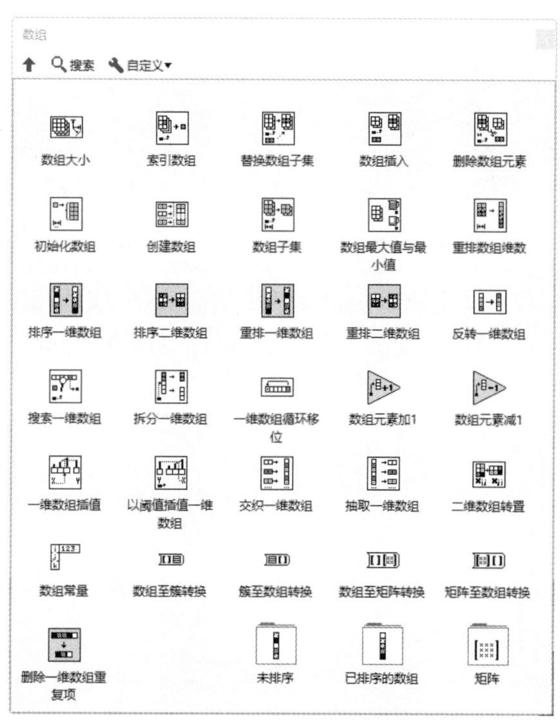

图 6-11　数组函数位置

下面将介绍几种常用的数组函数。

1. “数组大小”函数

数组大小函数的图标及端口定义如图 6-12 所示，其输入为一个 n 维数组，输出为该数组各维包含的元素个数。当 n=1 时，输出为一个标量；当 n>1 时，输出为一个一维数组，数组中的每个元素对应输入数组中每一维的长度。

数组 —— 大小

图 6-12　数组大小函数的图标及端口定义

实例：显示数组大小

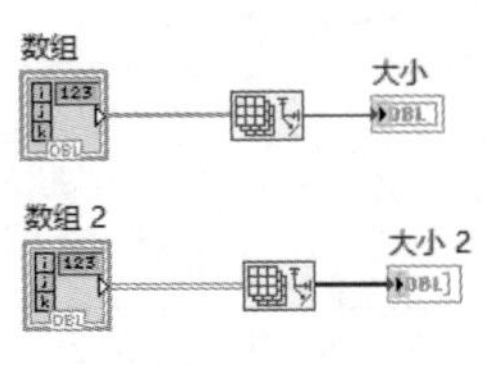

图 6-13　创建数组大小

本实例主要演示数组大小的显示，对应的程序框图如图 6-13 所示。

（1）新建 VI。选择菜单栏中的“文件”→“新建 VI”选项，新建一个 VI。

（2）保存 VI。选择菜单栏中的“文件”→“另存为”选项，设置 VI 名称为“显示数组大小”。

（3）打开前面板，从控件选板中选择“新式”→“数据容器”→“数组”控件，将其拖入前面板中，重复一次此步骤，结果如图 6-14 所示。

（4）从控件选板中选择“新式”→“数值”→“数值输入控件”，将其放置到一个空数组内部，重复一次此步骤，以创建两个数值数组，结果如图 6-15 所示。

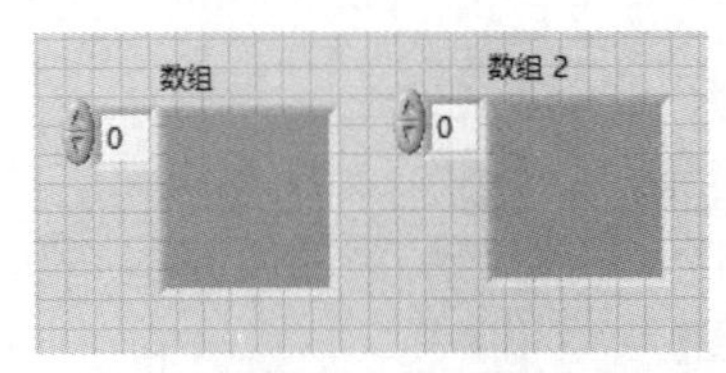

图 6-14　创建空数组

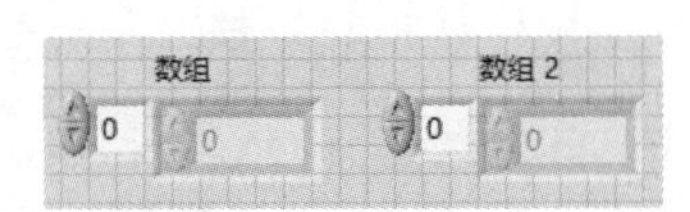

图 6-15　创建数值数组

（5）选中“数组 2”，右击弹出快捷菜单，从中选择“添加维度”选项，如图 6-16 所示，以创建二维数组。分别拖动两个数组的边框，对数组显示范围进行调整，结果如图 6-17 所示。

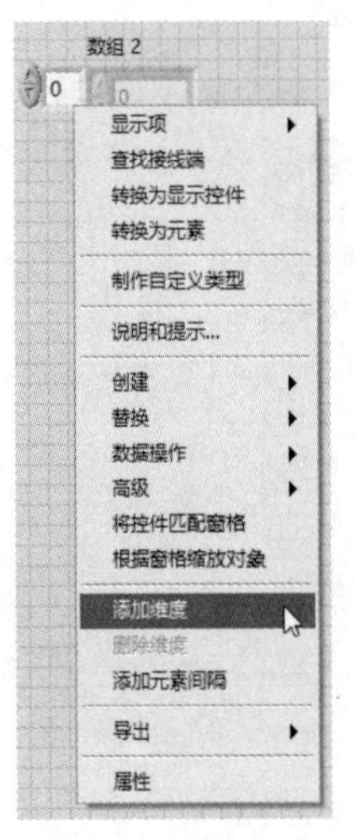

图 6-16　快捷菜单

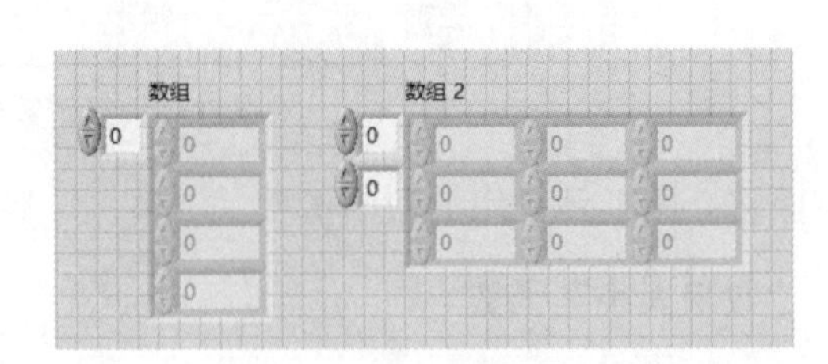

图 6-17　调整数组显示范围

（6）将界面切换到程序框图，在函数选板的“编程”→“数组”子选板中选择“数组大小”函数，将其放置到程序框图中，将该函数输入端与一数组控件的输出端连接，重复一次此步骤，结果如图 6-18 所示。

（7）在各“数组大小”函数上单击右键，在弹出的快捷菜单中选择“创建”→“显示控件”选项，以创建显示控件。

（8）选择所有显示控件，单击右键，在弹出的快捷菜单中取消勾选“显示为图标”选项，结果如图 6-19 所示。

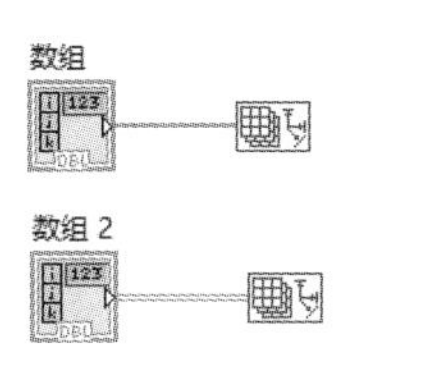

图 6-18　放置函数

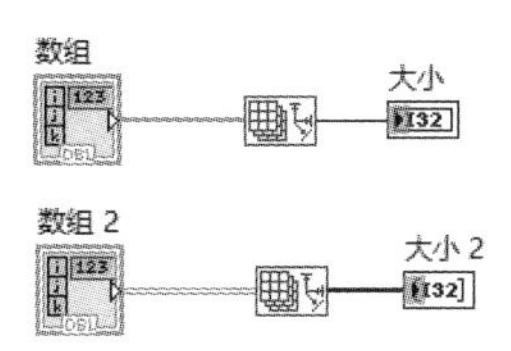

图 6-19　创建显示控件

（9）分别在显示控件上单击右键，选择如图 6-20 所示的选项，设置表示法为双精度，结果如图 6-13 所示。

（10）将界面切换到前面板，在数组和数组 2 中分别输入初始值，单击“运行”按钮，运行 VI，结果如图 6-21 所示。

图 6-20　快捷菜单

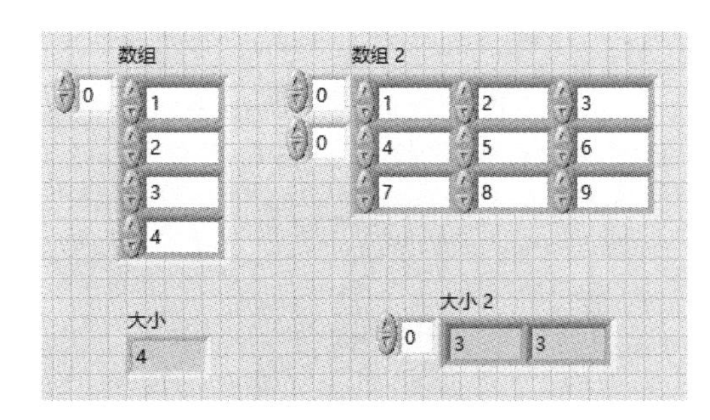

图 6-21　运行结果

2. “创建数组”函数

创建数组函数的图标及端口定义如图 6-22 所示。创建数组函数用于合并多个数组或给数组添加元素。该函数有两种类型的输入：标量和数组，因此其可以接受数组和单值元素输入。该函数将从左侧端口输入的元素或数组按从上到下的顺序组成一个新数组。如图 6-23 所示为使用创建数组函数创建一维数组的程序框图。

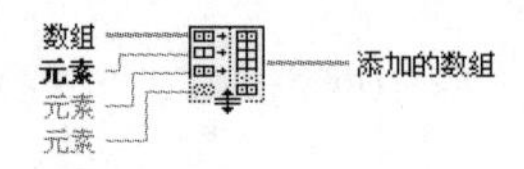

图 6-22　创建数组函数的图标及端口定义

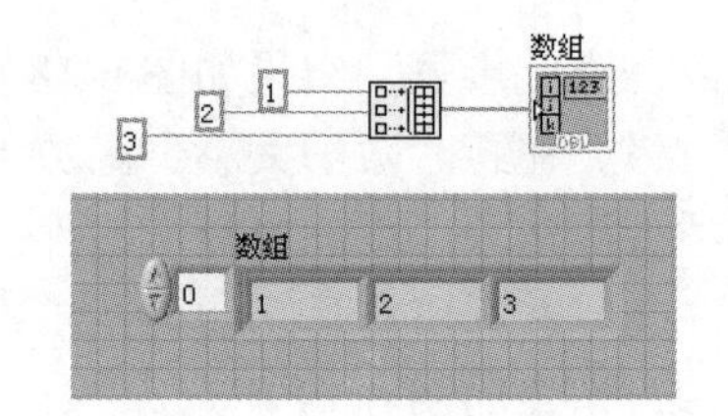

图 6-23　使用创建数组函数创建一维数组

实例：合并数组

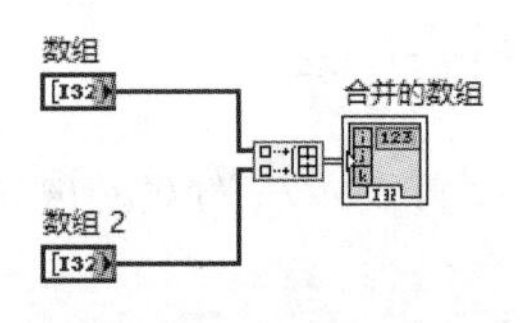

图 6-24　合并数组的程序框图

本实例主要演示数组的合并，对应的程序框图如图 6-24 所示。

（1）新建 VI。选择菜单栏中的“文件”→“新建 VI”选项，新建一个 VI。

（2）保存 VI。选择菜单栏中的“文件”→“另存为”选项，设置 VI 名称为“合并数组”。

（3）打开前面板，从控件选板中选择“新式”→“数据容器”→“数组”控件，将其拖入前面板中，重复一次此步骤，以创建两个空数组。

（4）从控件选板中选择“新式”→“数值”→“数值输入控件”，将其放置到一空数组内部，重复一次此步骤，以创建两个数值数组，如图 6-25 所示。

（5）将界面切换到程序框图，选择两个数值数组，单击右键，在弹出的快捷菜单中取消勾选“显示为图标”选项。

（6）在函数选板中选择“编程”→“数组”→“创建数组”函数，将其放置到程序框图中，将两个数组控件的输出端连接至创建数组函数的输入端。

（7）分别选择两个数组控件，单击右键，在弹出的快捷菜单中选择“表示法”→“I32”选项，即设置表示法为“I32”，结果如图 6-26 所示。

（8）在创建数组函数的输出端单击右键，在弹出的快捷菜单中选择“创建”→“显示控件”选项，创建显示控件，并将控件标签修改为“合并的数组”，如图 6-24 所示。

（9）将界面切换到前面板，在数组和数组 2 控件中分别输入初始值，单击“运行”按钮，运行 VI，结果如图 6-27 所示。

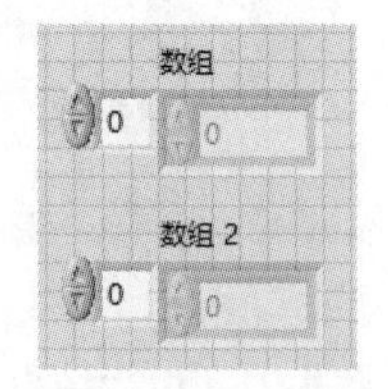

图 6-25　创建数值数组

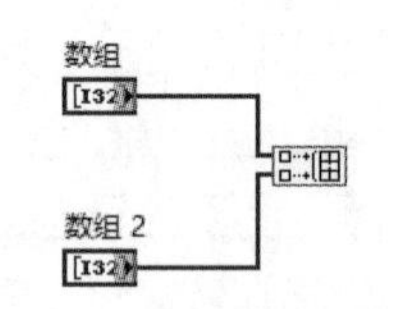

图 6-26　连接创建数组函数

3. “排序一维数组”函数

排序一维数组函数的图标及端口定义如图 6-28 所示，此函数可以将输入数组中的元素按升序排序，若用户想按降序排序，可以将该函数与“反转一维数组”函数组合，实现对数组元素的降序排列。

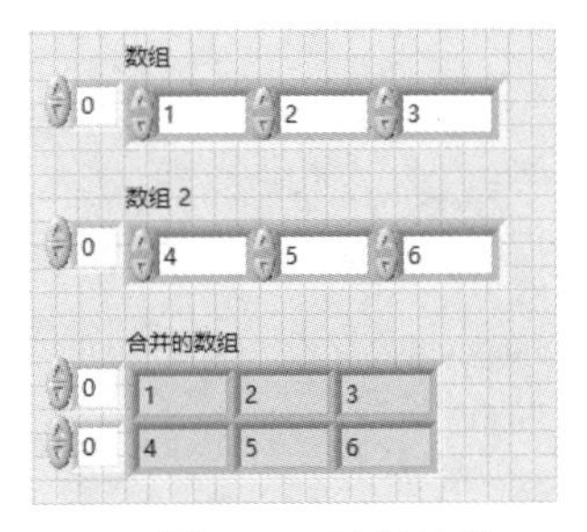

图 6-27　运行结果

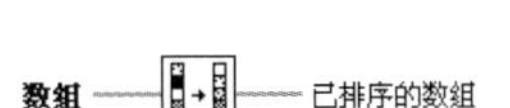

图 6-28　排序一维数组函数的图标及端口定义

实例：数组元素排序

本实例主要演示对一维数组中元素的升降排序，对应的程序框图如图 6-29 所示。

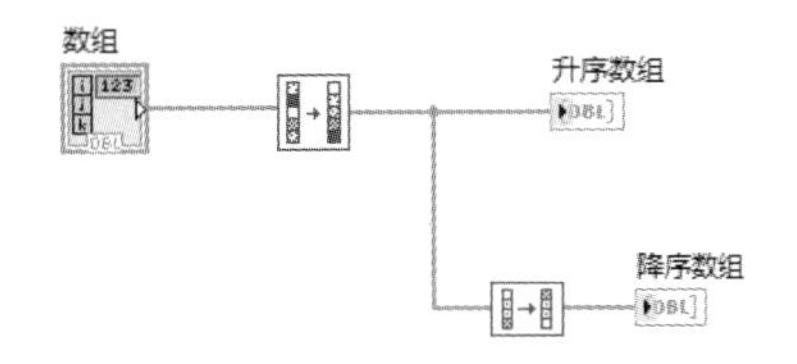

图 6-29　数组元素排序的程序框图

（1）新建 VI。选择菜单栏中的“文件”→“新建 VI”选项，新建一个 VI。

（2）保存 VI。选择菜单栏中的“文件”→“另存为”选项，设置 VI 名称为“数组元素排序”。

（3）打开前面板，从控件选板中选择“新式”→“数据容器”→“数组”控件和“数值”→“数值输入控件”，将其放置在前面板中并组合，以创建数值数组。

（4）将界面切换到程序框图，从函数选板中选择“编程”→“数组”→“排序一维数组”函数，将其放置到程序框图中，并将该函数输入端连接至数组控件的输出端，如图 6-30 所示。

（5）将界面切换到前面板，从控件选板中选择“新式”→“数据容器”→“数组”控件和“数值”→“数值显示控件”，将其放置在前面板中并组合，以创建数值数组，修改控件标签为“升序数组”。然后返回程序框图，将该控件的输入端连接至排序一维数组函数的输出端。

（6）选择“升序数组”控件，单击右键，在弹出的快捷菜单中取消勾选“显示为图标”选项，结果如图 6-31 所示。

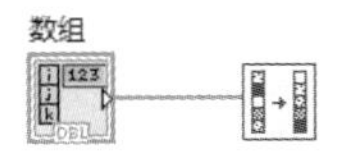

图 6-30　连接排序一维数组函数

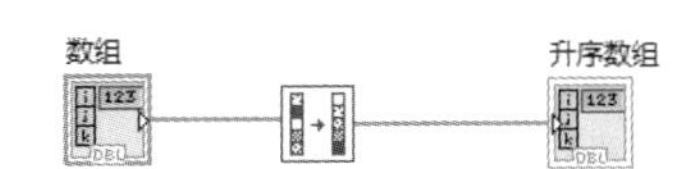

图 6-31　连接“升序数组”控件

（7）从函数选板中选择“编程”→“数组”→“反转一维数组”函数，将其放置到程序框图中，再将该函数输入端连接至排序一维数组函数和“升序数组”控件的连线上。

（8）在反转一维数组函数的输出端单击右键，在弹出的快捷菜单中选择“创建显示控件”选项，以创建显示控件，并将控件标签修改为“降序数组”。右击该控件，在弹出的快捷菜单中取消勾选“显示为图标”选项。

（9）单击工具栏中的“整理程序框图”按钮，整理程序框图，结果如图 6-29 所示。

（10）在前面板中输入数组控件的初始值，单击“运行”按钮，运行 VI，运行结果如图 6-32 所示。

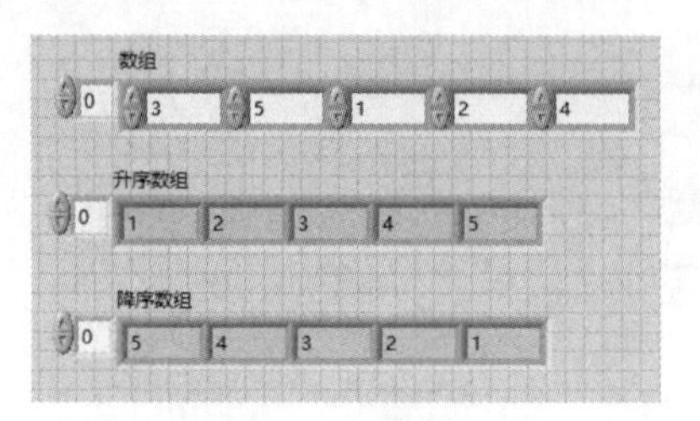

图 6-32　运行结果

4．“索引数组”函数

索引数组函数的图标及端口定义如图 6-33 所示。该函数用于访问数组中的指定元素，需要输入索引号和要访问的数组。第 *n* 个元素的索引号是 *n*-1，如图 6-34 所示，索引号是 2，索引到的是第 3 个元素。

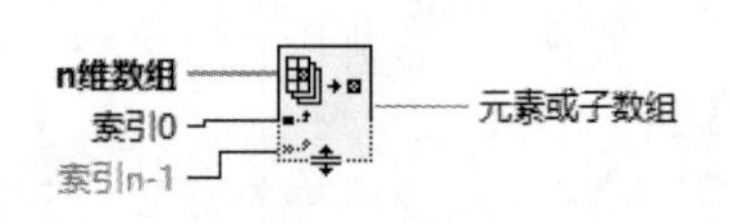

图 6-33　索引数组函数的图标及端口定义

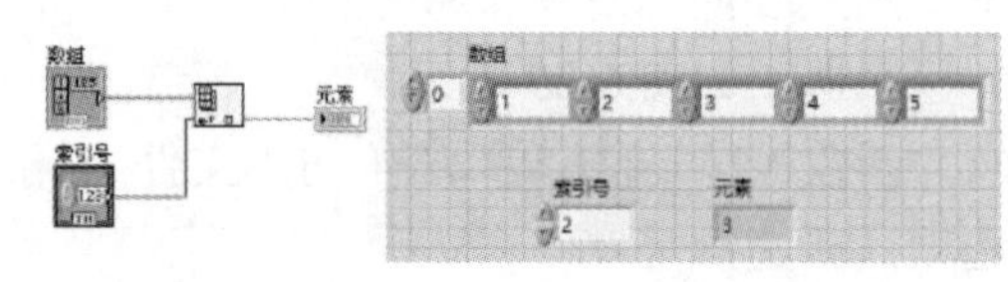

图 6-34　一维数组的索引

索引数组函数会自动调整大小以匹配输入数组的维数，若将一维数组连接到索引数组函数，那么该函数将显示一个索引端口；若将二维数组连接到索引数组函数，那么该函数将显示两个索引端口，即索引（行）和索引（列）。若仅连接索引（行）端口时，则将抽取输入数组完整的指定行；若仅连接索引（列）端口时，则将抽取输入数组完整的指定列；若同时连接了索引（列）和索引（列）端口，那么将抽取输入数组的单个元素。

5．“初始化数组”函数

初始化数组函数的图标及端口定义如图 6-35 所示。该函数的功能是创建 *n* 维数组，数组维数由函数左侧的维数大小端口的个数决定。创建之后数组中每个元素的值都与输入元素端口的值相同。该函数刚放在程序框图上时，只有一个维数大小端口，此时创建的是指定大小的一维数组。可以通过拖拉函数图标下边缘或在维数大小端口的右键快捷菜单中选择“添加维度”选项，来添加维数大小端口，如图 6-36 所示。

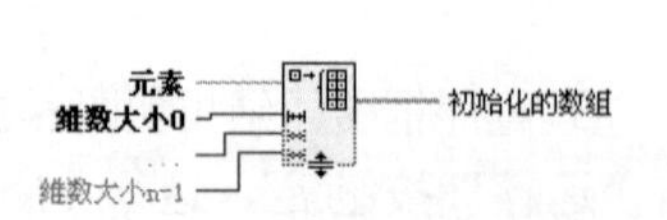

图 6-35　初始化数组函数的图标及端口定义

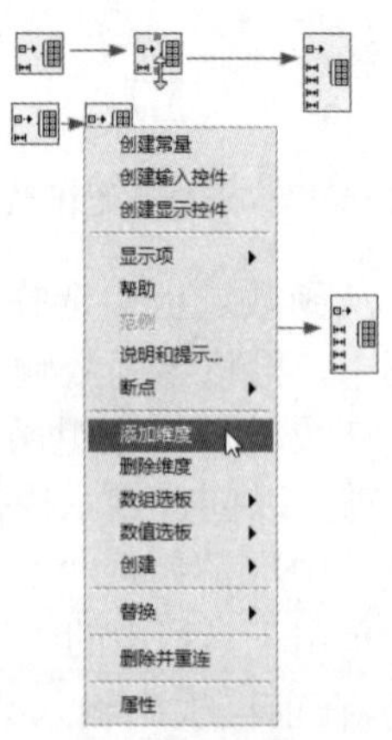

图 6-36　添加维数大小端口

如图 6-37 所示为初始化一个一维数组和一个二维数组的程序框图及前面板。

在 LabVIEW 中初始化数组还有其他方法：若数组中的元素都是相同的，则用一个带有常数的 For 循环即可实现初始化，这种方法的缺点是创建数组时要占用一定的时间。如图 6-38 所示为创建了一个各元素为 1、长度为 3 的一维数组的程序框图及前面板。

若元素值可以由一些直接的方法计算出来，可以把公式放到 For 循环中取代其常数。这种方法可用于产生特殊波形。也可以在程序框图中创建一个数组常量，手动输入各个元素的数值，而后将其连接到需要初始化的数组上。这种方法的缺点是烦琐，并且在存盘时会占用一定的磁盘空间。如果初始化数组所用的数据量很大，可以先将其放到一个文件中，在程序开始时再装载。

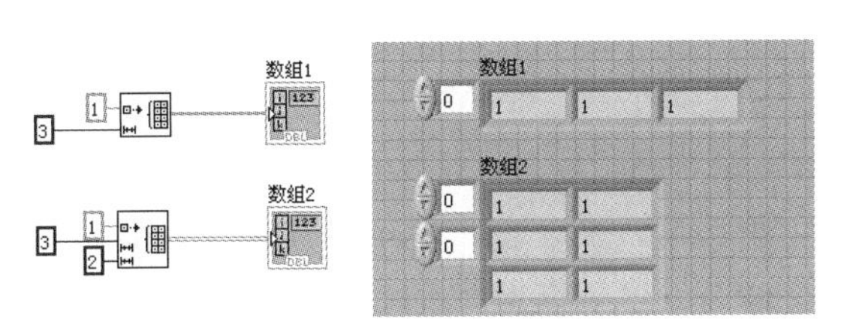

图 6-37　数组的初始化

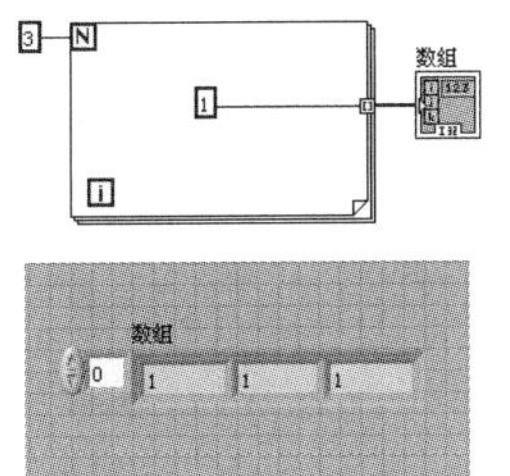

图 6-38　使用 For 循环进行数组初始化

需要注意的是，在初始化时有一种特殊情况，那就是空数组，空数组不是一个元素值为 0、假、空字符串或类似的数组，而是一个包含零个元素的数组，相当于 C 语言中指向数组的指针。经常用到空数组的例子是初始化一个连有数组的循环移位寄存器。有以下两种方法创建一个空数组：一是用一个维数大小端口不连接数值或值为 0 的初始化数组函数来创建一个空数组；二是创建一个 *n* 为 0 的 For 循环，在 For 循环中放入所需数据类型的常量，For 循环将执行零次，但在其隧道上将产生一个相应类型的空数组。不能用创建数组函数来创建空数组，因为它的输出至少包含一个元素。

6.“替换数组子集”函数

替换数组子集函数的图标及端口定义如图 6-39 所示。替换数组子集函数是用新元素/子数组端口中的输入，去替换输入数组中的一个或部分元素。新元素/子数组端口中输入的数据类型必须与输入的 *n* 维数组的数据类型一致。

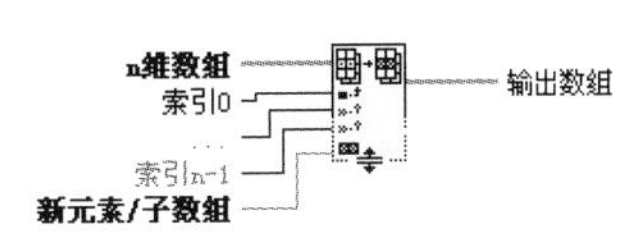

图 6-39　替换数组子集函数的图标及端口定义

图 6-40 和图 6-41 所示分别为替换了二维数组中的某一个元素和某一行元素的程序框图及前面板。

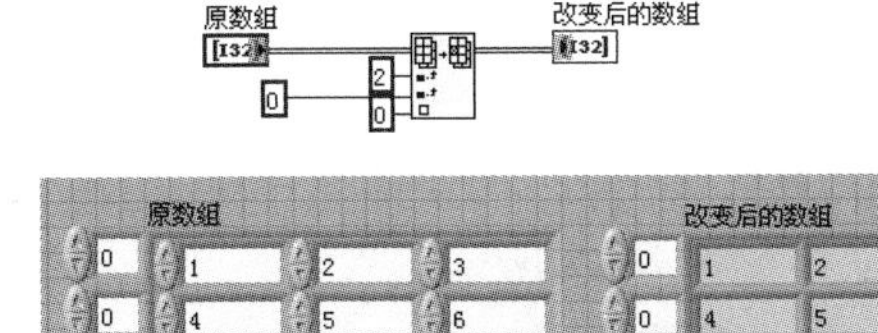

图 6-40　替换二维数组中的某一个元素

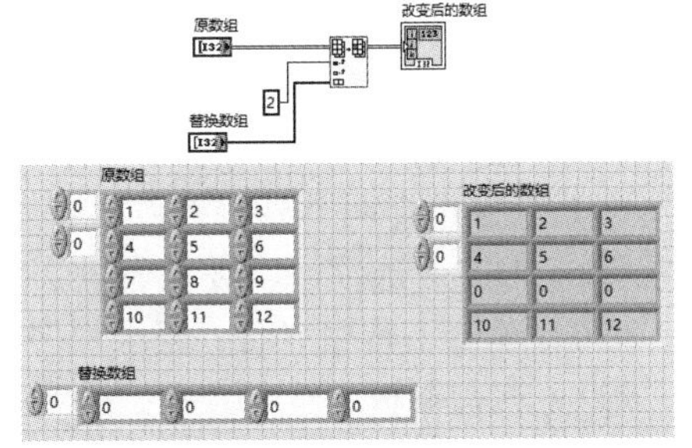

图 6-41　替换二维数组中的某一行元素

7．“删除数组元素”函数

删除数组元素函数的图标及端口定义如图 6-42 所示。该函数用于从输入的 n 维数组中删除指定数目的元素。索引端口用于指定所删除元素的起始元素的索引号，长度端口用于指定删除元素的数目。

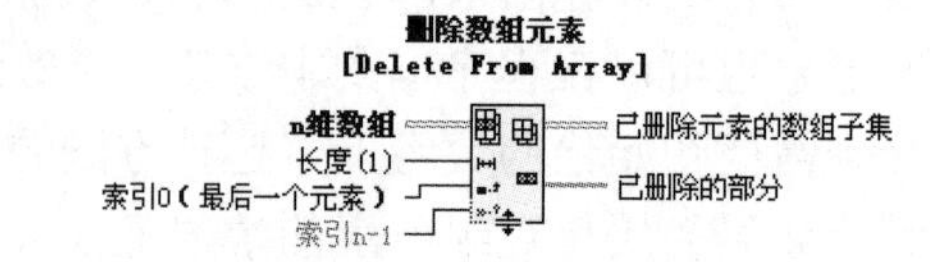

图 6-42　删除数组元素函数的图标及端口定义

实例：删除数组元素

本实例主要演示从二维数组中删除元素，对应的程序框图如图 6-43 所示。

（1）新建 VI。选择菜单栏中的“文件”→“新建 VI”选项，新建一个 VI。

（2）保存 VI。选择菜单栏中的“文件”→“另存为”选项，设置 VI 名称为“删除数组元素”。

（3）打开前面板，从控件选板中选择“新式”→“数据容器”→“数组”控件和“数值”→“数值输入控件”，将其放置到前面板中并组合，以创建数值数组。

（4）在数组控件上单击右键，在弹出的快捷菜单中选择“添加维度”选项，以创建二维数组并调整。

（5）将界面切换到程序框图，在函数选板中选择“编程”→“数组”→“删除数组元素”函数，将其放置到程序框图中并连接数组控件的输出端，如图 6-44 所示。

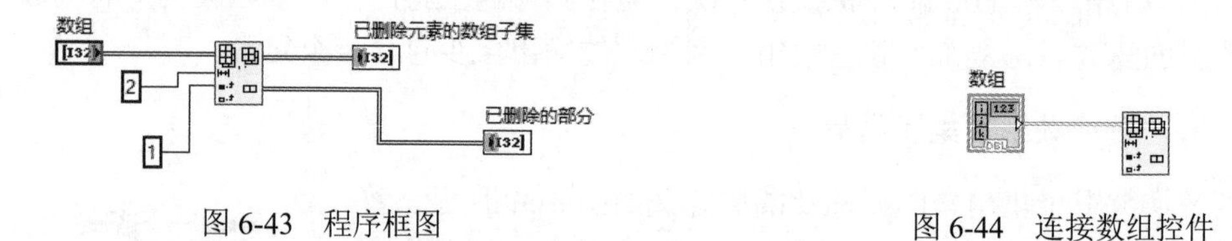

图 6-43　程序框图　　图 6-44　连接数组控件

（6）在删除数组元素函数的输出端单击右键，在弹出的快捷菜单中选择“创建显示控件”选项，以创建显示控件。

（7）在删除数组元素函数的输入端单击右键，在弹出的快捷菜单中选择“创建常量”选项，以创建长度端口的输入常量 2，创建索引（行）端口的输入常量 1，结果如图 6-45 所示。

（8）选择两个显示控件和数组控件，单击右键，在弹出的快捷菜单中取消勾选“显示为图标”选项。

（9）分别选择两个显示控件和数组控件，单击右键，在弹出的快捷菜单中选择“表示法”→“I32”选项，以设置表示法为“I32”，结果如图 6-43 所示。

（10）单击工具栏中的“整理程序框图”按钮，整理程序框图。

（11）在前面板中输入数组控件初始值，单击“运行”按钮，运行 VI，显示的运行结果如图 6-46 所示。

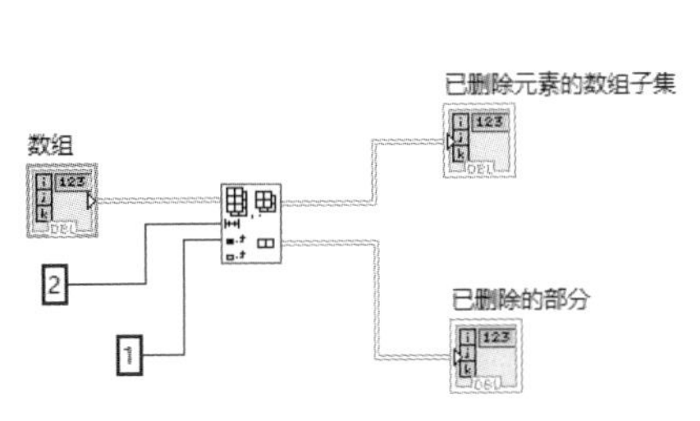

图 6-45 创建控件和常量

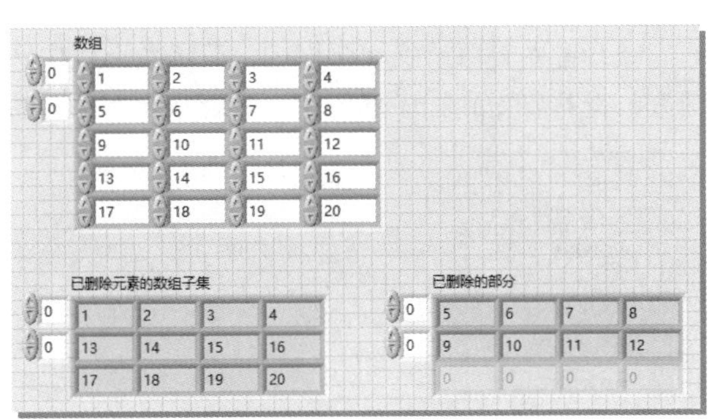

图 6-46 运行结果

6.1.4 函数的多态性

多态性是指 LabVIEW 中的某些函数接受不同维数和类型输入的能力，具有这种能力的函数是多态函数。例如，加函数可允许标量与数组求和，图 6-47 显示了加函数多态性的不同组合的程序框图，图 6-48 为相应的前面板。

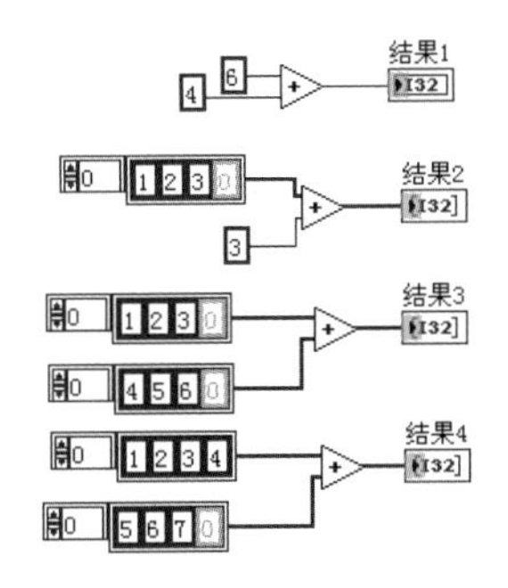

图 6-47 加函数多态性示例（程序框图）

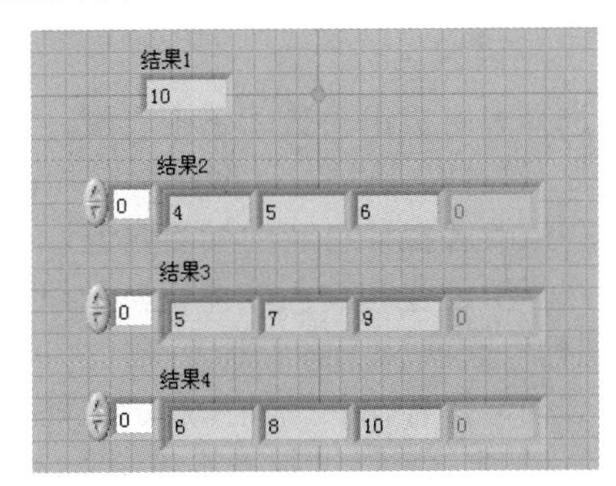

图 6-48 加函数多态性示例（前面板）

实例：索引二维数组

本实例主要演示对一个 4 行 4 列的二维数组进行索引，如图 6-49 所示，分别取其中的完整行、完整列、单个元素。

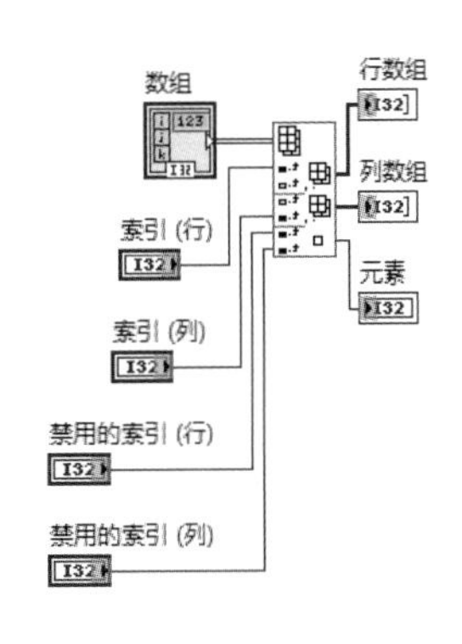

图 6-49 索引二维数组的程序框图

（1）新建 VI。选择菜单栏中的“文件”→“新建 VI”选项，新建一个 VI。

（2）保存 VI。选择菜单栏中的“文件”→“另存为”选项，设置 VI 名称为“索引二维数组”。

（3）打开前面板，从控件选板中选择“新式”→“数据容器”→“数组”控件和“数值”→“数值输入控件”，将其放置到前面板中并组合，以创建数值数组。

（4）在数组控件上单击右键，在弹出的快捷菜单中选择“添加维度”选项，如图 6-50 所示，以创建二维数组，调整数组显示效果如图 6-51 所示。

（5）将界面切换到程序框图，在函数选板中选择“编程”→“数组”→“索引数组”函数，将其放置到程序框图中，并连接至数组控件输出端，如图 6-52 所示。

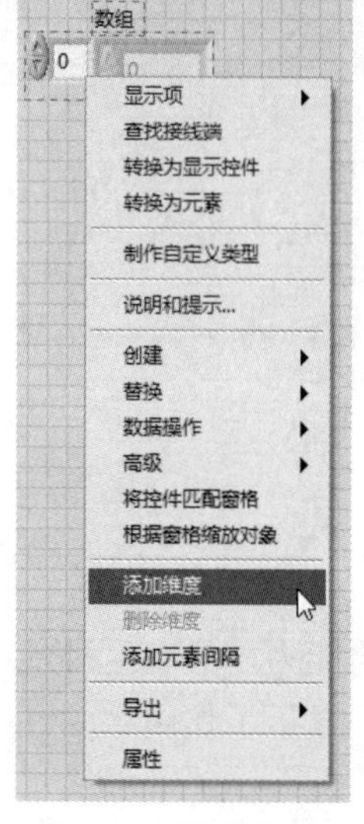

图 6-50　快捷菜单

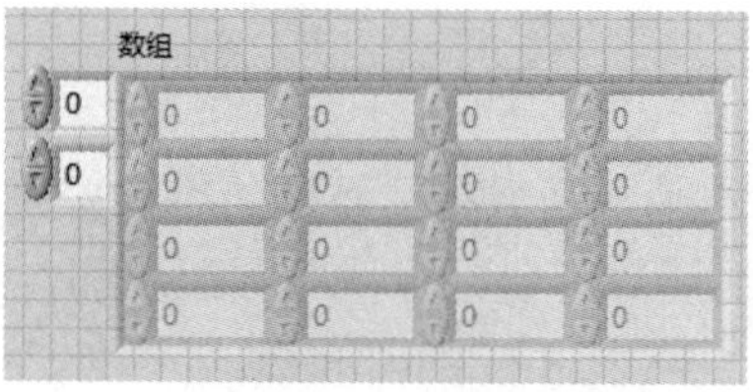

图 6-51　创建二维数组

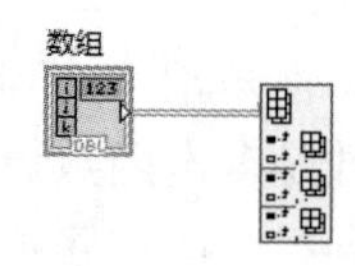

图 6-52　连接索引数组函数

（6）选择索引数组函数，单击右键，在弹出的快捷菜单中选择“创建”→“所有输入控件和显示控件”选项，以创建所有的输入控件和显示控件，参考图 6-53 将多余的控件删除，并修改各控件对应的标签内容。

（7）选择所创建的输入控件和显示控件，单击右键，在弹出的快捷菜单中取消勾选“显示为图标”选项。

（8）分别选择各输入控件和显示控件，单击右键，在弹出的快捷菜单中选择“表示法”→“I32”选项，以设置表示法为“I32”，结果如图 6-49 所示。

（9）打开前面板，调整控件的位置，输入数组控件初始值，单击“运行”按钮，运行 VI，显示的运行结果如图 6-54 所示。

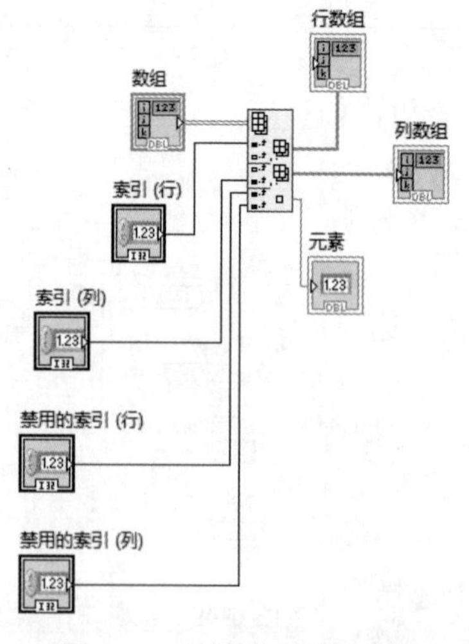

图 6-53　创建输入与显示控件

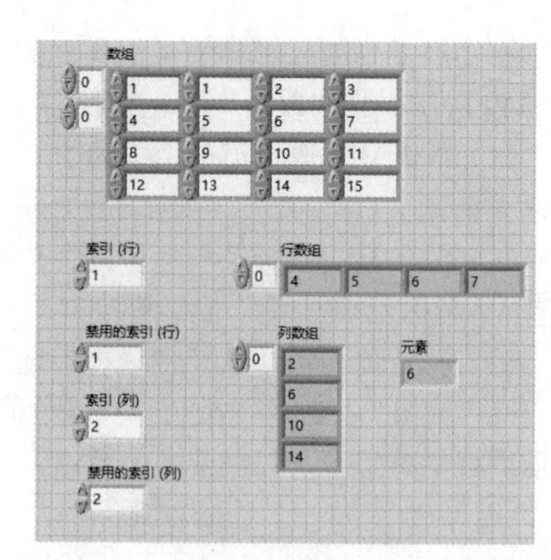

图 6-54　运行结果

6.2 簇

“簇”是 LabVIEW 中一种特殊的数据类型，它可以把不同数据类型的数据组织在一起形成一个整体，类似于 C 语言中的结构体。在使用 LabVIEW 编写程序的过程中，不仅需要使用相同数据类型的集合——数组来进行数据的组织，有些时候也需要将不同数据类型的数据组织起来以更加有效地行使其功能，为此，簇这种数据类型得到了广泛的应用。

6.2.1　簇的组成与创建

簇通常用于将出现在程序框图上的有关数据元素分组管理。因为簇在程序框图中仅需一根连线连接，所以可以减少连线混乱和子 VI 需要的连接器端子个数。可以将簇看作一捆连线，其中每个连线表示簇不同的元素。在程序框图上，只有当两个簇具有相同的元素类型、元素数量和元素顺序时，才可以将两个簇连接。

簇和数组的不同之处：簇可以包含不同数据类型的元素，而数组仅可以包含相同的数据类型；簇和数组中的元素都是有序排列的，但访问簇中的元素最好是通过“释放”方法同时访问其中的部分或全部元素，而不是通过索引一次访问一个元素；簇和数组的另一差别是簇具有固定的大小。簇和数组的相似之处是二者都是由输入控件或显示控件组成的，不能同时包含输入控件和显示控件。

簇的创建类似于数组的创建。首先在控件选板中的“数据容器”子选板中创建簇的框架，如图 6-55 所示。然后向簇框架中添加所需的元素，并且可以根据需要更改簇和簇中各元素的名称，如图 6-56 所示。

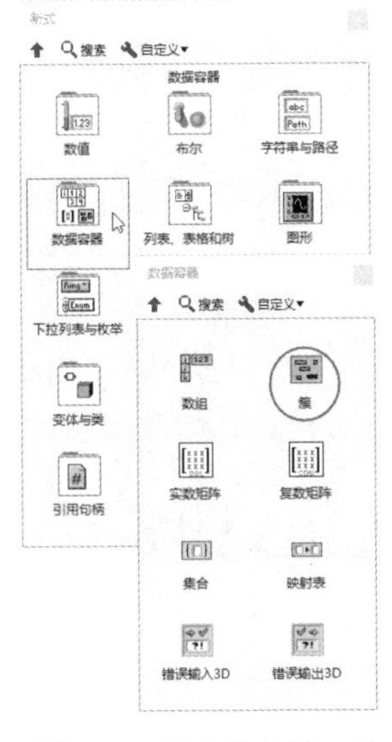

图 6-55　创建簇的第一步

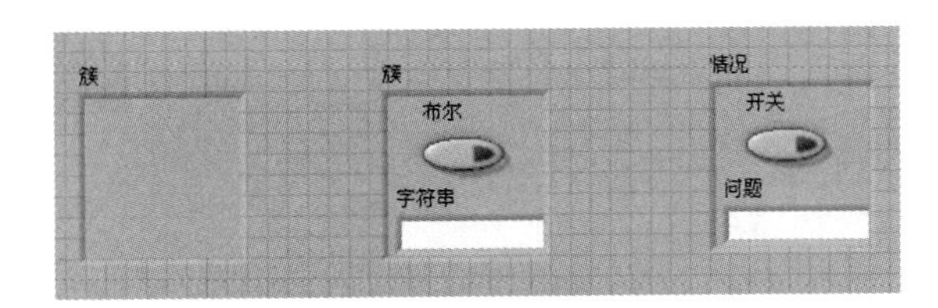

图 6-56　创建簇的第二步

一个簇最终变为输入控件簇或显示控件簇取决于放进簇框架中的第一个元素，若放进簇框架中的第一个元素是布尔控件，那么后来给簇添加的任何对象都将变成输入控件，簇变为输入控件簇，并且当从任何簇元素的快捷菜单中选择“转换为输入控件”或“转换为显示控件”选项时，簇中的所有元素都将发生变化。

在簇框架上单击右键弹出快捷菜单，在“自动调整大小”选项中的三个子选项可以用于调整簇框架的大小以及簇元素的布局。“调整为匹配大小”选项用于调整簇框架的大小，以适合所包含的所有元素；“水平排列”选项用于水平压缩排列所有元素；“垂直排列”选项用于垂直压缩排列所有元素。图 6-57（a）给出了这三种调整方式的实例。

簇中的元素有一定的排列顺序，具体是按照它们放入簇中的先后顺序排序，而不是按照簇框架内的物理顺序排序，放入簇中的第一个元素序号为 0，第二个为 1，依次排列。在簇中删除元素时，剩余元素的顺序将自行调整。在簇的解除捆绑和捆绑函数中，簇中元素的排列顺序决定了元素的显示顺序。如果要访问簇中的单个元素，必须记住簇顺序，因为对簇中的单个元素是按顺序访问的。如图 6-57（a）所示簇中的元素顺序是：首先是字符串常量 ABC，其次是数值常量 1，最后是布尔常量。在使用了水平排列和垂直排列后，LabVIEW 分别按序号从左向右和从上到下排列了这三个簇元素。

在前面板上，从簇边框的右键快捷菜单中选择“重新排序簇中控件”选项，可以检查和改变簇内元素的顺序，此时界面中的工具栏工具变成了一组新按钮，簇的背景也有变化，连光标也变为簇排序光标。选择“重新排序簇中控件”选项后，簇中每一个元素的右下角都出现了并排的白框和黑框，白框指出该元素在簇顺序中的当前位置，黑框指出该元素在簇顺序中的新位置，在用户调整元素顺序前，白框和黑框中的数字是一样的。用簇排序光标单击某个元素，该元素在簇中的顺序就会变成工具栏中显示的数字，单击 ☒ 按钮后可恢复到以前的排列顺序，如图 6-57（b）所示。

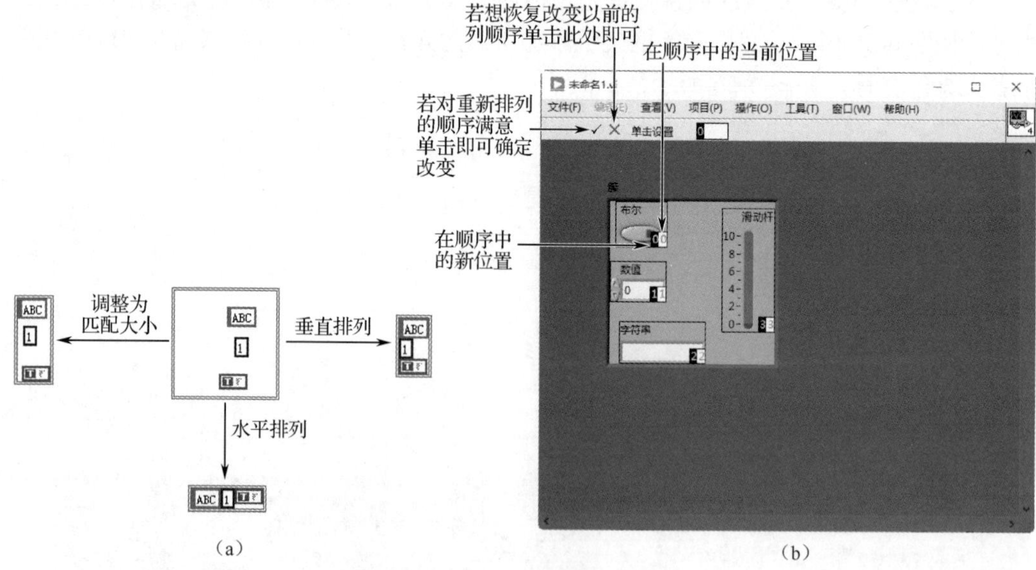

图 6-57　簇框架及元素顺序的调整

应注意簇顺序的重要性，例如按照图 6-57 中簇元素顺序创建显示控件，可以正常输出，如图 6-59 的上半部分所示；但当簇元素顺序变为图 6-58 所示的排序时，显示控件

和簇不能正常连接，如图 6-59 的下半部分所示。这是因为，没改变前第一个簇元素是布尔控件，而改变后的第一个簇元素是数值控件。使用簇时应当遵循的原则是：在一个高度交互的面板中，不要把一个簇既作为输入又作为输出。

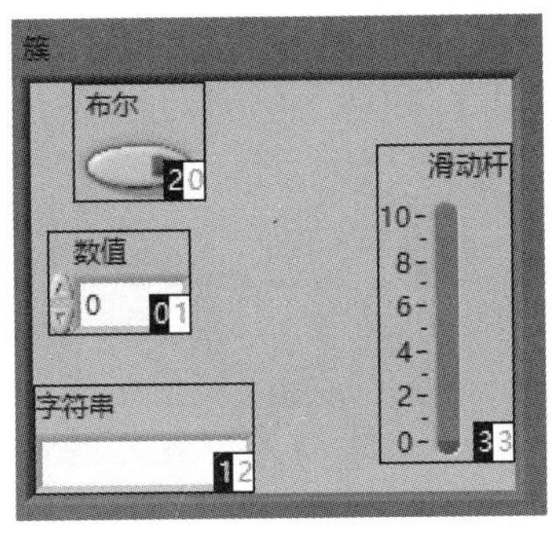

图 6-58　改变顺序的簇元素

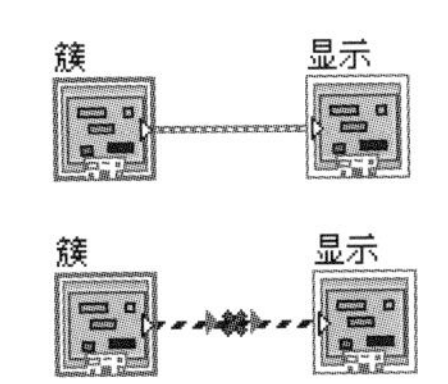

图 6-59　改变簇中元素顺序的结果

6.2.2　簇元素的使用

对簇元素进行处理的函数位于函数选板的“编程”→“簇、类与变体”子选板中，如图 6-60 所示。

1．“解除捆绑”函数和“按名称解除捆绑”函数

解除捆绑函数的图标及端口定义如图 6-61 所示。该函数用于从簇中提取单个元素，并将解除后的簇元素作为函数的结果输出。当解除捆绑函数未接入输入参数（即簇）时，右端只有两个输出端口；当接入一个簇时，解除捆绑函数会自动检测输入簇的元素个数，生成相应个数的输出端口。如图 6-62 和图 6-63 所示，分别为将一个含有数值、布尔、旋钮和字符串的簇解除捆绑的程序框图和前面板。

图 6-60　用于处理簇元素的函数

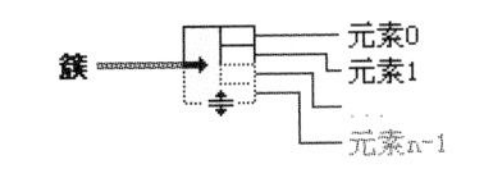

图 6-61　解除捆绑函数的图标及端口定义

按名称解除捆绑函数的图标及端口定义如图 6-64 所示。该函数用于把簇元素按标签解除捆绑。只有对于有标签的元素，按名称解除捆绑函数的输出端才能弹出带有标签的簇元素的标签。对于没有标签的元素，输出端不弹出其标签。按名称解除捆绑函数输出端口的个数没有限制，可以根据需要添加任意数目的输出端口。如图 6-65 所示，由于簇中的布尔型数据没有标签，所以输出端中没有它的标签，输出的是其他有标签的簇元素。

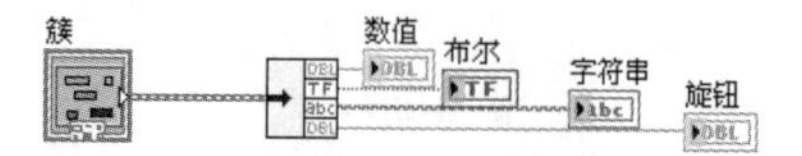

图 6-62　使用解除捆绑函数的程序框图

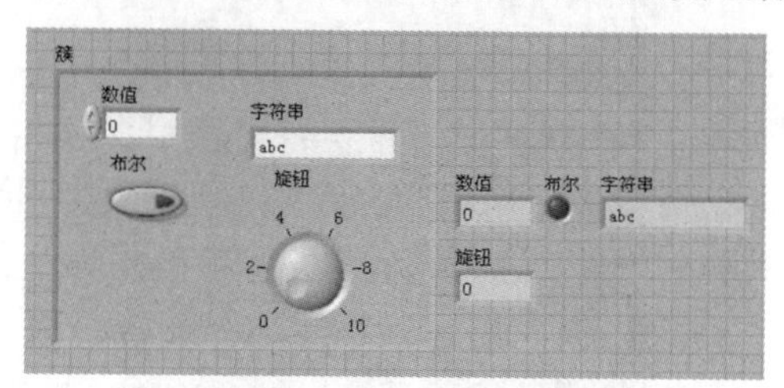

图 6-63　使用解除捆绑函数的前面板

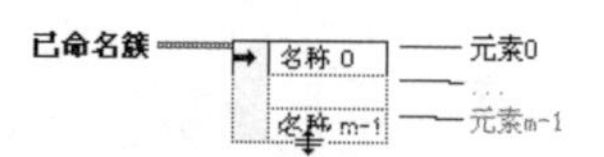

图 6-64　按名称解除捆绑函数的图标及端口定义

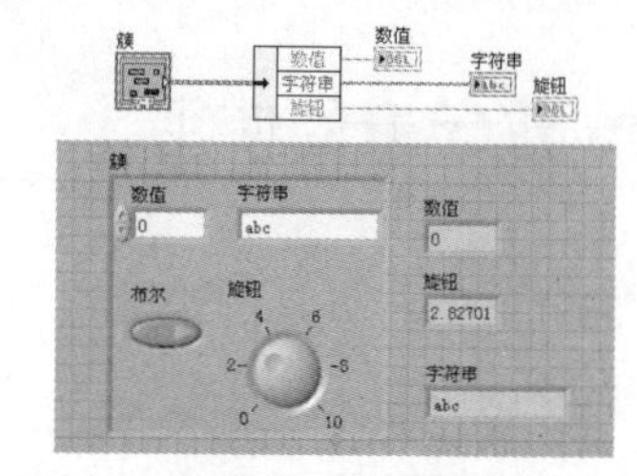

图 6-65　按名称解除捆绑函数的使用

2. “捆绑”函数

捆绑函数的图标及端口定义如图 6-66 所示。捆绑函数既可用于将若干基本数据类型的数据元素合成一个簇，也可用于替换现有簇中的元素。簇元素的顺序和其输入捆绑函数的顺序相同。输入捆绑函数的顺序是从上到下，即连接最上层端口的元素为元素 0，连接到第二个端口的元素为元素 1，以此类推。如图 6-67 所示为使用捆绑函数将数值型数据、布尔型数据、字符串型数据组成了一个簇的效果。

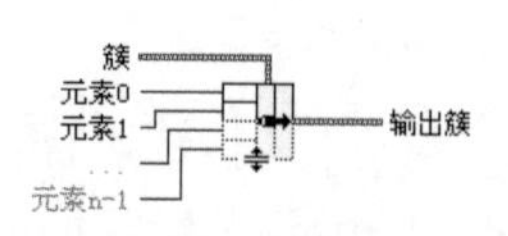

图 6-66　捆绑函数的图标及端口定义

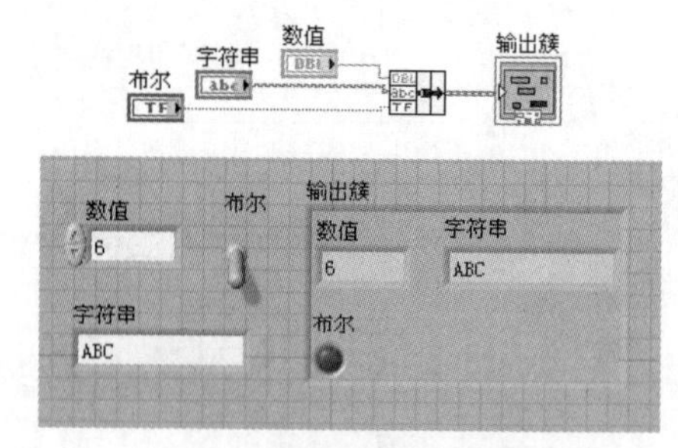

图 6-67　捆绑函数的使用

捆绑函数除了其左侧的输入端口，在其中间还有一个输入端口，这个端口是供连接一个已知簇的，以改变簇中的部分或全部元素的值，且当改变部分元素值时，不影响其他元素的值。因此在使用捆绑函数时，若目的是创建新的簇而不是改变一个已知簇，则不需要连接捆绑函数的中间输入端口。

3."按名称捆绑"函数

按名称捆绑函数的图标及端口定义如图 6-68 所示。按名称捆绑函数可以将相互关联的不同或相同数据类型的数据组成一个簇，或给簇中的某些元素赋值。与捆绑函数不同的是，在使用该函数时，必须向函数的中间输入端口输入一个簇，以确定输出簇的元素组成。由于该函数是按照元素名称进行整理的，因此输入左端输入端口的元素不必像捆绑函数中那样有明确的顺序，只要按照在左端输入端口的右键快捷菜单中所选的元素名称接入相应数据即可，如图 6-69 和图 6-70 所示。不需改变的元素在左端输入端口不应显示其元素名称，否则将出现错误，若将图 6-69 改为图 6-71，即不改变字符串却显示了字符串的输入端口，则出现连线错误，如图 6-72 所示。

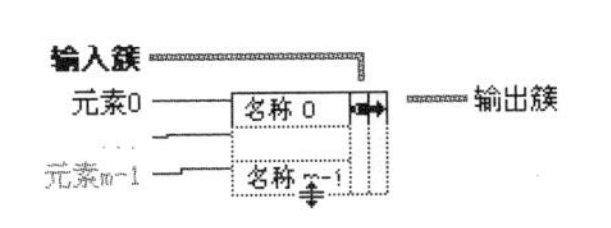

图 6-68　按名称捆绑函数的图标及端口定义

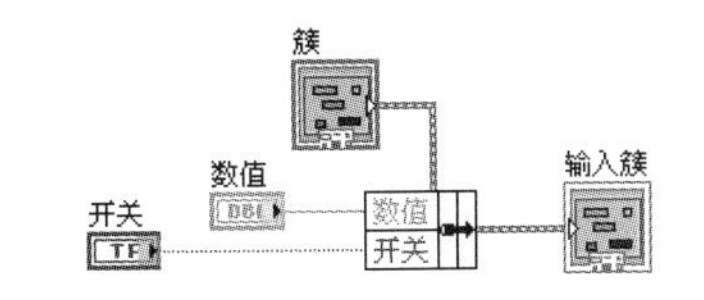

图 6-69　使用按名称捆绑函数的程序框图

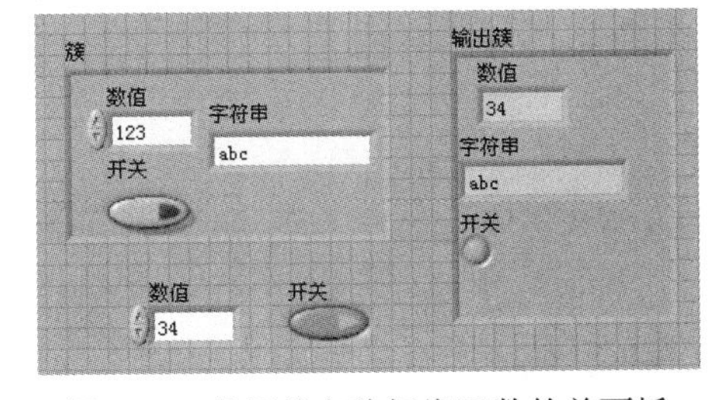

图 6-70　使用按名称捆绑函数的前面板

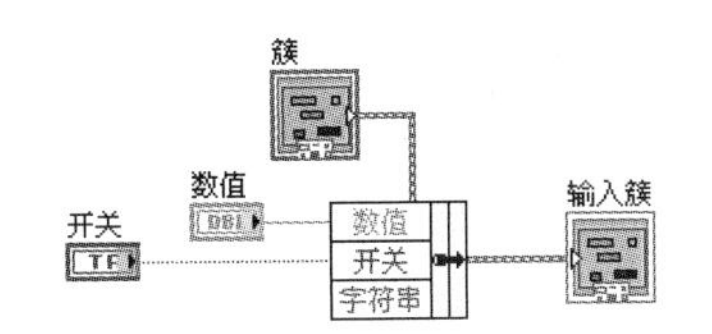

图 6-71　按名称捆绑函数的错误使用

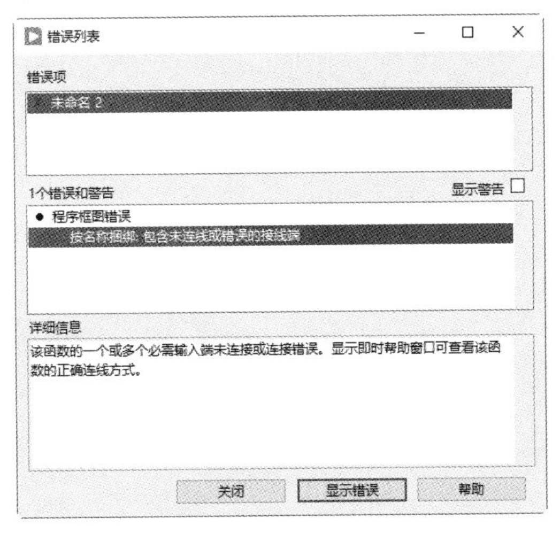

图 6-72　错误提醒

4."创建簇数组"函数

创建簇数组函数的图标及端口定义如图 6-73 所示。创建簇数组函数的用法与创建数组函数的用法类似，不同之处是其输入端口的分量元素可以是簇。该函数会首先将输入到输入端口的每个分量元素都转化为簇，然后将这些簇组成一个以簇为元素的数组。输

入参数可以为数组，但要求其维数相同。需要注意的是，所有从输入端口输入的元素数据类型必须相同，即各输入端口所连接的数据类型要与第一个端口连接的数据类型相同。如图 6-74 所示，第一个输入端口连接的是字符串型数据，则剩下的输入端口将自动变为紫色，此时当其他端口再输入数值型数据或布尔型数据时将发生错误。

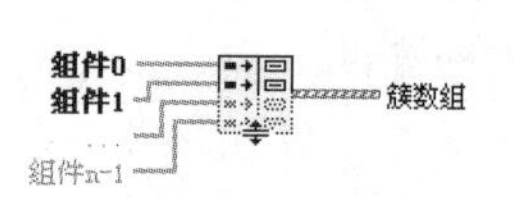

图 6-73　创建簇数组函数的图标及端口定义

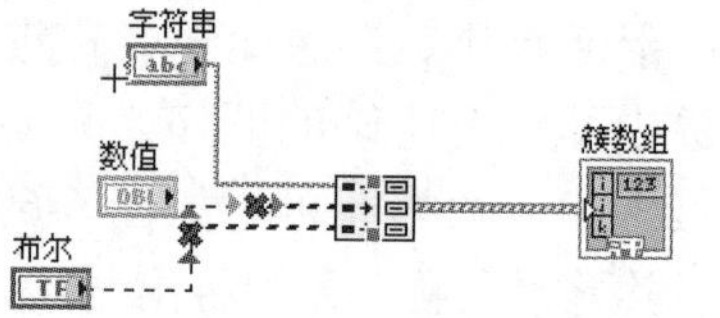

图 6-74　创建簇数组函数的错误使用

图 6-75 和图 6-76 分别为两个簇（簇 1 和簇 2）合并成一个簇数组的程序框图和前面板。

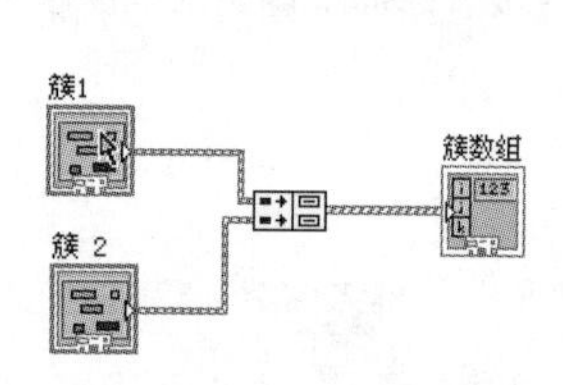

图 6-75　使用创建簇数组函数的程序框图

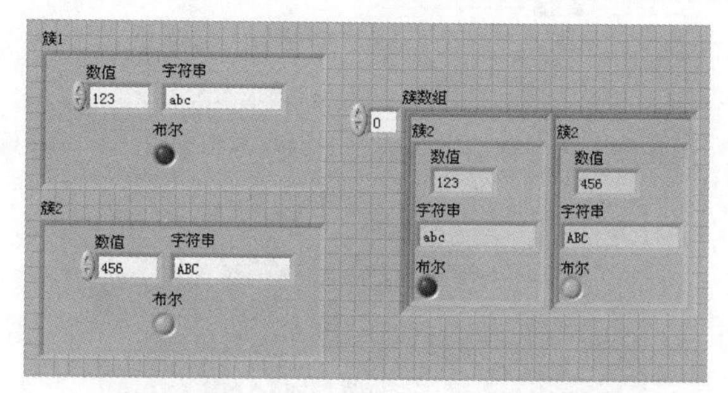

图 6-76　使用创建簇数组函数的前面板

5. “簇至数组转换”函数和“数组至簇转换”函数

簇至数组转换函数的图标及端口定义如图 6-77 所示。该函数要求输入簇的所有元素的数据类型必须相同，以按照簇中元素的序号顺序将这些元素组成一个一维数组。如图 6-78 所示为通过对一个元素为布尔型数据的簇使用簇至数组转换函数得到一维布尔型数组的示例。

图 6-77　簇至数组转换函数的图标及端口定义

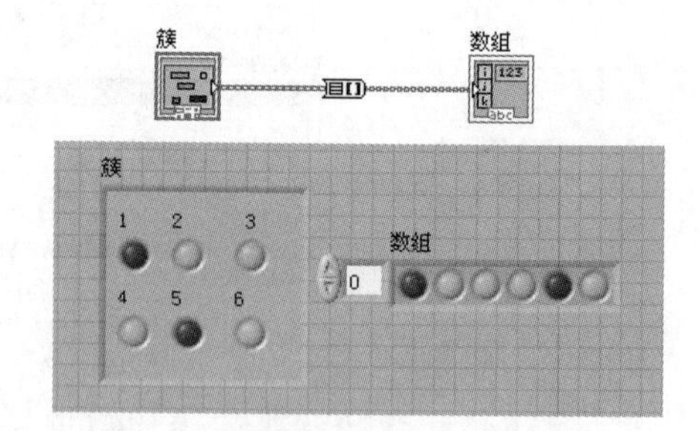

图 6-78　簇至数组转换函数的使用

数组至簇转换函数的图标及端口定义如图 6-79 所示。数组至簇转换是簇至数组转换的逆过程，用于将数组转换为簇。需要注意的是，该函数并不是将数组中所有的元素都转换为簇元素，而是将数组中的前 n 个元素组成一个簇，n 由用户自行设置，默认为 9。当 n 大于数组的长度时，该函数会自动补充簇中的元素，元素值为默认值。如对图 6-78 所示示例直接进行逆过程，则出现如图 6-80 所示的情况。

此时应在数组至簇转换函数的图标上单击右键，在弹出的快捷菜单中选择“簇大小”选项，将其值改为 6，再运行就可得到正确的输出，如图 6-81 所示。

数组 ——[]—— 簇

图 6-79　数组至簇转换函数的图标及端口定义

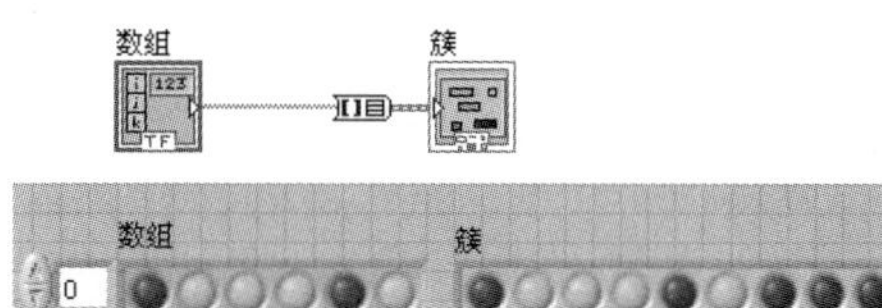

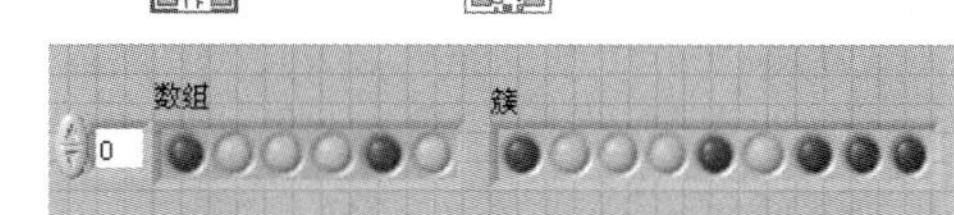

图 6-80　默认状态下数组至簇转换函数的使用

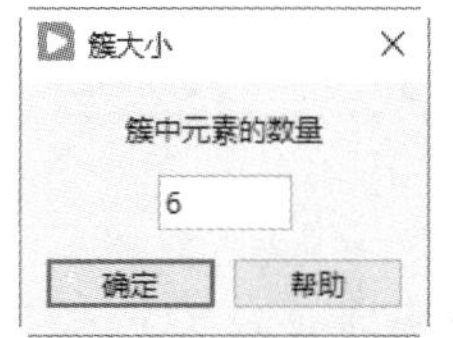

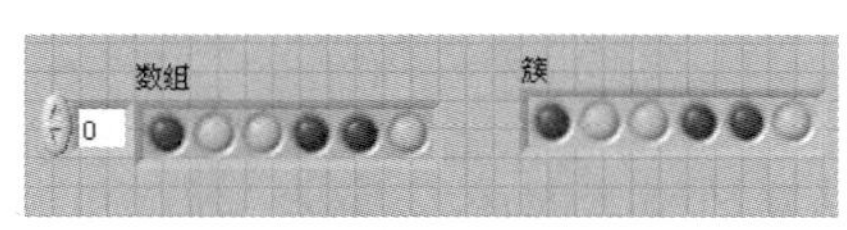

图 6-81　修改簇大小后数组至簇转换函数的使用

实例：使用捆绑函数

本实例主要演示对一个含有 4 个元素的簇中的两个值进行修改，具体为对其中的量表和字符串进行修改，对应的程序框图如图 6-82 所示。

（1）新建 VI。选择菜单栏中的“文件”→“新建 VI”选项，新建一个 VI。

（2）保存 VI。选择菜单栏中的“文件”→“另存为”选项，设置 VI 名称为“使用捆绑函数”。

（3）打开前面板，从控件选板中选择“新式”→“数据容器”→“簇”控件，将其放置到前面板中，调整控件大小，结果如图 6-83 所示。

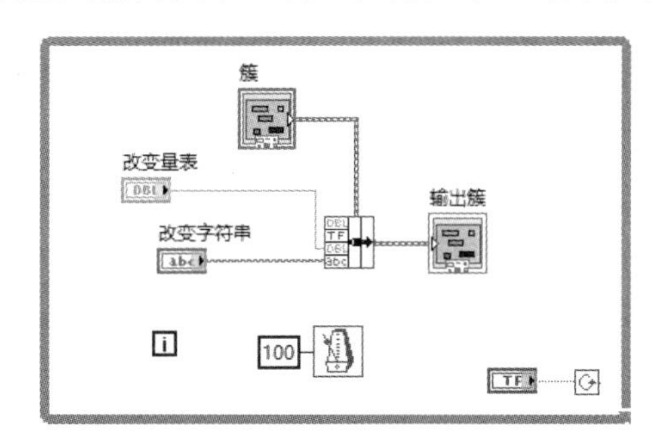

图 6-82　程序框图

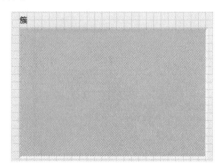

图 6-83　创建簇控件

（4）从控件选板中选择“新式”→“数值”→“数值输入控件”和“量表”控件，将其放置到簇中。

（5）从控件选板中选择“新式”→“布尔”→“开关按钮”控件，将其放置到簇中。

（6）从控件选板中选择“新式”→“字符串与路径”→“字符串控件”，将其放置到簇中，如图 6-84 所示。

（7）将界面切换到程序框图，在函数选板中选择“编程”→“结构”→“While 循环”函数，在程序框图中拖拽出适当大小的矩形框。

（8）在函数选板中选择“编程”→“簇、类与变体”→“捆绑”函数，将其放置到程序框图中，并连接簇控件的输出端，如图6-85所示。

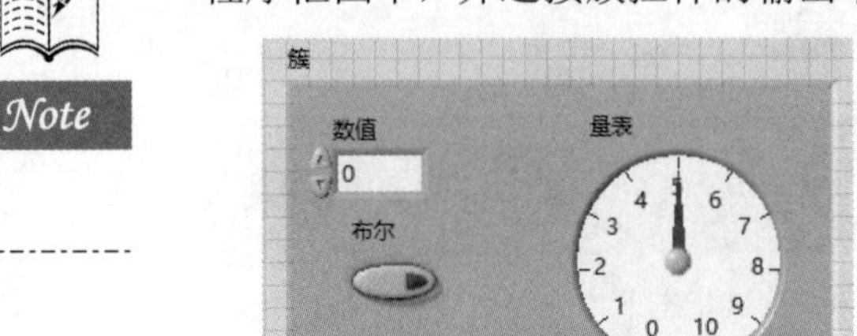

图6-84 前面板中的控件

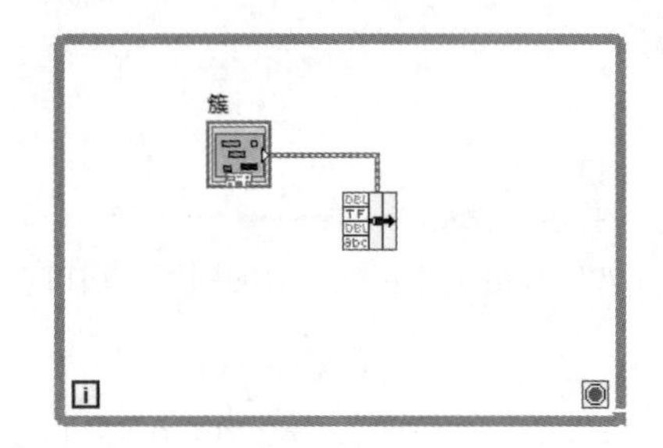

图6-85 连接簇控件

（9）在捆绑函数的输入端单击右键，在弹出的快捷菜单中选择“创建输入控件”选项，以创建两个输入控件。选择所创建的控件，单击右键，在弹出的快捷菜单中取消勾选“显示为图标”选项，并将控件标签分别修改为“改变量表”和“改变字符串”。

（10）在捆绑函数的输出端单击右键，在弹出的快捷菜单中选择“创建显示控件”选项，以创建显示控件，结果如图6-86所示。

（11）在函数选板中选择“编程”→“定时”→“等待下一个整数倍毫秒”函数，将其放置到程序框图中，在该函数的输入端单击右键，在弹出的快捷菜单中选择“创建常量”选项，创建常量100。

（12）在While循环结构的输入端单击右键，在弹出的快捷菜单中选择“创建输入控件”命令，以创建输入控件，并取消该控件的标签显示，结果如图6-82所示，前面板设置如图6-87所示。

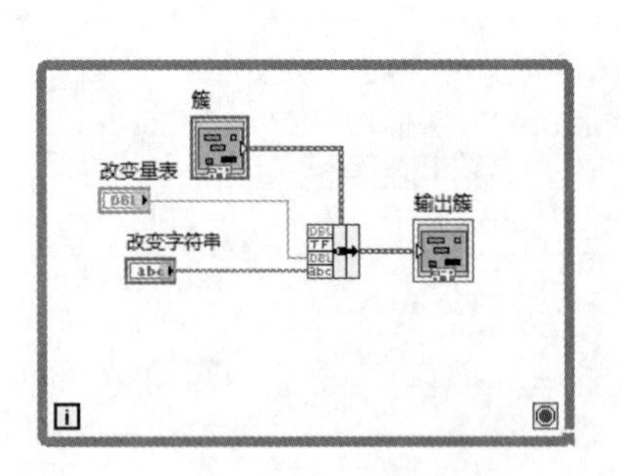

图6-86 创建显示控件

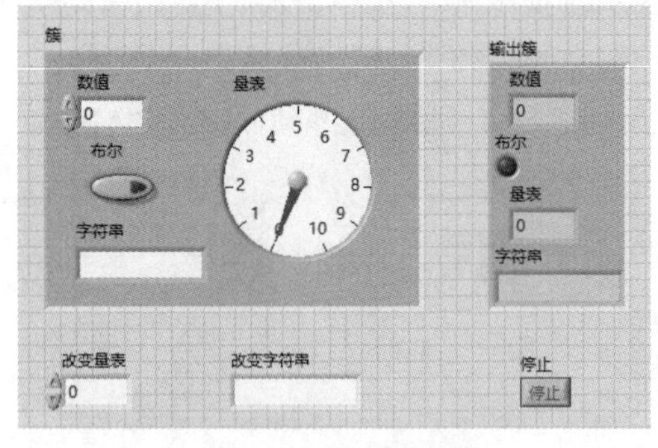

图6-87 前面板设置

（13）打开前面板，选择“停止按钮”控件并单击右键，在弹出的快捷菜单中选择“替换”→“新式”→“布尔”→“开关按钮”控件，以替换控件。同理，将输出簇中的“量表”控件替换为“新式”→“数值”→“量表”控件。

（14）在簇中的“数值”控件、“字符串”控件及“改变字符串”控件中输入初始值，单击“运行”按钮，运行VI，显示的运行结果如图6-88所示。

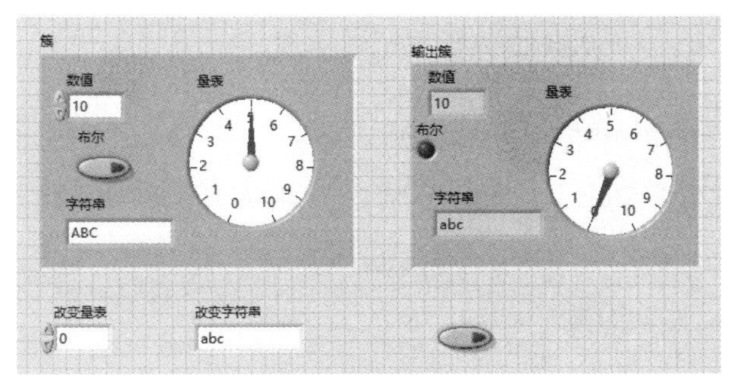

图 6-88　前面板运行结果

6.2.3　变体函数

LabVIEW 中用于处理变体数据的函数（即变体函数）位于函数选板中的“编程”→“簇、类与变体”→“变体”子选板中，如图 6-89 所示。

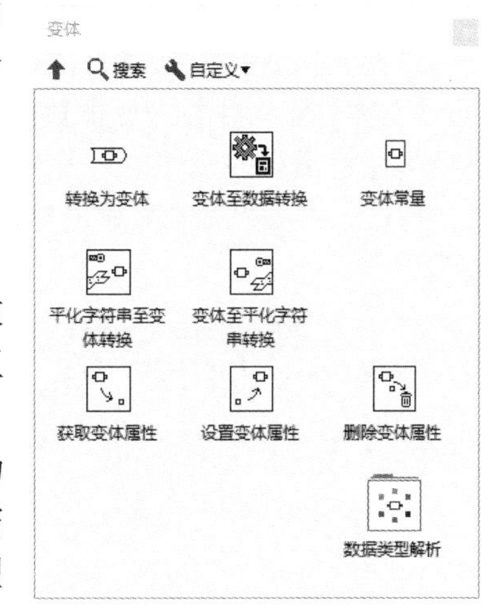

图 6-89　变体函数位置

1.“转换为变体”函数

转换为变体函数的图标及端口定义如图 6-90 所示，该函数用于完成 LabVIEW 中任意类型的数据到变体数据的转换，也包括将 ActiveX 数据（在函数选板的“互连接口”子选板中）转化为变体数据。

任何类型的数据都可以被转化为变体数据，以便为其添加属性，并在需要时转换回原来的数据类型。当需要独立于数据本身的类型对数据进行处理时，变体类型就成为很好的选择。

2.“变体至数据类型转换”函数

变体至数据类型转换函数的图标及端口定义如图 6-91 所示，该函数用于把变体类型转换为适当的 LabVIEW 数据类型。“变体”输入参数为要转换的变体数据；“类型”输入参数为要转换为的目标数据类型的数据，只取其类型，具体值没有意义。“数据”输出参数为转换之后与“类型”输入参数有相同类型的数据。

图 6-90　转换为变体函数的图标及端口定义　　图 6-91　变体至数据类型转换函数的图标及端口定义

3.“平化字符串至变体转换”函数

该函数用于将平化数据转换为变体数据，其图标及端口定义如图 6-92 所示。

4.“变体至平化字符串转换”函数

该函数用于将变体数据转换为平化字符串和表示数据类型的整数数组，其图标和端口定义如图 6-93 所示。ActiveX 变体数据无法实现平化。

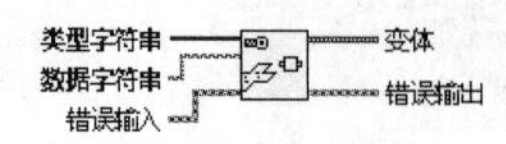

图 6-92　平化字符串至变体转换函数的图标及端口定义

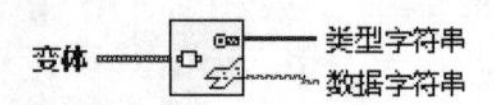

图 6-93　变体至平化字符串转换函数的图标及端口定义

5．"获取变体属性"函数

获取变体属性函数用于获取变体数据的属性值，其图标及端口定义如图 6-94 所示。"变体"输入参数为想要获取属性值的变体数据；"名称"输入参数为想要获取属性值的属性名称；"默认值（空变体）"输入参数定义了属性值的类型和默认值，若没有找到目标属性，则在"值"输出参数中返回默认值，否则返回找到的属性值。

6．"设置变体属性"函数

设置变体属性函数用于对变体数据添加或修改属性，其图标及端口定义如图 6-95 所示。"变体"输入参数为变体数据；"名称"输入参数为字符串类型的属性名；"值"输入参数为任意类型的属性值。若名为"名称"输入参数的属性已经存在，则完成了对该属性的修改，并且"替换"输出参数为真，否则完成新属性的添加工作，"替换"输出参数为假。

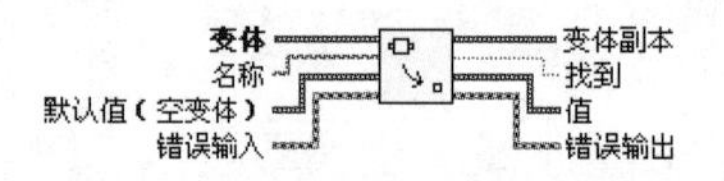

图 6-94　获取变体属性函数的图标及端口定义

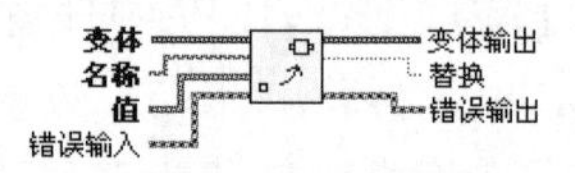

图 6-95　设置变体属性函数的图标及端口定义

任何数据都可以转化为变体数据，类似于簇，可以转换为不同的类型，所以在遇到变体时应注意事先定义其类型。例如，当直接创建常量时，将弹出一个框图（见图 6-96 中的正方形），这时需要向其中填充所需要的数据类型，如图 6-97 所示为向其中填充了字符串型数据。

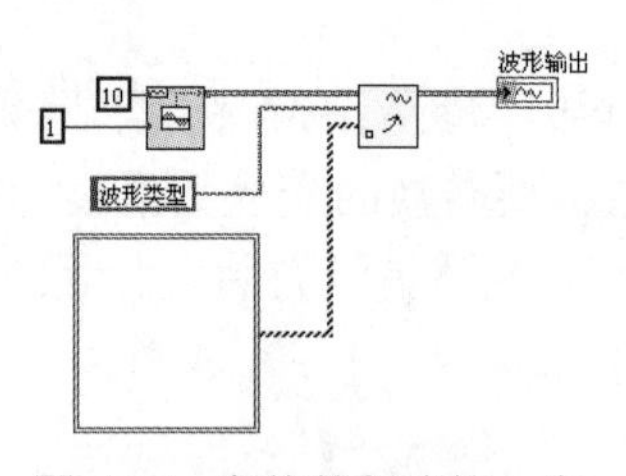

图 6-96　变体的创建第一步

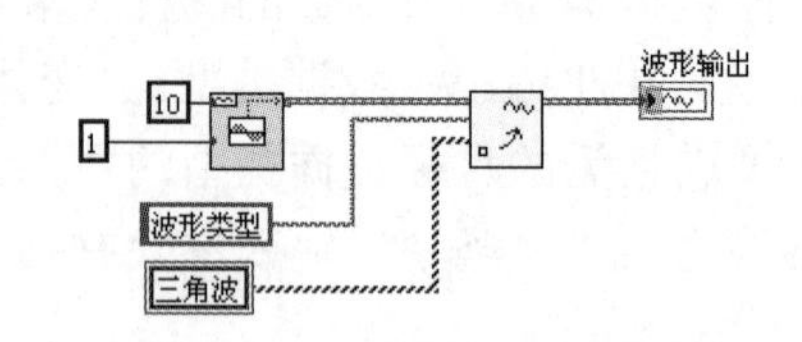

图 6-97　变体的创建第二步

7．"删除变体属性"函数

该函数用于删除变体中的属性和值，其图标及端口定义如图 6-98 所示。

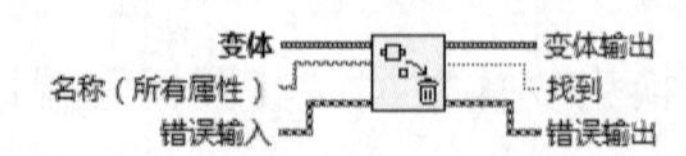

图 6-98　删除变体属性函数的图标及端口定义

Note

8．“数据类型解析”VI

数据类型解析 VI 用于获取和比较变体或其他数据类型中保存的数据类型，具体如图 6-99 所示。以下介绍两种常用的数据类型解析 VI。

1）“获取类型信息”VI

该 VI 用于获取变体中存储的数据类型的类型信息，其图标及端口定义如图 6-100 所示，具体输入端口、输出端口的含义如下。

☑ 变体：指定获取数据类型信息的变体数据。

☑ 错误输入（无错误）：表明节点运行前发生的错误。该端口将提供标准错误输入功能。

☑ 类型：返回变体中的数据类型。

☑ 名称：返回变体中数据类型的名称。

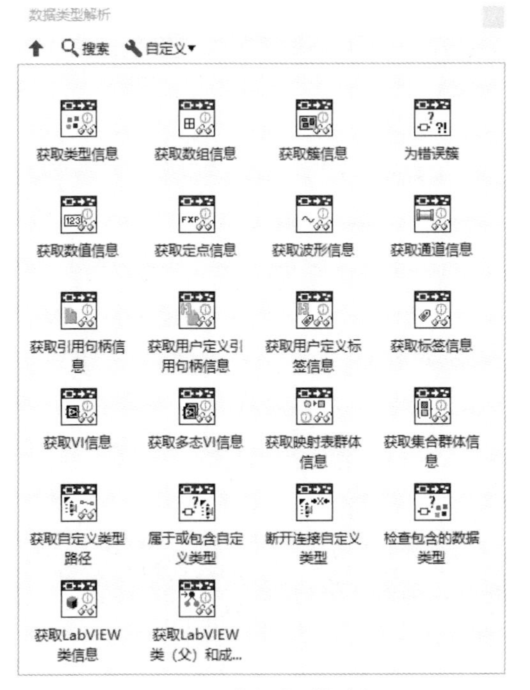

图 6-99　数据类型解析 VI

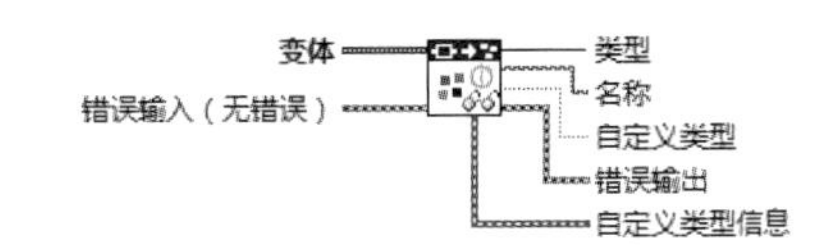

图 6-100　获取类型信息 VI 的图标及端口定义

☑ 自定义类型：当变体中的数据类型是自定义类型时，该输出端口将返回 TRUE。

☑ 错误输出：返回错误信息。该输出将提供标准错误输出功能。

☑ 自定义类型信息：只有在自定义类型为 TRUE 时才返回自定义类型信息。

2）“获取数组信息”VI

该 VI 用于从变体中存储的数据类型返回数组信息，其图标及端口定义显示如图 6-101 所示。该 VI 仅接受包含数组的变体。

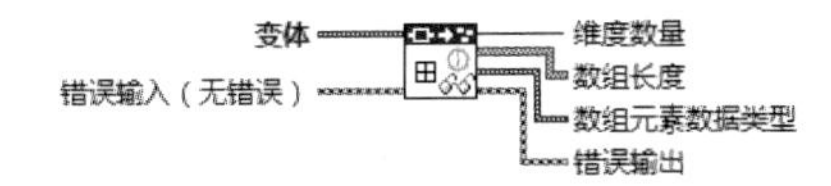

图 6-101　获取数组信息 VI 的图标及端口定义

6.3 矩阵

矩阵是工程数学中非常重要的一个概念，在大量科学技术、数据处理和系统分析中都要用到。LabVIEW 中有一些专门的 VI 可以进行矩阵方面的计算。

6.3.1 创建矩阵

元素是实数的矩阵称为实矩阵，元素是复数的矩阵称为复矩阵。而行数与列数都等于 n 的矩阵称为 n 阶矩阵或 n 阶方阵。

矩阵的创建与数组的创建类似，具体是在控件选板的“数据容器”子选板（见图 6-102）中选择“实数矩阵”或“复数矩阵”控件，以在前面板中创建矩阵，结果如图 6-103 所示。

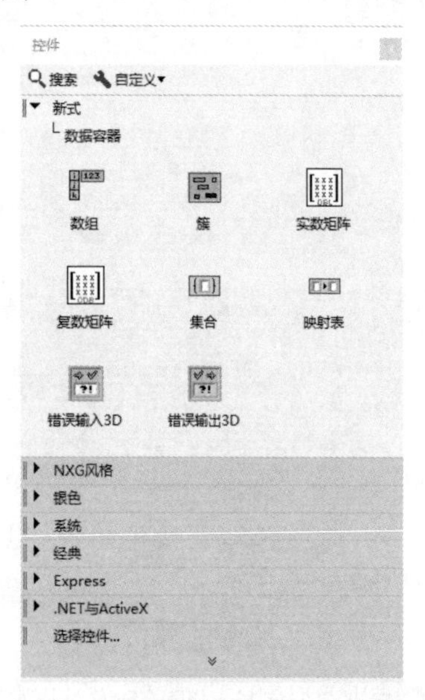

图 6-102 “数据容器”子选板

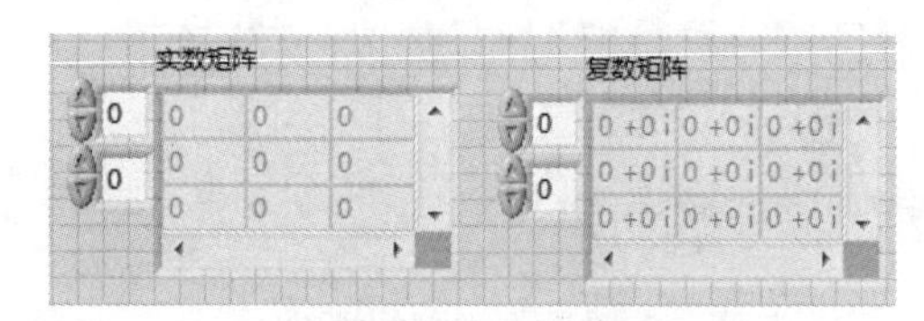

图 6-103 创建的矩阵

6.3.2 矩阵函数

矩阵函数位于函数选板的“编程”→“数组”→“矩阵”子选板中，如图 6-104 所示。矩阵函数可对矩阵或二维数组中的元素、对角线或子矩阵进行操作，多数矩阵函数可进行数组运算，也可提供矩阵的数学运算。矩阵函数与数组函数类似，但矩阵至少为二维矩阵，数组包含一维数组。

1. “创建矩阵”函数

创建矩阵函数用于按照行或列添加矩阵元素。在程序框图上添加的创建矩阵函数只有 1 个输入端可用。右键单击创建矩阵函数，在弹出的快捷菜单中选择“添加输入”选项，或直接调整该函数大小，均可为该函数增加输入端。

创建矩阵函数可进行两种模式的操作：按行添加或按列添加，默认模式为按列添加。

若右键单击函数，在弹出的快捷菜单中选择“创建矩阵模式”→“按行添加”选项，则该函数用于在矩阵的最后一行后添加元素或矩阵。若选择“创建矩阵模式”→“按列添加”选项，则该函数用于在矩阵的最后一列后添加元素或矩阵。

创建矩阵函数的输入参数允许有不同的维度。通过用默认的标量值填充较小的输入参数，LabVIEW 可创建矩阵。

若输入的元素为空矩阵或数组，该函数可忽略空的维数。但是，元素的数据类型和维数会影响输出矩阵的数据类型和维数。

创建矩阵函数允许连线不同数据类型的元素，所创建的矩阵可存储所有输入且无精度损失。

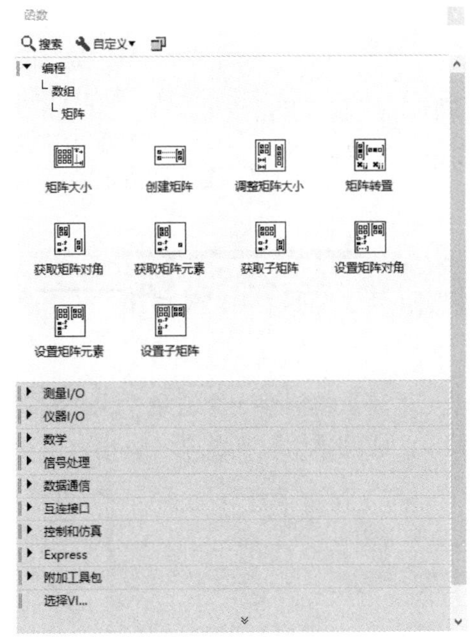

图 6-104 矩阵函数的位置

2. “矩阵大小”函数

矩阵大小函数用于获取矩阵的行数与列数，并返回这些数据。该函数不可调整连线模式。

实例：计算矩阵的行数与列数

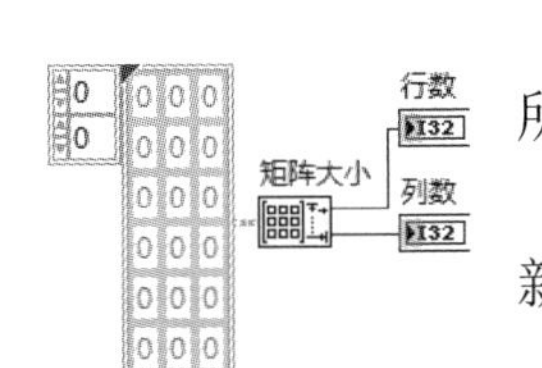

图 6-105 程序框图

本实例演示计算矩阵的行数与列数，对应的程序框图如图 6-105 所示的。

（1）新建 VI。选择菜单栏中的“文件”→“新建 VI”选项，新建一个 VI。

（2）保存 VI。选择菜单栏中的“文件”→“另存为”选项，设置 VI 名称为“计算矩阵的行数与列数”。

（3）打开程序框图，选择函数选板中的“编程”→“数组”→“矩阵”→“矩阵大小”函数，将其放置在程序框图中。

（4）在矩阵大小函数输出端单击右键，在弹出的快捷菜单中选择“创建显示控件”选项，并重复此步骤以创建用于显示行数和列数的控件。选择所创建的控件，单击右键，在弹出的快捷菜单中取消勾选“显示为图标”选项。

（5）在函数选板中选择“编程”→“数组”→“数组常量”函数，将其放置在程序框图中，此时该函数显示为一个空数组常量。

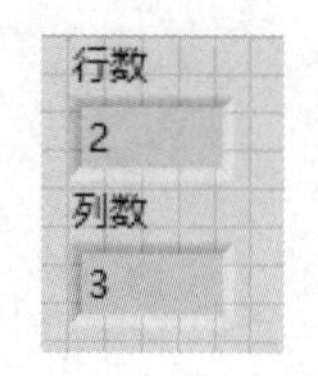

图 6-106　前面板运行结果

（6）在函数选板中选择“编程”→“数值”→“DBL 数值常量”函数，将其放置到空数组常量中，添加数组的维度并调整数组大小，再将数组连接至矩阵大小函数的输入端，如图 6-105 所示。

（7）为数组的前两行赋值，单击工具栏中的“整理程序框图”按钮，整理程序框图。

（8）单击“运行”按钮，运行 VI，前面板中显示的运行结果如图 6-106 所示。

6.4　综合演练——记录学生情况表

本演练将创建一个记录学生情况表，表中包括学生的姓名、性别、身高、体重和成绩单，成绩单中包括数学、外语、语文三科成绩，对应的程序框图如图 6-107 所示。

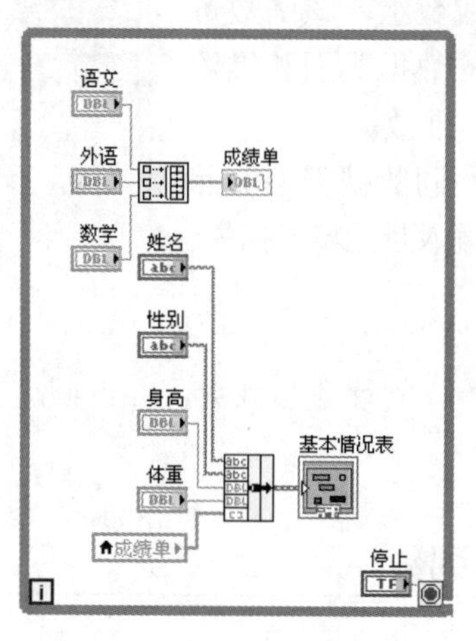

图 6-107　程序框图

1. 设置工作环境

（1）新建 VI。选择菜单栏中的“文件”→“新建 VI”选项，新建一个 VI。

（2）保存 VI。选择菜单栏中的“文件”→“另存为”选项，设置 VI 名称为“记录学生情况表”。

2. 设计前面板和程序框图

（1）打开前面板，在控件选板中选择“新式”→“数值”→“数值输入控件”、“垂直指针滑动杆”和“仪表”控件，将其放置在前面板中，再复制两个数值输入控件，并分别修改各控件标签为“数学”、“外语”、“语文”、“身高”和“体重”。

（2）在控件选板中选择“新式”→“字符串与路径”→“字符串控件”，将其放置在前面板中，重复一次此步骤，并修改控件标签为“性别”和“姓名”。

（3）在控件选板中选择“新式”→“数据容器”→“数组”控件，将其放置在前面板中，以创建一个空数组。

Note

（4）在控件选板中选择“新式”→“数值”→“数值输入控件”，将其放置到空数组内，完成数值数组的创建，并修改其标签为“成绩单”。

（5）打开程序框图，将所有控件取消图标显示。在函数选板中选择“编程”→“结构”→“While 循环”函数，将其放置在程序框图中。

（6）在函数选板中选择“编程”→“数组”→“创建数组”函数，将其放置在程序框图中，并连接“数学”、“外语”、“语文”和“成绩单”控件的接线端。

（7）在函数选板中选择“编程”→“簇、类与变体”→“捆绑”函数，将其放置到程序框图中，并连接“性别”、“姓名”、“身高”和“体重”控件的接线端。

（8）在“成绩单”控件上单击右键，在弹出的快捷菜单中选择“创建”→“局部变量”选项，如图 6-108 所示，以创建局部变量。再右击该局部变量，在弹出的快捷菜单中选择“转换为读取”选项，将该局部变量转换为读取变量，并将其连接至“捆绑”函数的输入端。

（9）在“捆绑”函数的输出端单击右键，在弹出的快捷菜单中选择“创建显示控件”选项，以创建输出簇，修改簇标签为“基本情况表”。

（10）在循环条件输入端单击右键，在弹出的快捷菜单中选择“创建输入控件”选项，以创建“停止按钮”控件。选择该控件，单击右键，在弹出的快捷菜单中取消勾选“显示为图标”选项。

（11）单击工具栏中的“整理程序框图”按钮，整理程序框图。

（12）打开前面板，将“停止按钮”控件替换为“新式”→“布尔”→“开关按钮”控件，并取消该控件的标签显示，调整所有控件的位置，结果如图 6-109 所示。

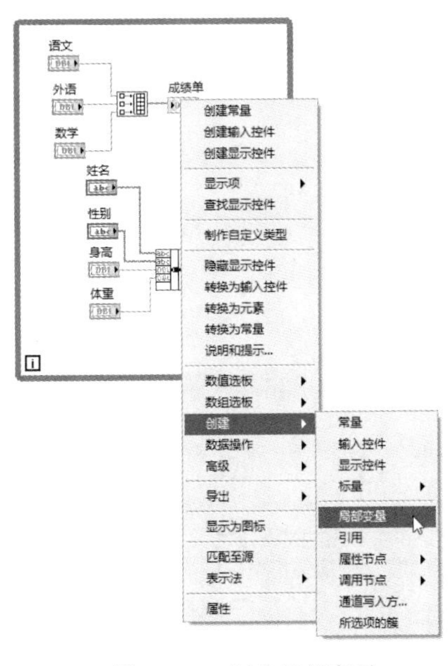

图 6-108　创建局部变量

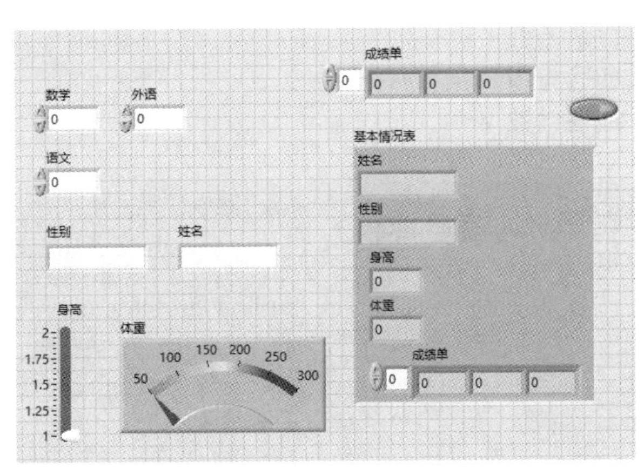

图 6-109　前面板的设置

数学计算

信号、波形被采集后，除显示、对比外，数据计算是必不可少的一步。LabVIEW 在数学计算方面有明显的优势，它为用户提供了非常丰富的函数和 VI 来执行复杂的数学计算。这些函数和 VI 极大地方便了相关数据的计算，使得用户能游刃有余地使用 LabVIEW 进行数据分析和处理。

知识重点

- ☑ 数学函数
- ☑ 初等与特殊函数
- ☑ 线性代数 VI

任务驱动&项目案例

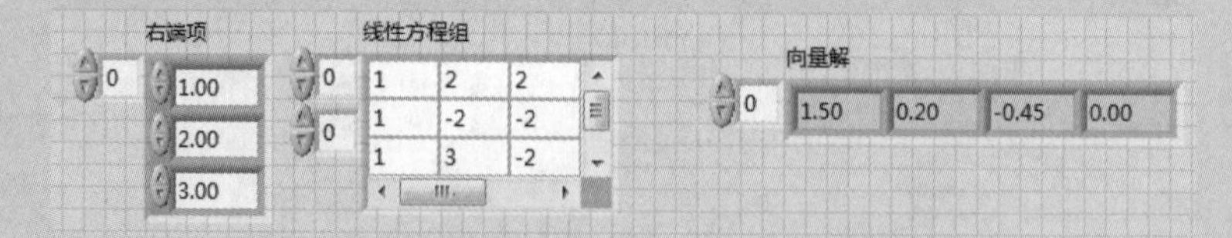

7.1 数学函数

LabVIEW 除了可进行简单的数值计算，还可进行精密的数学计算，如对输入的常量、生成的波形、采集的信号进行必要的数学计算。这些用于计算的函数主要集中在函数选板中的“数学”子选板中，如图 7-1 所示。该子选板中的函数可用于进行多种数学分析，也可与实际测量任务相结合来实现实际解决方案。

“数学”→“数值”子选板中的函数与“编程”→“数值”子选板中的相同，可创建数值和执行复杂的数学运算，也可将数据从一种数据类型转换为另一种数据类型。

7.2 初等与特殊函数

LabVIEW 的“初等与特殊函数”子选板中的函数用于常见数学函数的运算，分为十二大类，有三角函数和对数函数等，如图 7-2 所示，下面介绍常用的几种。

图 7-1 “数学”子选板

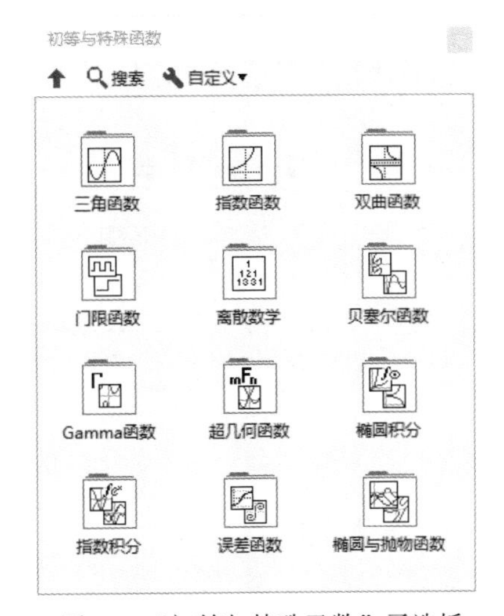

图 7-2 “初等与特殊函数”子选板

7.2.1 三角函数

三角函数是数学中常见的一类关于角度的函数，具体地，以角度为自变量、以角度对应任意两边的比值为因变量的函数称为三角函数。三角函数将直角三角形的内角和三个边长度的比值相关联，也可以等价地用与单位圆有关的各种线段的长度来定义。三角函数在研究三角形和圆等几何形状的性质时有重要作用，也是研究周期性现象的基础数学工具。在数学分析中，三角函数也被定义为无穷极限或特定微分方程的解，允许它们的取值扩展到任意实数值，甚至是复数值。

三角函数属于初等函数，LabVIEW 中用于计算三角函数及其反函数的函数位于“数学”→“初等与特殊函数”→“三角函数”子选板中，如图 7-3 所示。

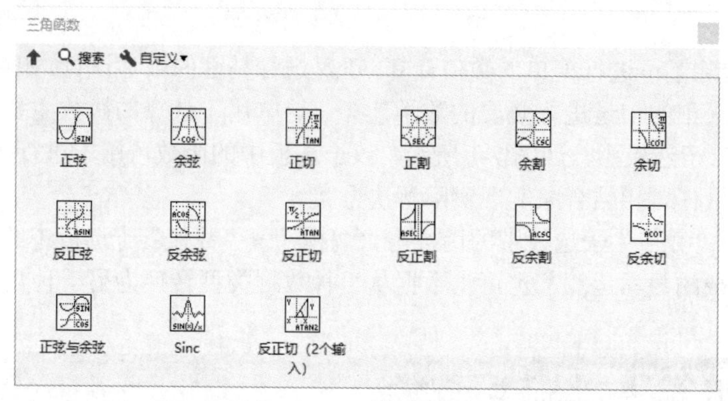

图 7-3 “三角函数”子选板

7.2.2 指数函数

LabVIEW 中用于计算指数函数与对数函数的函数位于“数学”→“初等与特殊函数”→“指数函数”子选板中，如图 7-4 所示。

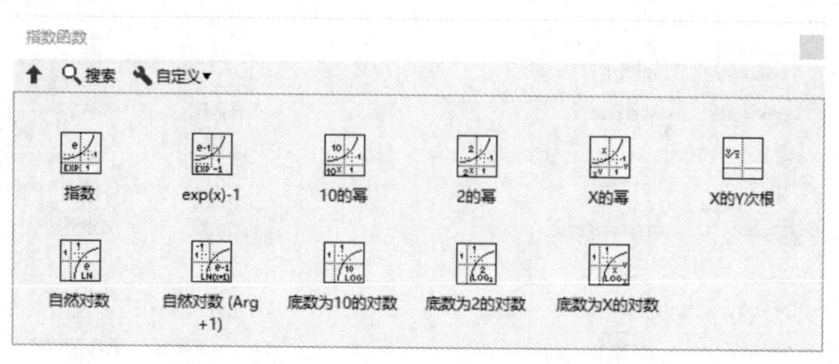

图 7-4 “指数函数”子选板

1. 指数函数

以指数为自变量、底数为大于 0 且不等于 1 的常量的函数称为指数函数，它是初等函数中的一种，其一般形式为 $y=a^x$（$a>0$ 且 $a\neq1$）（$x\in\mathbf{R}$）。当指数函数的底数 $a>1$ 时，指数函数曲线在自变量 x 的负数值部分非常平坦；在 x 的正数值部分沿正向迅速攀升；在 $x=0$ 时，指数函数的值 $y=1$。当 $0<a<1$ 时，指数函数曲线在 x 的负数值部分沿负向迅速攀升；在 x 的正数值部分非常平坦；在 $x=0$ 时，$y=1$。指数函数图像示例见图 7-5。

在 x 处的切线斜率等于此处 y 的值乘以 $\ln a$，即：

$$\frac{\mathrm{d}(a^x)}{\mathrm{d}x}=a^x\ln a$$

有时，尤其是在科学中，术语指数函数更一般性地用于形如 ka^x（$k\in\mathbf{R}$）的函数。

应用到值 e 上的指数函数写为 e^x，还可以写为 exp(x)，这里的 e 是数学常数，就是自然对数的底数，近似等于 2.718281828，被称为欧拉数。作为实数变量 x 的函数，$y=e^x$ 的图像总是正的（在 x 轴之上）并递增（从左向右看）。它永不触及 x 轴，尽管它可以无限程度地靠近 x 轴，因此 x 轴是这个图像的水平渐近线。它的反函数是自然对数 $\ln(x)$，它定义在所有正数 x 上。LabVIEW 中的指数函数专门用于计算 e^x，其图标及端口定义如图 7-6 所示。

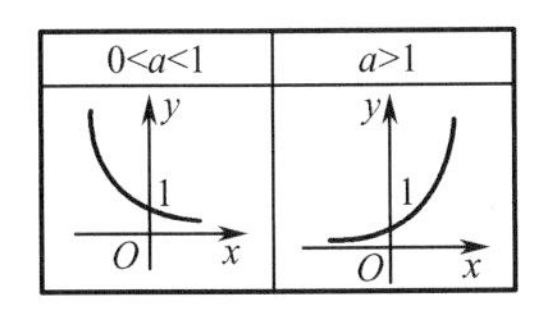

图 7-5　指数函数图像示例

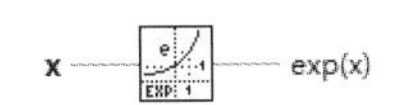

图 7-6　指数函数的图标及端口定义

2. 对数函数

一般地，函数 $y=\log_a x$（$a>0$ 且 $a\neq1$）叫作对数函数，也就是说，以幂为自变量、指数为因变量、底数为常量的函数叫作对数函数。

如图 7-7 所示为 LabVIEW 中用于计算对数函数的底数为 x 的对数函数的图标及端口定义，其中若 y 为 0，则输出为$-\infty$；若 x 和 y 都是非复数，且 $x\leqslant0$ 或 $y<0$，则输出为 NaN。连接器可显示该多态函数的默认数据类型。

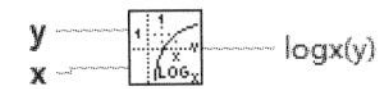

图 7-7　底数为 x 的对数函数的图标及端口定义

实例：计算多项式方程

本实例主要演示利用 labVIEW 计算多项式方程 $y=\sin2\pi x^2-4e^x\cos\pi x$，对应的程序框图如图 7-8 所示。

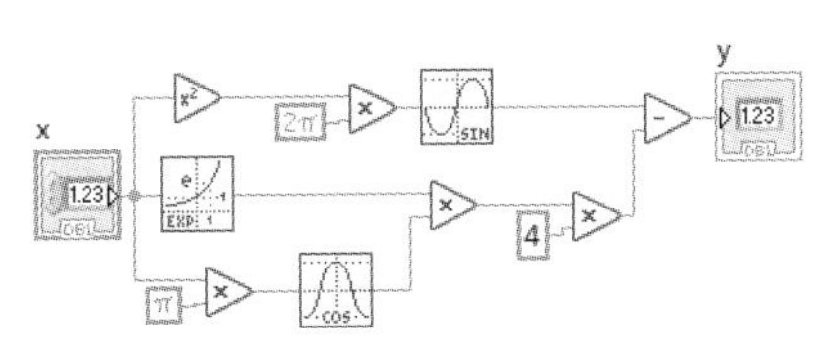

图 7-8　程序框图

（1）新建 VI。选择菜单栏中的“文件”→“新建 VI”选项，新建一个 VI。

（2）保存 VI。选择菜单栏中的“文件”→“另存为”选项，设置 VI 名称为“计算多项式方程”。

（3）打开前面板，在控件选板上选择“新式”→“数值”→“数值输入控件”和“数值显示控件”，将其放置到前面板中，分别修改标签为“x”和“y”。

（4）将界面切换到程序框图，在函数选板中选择“数学”→“初等与特殊函数”→“指数函数”→“指数”函数，将其放置到程序框图中，并将其输入端连接至“x”控件的输出端。

（5）在函数选板中选择“编程”→“数值”→“乘”和“平方”函数，将 4 个“乘”

函数和 1 个“平方”函数放置到程序框图中，按照图 7-9 所示连接对应函数的接线端，并且在最右侧“乘”函数的输入端创建常量 4。

（6）在函数选板中选择“编程”→“数值”→“数学与科学常量”→“Pi”和“Pi 乘以 2”函数，各放置 1 个到程序框图中，并将其连接至对应“乘”函数的输入端。

（7）在函数选板中选择“数学”→“初等与特殊函数”→“三角函数”→“正弦”和“余弦”函数，各放置 1 个到程序框图中，并将其连接至对应“乘”函数的输出端。

（8）在函数选板中选择“编程”→“数值”→“减”函数，将其放置在程序框图中，将“减”函数的输入端分别连接至“正弦”函数和最右侧“乘”函数的输出端，并将“减”函数的输出端连接至“y”控件的输入端。

（9）单击工具栏中的“整理程序框图”按钮，整理程序框图，如图 7-8 所示。

（10）在“x”控件中输入数值 1，单击“运行”按钮，运行 VI，前面板显示的运行结果如图 7-10 所示。

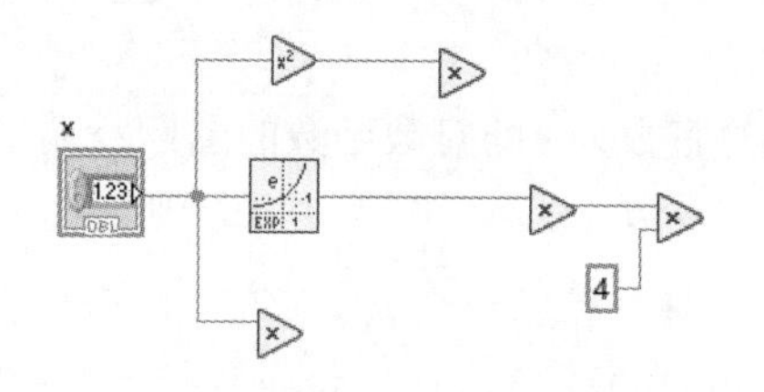

图 7-9　放置“乘”和“平方”函数并连接

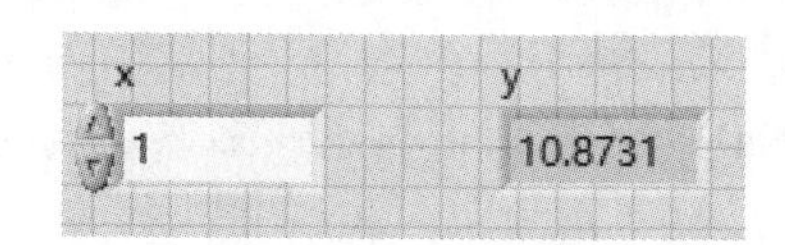

图 7-10　运行结果

7.2.3　离散数学

离散数学是传统的逻辑学、集合论、数论基础、算法设计、组合分析、离散概率、关系理论、图论与树、抽象代数（包括代数系统、群、环、域等）、布尔代数、计算模型（语言与自动机）等汇集起来的一门综合学科。离散数学的应用遍及现代科学技术的诸多领域。

LabVIEW 函数选板的“离散数学”子选板中包含用于计算如组合数学及数论领域的离散数学 VI，如图 7-11 所示。

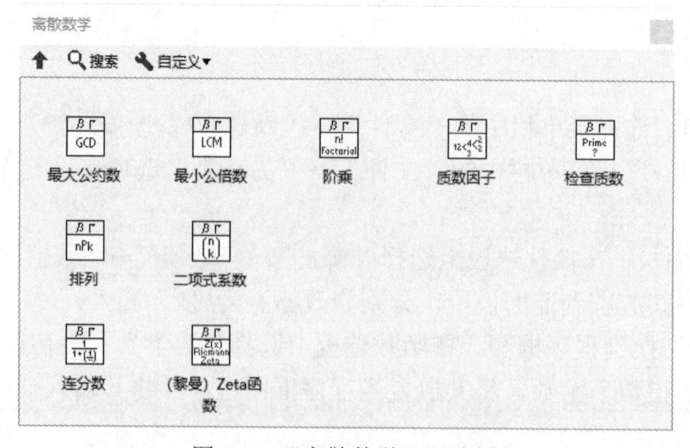

图 7-11　“离散数学”子选板

1．最大公约数VI

该 VI 用于计算输入值的最大公约数，如图 7-12 所示为最大公约数 VI 的图标及端口定义。

gcd(x, y)是 x 和 y 的最大公约数，要计算最大公约数 gcd(x, y)，可先对 x 和 y 进行质数分解：

$$x = \Pi_i p_i^{a_i}$$

$$y = \Pi_i p_i^{b_i}$$

p_i是 x 和 y 的所有质数因子。若 p_i 未出现在分解中，则相关指数为 0。gcd(x, y)则定义为：

$$\gcd(x, y) = \Pi_i p_i^{\min(a_i, b_i)}$$

2．最小公倍数VI

该 VI 用于计算输入值的最小公倍数，如图 7-13 所示为最小公倍数 VI 的图标及端口定义。

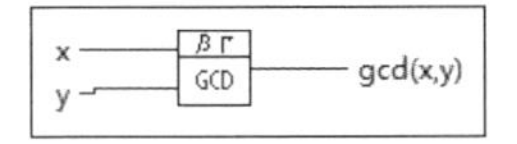

图 7-12　最大公约数 VI 的图标及端口定义

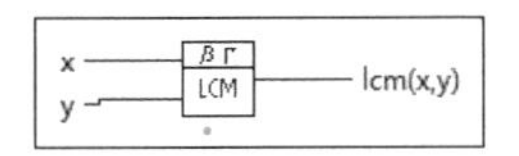

图 7-13　最小公倍数 VI 的图标及端口定义

lcm(x, y)是有关 x, y 的最小整数 m，对于整数 c 和 d，存在

$$x \times c = y \times d = m$$

要计算最小公倍数 lcm(x, y)，可先对 x 和 y 进行质数分解：

$$x = \Pi_i p_i^{a_i}$$

$$y = \Pi_i p_i^{b_i}$$

p_i是 x 和 y 的所有质数因子。若 p_i 未出现在分解中，则相关指数为 0。lcm(x,y)则定义为：

$$\mathrm{lcm}(x, y) = \Pi_i p_i^{\max(a_i, b_i)}$$

3．阶乘VI

该 VI 用于计算 n 的阶乘，如图 7-14 所示为阶乘 VI 的图标及端口定义。

阶乘函数的定义公式如下。

$$\mathrm{fact}(n) = n! = \prod_{i=1}^{n} i$$

4．二项式系数VI

该 VI 用于计算非负整数 n 和 k 的二项式系数，如图 7-15 所示为二项式系数 VI 的图标及端口定义。

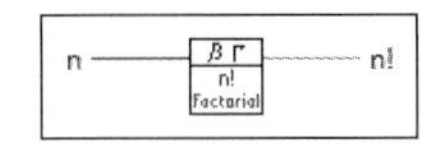

图 7-14　阶乘 VI 的图标及端口定义

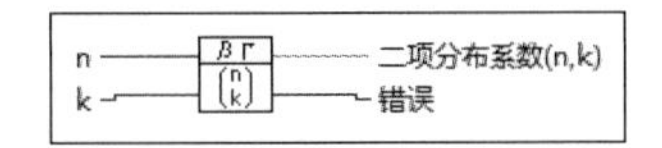

图 7-15　二项式系数 VI 的图标及端口定义

下式定义了二项式系数：

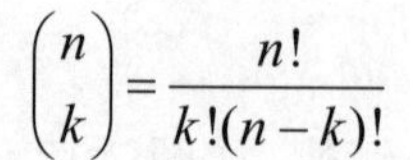

$$\binom{n}{k}=\frac{n!}{k!(n-k)!}$$

即使 n 和 k 的数字相对较小，二项式系数的位数也可以很多。最适合二项式系数的数据类型为两个实数。通过（不完全）Gamma 函数 VI，可直接计算 $n!$、$k!$和$(n-k)!$。

5. 排列VI

该 VI 用于计算从 n 个元素的集合中获取有顺序的 k 个元素的方法数，如图 7-16 所示为排列 VI 的图标及端口定义。

6. 质数因子VI

该 VI 用于计算整数的质数因子，如图 7-17 所示为质数因子 VI 的图标及端口定义。

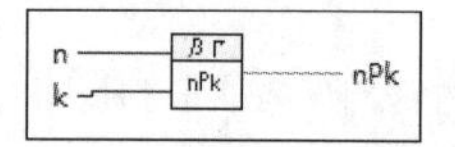

图 7-16　排列 VI 的图标及端口定义

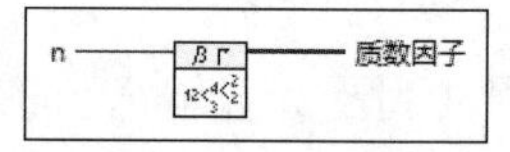

图 7-17　质数因子 VI 的图标及端口定义

输入端 n 用于输入要进行因式分解的整数 n，如果 n 为负，则 VI 对 n 的绝对值进行因式分解。质数因子输出端返回一个质数数组，这些质数的乘积等于 n。

7.（黎曼）Zeta函数VI

该 VI 用于计算黎曼 Zeta 函数，如图 7-18 所示为（黎曼）Zeta 函数 VI 的图标及端口定义。

输入端 x 用于输入参数，输出端 z(x)返回黎曼 zeta 函数的值。下式为黎曼 Zeta 函数的定义：

$$\xi(x)=\sum_{i=1}^{\infty} i^{-x}$$

8. 连分数VI

该 VI 用于计算两个序列 $a[0],a[1],\cdots,a[n]$和 $b[0],b[1],\cdots,b[n]$的连分数，如图 7-19 所示为连分数 VI 的图标及端口定义。

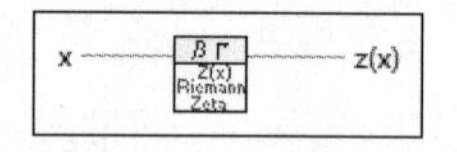

图 7-18　（黎曼）Zeta 函数 VI 的图标及端口定义

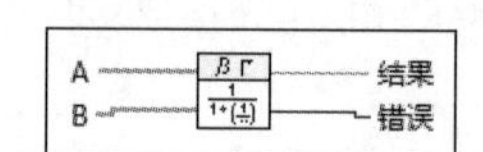

图 7-19　连分数 VI 的图标及端口定义

连分数的计算式如下：

$$结果=\cfrac{a_0}{b_0+\cfrac{a_1}{b_1+\cfrac{a_2}{b_2+\cfrac{a_3}{b_3\cdots}}}}$$

7.2.4　积分函数

在数学中，指数积分是函数的一种，它不能表示为初等函数。LabVIEW“指数积分”子选板中包括各类积分函数，如图 7-20 所示。

实例：求解三角函数积分

本实例演示正弦函数积分与余弦函数积分的求解，对应的程序框图如图 7-21 所示。

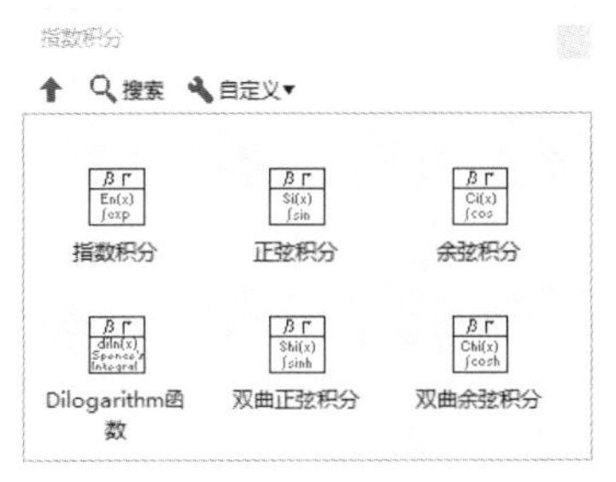

图 7-20 “指数积分”子选板

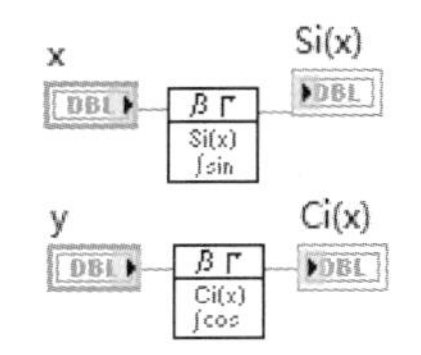

图 7-21　程序框图

（1）新建 VI。选择菜单栏中的“文件”→“新建 VI”选项，新建一个 VI。

（2）保存 VI。选择菜单栏中的“文件”→“另存为”选项，设置 VI 名称为“求解三角函数积分”。

（3）打开前面板，在控件选板上选择“新式”→“数值”→“数值输入控件”和“数值显示控件”，各放置 2 个到前面板中，修改标签分别为“x”“y”“Si(x)”“Ci(x)”。

（4）将界面切换到程序框图，选择所有控件后单击右键，取消勾选“显示为图标”快捷菜单选项，以取消图标显示。

（5）在函数选板中选择“数学”→“初等与特殊函数”→“指数积分”→“正弦积分”和“余弦积分”函数，将其放置到程序框图中，分别连接“x”“y”控件的输出端至“Si(x)”“Ci(x)”控件的输入端。

（6）单击工具栏中的“整理程序框图”按钮，整理程序框图，结果如图 7-21 所示。

（7）在“x”“y”控件中分别输入数值 1 和 2，单击“运行”按钮，运行 VI，前面板显示的运行结果如图 7-22 所示。

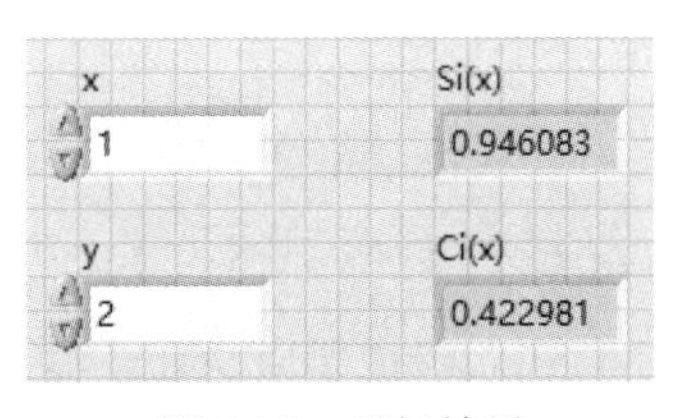

图 7-22　运行结果

7.3　线性代数 VI

线性代数是工程数学的主要组成部分，其运算量非常大，LabVIEW 中有一些专门的 VI 可以进行线性代数方面的运算，这些 VI 位于“线性代数”子选板中，如图 7-23 所示。

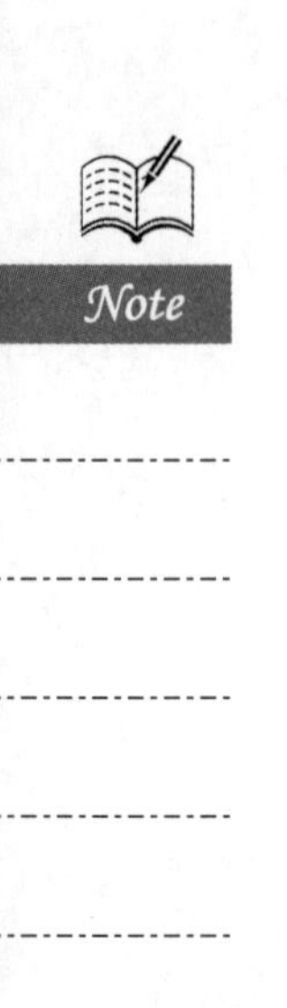

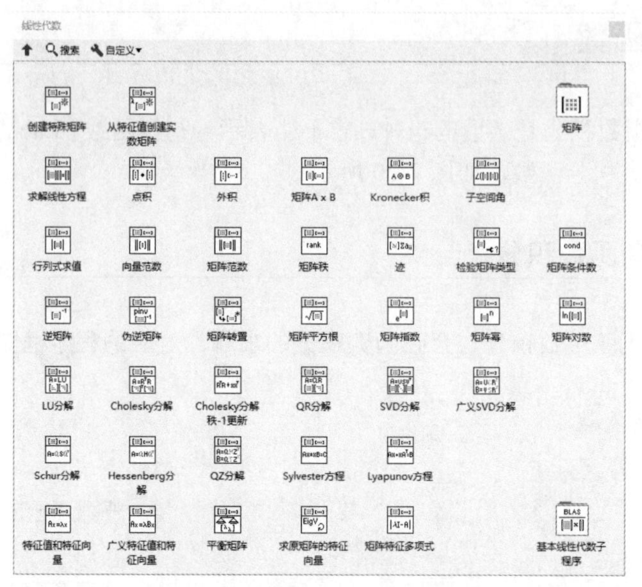

图 7-23 “线性代数”子选板

7.3.1 创建特殊矩阵

在工程计算和理论分析中，经常会遇到一些特殊的矩阵，如单位矩阵、随机矩阵等。利用 LabVIEW 中的创建特殊矩阵 VI 可以依据矩阵类型创建特殊的矩阵，其图标及端口定义如图 7-24 所示。在“矩阵类型”输入端创建常量，即可选择矩阵类型，如图 7-25 所示。

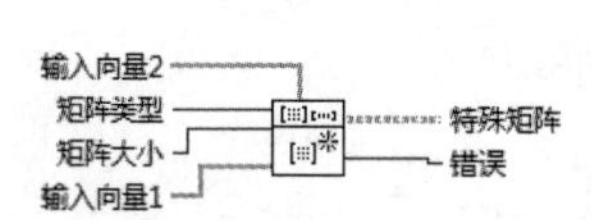

图 7-24 创建特殊矩阵 VI 的图标及端口定义

图 7-25 矩阵类型

现假设“矩阵大小”输入端的输入为 n；“输入向量 1”输入端的输入为 $\boldsymbol{X}$，n_x 为 $\boldsymbol{X}$ 的大小；“输入向量 2”输入端的输入为 $\boldsymbol{Y}$，n_y 为 $\boldsymbol{Y}$ 的大小，则设置不同的矩阵类型后，得到的“特殊矩阵”输出端的输出 $\boldsymbol{B}$ 描述如下。

1. 单位

生成 n 行 n 列的单位矩阵。

2. 对角

生成 n_x 行 n_x 列的对角矩阵，对角元素为 $\boldsymbol{X}$ 的元素。

3．Toeplitz

生成 n_x 行 n_y 列的 Toeplitz（特普利茨）矩阵，$\boldsymbol{X}$ 为矩阵的第一行，$\boldsymbol{Y}$ 为矩阵的第一列。若 $\boldsymbol{X}$ 和 $\boldsymbol{Y}$ 的第一个元素不同，则使用 $\boldsymbol{X}$ 的第一个元素。

4．Vandermonde

生成 n_x 行 n_x 列的 Vandermonde（范德蒙）矩阵，列是 $\boldsymbol{X}$ 的乘幂。Vandermonde 矩阵的元素为：

$$b_{ij} = x_i^{n_x - j - 1}$$

$$i，j = 0,1,\cdots,n_x\text{-}1$$

其中，x_i 是 $\boldsymbol{X}$ 中的元素；b_{ij} 是 $\boldsymbol{B}$ 中的元素。

5．伴随

生成 n_x−1 行 n_x−1 列的伴随矩阵。若向量 $\boldsymbol{X}$ 是多项式系数组成的向量，则 $\boldsymbol{X}$ 的第一个元素为多项式最高阶的系数，最后一个元素是多项式的常项，相应的伴随矩阵第一行元素为：

$$b_{0,j\text{-}1} = -x_j/x_0，j = 1,2,\cdots,n_x-1$$

其中，x_j 是 $\boldsymbol{X}$ 中第 j+1 个元素；$b_{0,j\text{-}1}$ 是 $\boldsymbol{B}$ 中第 1 行第 j 列的元素。

从第二行开始 $\boldsymbol{B}$ 余下的部分是单位矩阵。伴随矩阵的特征值包含相应多项式的根。

6．Hankel

生成 n_x 行 n_y 列的 Hankel（汉克尔）矩阵，$\boldsymbol{X}$ 为矩阵的第一列，$\boldsymbol{Y}$ 为矩阵的最后一行。若 $\boldsymbol{Y}$ 的第一个元素和 $\boldsymbol{X}$ 的最后一个元素不同，则使用 $\boldsymbol{X}$ 的最后一个元素。

7．Hadamard

生成 n 行 n 列的 Hadamard（哈达玛）矩阵，矩阵元素为 1 和–1。所有的列或行彼此正交。n 必须为 2 的幂，或 2 的幂与 12 相乘，又或 2 的幂与 20 相乘。当 n 为 1 时，该 VI 将返回空矩阵。

8．Wilkinson

生成 n 行 n 列的 Wilkinson（威尔金森）矩阵。

9．Hilbert

生成 n 行 n 列的 Hilbert（希尔伯特）矩阵。矩阵元素如下：

$$b_{ij} = 1 / (i + j + 1)，i, j = 0,1,\cdots,n-1$$

若希尔伯特矩阵中的任何一个元素发生一点变动，整个矩阵的行列式的值和逆矩阵的值都会发生巨大的变化。

10．逆Hilbert

生成 n 行 n 列的逆 Hilbert 矩阵。

Note

11. Rosser

生成 8 行 8 列的 Rosser（罗塞尔）矩阵，矩阵的特征值是病态的。

12. Pascal

生成 n 行 n 列的帕斯卡（Pascal）矩阵，帕斯卡矩阵的第一行元素和第一列元素都为 1，其余位置处的元素是该元素的左边元素加上一行对应位置元素的结果。

7.3.2 矩阵的基本运算

矩阵的基本运算包括加、减、乘、数乘、点乘、乘方、左乘、右乘、求逆等。下面简要介绍 LabVIEW 中进行矩阵基本运算的常用 VI。

1. 点积

点积 VI 用于计算 X 向量和 Y 向量的点积，其图标及端口定义如图 7-26 所示。

2. 外积

外积 VI 用于计算 X 向量和 Y 向量的外积，其图标及端口定义如图 7-27 所示。

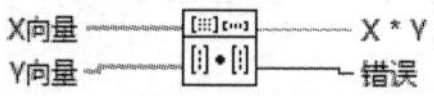

图 7-26 点积 VI 的图标及端口定义

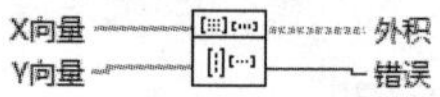

图 7-27 外积 VI 的图标及端口定义

3. 矩阵A×B

矩阵 A×B VI 用于将两个矩阵或一个矩阵和一个向量相乘，其图标及端口定义如图 7-28 所示。

4. 行列式求值

行列式求值 VI 用于计算输入矩阵的行列式，其图标及端口定义如图 7-29 所示。

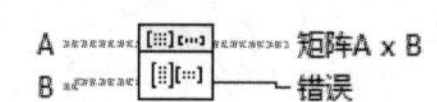

图 7-28 矩阵 A×B VI 的图标及端口定义

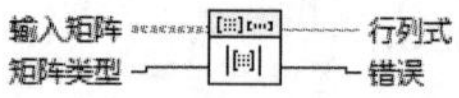

图 7-29 行列式求值 VI 的图标及端口定义

5. 逆矩阵

逆矩阵 VI 用于计算输入矩阵的逆矩阵，其图标及端口定义如图 7-30 所示。

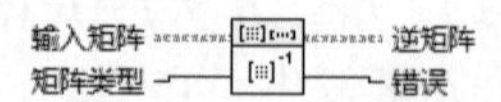

图 7-30 逆矩阵 VI 的图标及端口定义

6. 矩阵转置

矩阵转置 VI 用于转置输入矩阵，其图标及端口定义如图 7-31 所示。

7．矩阵幂

矩阵幂 VI 用于计算 X 向量和 Y 向量的点积，其图标及端口定义如图 7-32 所示。

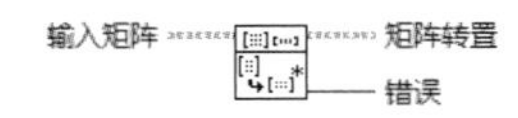

图 7-31　矩阵转置 VI 的图标及端口定义

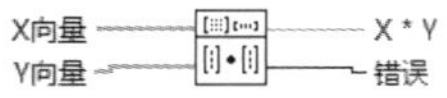

图 7-32　矩阵幂 VI 的图标及端口定义

实例：矩阵的四则运算

本实例演示矩阵的四则运算，取 $\boldsymbol{A}=\begin{pmatrix}1 & 3\\ 5 & 2\\ -1 & 0\end{pmatrix}$，$\boldsymbol{B}=\begin{pmatrix}1 & 1\\ 3 & 0\\ 0 & -1\end{pmatrix}$，求$-\boldsymbol{B}$、$\boldsymbol{A}-\boldsymbol{B}$、$3\boldsymbol{A}$、$\boldsymbol{A}\times\boldsymbol{B}$，对应的程序框图如图 7-33 所示。

（1）新建 VI。选择菜单栏中的“文件”→“新建 VI”选项，新建一个 VI。

（2）保存 VI。选择菜单栏中的“文件”→“另存为”选项，设置 VI 名称为“矩阵四则运算”。

（3）打开前面板，在控件选板中选择“新式”→“数据容器”→“实数矩阵”控件，放置 2 个该控件到前面板，并将标签修改为“矩阵 A”和“矩阵 B”。

（4）将界面切换到程序框图，在函数选板中选择“编程”→“数值”→“乘”函数，放置 2 个到程序框图中，将其分别连接至“矩阵 A”和“矩阵 B”控件的输出端，并且分别创建常量 3 和−1。在函数选板中选择“编程”→“数值”→“减”函数，放置 1 个到程序框图中，将其与“矩阵 A”和“矩阵 B”控件的输出端连接。

（5）在函数选板中选择“数学”→“线性代数”→“矩阵 A×B”函数，将其放置到程序框图中，将“矩阵 A×B”函数的输入端分别连接至“矩阵 A”和“矩阵 B”控件的输出端。

（6）在第一个“乘”函数上单击右键，选择“创建显示控件”快捷菜单选项，以创建显示控件，并修改其标签为“3*A”。

（7）参考上一步骤，创建其他函数的显示控件，并分别修改其标签。

（8）单击工具栏中的“整理程序框图”按钮，整理程序框图，如图 7-33 所示。

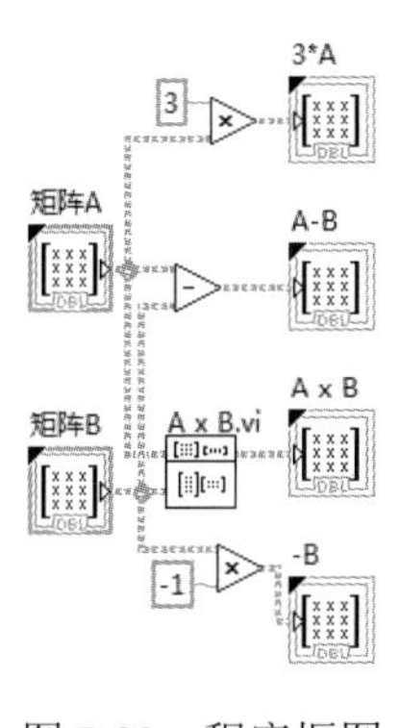

图 7-33　程序框图

(9) 在“矩阵 A”和“矩阵 B”控件中输入两矩阵的值，单击“运行”按钮⇨，运行 VI，前面板显示的运行结果如图 7-34 所示。

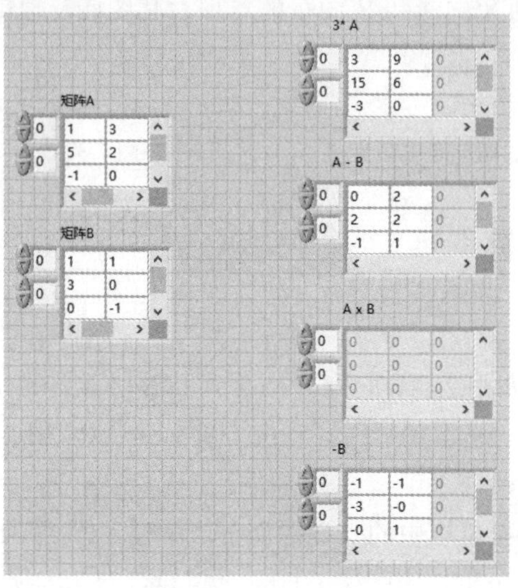

图 7-34　运行结果

7.3.3　特征值与特征向量的求解

物理、力学和工程技术中的很多问题在数学上都可以归结为求矩阵的特征值问题，例如，振动问题（桥梁的振动、机械的振动、电磁振荡、地震引起的建筑物的振动等）、物理学中某些临界值的确定等。

1．标准特征值与特征向量问题

对于矩阵 $\boldsymbol{A}\in\mathbf{R}^{n\times n}$，多项式

$$f(\lambda)=\det(\lambda\boldsymbol{I}-\boldsymbol{A})$$

称为矩阵 $\boldsymbol{A}$ 的特征多项式，它是关于 λ 的 n 次多项式。方程 $f(\lambda)=0$ 的根称为矩阵 $\boldsymbol{A}$ 的特征值；设 λ 为矩阵 $\boldsymbol{A}$ 的一个特征值，方程组 $(\lambda\boldsymbol{I}-\boldsymbol{A})\boldsymbol{x}=0$ 的非零解（也即 $\boldsymbol{A}\boldsymbol{x}=\lambda\boldsymbol{x}$ 的非零解）$\boldsymbol{x}$ 称为矩阵 $\boldsymbol{A}$ 对应于特征值 λ 的特征向量。

在 LabVIEW 中，使用“从特征值创建特征向量”函数从特征值创建特征向量，其图标及端口定义如图 7-35 所示。

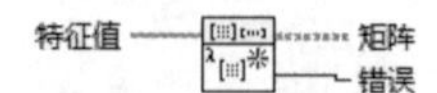

图 7-35　从特征值创建特征向量函数的图标及端口定义

2．广义特征值与特征向量问题

上面的特征值与特征向量问题都是《线性代数》中所学的，在《矩阵论》中，还有广义特征值与特征向量的概念。求方程组 $\boldsymbol{A}\boldsymbol{x}=\lambda\boldsymbol{B}\boldsymbol{x}$ 的非零解（其中 $\boldsymbol{A}$、$\boldsymbol{B}$ 为同阶方阵），其中的 λ 值和向量 $\boldsymbol{x}$ 分别称为广义特征值和广义特征向量。

7.3.4　线性方程组的求解

在线性代数中，求解线性方程组是一个基本内容，在实际中，许多工程问题都可以化为线性方程组的求解问题。本节将讲述如何用 MATLAB 来解各种线性方程组。为了使读者能够更好地掌握本节内容，我们将本节分为四部分：第一部分简单介绍一下线性方程组的基础知识；以后几节讲述利用 MATLAB 求解线性方程组的几种方法。

对于线性方程组 $\boldsymbol{Ax}=\boldsymbol{b}$，其中 $\boldsymbol{A}\in\mathbf{R}^{m\times n}$，$\boldsymbol{b}\in\mathbf{R}^{m}$。若 $m=n$，我们称之为恰定方程组；若 $m>n$，我们称之为超定方程组；若 $m<n$，我们称之为欠定方程组。若 $\boldsymbol{b}=0$，则相应的方程组称为齐次线性方程组，否则称为非齐次线性方程组。

对于齐次线性方程组解的个数有下面的定理：

定理 1：设方程组系数矩阵 $\boldsymbol{A}$ 的秩为 r，则

（1）若 $r=n$，则齐次线性方程组有唯一解；

（2）若 $r<n$，则齐次线性方程组有无穷解。

对于非齐次线性方程组解的存在性有下面的定理：

定理 2：设方程组系数矩阵 $\boldsymbol{A}$ 的秩为 r，增广矩阵 $[\boldsymbol{A}\ \boldsymbol{b}]$ 的秩为 s，则

（1）若 $r=s=n$，则非齐次线性方程组有唯一解；

（2）若 $r=s<n$，则非齐次线性方程组有无穷解；

（3）若 $r\neq s$，则非齐次线性方程组无解。

关于齐次线性方程组与非齐次线性方程组之间的关系有下面的定理：

定理 3：非齐次线性方程组的通解等于其一个特解与对应齐次方程组的通解之和。

若线性方程组有无穷多解，我们希望找到一个基础解系 $\eta_1,\eta_2,\cdots,\eta_r$，以此来表示相应齐次方程组的通解：$k_1\eta_1+k_2\eta_2+\cdots+k_r\eta_r(k_i\in\mathbf{R})$。对于这个基础解系，我们可以通过求矩阵 $\boldsymbol{A}$ 的核空间矩阵得到。

在 LabVIEW 中，求解线性方程函数用于求解线性方程组 $\boldsymbol{AX}=\boldsymbol{Y}$。连线至输入矩阵和右端项输入端的数据类型可确定要使用的多态实例，其图标及端口定义如图 7-36 所示。

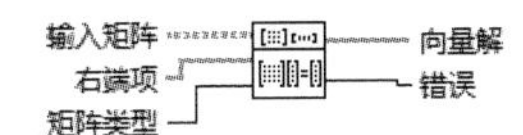

图 7-36　求解线性方程函数的图标及端口定义

实例：求解线性方程组的通解

本实例演示如何求线性方程组 $\begin{cases}x_1+2x_2+2x_3=1\\x_2-2x_3-2x_4=2\\x_1+3x_2-2x_4=3\end{cases}$ 的通解，前面板运行效果如图 7-37 所示。

（1）新建 VI。选择菜单栏中的“文件”→“新建 VI”选项，新建一个 VI。

（2）保存 VI。选择菜单栏中的“文件”→“另存为”选项，设置 VI 名称为“求解线性方程组的通解”。

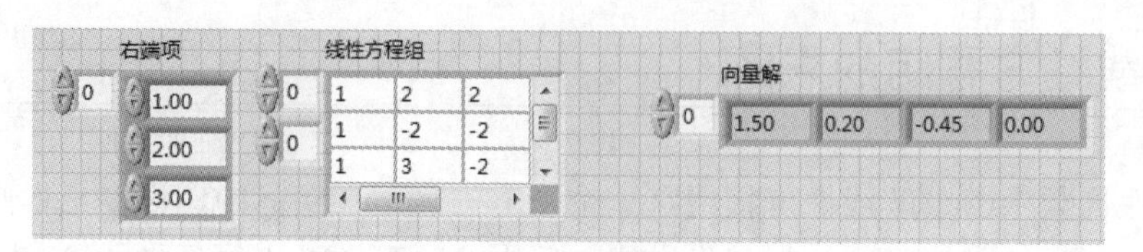

图 7-37　计算通解

Note

（3）打开程序框图，从函数选板中选择“数学”→“线性代数”→“求解线性方程”VI，将其放置到程序框图中。

（4）将光标放置到“求解线性方程”VI 的“输入矩阵”端口，如图 7-38 所示，单击右键，选择“创建输入控件”快捷菜单选项，以创建输入控件。

（5）同样地，在“求解线性方程”VI 的“右端项”端口创建输入控件，在“向量解”端口创建显示控件。

（6）单击工具栏中的“整理程序框图”按钮，整理程序框图，结果如图 7-39 所示。

图 7-38　端口显示

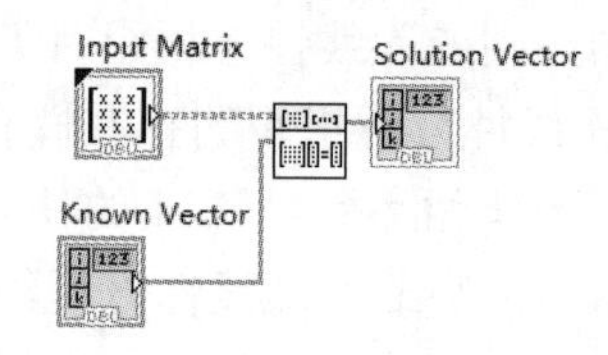

图 7-39　程序框图

（7）在“右端项”和“线性方程组”控件中输入初始值，单击“运行”按钮，运行 VI，前面板显示的运行结果如图 7-37 所示。

7.4 综合实例——预测成本

本实例演示用广义线性拟合 VI 预测成本的方法，对应的程序框图如图 7-40 所示。

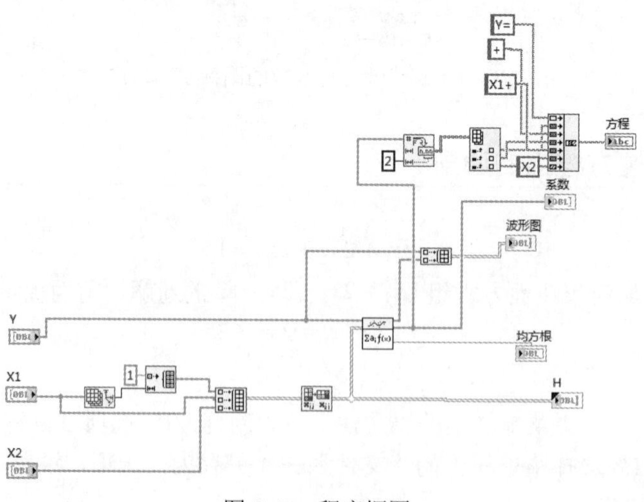

图 7-40　程序框图

1）设置工作环境

① 新建 VI。选择菜单栏中的“文件”→“新建 VI”选项，新建一个 VI。

② 保存 VI。选择菜单栏中的“文件”→“另存为”选项，设置 VI 名称为“预测成本”。

2）构造 H 型矩阵

① 打开前面板，在控件选板中选择“银色”→“数据容器”→“数组-数值（银色）”控件，放置 2 个数组到前面板中，分别修改其标签为 X1、X2，如图 7-41 所示。

② 将界面切换到程序框图，选择所有控件并单击右键，在快捷菜单中取消勾选“显示为图标”选项。在函数选板中选择“编程”→“数组”→“数组大小”函数，将其放置到程序框图中，并将其输入端连接至“X1”控件的输出端，以计算 X1 数组常数量。

③ 在函数选板中选择“编程”→“数组”→“创建数组”函数，将其放置到程序框图中，并将该函数的输入端分别连接至“X1”控件和“X2”控件的输出端。

④ 在函数选板中选择“编程”→“数组”→“初始化数组”函数，将其放置到程序框图中，将该函数的输入端连接至“数组大小”函数的输出端，将输出端连接至“创建数组”函数的输入端，并创建常量 1。

⑤ 在函数选板中选择“编程”→“数组”→“二维数组转置”函数，将其放置到程序框图中，将该函数的输入端连接至“创建数组”函数的输出端，并创建其显示控件，修改控件标签为“H”，结果如图 7-42 所示。

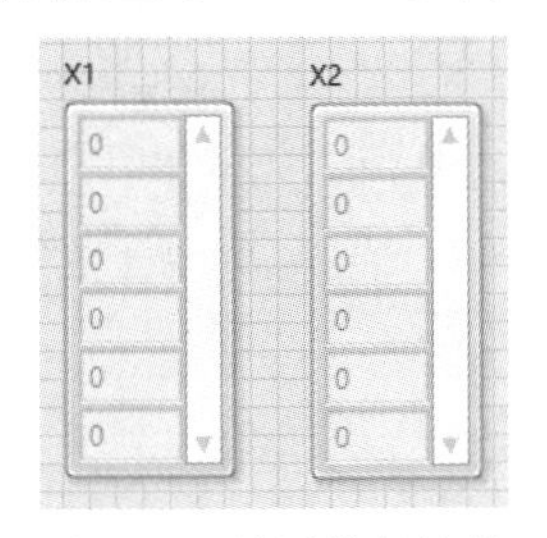

图 7-41 放置数组控件

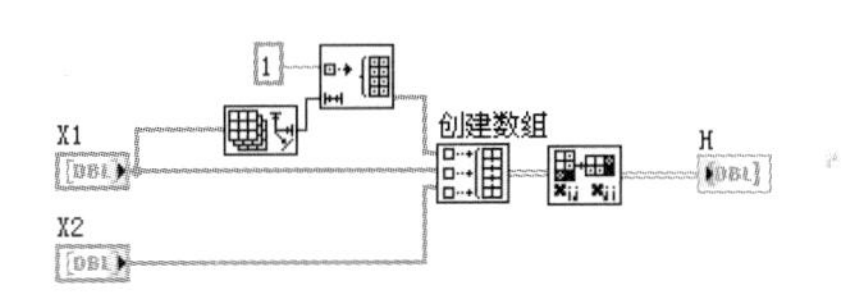

图 7-42 构造的 H 型矩阵程序框图

3）拟合数据

① 在函数选板中选择“数学”→“拟合”→“广义线性拟合”函数，将其放置到程序框图中，在其 Y 输入端创建“Y”控件。连接“广义线性拟合”函数的 H 输入端和“二维数组转置”函数的输出端。

② 同样地，在“广义线性拟合”函数的“残差”输出端创建“均方差”数值显示控件，在“系数”输出端创建“系数”数组显示控件。

③ 将界面切换到前面板，在控件选板中选择“银色”→“图形”→“波形图（银色）”控件，将其放置到前面板中，双击“波形图（银色）”控件，将界面切换到程序框图，并取消“波形图（银色）”控件的图标显示。

④ 在函数选板中选择“编程”→“数组”→“创建数组”函数，将其放置到程序框图中，按照图 7-43 所示绘制连线。

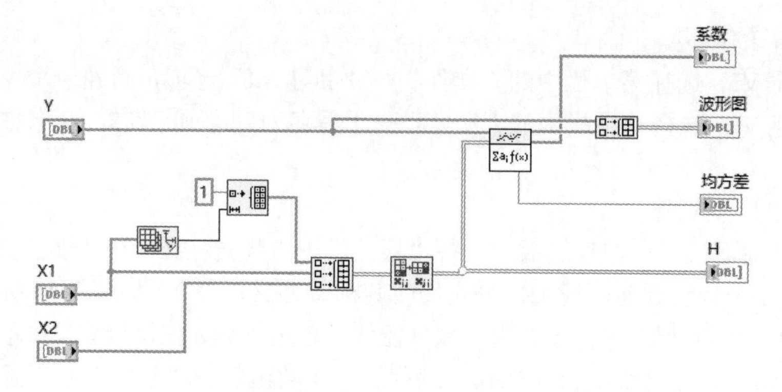

图 7-43　拟合数据程序框图

4）显示方程

① 在函数选板中选择“编程”→“字符串”→“数值/字符串转换”→“数值至小数字符串转换”函数，将其放置到程序框图中，并将该函数的输入端连接至“广义线性拟合”函数和“系数”控件之间的连线，再创建常量 2，如图 7-44 所示。

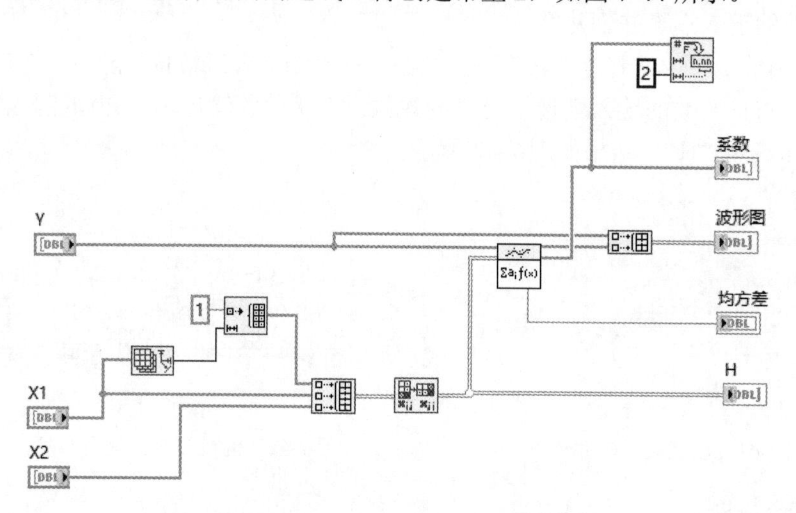

图 7-44　放置“数值至小数字符串转换”函数

② 在函数选板中选择“编程”→“数组”→“索引数组”函数，将其放置到程序框图中，并将该函数的输入端连接至“数值至小数字符串转换”函数的输出端。

③ 在函数选板中选择“编程”→“字符串”→“连接字符串”函数，将其放置到程序框图中，并将该函数的输入端连接至“索引数组”函数的输出端，并创建常量分别为“Y=”“+”“X1+”“X2”。

④ 在“连接字符串”函数输出端单击右键，在弹出的快捷菜单中选择“创建显示控件”选项，以创建显示控件，并修改其标签为“方程”，结果如图 7-40 所示。

5）运行程序

打开前面板，调整控件的位置，在“X1”“X2”“Y”控件中输入初始值，单击“运行”按钮，运行 VI，前面板显示的运行结果如图 7-45 所示。

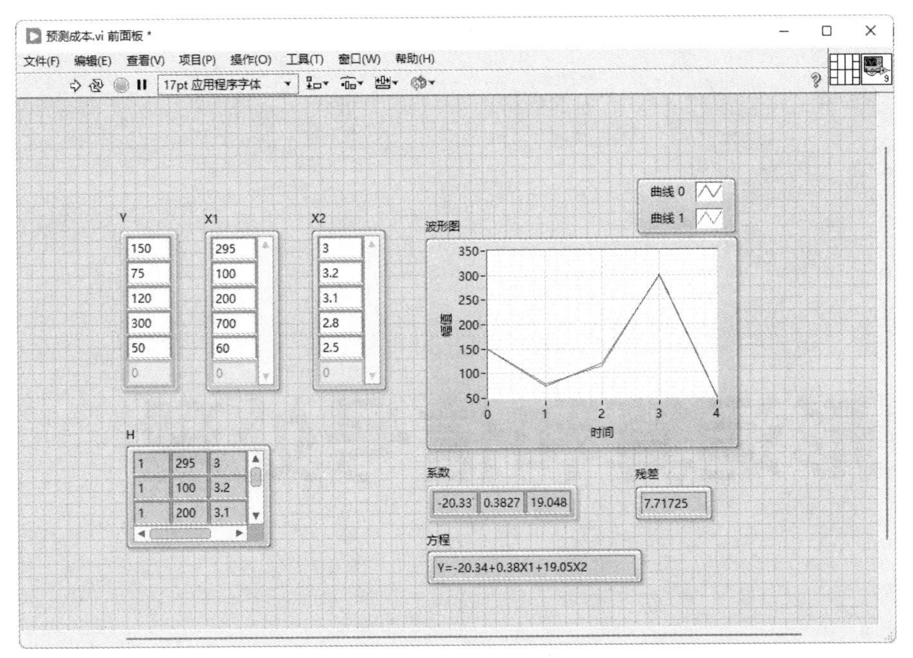

图 7-45　运行结果

Note

波形运算和信号处理

波形数据是 LabVIEW 特有的一类数据类型，由一系列不同数据类型的数据组成，是一类特殊的簇。在虚拟测试系统中，信号的运算是重要的组成部分，通过对信号进行特定的分析，可以获得有用的信息。本章介绍常用的波形处理函数与 VI 的用法，以及信号处理函数及其使用方法。

知识重点

- ☑ 波形数据
- ☑ 信号处理
- ☑ 波形分析

任务驱动&项目案例

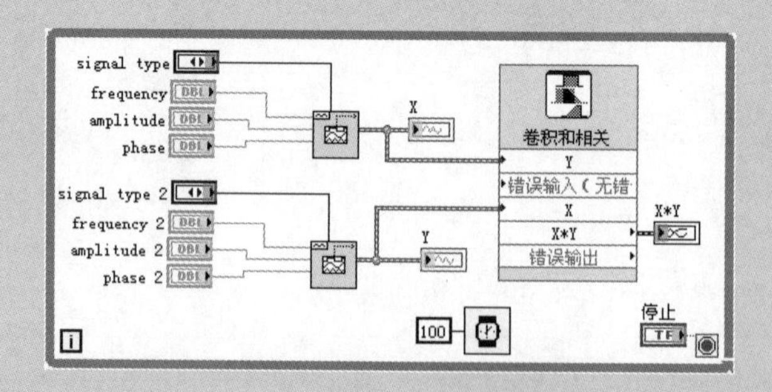

8.1 波形数据

与其他基于文本的编程语言不同，LabVIEW 中有一类被称为波形数据的数据类型，这种数据类型类似于“簇”，但是，波形数据具有与簇不同的特点，比如它可以由一些波形发生函数产生，簇中的“捆绑”和“解除捆绑”函数相当于波形数据中的“创建波形”和“获取波形成分”函数。

8.1.1 波形数据的组成

波形数据是 LabVIEW 特有的一类数据类型，由一系列不同数据类型的数据组成，是一类特殊的簇，但是用户不能利用“簇、类与变体”子选板中的簇函数来处理波形数据。波形数据具有预定义的固定结构，只能使用专用的函数来处理。波形数据的引入，可以为测量数据的处理带来极大的便利。在具体介绍波形数据之前，先介绍变体函数和时间标识。

1. 变体函数

变体函数位于函数选板的“编程”→“簇、类与变体”→“变体”子选板中，任何数据类型都可以通过变体函数转化为变体类型，然后可添加属性，并在需要时转换回原来的数据类型。当需要独立于数据本身的类型对数据进行处理时，变体类型就成为很好的选择。

1）转换为变体函数

转换为变体函数用于完成 LabVIEW 中任意类型的数据到变体数据的转换，也可以将 ActiveX 数据（在程序框图窗口的“互连接口”子选板中）转化为变体数据。该函数的图标及端口定义如图 8-1 所示。

2）变体至数据类型转换函数

变体至数据类型转换函数用于把变体类型转换为适当的 LabVIEW 数据类型。该函数的图标及端口定义如图 8-2 所示，其中，“变体”输入参数为变体类型数据；“类型”输入参数为需要转换的目标数据类型的数据，LabVIEW 只取其类型，具体值没有意义。“数据”输出参数为转换之后与“类型”输入参数有相同类型的数据。

图 8-1　转换为变体函数的图标及端口定义

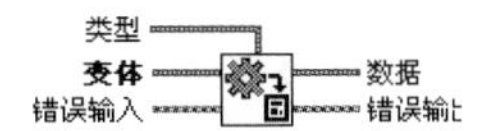

图 8-2　变体至数据类型转换函数的图标及端口定义

2. 时间标识

时间标识常量可以在函数选板的“编程”→“定时”子选板中获得，时间标识输入控件和时间标识显示控件可以在控件选板的“数值”子选板中获得。如图 8-3 所示，图中左边为时间标识常量，中间为时间标识输入控件，右边为时间标识显示控件，中间的

小图标为时间浏览按钮。

时间标识常量默认显示的时间值为 0。在时间标识输入控件上单击时间浏览按钮可以弹出“设置时间和日期”对话框，在这个对话框中可以手动修改时间和日期，如图 8-4 所示。

00:00:00.000
YYYY/MM/DD

时间标识输入控件
00:00:00.000
YYYY/MM/DD

时间标识显示控件
00:00:00.000
YYYY/MM/DD

图 8-3　时间标识示例

图 8-4　“设置时间和日期”对话框

8.1.2　波形数据的使用

在 LabVIEW 中，与处理波形数据相关的函数和 VI 主要位于函数选板的“编程”→“波形”子选板中，如图 8-5 所示。

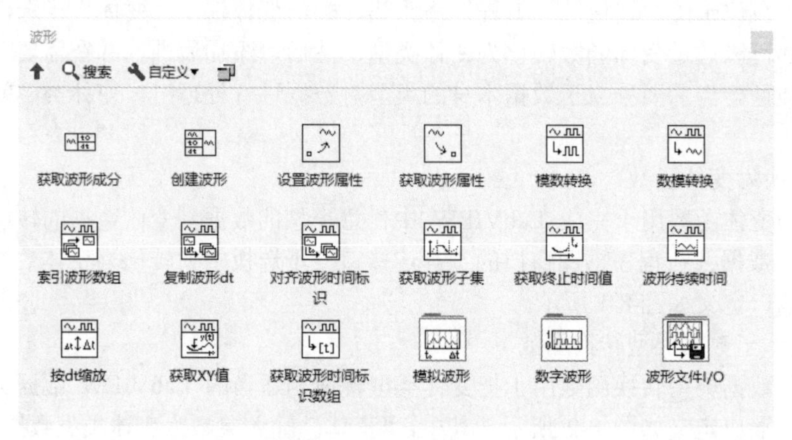

图 8-5　“波形”子选板

下面主要介绍一些基本的波形数据运算函数和 VI 的使用方法。

1．获取波形成分

获取波形成分函数用于从一个已知的波形获取其中的一些内容，包括波形的起始时刻 t、采样时间间隔 dt、波形数据 Y 和属性 attributes。获取波形成分函数的图标及端口定义如图 8-6 所示。

如图 8-7 所示为使用基本函数发生器产生正弦信号，并且获得这个正弦波形的起始时刻、采样时间间隔、波形数据和属性的程序框图。

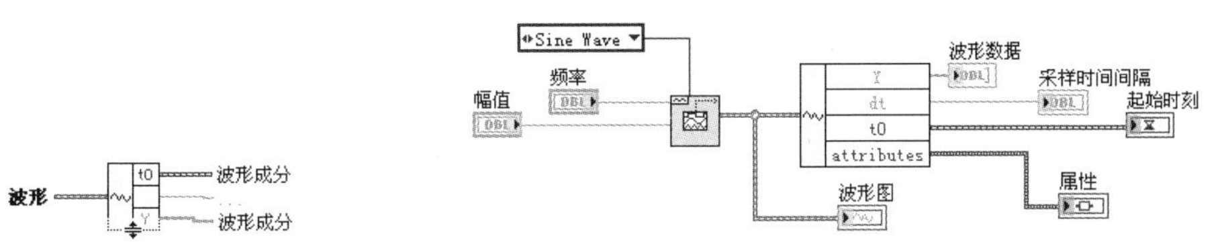

图 8-6　获取波形成分函数的图标及端口定义　　　　图 8-7　获取波形成分的程序框图示例

2．创建波形

创建波形函数用于建立或修改已有的波形数据。当其“波形”端口没有连接数据时，该函数创建一个新的波形数据；当“波形”端口连接了一个波形数据时，该函数会根据输入的值来修改这个波形数据中的值，并输出修改后的波形数据。创建波形函数的图标及端口定义如图 8-8 所示。

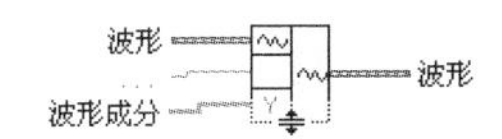

图 8-8　创建波形函数的图标及端口定义

创建波形并获取波形成分的程序框图如图 8-9 所示。注意要在第一个设置变体属性函数上创建一个空常量。当加入波形类型和波形长度属性时，需要用到设置变体属性函数，也可以使用后面介绍的设置波形属性函数。

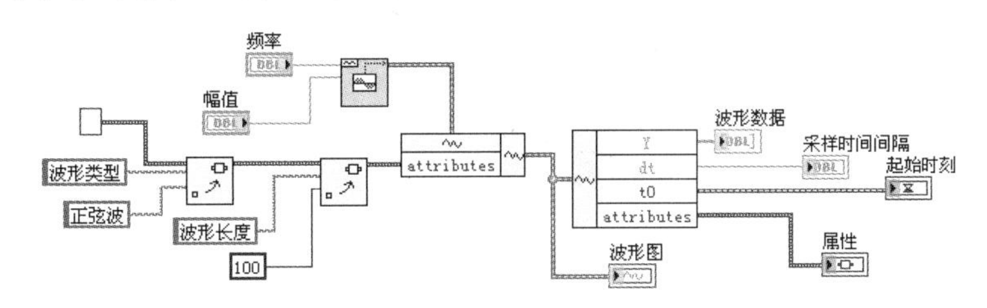

图 8-9　创建波形并获取波形成分的程序框图

其相应的前面板如图 8-10 所示。需要注意的是，对于所创建的波形，其属性元素一开始是隐藏的，即在默认状态下只显示波形数据中的前 3 个元素（波形数据、起始时刻、采样间隔时间），可以在前面板的输出波形控件上右击，在弹出的快捷菜单中选择“显示项”→“属性”选项。

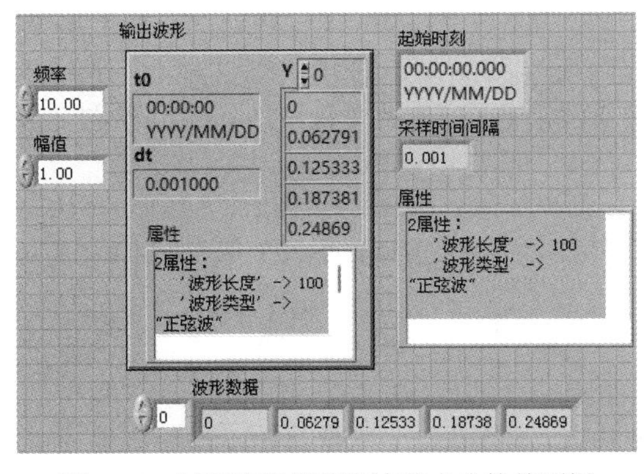

图 8-10　创建波形并获取波形成分的前面板

3．设置波形属性和获取波形属性

设置波形属性函数用于为波形数据添加或修改属性，该函数的图标及端口定义如图 8-11 所示。当“名称”输入端口指定的属性已经在波形数据的属性中存在时，该函数将根据“值”输入端口的输入来修改这个属性；当“名称”输入端口指定的属性不存在时，该函数将根据属性名称以及“值”输入端口的输入为波形数据添加一个新的属性。

获取波形属性函数用于从波形数据中获取属性名称和相应的属性值，在“名称”输入端口输入一个属性名称后，若函数找到了该属性名称，则从“值”输出端口返回该属性的属性值（即在“值”端口创建显示控件），返回值的类型为变体型，需要用变体至数据转换函数将其转化为属性值所对应的数据类型之后，才可以使用和处理。获取波形属性函数的图标及端口定义如图 8-12 所示。

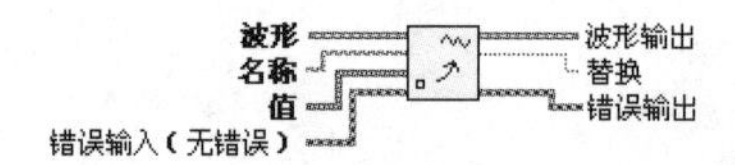

图 8-11　设置波形属性函数的图标及端口定义

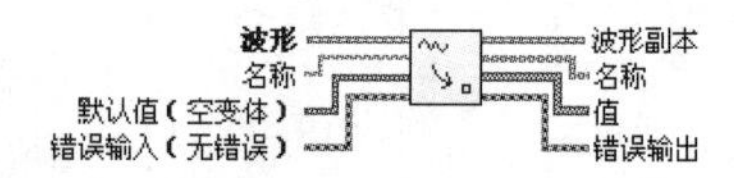

图 8-12　获取波形属性函数的图标及端口定义

如图 8-13 所示为获取波形属性所使用的前面板。

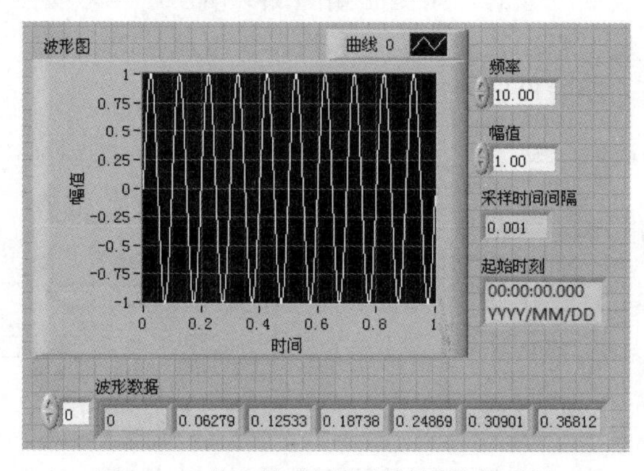

图 8-13　获取波形属性所使用的前面板

4．索引波形数组

索引波形数组 VI 用于从波形数组中取出由“索引”端口指定的波形数据。当向“索引”端口输入一个数字时，此时该 VI 的功能与数组中的索引数组功能类似，即通过输入的数字就可以索引到想得到的波形数据；当输入一个字符串时，该 VI 按照波形数据的属性来搜索波形数据。索引波形数组 VI 的图标及端口定义如图 8-14 所示。

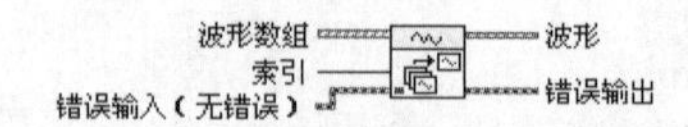

图 8-14　索引波形数组 VI 的图标及端口定义

5．获取波形子集

获取波形子集 VI 的图标及端口定义如图 8-15 所示。其中，“起始采样/时间”端口用于指定子波形的起始位置。“持续时间”端口用于指定子波形的长度。“开始/持续期格式”端口用于指定取出子波形时采用的模式，当选择“相对时间模式”时，该 VI 将按照波形中数据的相对时间取出数据；当选择“采样模式”时，该 VI 将按照数组的波形数据（Y）中的元素的索引取出数据。

如图 8-16 所示为采用相对时间模式对一个已知波形取其子集的程序框图，注意要在输出的波形图的属性中选择不忽略时间标识。

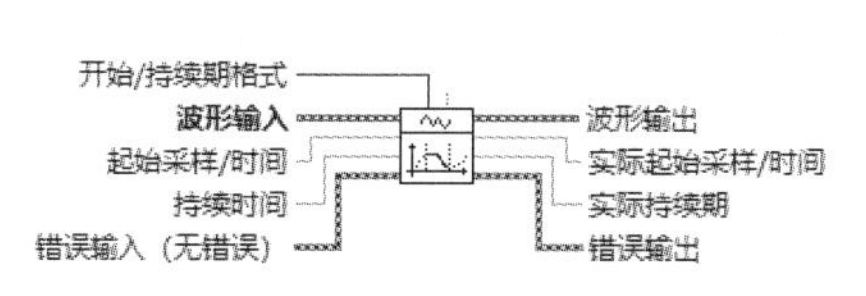

图 8-15　获取波形子集 VI 的图标及端口定义

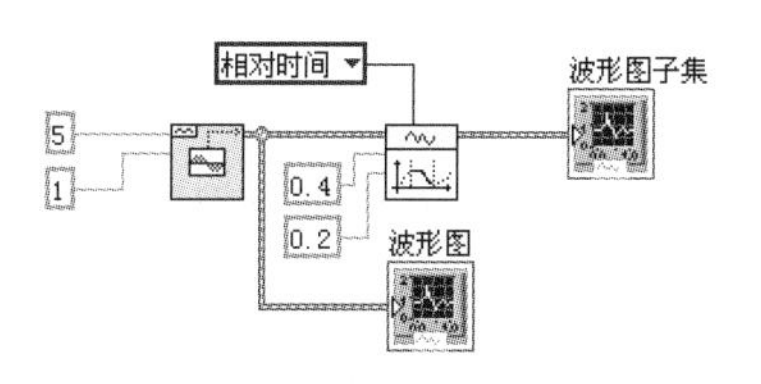

图 8-16　取已知波形子集的程序框图

8.2 波形分析

现实中数字信号无处不在。由于数字信号具有高保真、低噪声和便于处理的优点，所以得到了广泛的应用，例如通信公司使用数字信号传输语音；广播、电视和高保真音像系统也都在逐渐数字化；太空中的卫星将测得的数据以数字信号的形式发送到地面接收站；对遥远星球和外部空间拍摄的照片也是采用数字方式处理，去除干扰，获得有用的信息；经济数据、人口普查结果和股票市场价格等都可以采用数字信号的形式获得。可用计算机处理的信号都是数字信号。

8.2.1　波形生成

LabVIEW 提供了大量的波形生成 VI，它们位于函数选板的“信号处理”→“波形生成”子选板中，如图 8-17 所示。使用这些波形生成 VI 可以生成不同类型的波形信号和合成波形信号。

下面对部分波形生成 VI 的图标及其使用方法进行介绍。

1. 基本函数发生器

基本函数发生器 VI 用于产生并输出指定类型的波形。该 VI 会记住前一个波形的时间标识，并在此时间标识后面继续增加时间标识。它将根据信号类型、采样信息、占空比及频率的输入量来产生波形。基本函数发生器 VI 的图标及端口定义如图 8-18 所示。

☑ 偏移量：信号的直流偏移量，默认为 0.0。

☑ 重置信号：如果该端口输入为 TRUE，将根据相位输入信息重置相位，并且将时间标识重置为 0。默认输入为 FALSE。

☑ 信号类型：波形的类型，包括正弦波、三角波、方波和锯齿波。

☑ 频率：波形的频率，以赫兹为单位，默认为 10。

☑ 幅值：波形的幅值。幅值也是峰值电压，默认为 1.0。

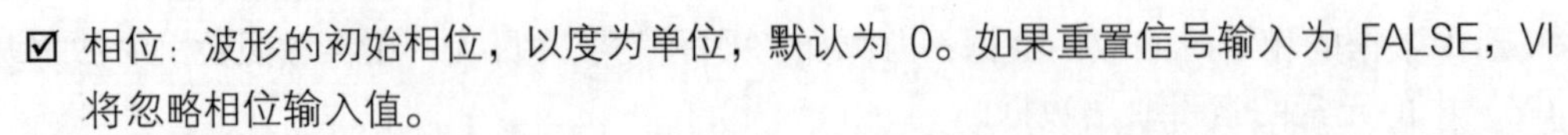

☑ 相位：波形的初始相位，以度为单位，默认为 0。如果重置信号输入为 FALSE，VI 将忽略相位输入值。

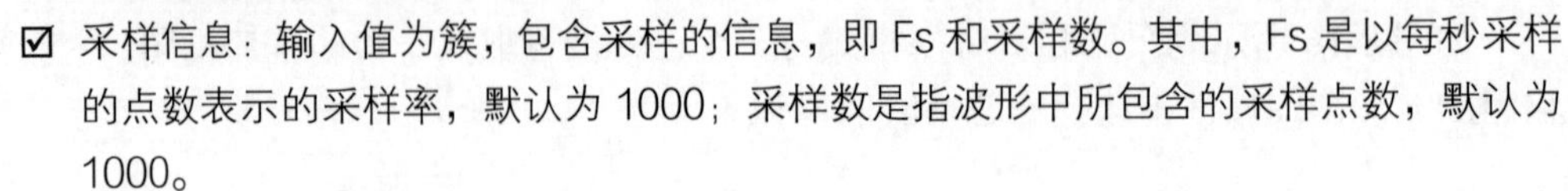

☑ 采样信息：输入值为簇，包含采样的信息，即 Fs 和采样数。其中，Fs 是以每秒采样的点数表示的采样率，默认为 1000；采样数是指波形中所包含的采样点数，默认为 1000。

☑ 方波占空比（%）：在一个周期中高电平相对于低电平所占的时间百分比。只有当信号类型输入端选择方波时，该端子才有效，默认为 50。

☑ 信号输出：输出波形信号。

☑ 相位输出：输出波形的相位，以度为单位。

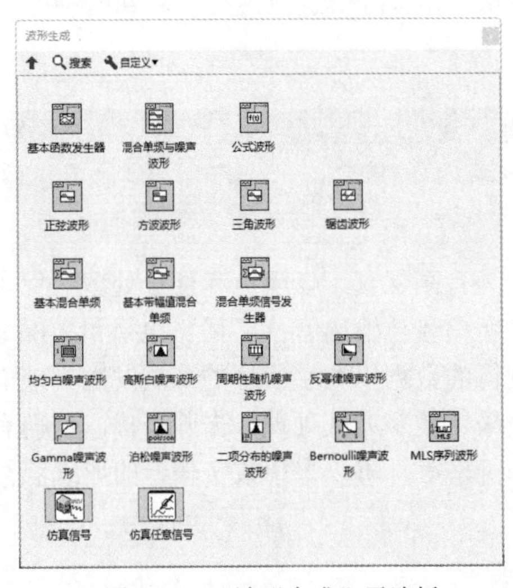

图 8-17 “波形生成”子选板

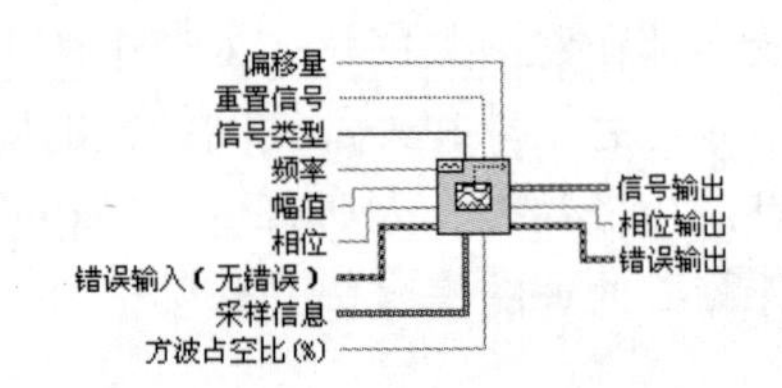

图 8-18 基本函数发生器 VI 的图标及端口定义

2. 混合单频与噪声波形

混合单频与噪声波形 VI 用于产生一个包含正弦单频、噪声及直流分量的波形信号，其图标及端口定义如图 8-19 所示。

☑ 噪声（rms）：所添加高斯噪声的 rms 水平，默认值为 0.0。

3. 公式波形

公式波形 VI 用于生成公式字符串所规定的波形信号，其图标及端口定义如图 8-20 所示。

☑ 公式：用来产生信号输出波形，默认为 sin(*w** *t*)*sin[2*pi(1)*10]。

图 8-19 混合单频与噪声波形 VI 的图标及端口定义　　图 8-20 公式波形 VI 的图标及端口定义

实例：生成公式信号

本实例演示使用公式波形 VI 产生不同形式的波形信号，对应的程序框图如图 8-21 所示。

（1）新建 VI。选择菜单栏中的“文件”→“新建 VI”选项，新建一个 VI。

（2）保存 VI。选择菜单栏中的“文件”→“另存为”选项，设置 VI 名称为“生成公式信号”。

（3）打开前面板，在控件选板中选择“新式”→“图形”→“波形图”控件，将其放置到前面板。

（4）将界面切换到程序框图，在函数选板中选择“信号处理”→“波形生成”→“公式波形”VI，将其放置到程序框图，并连接波形图控件。

（5）在“公式波形”VI 上单击右键，选择“创建”→“所有输入控件和显示控件”快捷菜单选项，如图 8-22 所示，以创建输入控件和显示控件。然后将多余的控件删除，并取消勾选“显示为图标”选项，结果如图 8-23 所示。

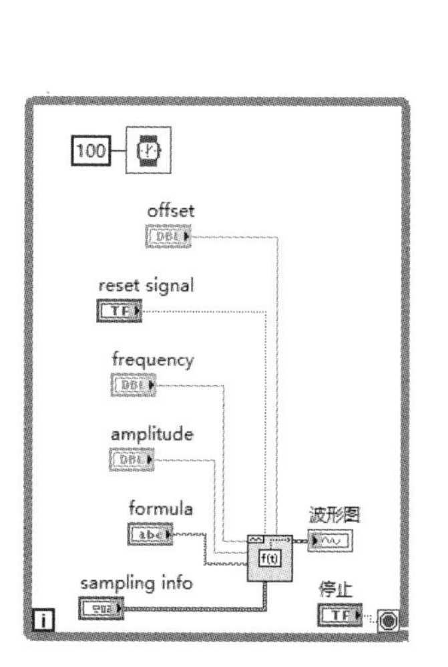

图 8-21　程序框图

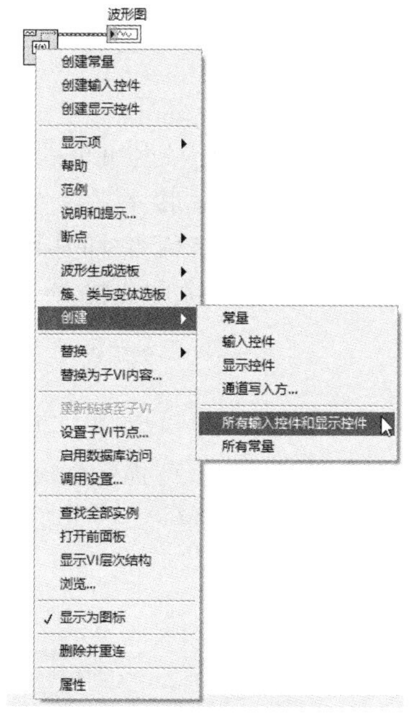

图 8-22　快捷菜单

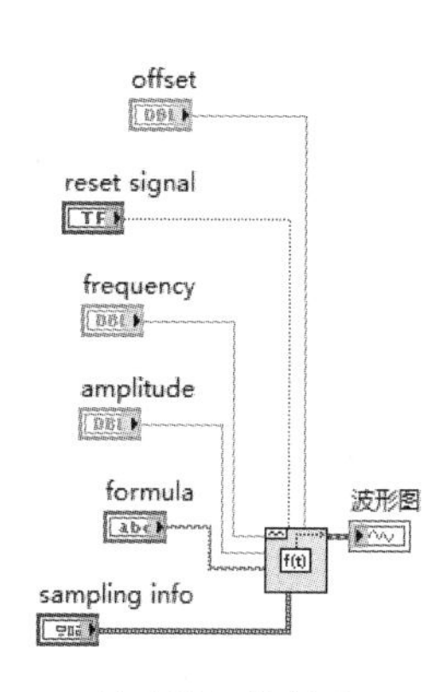

图 8-23　创建输入控件和显示控件

（6）在函数选板中选择“编程”→“结构”→“While 循环”函数，并在程序框图中拖曳出适当大小的矩形框。

（7）在 While 循环内部的“循环条件”图标上单击右键，创建“停止”输入控件，并取消勾选“显示为图标”选项。

（8）在函数选板中选择“编程”→“定时”→“等待”函数，将其放置到程序框图中，并创建常量 100。

（9）单击工具栏中的“整理程序框图”按钮，整理程序框图，结果如图 8-21 所示。

（10）保持所有控件的初始值为默认值，单击“运行”按钮，运行 VI，前面板显示的运行结果如图 8-24 所示。

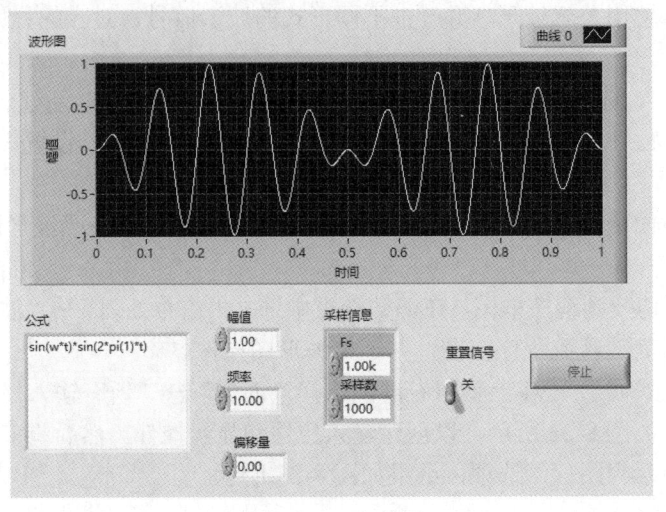

图 8-24　运行结果

4. 正弦波形

正弦波形 VI 用于产生正弦信号波形。该 VI 是可重入的，因此可用来仿真连续采集信号。如果其“重置信号”输入端为 FALSE，接下来对 VI 的调用将产生下一个包含 n 个采样点的波形，该 VI 记忆当前 VI 的相位信息和时间标识，并据此来产生下一个波形的相关信息。正弦波形 VI 的图标及端口定义如图 8-25 所示。

5. 基本混合单频

基本混合单频 VI 用于产生多个单频正弦信号的叠加波形，所产生信号的频率谱在特定频率处是脉冲而在其他频率处是 0。该 VI 根据频率和采样信息产生单频信号（单频信号的相位是随机的，幅值相等），然后将这些单频信号进行合成。基本混合单频 VI 的图标及端口定义如图 8-26 所示。

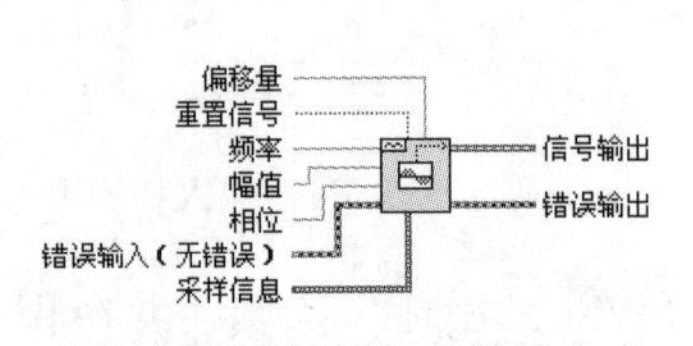

图 8-25　正弦波形 VI 的图标及端口定义

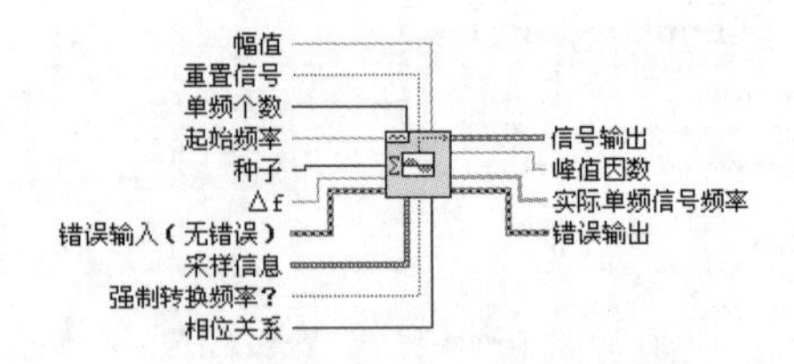

图 8-26　基本混合单频 VI 的图标及端口定义

☑ 幅值：合成波形的幅值，是合成信号幅值绝对值的最大值，默认值为-1。将波形输出到模拟通道时，幅值的选择非常重要。如果硬件支持的最大幅值为 5V，那么应将幅值端口接 5。

☑ 重置信号：如果该输入为 TRUE，则将相位重置为相位输入端的相位值，并将时间标识重置为 0。默认为 FALSE。

☑ 单频个数：在输出波形中出现的单频个数。

Note

☑ 起始频率：产生的单频的最小频率。该频率必须为采样频率和采样数之比的整数倍，默认值为 10。

☑ 种子：如果相位关系输入为线性，将忽略该输入值。

☑ △f：两个单频之间频率的间隔幅度。△f 必须是采样频率和采样数之比的整数倍。

☑ 采样信息：包含 Fs 和采样数，是一个簇数据类型。Fs 是以每秒采样的点数表示的采样率，默认为 1000；采样数是指波形中所包含的采样点数，默认为 1000。

☑ 强制转换频率？：如果该输入为 TRUE，特定单频的频率将被强制为最相近的 Fs/*n* 的整数倍。

☑ 相位关系：所有正弦单频的相位分布方式。该分布影响整个波形峰值与平均值的比，包括 random（随机）和 linear（线性）两种方式。若为随机方式，则相位是从 0 到 360° 之间随机选择的；若为线性方式，则会给出最佳的峰值与均值比。

☑ 信号输出：输出产生的波形信号。

☑ 峰值因数：输出信号的峰值电压与平均值电压之比。

☑ 实际单频信号频率：如果“强制频率转换？”输入为 TRUE，则输出强制转换频率后单频的频率。

6. 基本带幅值混合单频

基本带幅值混合单频 VI 用于产生多个单频正弦信号的叠加波形，所产生信号的频率谱在特定频率处是脉冲而在其他频率处是 0。单频信号的数量由单频幅值数组的大小决定。该 VI 根据频率、幅值、采样信息的输入值产生单频信号（单频信号间的相位关系由“相位关系”输入决定），然后将这些单频信号进行合成。基本带幅值混合单频 VI 的图标及端口定义如图 8-27 所示。

☑ 单频幅值：是一个数组，数组中的元素代表单频信号的幅值。该数组的大小决定了所产生单频信号的数目。

7. 混合单频信号发生器

混合单频信号发生器 VI 用于产生单频正弦信号的合成信号波形，所产生信号的频率谱在特定频率处是脉冲而在其他频率处是 0。该 VI 根据单频频率、单频幅值、单频相位端口输入的信息产生单频信号，然后将这些单频信号进行合成。混合单频信号发生器 VI 的图标及端口定义如图 8-28 所示。

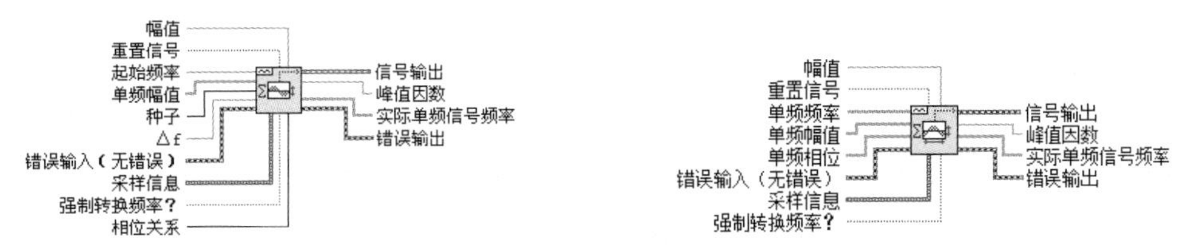

图 8-27　基本带幅值混合单频 VI 的图标及端口定义　图 8-28　混合单频信号发生器 VI 的图标及端口定义

LabVIEW 默认“单频相位”端口输入的是正弦信号的相位，如果“单频相位”端口输入的是余弦信号的相位，则将单频相位输入信号加 90° 即可。如图 8-29 所示为怎样使单频相位输入信息改变为余弦相位。

8．均匀白噪声波形

均匀白噪声波形 VI 用于产生伪随机白噪声，该 VI 的图标及端口定义如图 8-30 所示。

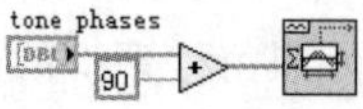

图 8-29　单频相位输入信息改变为余弦相位

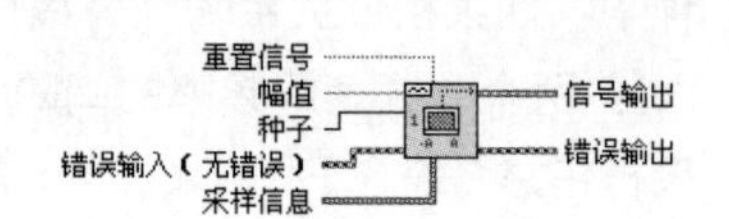

图 8-30　均匀白噪声波形 VI 的图标及端口定义

9．周期性随机噪声波形

周期性随机噪声波形 VI 用于生成包含周期性随机噪声的波形。其输出数组包含了一个整周期的所有频率。每个频率成分的幅度谱均由“幅度谱”端口的输入决定，且相位是随机的。其输出数组也可以认为是幅值相同、相位随机的正弦信号的叠加。周期性随机噪声波形 VI 的图标及端口定义如图 8-31 所示。

10．二项分布的噪声波形

二项分布的噪声波形 VI 的图标及端口定义如图 8-32 所示。

☑ 试验概率：给定试验为 true（1）的概率，默认为 0.5。

☑ 试验：为一个输出信号元素所发生的试验的个数，默认为 1.0。

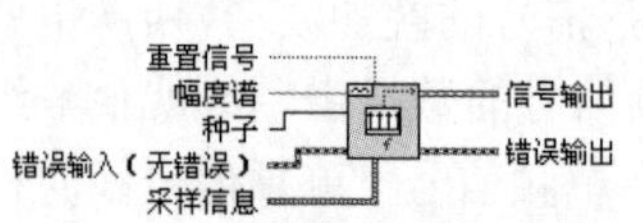

图 8-31　周期性随机噪声波形 VI 的图标及端口定义

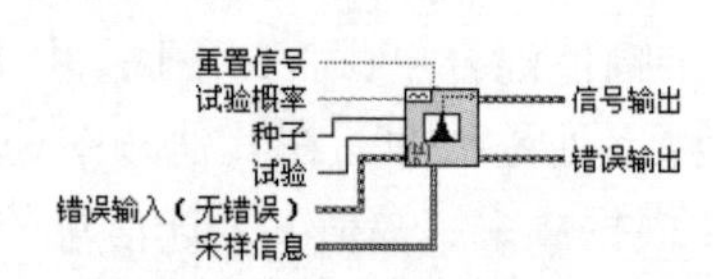

图 8-32　二项分布的噪声波形 VI 的图标及端口定义

11．Bernoulli噪声波形

Bernoulli 噪声波形用于产生伪随机 0-1 信号。信号输出的每一个元素都会经过取 1 概率的输入值运算，如果“取 1 概率”输入端的值为 0.7，那么信号输出的每一个元素都将有 70%的概率为 1，有 30%的概率为 0。Bernoulli 噪声波形 VI 的图标及端口定义如图 8-33 所示。

12．仿真信号

仿真信号 VI 可模拟正弦波、方波、三角波、锯齿波和噪声。该 VI 还存在于函数选板的“Express”→“信号分析”子选板中。

仿真信号 VI 的默认图标如图 8-34 所示。将仿真信号 VI 放置在程序框图上后，会弹出如图 8-35 所示的“配置仿真信号”对话框，在该对话框中可以对仿真信号 VI 的参数进行配置，仿真信号 VI 的图标会发生相应变化。如图 8-36 所示为添加噪声后的仿真信号 VI 图标。另外，在其图标上单击右键，选择“显示为图标”选项，如图 8-37 所示，可以以图标的形式显示该 VI。

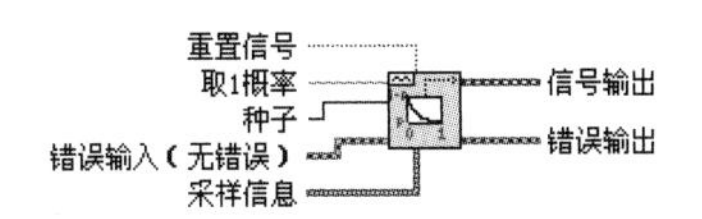

图 8-33　Bernoulli 噪声波形 VI 的图标及端口定义

图 8-34　仿真信号 VI 的默认图标

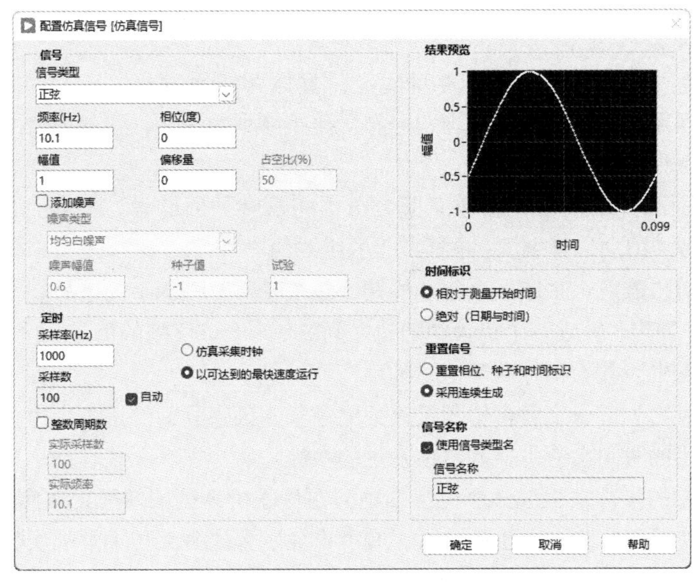

图 8-35　“配置仿真信号”对话框

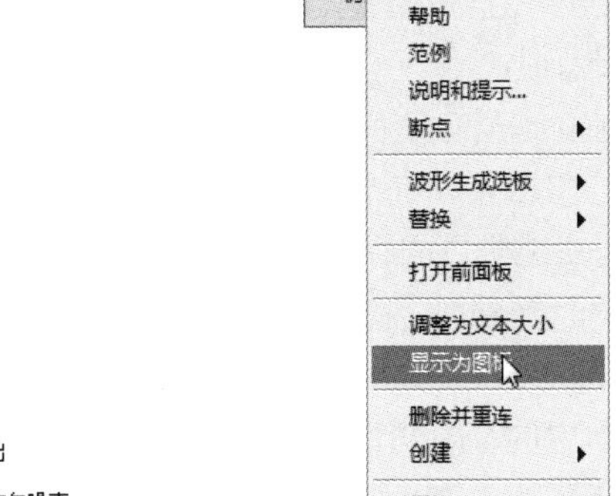

图 8-36　添加噪声后的仿真信号 VI　　图 8-37　以图标形式显示仿真信号 VI

在仿真信号 VI 的图标上双击也会弹出“配置仿真信号”对话框。

下面对“配置仿真信号”对话框中选项组的各选项进行详细介绍。

1）信号

☑ 信号类型：模拟的波形类别，可以是正弦波、矩形波、锯齿波、三角波或噪声（直流）。

☑ 频率（Hz）：以赫兹为单位的波形频率，默认值为 10.1。

☑ 相位（度）：以度数为单位的波形初始相位，默认值为 0。

☑ 幅值：波形的幅值，默认值为 1。

☑ 偏移量：波形信号的直流偏移量，默认值为 0。

☑ 占空比（%）：矩形波在一个周期内高位时间和低位时间的百分比，默认值为 50。

☑ 添加噪声：向模拟波形添加噪声。

☑ 噪声类型：指定向波形添加噪声的类型。只有勾选了“添加噪声”复选框，才可使用该选项。

信号在设置过程中可添加以下 9 种噪声，具体介绍如下：

✓ 均匀白噪声：生成一个包含均匀分布伪随机序列的信号，该序列值的范围是[$-a$:a]，其中，a是幅值的绝对值。

✓ 高斯白噪声：生成一个包含高斯分布伪随机序列的信号，该序列的统计分布图为(μ,sigma)= (0,s)，其中，s是标准差的绝对值。

✓ 周期性随机噪声：生成一个包含周期性随机噪声（PRN）的信号。

✓ Gamma 噪声：生成一个包含伪随机序列的信号，该序列的值是一个均值为 1 的泊松过程中发生阶数次事件的等待时间。

✓ 泊松噪声：生成一个包含伪随机序列的信号，该序列的值是一个速度为 1 的泊松过程在指定的时间均值中离散事件发生的次数。

✓ 二项分布的噪声：生成一个包含二项分布伪随机序列的信号，该序列的值即某个随机事件在重复实验中发生的次数，其中事件发生的概率和重复的次数事先给定。

✓ Bernoulli 噪声：生成一个包含 0 和 1 伪随机序列的信号。

✓ MLS 序列：生成一个包含最大长度的 0、1 序列，该序列由阶数为多项式阶数的模 2 本原多项式生成。

✓ 逆 F 噪声：生成一个包含连续噪声的信号，其频率谱密度在指定的频率范围内与频率成反比。

☑ 噪声幅值：信号可达的最大绝对值，默认值为 0.6。只有选择“噪声类型”下拉菜单中的“均匀白噪声”或“逆 F 噪声”选项时，该选项才可用。

☑ 标准差：生成噪声的标准差，默认值为 0.6。只有选择“噪声类型”下拉菜单中的“高斯白噪声”选项时，该选项才可用。

☑ 频谱幅值：指定仿真信号的频域成分的幅值，默认值为 0.6。只有选择“噪声类型”下拉菜单中的“周期性随机噪声”选项时，该选项才可用。

☑ 阶数：指定均值为 1 的泊松过程的事件次数，默认值为 0.6。只有选择“噪声类型”下拉菜单中的“Gamma 噪声”选项时，该选项才可用。

☑ 均值：指定单位速率的泊松过程的间隔，默认值为 0.6。只有选择“噪声类型”下拉菜单中的“泊松噪声”选项时，该选项才可用。

☑ 试验概率：某个试验为 TRUE 的概率，默认值为 0.6。只有选择“噪声类型”下拉菜单中的“二项分布的噪声”选项时，该选项才可用。

☑ 取 1 概率：指定信号中一个给定元素为 TRUE 的概率，默认值为 0.6。只有选择“噪声类型”下拉菜单中的“Bernoulli 噪声”选项时，该选项才可用。

☑ 多项式阶数：指定用于生成该信号的模 2 本原多项式的阶数，默认值为 0.6。只有选择“噪声类型”下拉菜单中的“MLS 序列”选项时，该选项才可用。

☑ 种子值：该值大于 0 时，可使噪声发生器更换种子值，默认值为-1。LabVIEW 为该

重入 VI 的每个实例单独保存其内部的种子值状态。具体而言，若种子值小于等于 0，LabVIEW 将不对噪声发生器更换种子值，而噪声发生器将继续生成噪声的采样，作为之前噪声序列的延续。

☑ 指数：指定反 f 频谱形状的指数，默认值为 1。只有选择“噪声类型”下拉菜单中的“逆 F 噪声”选项时，该选项才可用。

2）定时

☑ 采样率（Hz）：每秒采样速率，默认值为 1000。

☑ 采样数：信号的采样总数，默认值为 100。

☑ 自动：将采样数设置为采样率（Hz）的十分之一。

☑ 仿真采集时钟：仿真一个类似于实际采样率的采样率。

☑ 以可达到的最快速度运行：在系统允许的条件下尽可能快地对信号进行仿真。

☑ 整数周期数：设置最近频率和采样数，使波形包含整数个周期。

☑ 实际采样数：选择整数周期数时，波形的实际采样数量。

☑ 实际频率：选择整数周期数时，波形的实际频率。

3）时间标识

☑ 相对于测量开始时间：显示数值对象从 0 起经过的小时、分钟及秒数。例如，十进制数 100 等于相对时间 1:40。

☑ 绝对（日期与时间）：显示数值对象从格林尼治标准时间 1904 年 1 月 1 日零点至今经过的秒数。

4）重置信号

☑ 重置相位、种子和时间标识：将相位重设为相位值，将时间标识重设为 0，将种子值重设为-1。

☑ 采用连续生成：对信号进行连续仿真。不重置相位、时间表示或种子值。

5）信号名称

☑ 使用信号类型名：使用默认信号名。

☑ 信号名称：勾选了“使用信号类型名”复选框后，会显示默认的信号名。

6）结果预览

显示仿真信号的预览。

以上所述的绝大部分参数都可以在程序框图中进行设定。

实例：生成混合信号

本实例演示使用基本混合单频 VI 产生不同形式的信号波形，对应的程序框图如图 8-38 所示。

（1）新建 VI。选择菜单栏中的“文件”→“新建 VI”选项，新建一个 VI。

（2）保存 VI。选择菜单栏中的“文件”→“另存为”选项，设置 VI 名称为“生成混合信号”。

（3）打开前面板，在控件选板中选取“新式”→“图形”→“波形图”控件，将其放置到前面板。

（4）将界面切换到程序框图，在函数选板上选择“信号处理”→“波形生成”→“基

本混合单频”VI，将其放置到程序框图中，并连接波形图控件。

（5）在“基本混合单频”VI 上单击右键，选择“创建”→“所有输入控件和显示控件”快捷菜单选项，创建输入控件和显示控件，然后将多余的控件删除，并将各控件取消显示为图标。

（6）在函数选板中选择“编程”→“结构”→“While 循环”函数，并在程序框图中拖曳出适当大小的矩形框。

（7）在循环内部的“循环条件”图标上单击右键，创建“停止”输入控件，取消其显示为图标。

（8）在函数选板中选择“编程”→“定时”→“等待”函数，将其放置到程序框图中，并创建常量 100。

（9）单击工具栏中的“整理程序框图”按钮，整理程序框图，结果如图 8-38 所示。

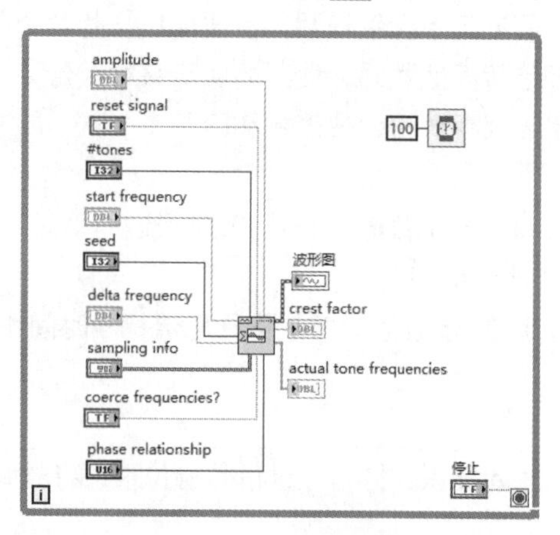

图 8-38 程序框图

（10）将所有控件的初始值设置为默认值，单击“运行”按钮，运行 VI，前面板显示的运行结果如图 8-39 所示。

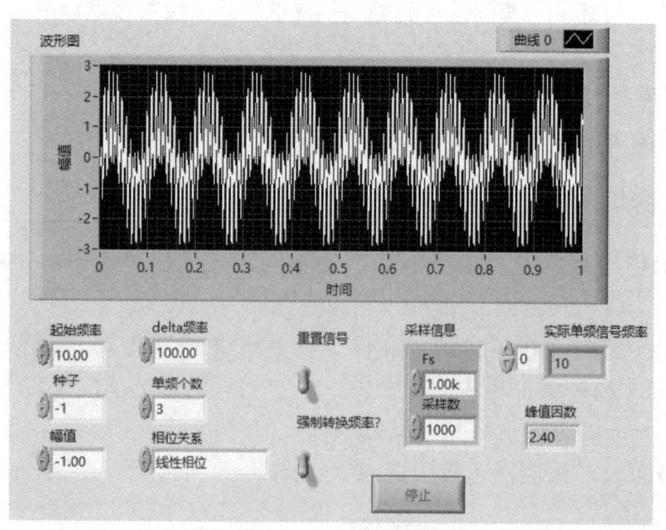

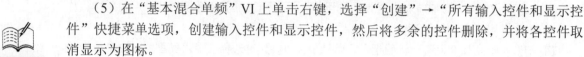

图 8-39 运行结果

Note

8.2.2　波形调理

波形调理 VI 主要用于对信号进行数字滤波和加窗处理，其位于函数选板的“信号处理”→“波形调理”子选板中，如图 8-40 所示。

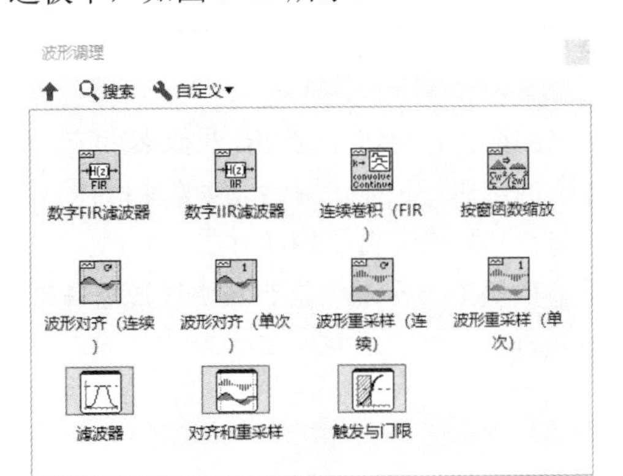

图 8-40　“波形调理”子选板

下面对“波形调理”子选板中包含的 VI 及其使用方法进行介绍。

1. 数字FIR滤波器

数字 FIR 滤波器 VI 可以对单波形和多波形进行滤波。“信号输入”端口和“FIR 滤波器规范”端口输入的数据类型决定了系统使用哪一个 VI 多态实例。数字 FIR 滤波器 VI 的图标及端口定义如图 8-41 所示。

该 VI 根据“FIR 滤波器规范”和“可选 FIR 滤波器规范”端口的输入数组对波形进行滤波。如果对多波形进行滤波，该 VI 将对每一个波形使用不同的滤波器，并且保证波形之间是相互分离的。

（1）FIR 滤波器规范：用于选择一个 FIR 滤波器的最小值。FIR 滤波器规范是一个簇数据类型，它所包含的参数如图 8-42（a）所示。

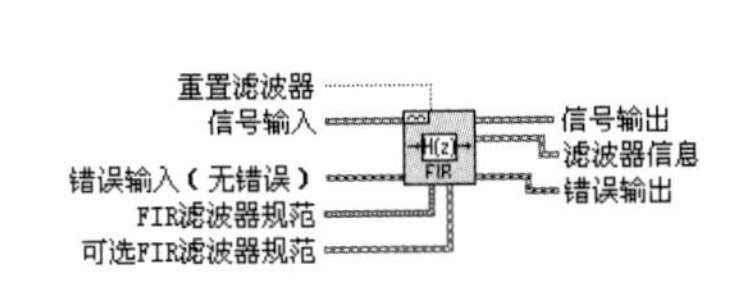

图 8-41　数字 FIR 滤波器 VI 的图标及端口定义

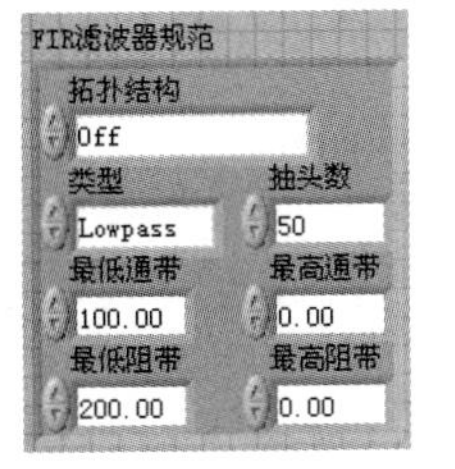

（a）FIR 滤波器规范

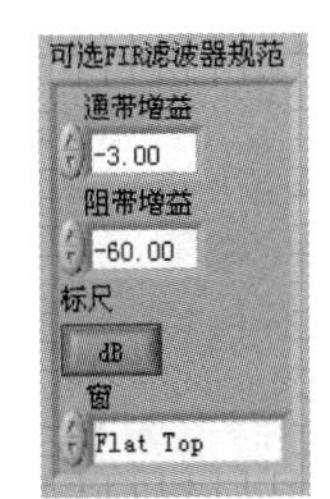

（b）可选 FIR 滤波器规范

图 8-42　滤波器规范对比

- ☑ 拓扑结构：用于决定滤波器的类型，可选项有 Off（默认）、FIR by Specification、Equi-ripple FIR 和 Windowed FIR。
- ☑ 类型：用于决定滤波器的通带，可选项有 Lowpass（低通）、Highpass（高通）、Bandpass（带通）和 Bandstop（带阻）。

☑ 抽头数：FIR 滤波器的抽头数量，默认为 50。
☑ 最低通带：两个通带频率中低的一个，默认为 100Hz。
☑ 最高通带：两个通带频率中高的一个，默认为 0。
☑ 最低阻带：两个阻带中低的一个，默认为 200。
☑ 最高阻带：两个阻带中高的一个，默认为 0。

（2）可选 FIR 滤波器规范：用于设定 FIR 滤波器的可选附加参数，是一个簇数据类型，它所包含的参数如图 8-42（b）所示。

☑ 通带增益：通带频率的增益，可以用线性或对数来表示，默认为-3dB。
☑ 阻带增益：阻带频率的增益，可以用线性或对数来表示，默认为-60dB。
☑ 标尺：决定了通带增益和阻带增益的翻译方法。
☑ 窗：用于选择平滑窗的类型。平滑窗具有减小滤波器通带中的纹波，并改善阻带中滤波器衰减特性的能力。

2．连续卷积（FIR）

连续卷积（FIR）VI 用于将单个或多个信号和一个或多个具有状态信息的 kernel 相卷积，该 VI 可以连续调用。连续卷积（FIR）VI 的图标及端口定义如图 8-43 所示。

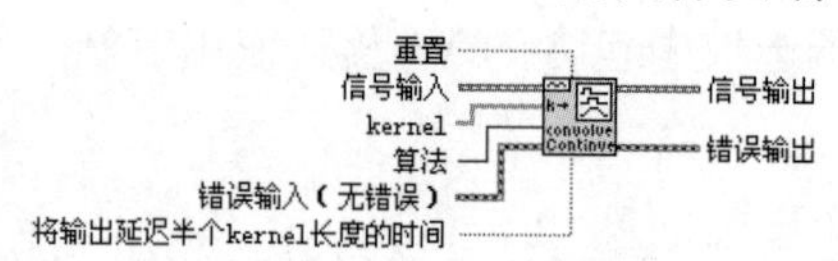

图 8-43　连续卷积（FIR）VI 的图标及端口定义

☑ 信号输入：输入要和 kernel 进行卷积的信号。
☑ kernel：输入被“信号输入”端口输入的信号进行卷积的信号。
☑ 算法：选择计算卷积的方法。当算法选择为 direct 时，该 VI 使用线性卷积进行计算。当算法选择为 frequency domain（默认）时，该 VI 使用基于 FFT 的方法计算卷积。
☑ 将输出延迟半个 kernel 长度的时间：当该端口输入为 TRUE 时，输出信号将在时间上延迟半个 kernel 的长度。半个 kernel 长度是通过 $0.5\times N\times dt$ 得到的，其中，N 为 kernel 中元素的个数，dt 是输入信号的时间。

3．按窗函数缩放

按窗函数缩放 VI 用于对输入的时域信号加窗。不同类型的信号输入将对应不同的多态实例。按窗函数缩放 VI 的图标及端口定义如图 8-44 所示。

4．波形对齐（连续）

波形对齐（连续）VI 用于将波形按元素对齐，并返回对齐的波形。“波形输入”端口输入的波形类型不同将对应不同的多态实例。波形对齐（连续）VI 的图标及端口定义如图 8-45 所示。

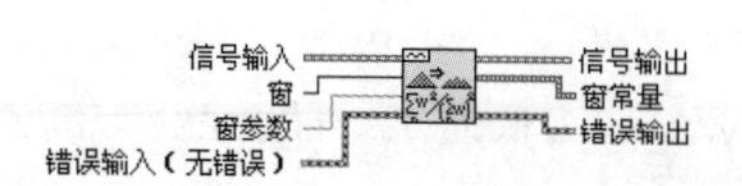

图 8-44　按窗函数缩放 VI 的图标及端口定义

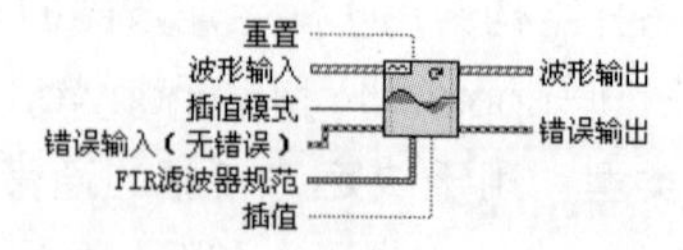

图 8-45　波形对齐（连续）VI 的图标及端口定义

5．波形对齐（单次）

波形对齐（单次）VI 用于将两个波形的元素对齐并返回对齐的波形。连线至“波形输入”端口的数据类型可确定使用的多态实例。波形对齐（单次）VI 的初始图标如图 8-46 所示。

6．滤波器

滤波器 Express VI 用于通过滤波器和窗对信号进行处理。函数选板的“Express”→“信号分析”子选板中也包含该 Express VI。滤波器 Express VI 的初始图标如图 8-47 所示。滤波器 Express VI 也可以像其他 Express VI 一样对图标的显示样式进行改变。

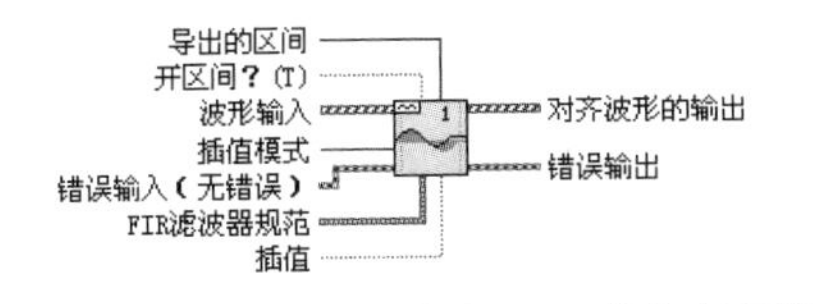

图 8-46　波形对齐（单次）VI 的初始图标

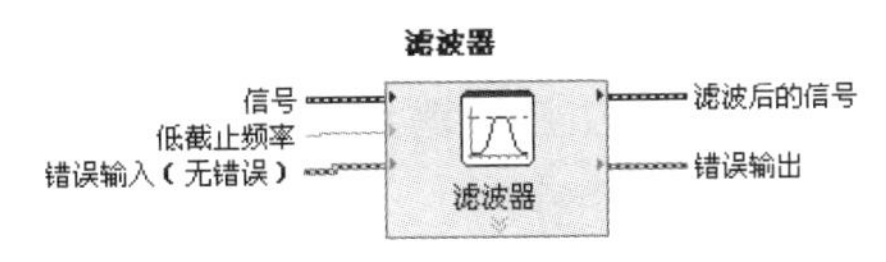

图 8-47　滤波器 Express VI 的初始图标

当将滤波器 Express VI 放置在程序框图上时，会弹出如图 8-48 所示的“配置滤波器”对话框。双击滤波器图标或者在右键快捷菜单中选择“属性”选项也会显示该配置窗口。

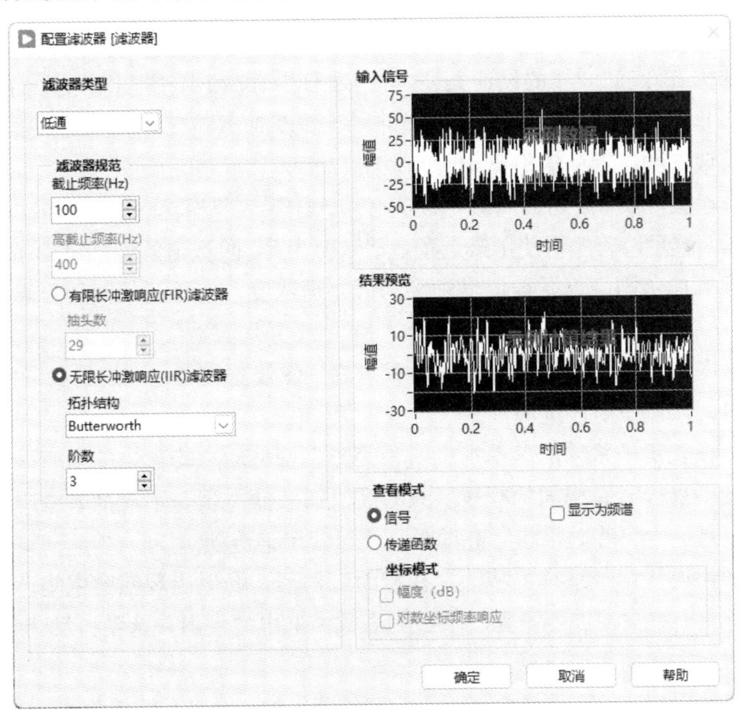

图 8-48　“配置滤波器”对话框

在该对话框中可以对滤波器 Express VI 的参数进行配置，下面对选项组中的各选项进行介绍。

（1）滤波器类型。

在下拉列表框中指定滤波器的类型：低通、高通、带通、带阻和平滑。默认值为低通。

Note

（2）滤波器规范。

☑ 截止频率（Hz）：指定滤波器的截止频率。只有在“滤波器类型”下拉列表框中选择“低通”或“高通”选项时，才可使用该选项。默认值为 100。

☑ 低截止频率（Hz）：指定滤波器的低截止频率。低截止频率（Hz）必须比高截止频率（Hz）低，且符合 Nyquist 准则。默认值为 100。只有在“滤波器类型”下拉列表框中选择“带通”或“带阻”选项时，才可使用该选项。

☑ 高截止频率（Hz）：指定滤波器的高截止频率。高截止频率（Hz）必须比低截止频率（Hz）高，且符合 Nyquist 准则。默认值为 400。只有在“滤波器类型”下拉列表框中选择“带通”或“带阻”选项时，才可使用该选项。

☑ 有限长冲激响应（FIR）滤波器：创建一个 FIR 滤波器，该滤波器仅依赖于当前和过去的输入。因为滤波器不依赖于过往输出，所以在有限时间内脉冲响应可衰减至零。又因为 FIR 滤波器会返回一个线性相位响应，所以 FIR 滤波器可用于需要线性相位响应的应用程序。

☑ 抽头数：指定 FIR 系数的总数，系数必须大于零。默认值为 29。只有选中“有限长冲激响应（FIR）滤波器”选项时，才可使用该选项。增加抽头数的值，可使带通和带阻之间的转化更加急剧，但抽头数增加会降低处理速度。

☑ 无限长冲激响应（IIR）滤波器：创建一个 IIR 滤波器，该滤波器是带脉冲响应的数字滤波器，它的长度和持续时间在理论上是无穷的。

☑ 拓扑结构：确定滤波器的设计类型。可创建 Butterworth、Chebyshev、反 Chebyshev、椭圆和 Bessel 滤波器设计。只有选中“无限长冲激响应（IIR）滤波器”选项时，才可使用该选项。默认值为 Butterworth。

☑ 阶数：设置 IIR 滤波器的阶数，该值必须大于零。只有选中“无限长冲激响应（IIR）滤波器”选项时，才可使用该选项。默认值为 3。阶数值的增加将使带通和带阻之间的转换更加急剧，但阶数值增加会降低处理速度，信号开始时的失真点数量也会增加。

☑ 移动平均：产生前向（FIR）系数。只有在“滤波器类型”下拉列表框中选择“平滑”选项时，才可使用该选项。

☑ 矩形：设置用于采样的移动加权窗为矩形，使移动平均窗中的所有采样在计算每个平滑输出采样时有相同的权重。只有在“滤波器类型”下拉列表框中选中“平滑”选项，且选中“移动平均”选项时，才可使用该选项。

☑ 三角形：设置用于采样的移动加权窗为三角形，峰值出现在窗中间，两边对称斜向下降。只有在“滤波器类型”下拉列表框中选中“平滑”选项，且选中“移动平均”选项时，才可使用该选项。

☑ 半宽移动平均：指定采样中移动平均窗的宽度的一半。默认值为 1。若半宽移动平均为 M，则移动平均窗的全宽为 N=1+2M 个采样，因此，全宽 N 总是奇数个采样。只有在“滤波器类型”下拉列表框中选择“平滑”选项，且选中“移动平均”选项时，才可使用该选项。

☑ 指数：产生首序 IIR 系数。只有在“滤波器类型”下拉列表框中选择“平滑”选项时，才可使用该选项。

☑ 指数平均的时间常量：设置指数加权滤波器的时间常量（秒）。默认值为 0.001。只有“滤波器类型”下拉列表框中选择“平滑”选项，且选中“指数”选项时，才可使用该选项。

（3）输入信号：显示输入信号。若将数据连往该 Express VI 然后运行，则输入信号将显示实际数据；若关闭后再打开该 Express VI，则输入信号将显示采样数据，直到再次运行该 Express VI。

（4）结果预览：显示测量预览。若将数据连往该 Express VI 然后运行，则结果预览将显示实际数据；若关闭后再打开该 Express VI，则结果预览将显示采样数据，直到再次运行该 Express VI。

（5）查看模式。

☑ 信号：以实际信号形式显示滤波器响应。

☑ 显示为频谱：指定将滤波器的实际信号显示为频谱，或保留基于时间的显示方式。频率显示适用于查看滤波器如何影响信号的不同频率成分。默认状态下，按照基于时间的方式显示滤波器响应。只有选中“信号”选项，才可使用该选项。

☑ 传递函数：以传递函数形式显示滤波器响应。

（6）坐标模式。

☑ 幅度（dB）：以 dB 为单位显示滤波器的幅度响应。

☑ 对数坐标频率响应：在对数标尺中显示滤波器的频率响应。

（7）幅度响应：显示滤波器的幅度响应。只有将查看模式设置为“传递函数”时，才可用该显示框。

（8）相位响应：显示滤波器的相位响应。只有将查看模式设置为“传递函数”时，才可用该显示框。

7. 对齐和重采样

对齐和重采样 Express VI 用于改变开始时间，对齐信号；或改变时间间隔，对信号进行重新采样，并返回经调整的信号。对齐和重采样 Express VI 的初始图标如图 8-49 所示，其图标也可以像其他 Express VI 图标一样改变显示样式。

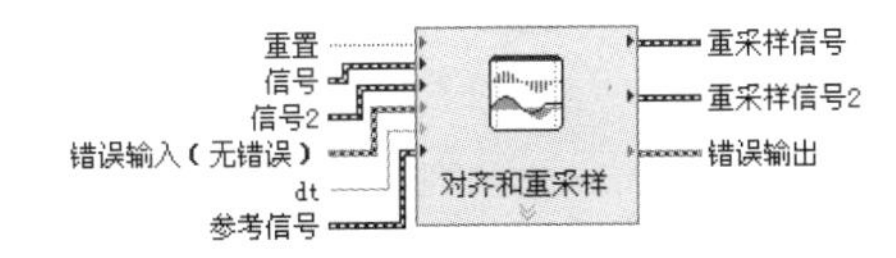

图 8-49　对齐和重采样 Express VI 的初始图标

将对齐和重采样 Express VI 放置在程序框图中后，会弹出“配置对齐和重采样”对话框，如图 8-50 所示。在该对话框中，可以对对齐和重采样 Express VI 的各项参数进行设置和调整。

下面对“配置对齐和重采样”对话框选项组中的各个选项进行介绍。

（1）采集类型。

☑ 单段：每次循环分别进行对齐或重采样。

☑ 连续：将所有循环作为一个连续的信号段进行对齐或重采样。

（2）对齐：对齐信号，使信号的开始时间相同。

（3）对齐区间。

☑ 全程：在最迟开始的信号的起始处及最早结束的信号的结尾处补零，将信号的开始时间和结束时间对齐。

☑ 公有：使用最迟开始信号的开始时间和最早结束信号的结束时间，将信号的开始时间和结束时间对齐。

（4）重采样：按照同样的采样间隔，对信号进行重新采样。

（5）重采样间隔。

☑ 最小 dt：取所有信号中最小的采样间隔，对所有信号重新采样。

☑ 指定 dt：按照用户指定的采样间隔，对所有信号重新采样。

☑ 指定 dt 的文本框：由用户自定义的采样间隔。默认值为 1。

☑ 参考信号：按照参考信号的采样间隔，对所有信号重新采样。

（6）插值模式：重采样时，可能需要向信号添加数据点，插值模式用于控制 LabVIEW 如何计算新添加的数据点的幅值。插值模式包含下列选项：

☑ 线性：返回的输出采样值等于时间上最接近输出采样的那两个输入采样的线性插值。

☑ 强制：返回的输出采样值等于时间上最接近输出采样的那个输入采样的值。

☑ 样条插值：使用样条插值算法计算重采样值。

☑ FIR 滤波：使用 FIR 滤波器计算重采样值。

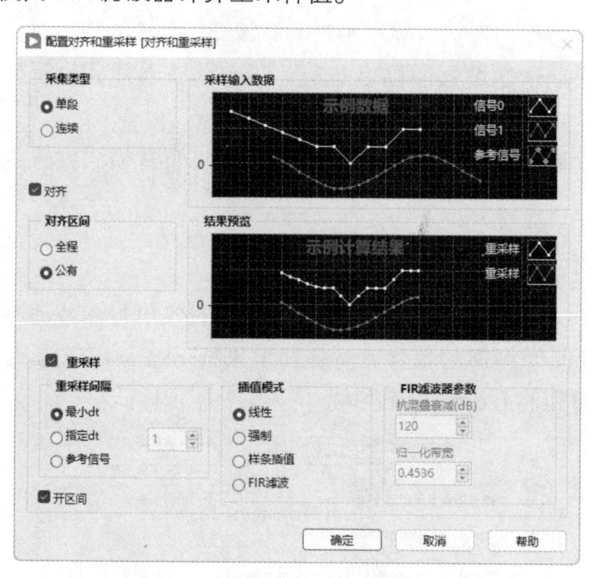

图 8-50 “配置对齐和重采样”对话框

（7）FIR 滤波器参数。

☑ 抗混叠衰减（dB）：指定重采样后混叠的信号分量的最小衰减水平。默认值为 120。只有选中“FIR 滤波”选项，才可使用该选项。

☑ 归一化带宽：指定新的采样速率中不衰减的比例。默认值为 0.4536。只有选中“FIR 滤波”选项，才可使用该选项。

（8）开区间：指定输入信号属于开区间还是闭区间。默认值为 TRUE，即开区间。例如，假设一个输入信号 t0 = 0，dt = 1，Y = {0, 1, 2}，则开区间返回最终时间值为 2，

闭区间返回最终时间值为3。

（9）采样输入数据：显示可用作参考的采样输入信号，以确定用户选择的配置选项如何影响实际输入信号。若将数据连往 Express VI 然后运行，则采样输入数据将显示实际数据；若关闭后再打开该 Express VI，则采样输入数据将显示采样数据，直到再次运行该 Express VI。

（10）结果预览：显示测量预览。若将数据连往 Express VI 然后运行，则结果预览将显示实际数据；若关闭后再打开该 Express VI，则结果预览将显示采样数据，直到再次运行该 Express VI。

对齐和重采样 Express VI 的输入端口可以对其中默认参数进行调节，使用方法请参见“配置对齐和重采样”对话框中各选项的介绍。

8. 触发与门限

触发与门限 Express VI 用于使用触发以提取信号中的一个片段。触发器状态可基于开启或停止触发器的阈值，也可以是静态的。触发器为静态时，触发器立即启动，该 Express VI 返回预定数量的采样。触发与门限 Express VI 的初始图标如图 8-51 所示，其图标也可以像其他 Express VI 图标一样改变显示样式。

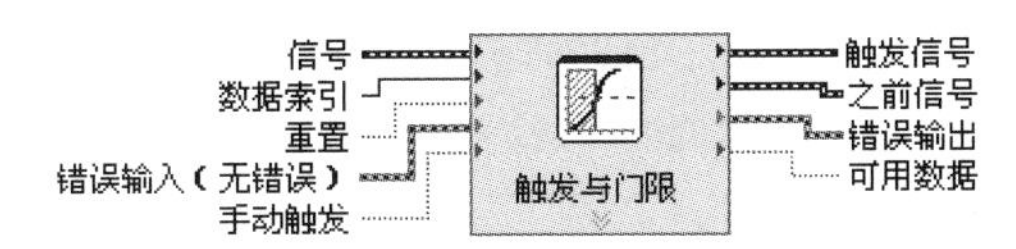

图 8-51　触发与门限 Express VI 的初始图标

将触发与门限 Express VI 放置在程序框图中后，会弹出“配置触发与门限”对话框，如图 8-52 所示。在该对话框中，可以对触发与门限 Express VI 的各项参数进行设置和调整。

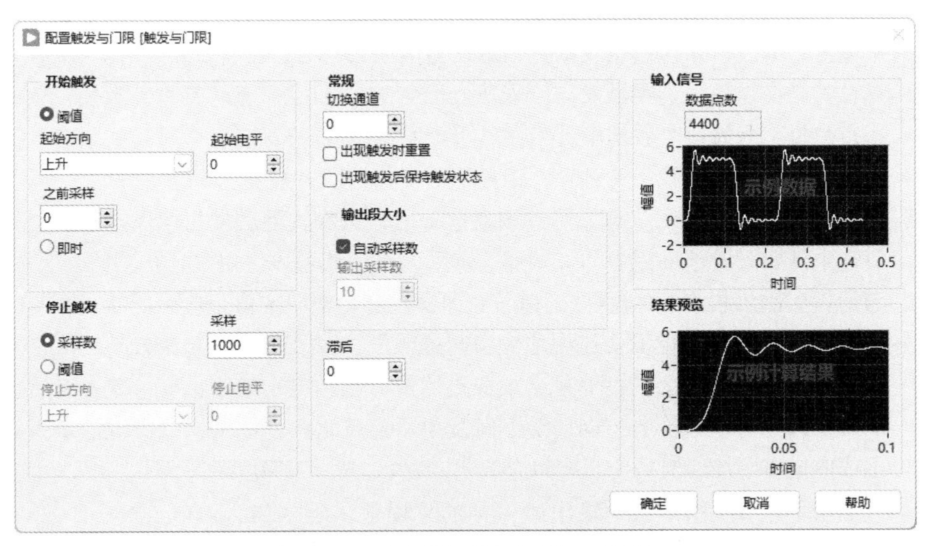

图 8-52　“配置触发与门限”对话框

下面对“配置触发与门限”对话框中各选项组的选项及其使用方法进行介绍。

Note

（1）开始触发。

☑ 阈值：使用阈值指定开始触发的时间。

☑ 起始方向：指定开始采样的信号边缘。可选项有上升、上升或下降、下降。只有选中“阈值”选项时，才可使用该选项。

☑ 起始电平：设置 Express VI 开始采样前，信号在起始方向上必须到达的幅值。默认值为 0。只有选中“阈值”选项时，该选项才可用。

☑ 之前采样：指定起始触发器返回前发生的采样数量。默认值为 0。只有选中“阈值”选项时，该选项才可用。

☑ 即时：设置马上开始触发。信号开始时即开始触发。

（2）停止触发。

☑ 采样数：选中该选项后，当 Express VI 采集到“采样”选项指定的采样数目时，停止触发。

☑ 采样：指定停止触发前的采样数目。默认值为 1000。

☑ 阈值：指定停止触发的时间。

☑ 停止方向：指定停止采样的信号边缘。可选项有上升、上升或下降、下降。只有选中“阈值”选项时，才可使用该选项。

☑ 停止电平：设置 Express VI 开始采样前，信号在停止方向上必须到达的幅值。默认值为 0。只有选中“阈值”选项时，该选项才可用。

（3）常规。

☑ 切换通道：在动态数据类型输入包含多个信号时，指定要使用的通道。默认值为 0。

☑ 出现触发时重置：勾选该复选项后，每次找到触发均重置触发条件。若选中该选项，Express VI 每次循环时，都不将数据存入缓冲区。若每次循环都有新数据集合，且只需找到与第一个触发点相关的数据，则可勾选该复选框。若只为循环传递一个数据集合，然后在循环中调用触发与门限 Express VI 获取数据中所有的触发，则可勾选该复选框。若未勾选该复选框，触发与门限 Express VI 将缓冲数据。需要注意的是，如果在循环中调用触发与门限 Express VI，且每个循环都有新数据，该操作将积存数据（因为每个数据集合包括若干触发点）。这样来自各个循环的所有数据都进入缓冲区，方便查找所有触发，但是不可能找到所有触发。

☑ 出现触发后保持触发状态：勾选该复选项后，每次找到触发后均保持触发状态。只有选中开始触发选项组中的“阈值”选项时，该选项才可用。

☑ 滞后：指定检测到触发电平前，信号必须穿过起始电平或停止电平的量。默认值为 0。使用信号滞后，防止发生错误触发引起的噪声。对于上升缘起始方向或停止方向检测到触发电平穿越之前，信号必须穿过的量为起始电平或停止电平减去滞后。对于下降缘起始方向或停止方向检测到触发电平穿越之前，信号必须穿过的量为起始电平或停止电平加上滞后。

（4）输出段大小：指定每个输出段包括的采样数。默认值为 100。

（5）输入信号：显示输入信号。若将数据连往 Express VI 然后运行，则输入信号将显示实际数据；若关闭后再打开该 Express VI，则输入信号将显示采样数据，直到再次运行该 Express VI。

（6）结果预览：显示测量预览。若将数据连往 Express VI 然后运行，则结果预览将显示实际数据；若关闭后再打开该 Express VI，则结果预览将显示采样数据，直到再次运行该 Express VI。

该 Express VI 的输入端口可以对其中默认参数进行调节，使用方法请参见“配置触发与门限”对话框中各选项的介绍。

“波形调理”子选板中其他节点的使用方法与以上介绍的节点类似，这里不再叙述。

8.2.3　波形测量

“波形测量”子选板中的 VI 用于进行最基本的时域和频域测量，例如直流、平均值、单频频率/幅值/相位测量，谐波失真测量，以及信噪比及 FFT 测量等。波形测量 VI 在函数选板的“信号处理”→“波形测量”子选板中，如图 8-53 所示。

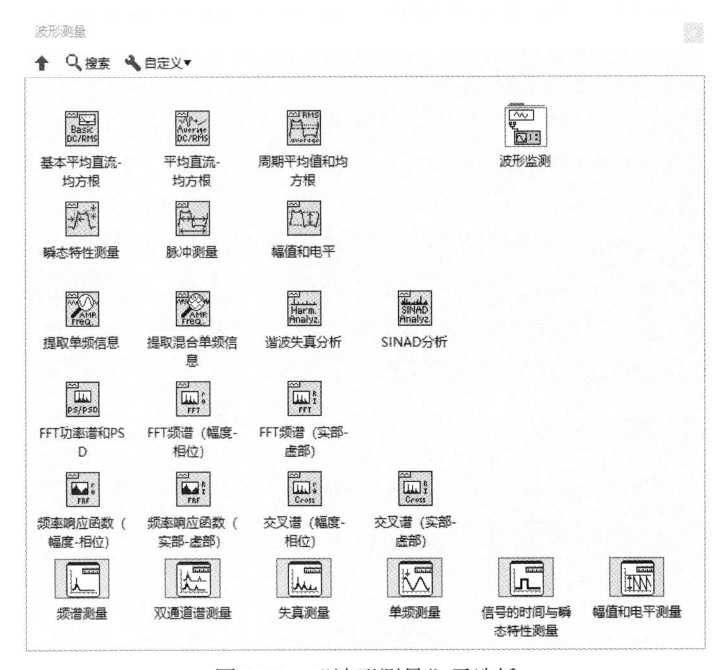

图 8-53　“波形测量”子选板

1．基本平均直流-均方根

基本平均直流-均方根 VI 用于对“信号输入”端口输入的波形或数组进行加窗，然后根据“平均类型”端口的值计算加窗信号的平均直流及均方根。“信号输入”端口输入的信号类型不同将使用不同的多态实例。基本平均直流-均方根 VI 的图标及端口定义如图 8-54 所示。

☑ 平均类型：设置在测量期间使用的平均类型。可选项有 Linear（线性）和 Exponential（指数）。

☑ 窗：设置在计算平均直流及均方根之前给信号加的窗。可选项有 Rectangular（无窗）、Hanning 和 Low side lobe。

2. 瞬态特性测量

瞬态特性测量 VI 用于对“信号输入”端口输入波形或波形数组，测量其瞬态持续时间（上升时间或下降时间）、边沿斜率、前冲或过冲。“信号输入”端口输入的信号类型不同将使用不同的多态实例。瞬态特性测量 VI 的图标及端口定义如图 8-55 所示。

☑ 极性（上升）：设置瞬态信号的方向。可选项有上升和下降，默认为上升。

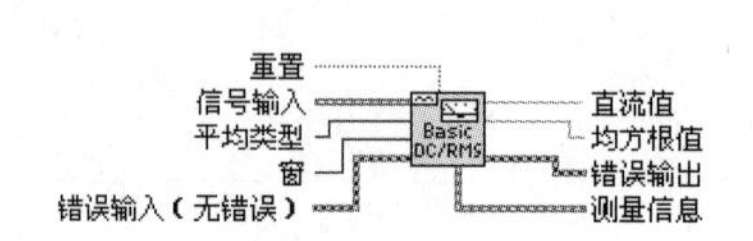

图 8-54　基本平均直流-均方根 VI 的图标及端口定义

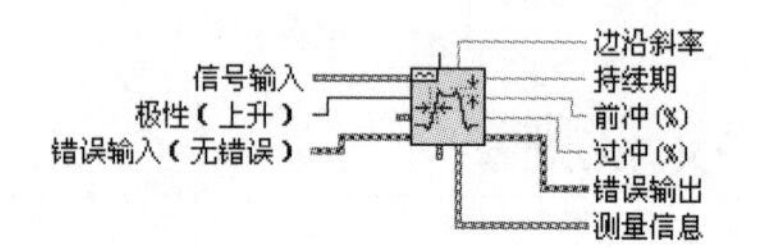

图 8-55　瞬态特性测量 VI 的图标及端口定义

3. 提取单频信息

提取单频信息 VI 用于对“时间信号输入”端口输入的信号进行检测，返回单频频率、幅值和相位信息。“时间信号输入”端口输入的信号类型决定了使用的多态实例。提取单频信息 VI 的图标及端口定义如图 8-56 所示。

☑ 导出信号：设置“导出的信号”端口输出的信号。可选项有 none（无返回信号，用于快速运算）、input signal（输入信号）、detected signal（正弦单频）和 residual signal（残余信号）。

☑ 高级搜索：控制检测的频率范围、中心频率及带宽，使用该端口可以缩小搜索的范围。该输入是一个簇数据类型，如图 8-57 所示。其中，“近似频率”选项用于设置在频域中搜索正弦单频时所使用的中心频率；“搜索”选项用于设置在频域中搜索正弦单频时所使用的频率宽度，是采样的百分比。

4. FFT频谱（幅度-相位）

FFT 频谱（幅度-相位）VI 用于计算时间信号的 FFT 频谱。该 VI 的返回结果是幅度和相位。“时间信号”端口输入的信号类型决定了使用的多态实例。FFT 频谱（幅值-相位）VI 的图标及端口定义如图 8-58 所示。

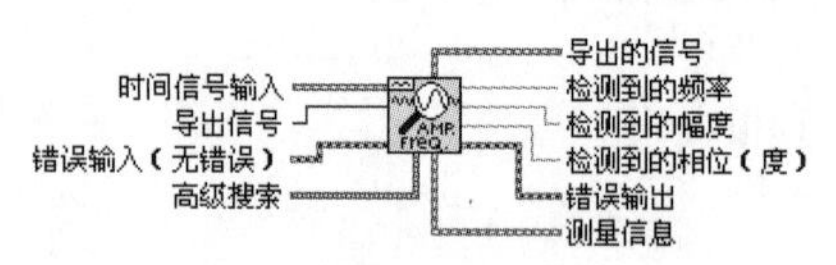

图 8-56　提取单频信息 VI 的图标及端口定义

高级搜索
近似频率（可选）
-1.00
搜索（F采样的+/- %）
5.00

图 8-57　高级搜索

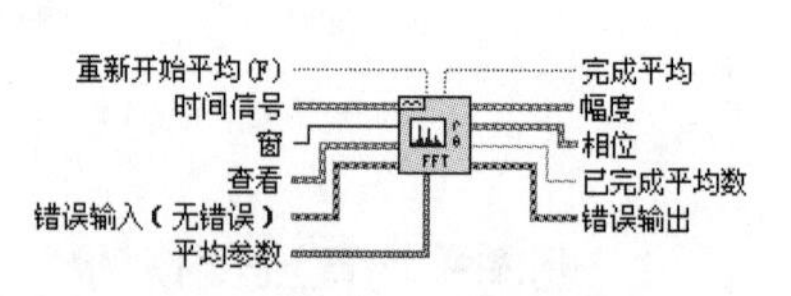

图 8-58　FFT 频谱（幅度-相位）VI 的图标及端口定义

☑ 重新开始平均（F）：如果需要重新开始平均过程时，则需要选择该端口。

☑ 窗：设置所使用的时域窗。可选项有矩形窗、Hanning 窗（默认）、Hamming 窗、Blackman-Harris 窗、Exact Blackman 窗、Blackman 窗、Flat Top 窗、4 阶 Blackman-Harris 窗、7 阶 Blackman-Harris 窗、Low Sidelobe 窗、Blackman Nuttall 窗、三角窗、Bartlett-Hanning 窗、Bohman 窗、Parzen 窗、Welch 窗、Kaiser 窗、Dolph-Chebyshev 窗和高斯窗。

☑ 查看：定义了怎样返回不同的结果，其输入量是一个簇数据类型，如图 8-59 所示。其中，“显示为 dB（F）”选项用于设置结果是否以分贝的形式表示，默认为 FALSE。“展开相位（F）”选项用于设置是否将相位展开，默认为 FALSE。“转换为度（F）”选项用于是否将输出相位结果的弧度表示转换为度表示，默认为 FALSE。

☑ 平均参数：定义了如何计算平均值，其输入量是一个簇数据类型，如图 8-60 所示。其中，“平均模式”选项用于选择平均模式，可选项有 No averaging（默认）、Vector averaging、RMS averaging 和 Peak hold。“加权模式”选项用于为 RMS averaging 和 Vector averaging 设置加权模式，可选项有 Linear（线性）模式和 Exponential（指数）模式（默认）。“平均数目”用于设置进行 RMS 和 Vector 平均时使用的平均数目。如果加权模式为 Exponential（指数），则平均过程连续进行；如果加权模式为 Linear（线性），则在所选择的平均数目被运算后，平均过程将停止。

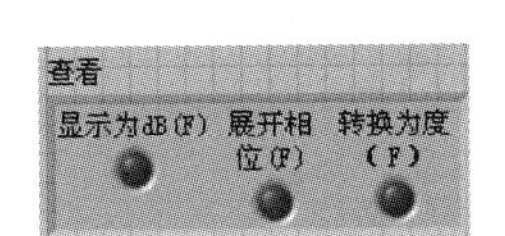

图 8-59 “查看”端口输入控件

图 8-60 “平均参数”端口输入控件

Note

5．频率响应函数（幅度-相位）

频率响应函数（幅度-相位）VI 用于计算输入信号的频率响应及相关性。该 VI 的返回结果是幅度相位及相关性。一般来说，“时间信号 X”端口输入的是激励，而“时间信号 Y”端口输入的是系统的响应。每一个时间信号都对应一个单独的 FFT 模块，因此必须将每一个时间信号都输入一个 VI 中。频率响应函数（幅度-相位）VI 的图标及端口定义如图 8-61 所示。

☑ 重新开始平均（F）：设置 VI 是否重新开始平均。如果输入为 TRUE，VI 将重新开始所选择的平均过程；如果输入为 FALSE，VI 将不重新开始所选择的平均过程。默认为 FALSE。当第一次调用频率响应函数（幅度-相位）VI 时，平均过程将自动重新开始。

6．频谱测量

频谱测量 Express VI 用于进行基于 FFT 的频谱测量，如信号的平均幅度频谱、功率谱、相位谱。频谱测量 Express VI 的初始图标如图 8-62 所示。该 Express VI 的图标也可以像其他 Express VI 图标一样改变显示样式。

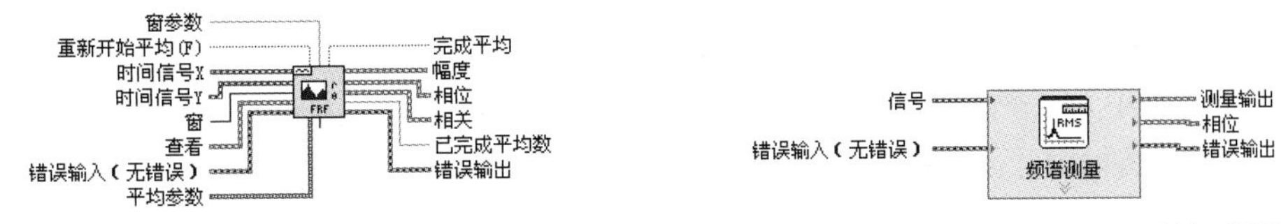

图 8-61 频率响应函数（幅度-相位）VI 的图标及端口定义

图 8-62 频谱测量 Express VI 的初始图标

将频谱测量 Express VI 放置在程序框图中后，会弹出“配置频谱测量”对话框，如

图 8-63 所示。在该对话框中，可以对频谱测量 Express VI 的各项参数进行设置和调整。

Note

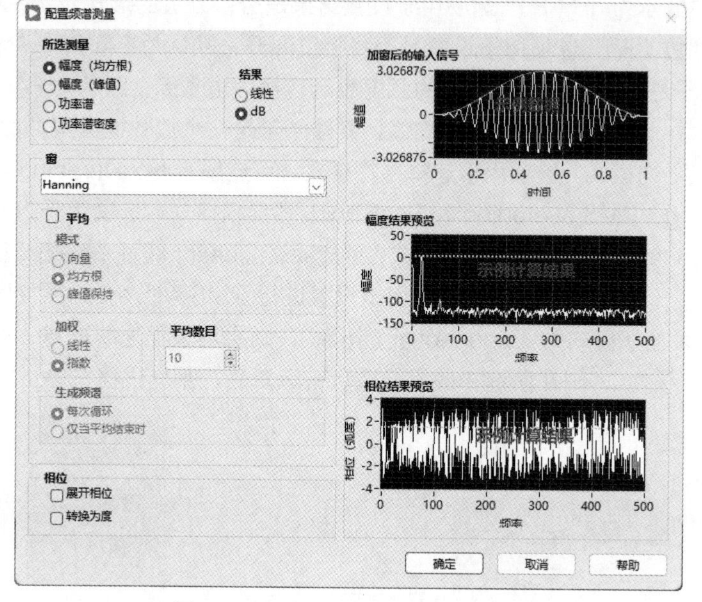

图 8-63 “配置频谱测量”对话框

下面对“配置频谱测量”对话框各选项组中的选项进行介绍。

（1）所选测量。

☑ 幅度（峰值）：测量频谱，并以峰值的形式显示结果。该测量量通常与要求幅度和相位信息的高级测量量配合使用。频谱的幅度以峰值测量，例如，幅值为 A 的正弦波在频谱的相应频率上会产生一个 A 的幅值。将相位设置为展开相位或转换为度，可分别展开相位频谱或将其从弧度转换为角度。若勾选“平均”复选框，则运算后相位输出为 0。

☑ 幅度（均方根）：测量频谱，并以均方根（RMS）的形式显示结果。该测量量通常与要求幅度和相位信息的高级测量量配合使用。频谱的幅度以均方根测量，例如，幅值为 A 的正弦波在频谱的相应频率上会产生一个 $0.707\times A$ 的幅值。将相位设置为展开相位或转换为度，可分别展开相位频谱或将其从弧度转换为角度。若勾选“平均”复选框，则运算后相位输出为 0。

☑ 功率谱：测量频谱，并以功率的形式显示结果。所有相位信息都在计算中丢失。该测量量通常用来检测信号中的不同频率分量。虽然平均化计算功率谱不会降低系统中的非期望噪声，但是平均计算提供了测试随机信号电平的可靠统计估计。

☑ 功率谱密度：测量频谱，并以功率谱密度（PSD）的形式显示结果。将频率谱归一化可得到频率谱密度，其中各频率谱区间中的频率按照区间宽度进行归一化。通常使用这种测量量检测信号的本底噪声或特定频率范围内的功率。根据区间宽度归一化频率谱，使该测量量独立于信号持续时间和样本数量。

（2）结果。

☑ 线性：以原单位返回结果。

☑ dB：以分贝（dB）为单位返回结果。

（3）窗。

☑ 无：不在信号上使用窗。

☑ Hanning：在信号上使用 Hanning 窗。

☑ Hamming：在信号上使用 Hamming 窗。

☑ Blackman-Harris：在信号上使用 Blackman-Harris 窗。

☑ Exact Blackman：在信号上使用 Exact Blackman 窗。

☑ Blackman：在信号上使用 Blackman 窗。

☑ Flat Top：在信号上使用 Flat Top 窗。

☑ 4 阶 B-Harris：在信号上使用 4 阶 B-Harris 窗。

☑ 7 阶 B-Harris：在信号上使用 7 阶 B-Harris 窗。

☑ Low Sidelobe：在信号上使用 Low Sidelobe 窗。

（4）平均：设置频谱测量 Express VI 是否计算平均值。

☑ 模式。

向量：计算复数 FFT 频谱的平均值。向量平均从同步信号中消除噪声。

均方根：计算信号 FFT 频谱的平均能量或功率。

峰值保持：在每条频率线上单独求平均，将峰值电平从一个 FFT 记录保持到下一个。

☑ 加权。

线性：指定线性平均，计算数据包的非加权平均值。数据包的个数由用户在“平均数目”数字框中指定。

指数：指定指数平均，计算数据包的加权平均值。数据包的个数由用户在“平均数目”数字框中指定。求指数平均时，数据包的时间越新，其权重值越大。

☑ 平均数目：指定待求平均的数据包数量。默认值为 10。

（5）生成频谱。

☑ 每次循环：Express VI 每次循环后返回频谱。

☑ 仅当平均结束时：只有当 Express VI 收集到在“平均数目”数字框中指定数目的数据包时，才返回频谱。

（6）相位。

☑ 展开相位：在输出相位上启用相位展开。

☑ 转换为度：以度为单位返回相位结果。

（7）加窗后输入信号：显示加窗后的输入信号。若将数据连往 Express VI 然后运行，则加窗后输入信号将显示实际数据；若关闭后再打开该 Express VI，则加窗后输入信号将显示采样数据，直到再次运行该 Express VI。

（8）幅度结果预览：显示信号幅度测量的预览。若将数据连往 Express VI 然后运行，则幅度结果预览将显示实际数据；若关闭后再打开该 Express VI，则幅度结果预览将显示采样数据，直到再次运行该 Express VI。

7. 失真测量

失真测量 Express VI 用于在信号上进行失真测量，如音频分析、总谐波失真（THD）、信号与噪声失真比（SINAD）。失真测量 Express VI 的初始图标如图 8-64 所示，该 Express

VI 的图标也可以像其他 Express VI 图标一样改变显示样式。

将失真测量 Express VI 放置在程序框图中后，会弹出“配置失真测量”对话框，如图 8-65 所示。在该对话框中，可以对失真测量 Express VI 的各项参数进行设置和调整。

图 8-64　失真测量 Express VI 的初始图标

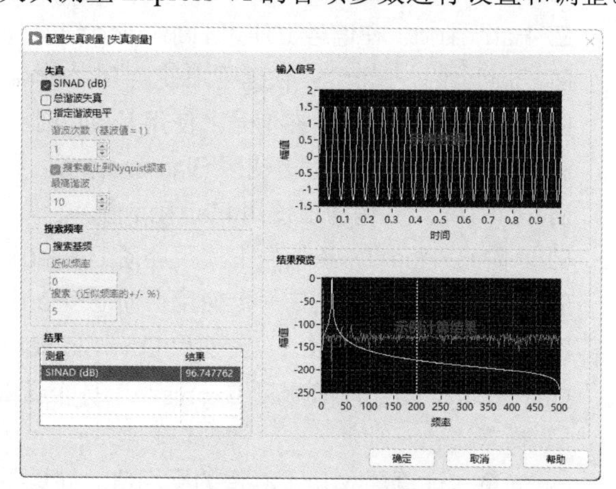

图 8-65　配置失真测量

下面对“配置失真测量”对话框选项组中的选项进行介绍。

（1）失真。

☑ SINAD（dB）：计算测得的信号到噪声及失真比（SINAD）。SINAD 是信号 RMS 能量与信号 RMS 能量减去基波能量所得结果之比，单位为 dB。如需以 dB 为单位计算总谐波失真和噪声，可取消选择勾选该选项。

☑ 总谐波失真：计算达到最高谐波时测量到的总谐波失真（THD，包括最高谐波在内）。THD 是谐波的均方根总量与基频幅值之比。要将 THD 作为百分比来使用，将其乘以 100 即可。

☑ 指定谐波电平：返回用户指定的谐波。

☑ 谐波次数（基波值=1）：指定要测量的谐波。只有勾选了“指定谐波电平”复选框，才可使用该选项。

☑ 搜索截止到 Nyquist 频率：指定在谐波搜索中仅搜索包含低于 Nyquist 频率（即采样频率的一半）的频率。只有勾选了“总谐波失真”或“指定谐波电平”复选框，才可使用该选项。若取消勾选该选项，则失真测量 Express VI 继续搜索超出 Nyquist 频率的频域，更高的频率成分已根据方程 aliased f=Fs-(f modulo Fs)混叠，其中 Fs=1/dt=采样频率。

☑ 最高谐波：控制最高谐波（包括基频），用于谐波分析。例如，对于三次谐波分析，将最高谐波设为 3，以测量基波、二次谐波和三次谐波。只有勾选了“总谐波失真”或“指定谐波电平”复选框，才可使用该选项。

（2）搜索频率。

☑ 搜索基频：控制频域搜索范围，指定中心频率和频率宽度，用于寻找信号的基频。

☑ 近似频率：用于在频域中搜索基频的中心频率。默认值为 0。如将近似频率设为-1，失真测量 Express VI 将使用幅值最大的频率作为基频。只有勾选了“搜索基频”复选框，才可使用该选项。

Note

☑ 搜索（近似频率的+/−%）：指定频带宽度，以采样频率的百分数表示，用于在频域中搜索基频。默认值为 5。只有勾选了“搜索基频”复选框，才可使用该选项。

（3）结果：显示失真测量 Express VI 所设定的测量及测量结果。单击测量栏中列出的任意测量项，结果预览中将出现相应的数值或图标。

（4）输入信号：显示输入信号。若将数据连往 Express VI 然后运行，则输入信号将显示实际数据；若关闭后再打开该 Express VI，则输入信号将显示采样数据，直到再次运行该 Express VI。

（5）结果预览：显示测量预览。若将数据连往 Express VI 然后运行，则结果预览将显示实际数据；若关闭后再打开该 Express VI，则结果预览将显示采样数据，直到再次运行该 Express VI。

8．幅值和电平测量

幅值和电平测量 Express VI 用于测量电平和电压，其初始图标如图 8-66 所示。该 Express VI 的图标也可以像其他 Express VI 图标一样改变显示样式。

将幅值和电平测量 Express VI 放置在程序框图中后，会弹出“配置幅值和电平测量”对话框，如图 8-67 所示。在该对话框中，可以对幅值和电平测量 Express VI 的各项参数进行设置和调整。

信号
错误输入（无错误）
幅值和电平测量
错误输出

图 8-66　幅值和电平测量 Express VI 的初始图标

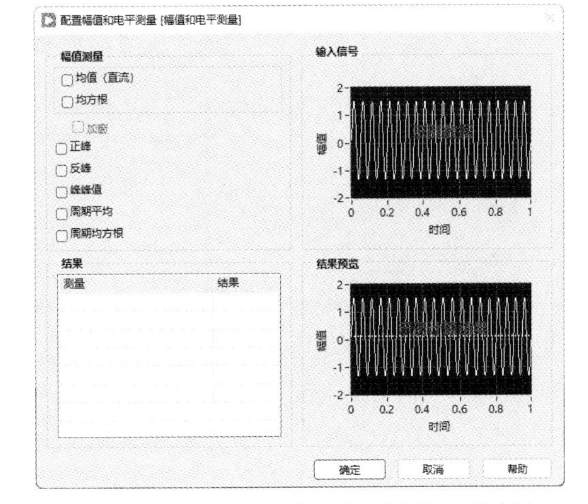

图 8-67　“配置幅值和电平测量”对话框

下面对“配置幅值和电平测量”对话框各选项组中的选项进行介绍。

（1）幅值测量。

☑ 均值（直流）：采集信号的直流分量。

☑ 均方根：计算信号的均方根值。

☑ 加窗：给信号加一个 low side lobe 窗。只有勾选了“均值（直流）”或“均方根”复选框，才可使用该选项。若能采集到整数个周期或对噪声谱进行分析，则通常不在信号上加窗。

☑ 正峰：测量信号的最高正峰值。

☑ 反峰：测量信号的最低负峰值。

☑ 峰峰值：测量信号最高正峰和最低负峰之间的差值。

☑ 周期平均：测量周期性输入信号一个完整周期的平均电平。

☑ 周期均方根：测量周期性输入信号一个完整周期的均方根值。

Note

（2）结果：显示该 Express VI 所设定的测量以及测量结果。单击测量栏中列出的任意测量项，结果预览中将出现相应的数值或图标。

（3）输入信号：显示输入信号。若将数据连往 Express VI，然后运行，则输入信号将显示实际数据；若关闭后再打开该 Express VI，则输入信号将显示采样数据，直到再次运行该 Express VI。

（4）结果预览：显示测量预览。若将数据连往 Express VI，然后运行，则结果预览将显示实际数据；若关闭后再打开该 Express VI，则结果预览将显示采样数据，直到再次运行该 Express VI。

“波形测量”子选板中的其他 VI 节点的使用方法与以上介绍的节点类似。

实例：分析频谱相位

本实例演示 FFT 频谱（幅度-相位）VI 的使用，对应的程序框图如图 8-68 所示。

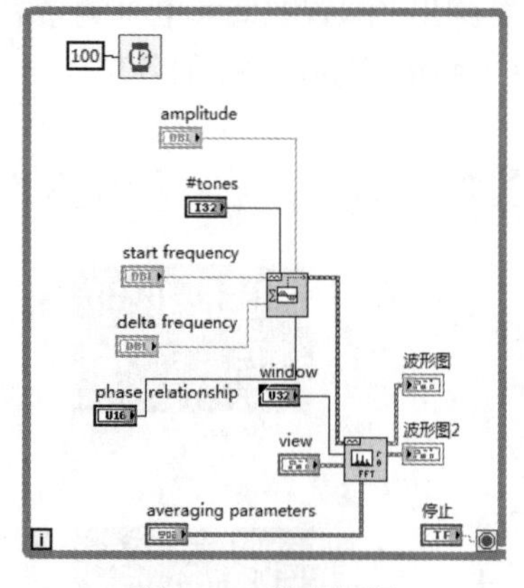

图 8-68 程序框图

（1）新建 VI。选择菜单栏中的“文件”→“新建 VI”选项，新建一个 VI。

（2）保存 VI。选择菜单栏中的“文件”→“另存为”选项，设置 VI 名称为“分析频谱相位”。

（3）打开程序框图窗口，在函数选板中选择“编程”→“结构”→“While 循环”函数，并拖曳出适当大小的矩形框以创建 while 循环，然后在 While 循环条件接线端创建“停止”输入控件。

（4）在函数选板中选择“信号处理”→“波形生成”→“基本混合单频”VI，将其放置到程序框图中，然后在“基本混合单频”VI 输入端分别创建“amplitude”“#tones”“start frequency”“delta frequency”“phase relationship”输入控件。

（5）在函数选板中选择“信号处理”→“波形测量”→“FFT 频谱（幅度-相位）”VI，将其放置到程序框图中，在“FFT 频谱（幅度-相位）”VI 输入端分别创建“window”“view”“averaging parameters”输入控件，然后将“FFT 频谱（幅度-相位）”VI 的“时间信号”输入端连接至“基本混合单频”VI 的输出端。

（6）打开前面板窗口，在控件选板中选择“新式”→“图形”→“波形图”控件，以在前面板中放置两个波形图，分别为“波形图”和“波形图 2”。双击任意一个波形图控件，将界面切换到程序框图，结合快捷菜单将两个波形图控件取消“显示为图标”，并将“FFT 频谱（幅度-相位）”VI 的“幅度”输出端连接至“波形图”控件的输入端，将“相位”输出端连接至“波形图 2”控件的输入端。

（7）在函数选板中选择“编程”→“定时”→“等待”函数，将其放置到程序框图中，并创建常量为 100。

（8）单击工具栏中的“整理程序框图”按钮，整理程序框图，结果如图 8-68 所示。

（9）保持所有控件的默认初始值，单击“运行”按钮运行 VI，前面板中显示的运行结果如图 8-69 所示。

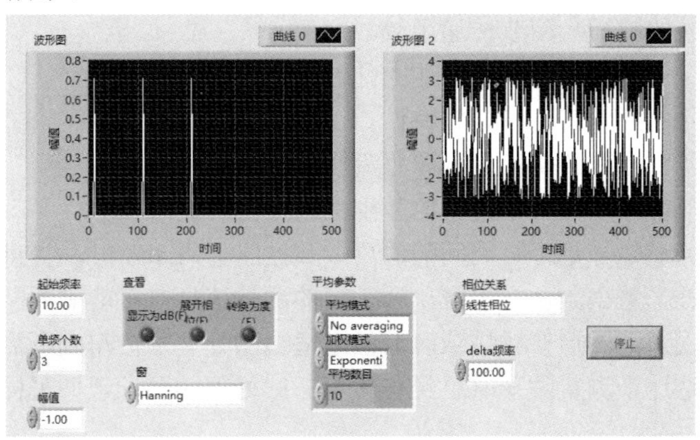

图 8-69　运行结果

8.3 信号处理

信号处理 VI 用于执行对生成的信号、频谱进行分析。这些 VI 节点位于函数选板的“信号处理”子选板中，如图 8-70 所示。

图 8-70　“信号处理”子选板

8.3.1　信号生成

1. 测量任务

用于信号分析和处理的虚拟仪器执行的典型测量任务如下：

（1）计算信号中存在的总的谐波失真。

（2）决定系统的脉冲响应或传递函数。

（3）估计系统的动态响应参数，如上升时间、超调量等。

（4）计算信号的幅频特性和相频特性。

（5）估计信号中含有的交流成分和直流成分。

所有这些任务都要求在数据采集的基础上进行信号处理。

采集得到的测量信号是等时间间隔的离散数据序列，LabVIEW 提供了专门描述它们的数据类型——波形数据。由它提取出所需要的测量信息，可能需要经过数据拟合抑制噪声，减小测量误差，然后在频域或时域经过适当的处理才会得到所需的结果。另外，一般来说，在构造这个测量波形时已经包含了后续处理的要求（如采样率的大小、样本数的多少等）。

合理利用这些函数，会使测试任务达到事半功倍的效果。

下面对信号的分析和处理中用到的函数节点进行介绍。

对于任何测试来说，信号的生成非常重要。例如，当现实世界中的真实信号很难得到时，可以用仿真信号对其进行模拟，向数模转换器提供信号。

2. 测试信号

常用的测试信号包括：正弦波、三角波、方波、锯齿波、各种噪声信号以及由多种正弦波合成的多频信号。

音频测试中最常见的是正弦波。正弦波信号常用来判断系统的谐波失真度。合成正弦波信号广泛应用于测量互调失真或频率响应。

图 8-71 “信号生成”子选板

3. 信号生成

信号生成 VI 位于函数选板的“信号处理”→“信号生成”子选板中，如图 8-71 所示。使用信号生成 VI 可以得到特定波形的一维数组。“信号生成”子选板上的 VI 可以返回通常的 LabVIEW 错误代码，以及特定的信号处理错误代码。

4. 基于持续时间的信号发生器

基于持续时间的信号发生器 VI 用于产生由指定信号类型所决定的信号，其图标及端口定义如图 8-72 所示。其中，采样点数和持续时间决定了采样率，而采样率必须是信号频率的 2 倍（遵从乃奎斯特定律）。如果没有满足乃奎斯特定律，则必须增加采样点数，或者减小持续时间，或者减小信号频率。

☑ 持续时间：以秒为单位的输出信号的持

续时间。默认值为 1.0。

☑ 信号类型：产生信号的类型。包括：sine（正弦）信号、cosine（余弦）信号、triangle（三角）信号、square（方波）信号、saw tooth（锯齿波）信号、increasing ramp（上升斜坡）信号和 decreasing ramp（下降斜坡）信号。默认信号类型为 sine（正弦）信号。

☑ 采样点数：输出信号中采样点的数目。默认值为 100。

☑ 频率：输出信号的频率，单位为 Hz。默认值为 10。

☑ 幅值：输出信号的幅值。默认值为 1.0。

☑ 直流偏移量：输出信号的直流偏移量。默认值为 0。

☑ 相位输入：输出信号的初始相位，以度（°）为单位。默认值为 0。

☑ 信号：产生的信号数组。

5. 混合单频与噪声

混合单频与噪声 VI 用于产生一个包含正弦单频、噪声和直流偏移量的数组，其与“波形生成”子选板中的混合单频与噪声波形 VI 类似。该 VI 的图标及端口定义如图 8-73 所示。

6. 高斯调制正弦波

高斯调制正弦波 VI 用于产生一个包含高斯调制正弦波的数组。该 VI 的图标及端口定义如图 8-74 所示。

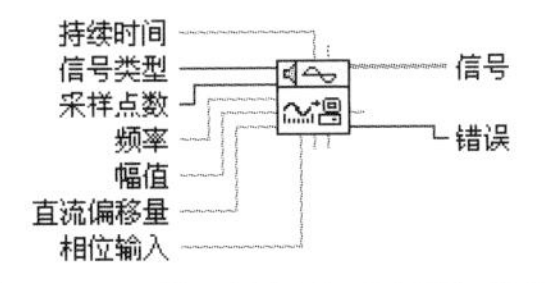

图 8-72 基于持续时间的信号发生器 VI 的图标及端口定义

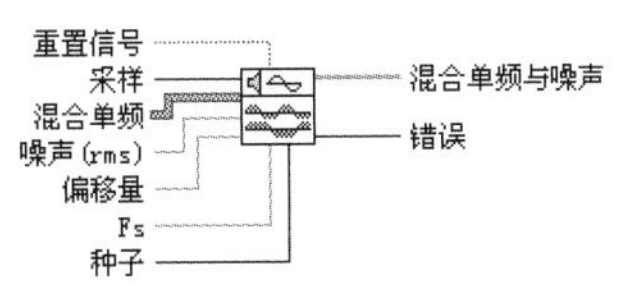

图 8-73 混合单频与噪声 VI 的图标及端口定义

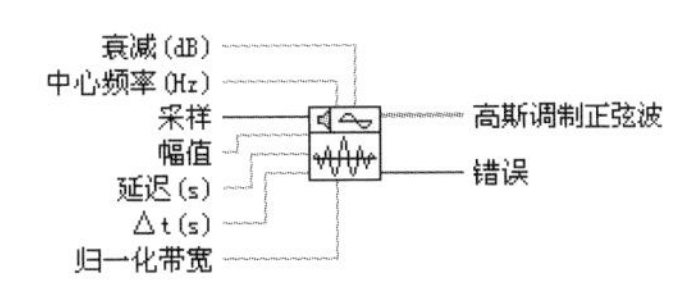

图 8-74 高斯调制正弦波 VI 的图标及端口定义

☑ 衰减（dB）：在中心频率两侧功率的衰减，这一值必须大于 0。默认值为 6。

☑ 中心频率（Hz）：中心频率或者载波频率，以 Hz 为单位。默认值为 1。

☑ 延迟（s）：高斯调制正弦波峰值的偏移值。默认值为 0。

☑ Δt（s）：采样间隔。采样间隔必须大于 0。如果采样间隔小于或等于 0，输出数组将被置为空数组，并且返回一个错误。默认值为 0.1。

☑ 归一化带宽：该值与中心频率相乘，从而在功率谱的衰减（dB）处达到归一化。归一化带宽输入值必须大于 0。默认值为 0.15。

“信号生成”子选板中的其他 VI 与“波形生成”子选板中相应的 VI 的使用方法类似。关于它们的使用方法，请参见前文对“波形生成”子选板中 VI 的介绍。

实例：生成正弦信号

本实例演示如何利用基于持续时间的信号发生器 VI 产生不同形式的信号，对应的程序框图如图 8-75 所示。

（1）新建 VI。选择菜单栏中的“文件”→“新建 VI”选项，新建一个 VI。

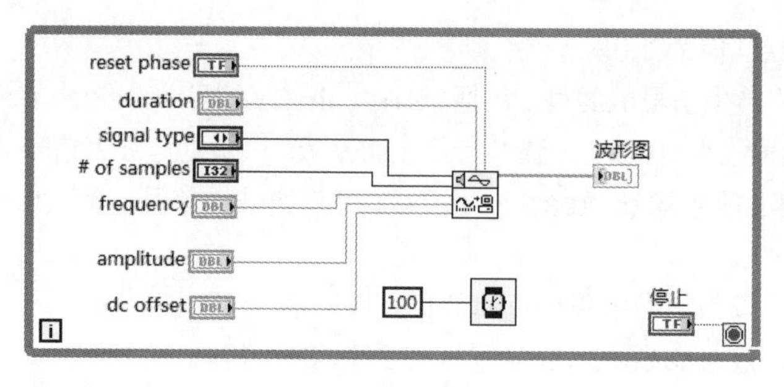

图 8-75　程序框图

（2）保存 VI。选择菜单栏中的“文件”→“另存为”选项，设置 VI 名称为“生成正弦信号”。

（3）打开前面板，在控件选板中选择“新式”→“图形”→“波形图”控件，将其放置到前面板中。

（4）将界面切换到程序框图，将“波形图”控件取消“显示为图标”，在函数选板中选择“信号处理”→“信号生成”→“基于持续时间的信号发生器”VI，将其放置到程序框图中，并将该 VI 的输出端连接至“波形图”控件的输入端。

（5）在“基于持续时间的信号发生器”VI 上单击鼠标右键，选择“创建”→“所有输入控件和显示控件”快捷菜单选项，以创建输入控件和显示控件，将多余的控件删除，并结合快捷菜单将所有控件取消“显示为图标”。

（6）在函数选板中选择“编程”→“结构”→“While 循环”函数，并在程序框图中拖曳出适当大小的矩形框。在 While 循环条件接线端创建“停止”输入控件，并结合快捷菜单取消其“显示为图标”。

（7）在函数选板中选择“编程”→“定时”→“等待”函数，将其放置到程序框图中，创建常量 100。

（8）单击工具栏中的“整理程序框图”按钮，整理程序框图，结果如图 8-75 所示。

（9）在“幅值”控件中输入 9，其他选项保持默认设置，单击“运行”按钮，运行 VI，显示的运行结果如图 8-76 所示。

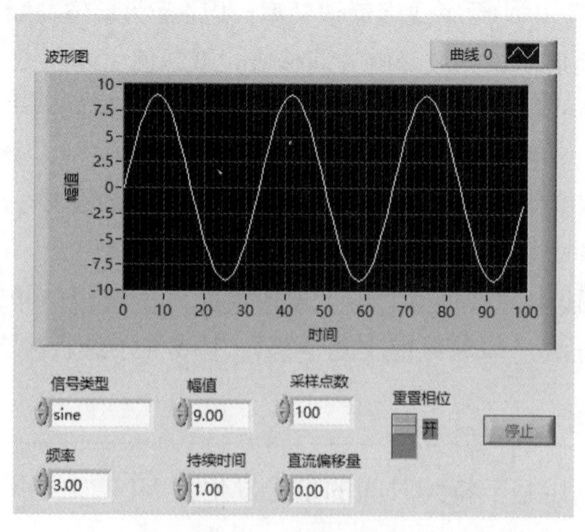

图 8-76　运行结果

8.3.2　信号运算

信号运算 VI 位于函数选板的“信号处理”→“信号运算”子选板中，如图 8-77 所示。使用“信号运算”子选板中的 VI 可以进行信号的运算处理。

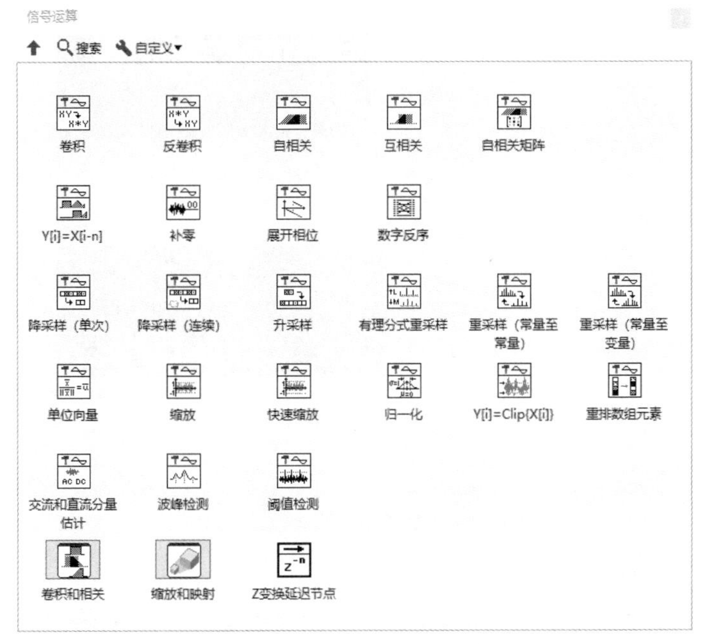

图 8-77　“信号运算”子选板

“信号运算”子选板中 VI 的端口定义都比较简单，因此使用方法也比较简单，下面只对该选板中的两个 Express VI 进行介绍。

1．卷积和相关

卷积和相关 Express VI 用于在输入信号上进行卷积和反卷积相关操作，其初始图标如图 8-78 所示。该 Express VI 的图标也可以像其他 Express VI 图标一样改变显示样式。

图 8-78　卷积和相关 Express VI 的初始图标

将卷积和相关 Express VI 放置在程序框图中后，会弹出“配置卷积和相关”对话框，如图 8-79 所示。在该对话框中，可以对卷积和相关 Express VI 的各项参数进行设置和调整。

下面对“配置卷积和相关”对话框中的选项进行介绍。

1）信号处理

☑ 卷积：计算输入信号的卷积。

☑ 反卷积：计算输入信号的反卷积。

☑ 自相关：计算输入信号的自相关。

☑ 互相关：计算输入信号的互相关。
☑ 忽略时间标识：忽略输入信号的时间标识。只有选中“卷积”或“反卷积”单选按钮时，才可使用该选项。

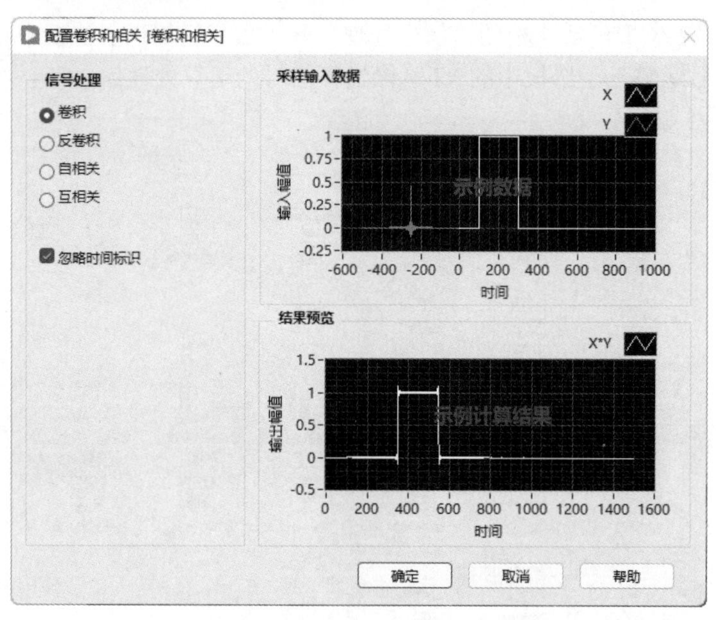

图 8-79　“配置卷积和相关”对话框

2）采样输入数据

显示可用作参考的采样输入信号，以确定用户选择的配置选项如何影响实际输入信号。若将数据连往 Express VI 然后运行，则采样输入数据将显示实际数据；若关闭后再打开该 Express VI，则采样输入数据将显示采样数据，直到再次运行该 Express VI。

3）结果预览

显示测量预览。若将数据连往 Express VI 然后运行，则结果预览将显示实际数据；若关闭后再打开该 Express VI，则结果预览将显示采样数据，直到再次运行该 Express VI。

2. 缩放和映射

缩放和映射 Express VI 用于缩放和映射信号，以改变信号的幅值，其初始图标如图 8-80 所示。该 Express VI 的图标也可以像其他 Express VI 图标一样改变显示样式。

将缩放和映射 Express VI 放置在程序框图中后，会弹出“配置缩放和映射”对话框，如图 8-81 所示。在该对话框中，可以对缩放和映射 Express VI 的各项参数进行设置和调整。

下面对“配置缩放和映射”对话框中的选项进行介绍。

☑ 归一化：确定转换信号所需的缩放因子和偏移量，使信号的最大值出现在最高峰，最小值出现在最低峰。

最低峰：指定将信号归一化所用的最小值。默认值为 0。

最高峰：指定将信号归一化所用的最大值。默认值为 1。

图 8-80　缩放和映射 Express VI 的初始图标

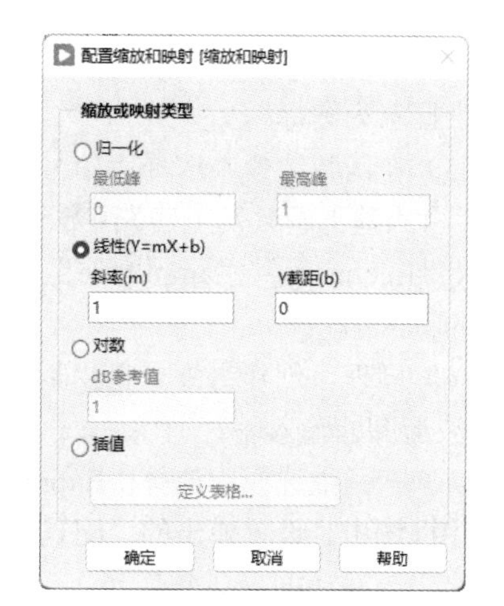

图 8-81　“配置缩放和映射”对话框

☑ 线性（Y=mX+b）：将缩放映射模式设置为线性，以基于直线缩放信号。

斜率（m）：用于线性（Y=mX+b）缩放的斜率。默认值为 1。

Y 截距（b）：用于线性（Y=mX+b）缩放的截距。默认值为 0。

☑ 对数：将缩放映射模式设置为对数，以基于参考分贝缩放信号。LabVIEW 使用方程 y=20log10（x/ db 参考值）缩放信号。

dB 参考值：用于对数缩放的参考分贝。默认值为 1。

☑ 插值：基于缩放因子的线性插值表缩放信号。

定义表格：显示定义信号对话框，定义用于插值缩放的数值表。

实例：卷积运算信号波

本实例演示卷积和相关 Express VI 的使用，对应的程序框图如图 8-82 所示。

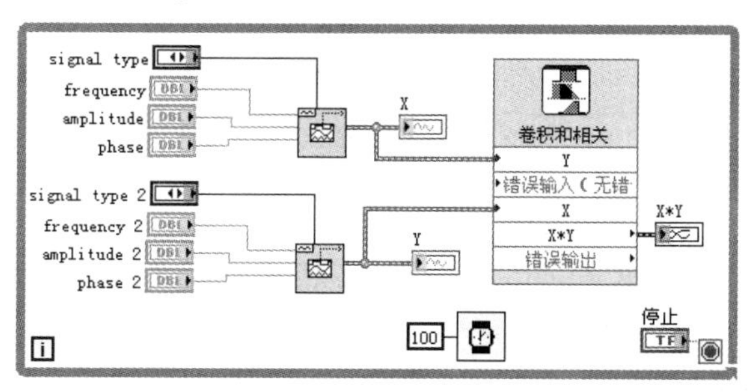

图 8-82　程序框图

（1）新建 VI。选择菜单栏中的“文件”→“新建 VI”选项，新建一个 VI。

（2）保存 VI。选择菜单栏中的“文件”→“另存为”选项，设置 VI 名称为“卷积运算信号波”。

（3）打开前面板，在控件选板中选择“新式”→“图形”→“波形图”控件，放置三个“波形图”控件到前面板中，并将其标签修改为“X”、“Y”和“X*Y”。

（4）将界面切换到程序框图，选择三个“波形图”控件，结合快捷菜单取消其“显示为图标”。在函数选板中选择“编程”→“结构”→“While 循环”函数，并在程序框图中拖曳出适当大小的矩形框。在 While 循环条件接线端创建“停止”输入控件，并取消其“显示为图标”。

（5）在函数选板中选择“信号处理”→“波形生成”→“基于函数发生器”函数，放置两个“基于函数发生器”函数到程序框图中，选择其中一个，在其输入端创建“signal type”、“frequency”、“amplitude”和“phase”输入控件，并将其输出端连接至“X”波形图的输入端。

（6）同理，创建另外一个“基于函数发生器”函数的输入控件，并连接其输出端至“Y”波形图的输入端。

（7）在函数选板中选择“Express”→“信号分析”→“卷积和相关”VI，将其放置到程序框图中。设置弹出的“配置卷积和相关”对话框如图 8-83 所示，单击“确定”按钮，退出该对话框。

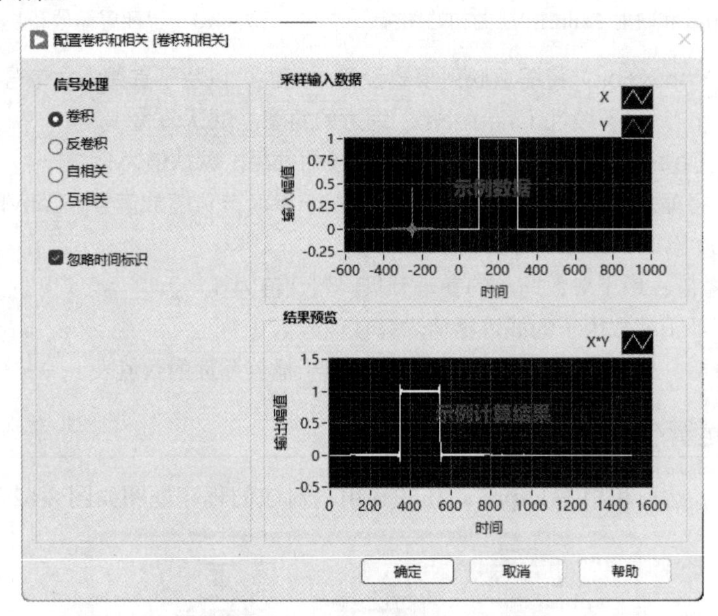

图 8-83 “配置卷积和相关”对话框

（8）单击“卷积和相关”VI 的最下端向下拖动，以对显示的五个选项进行设置（参见图 8-82）。将“Y”输入端连接至“基于函数发生器”函数与“X”控件的连线上，将“X”输入端连接至“基于函数发生器”函数与“Y”控件的连线上，将“X*Y”输出端连接至“X*Y”控件输入端。

（9）在函数选板中选择“编程”→“定时”→“等待”函数，将其放置到程序框图中，并创建常量 100。

（10）单击工具栏中的“整理程序框图”按钮，整理程序框图，结果如图 8-82 所示。

（11）在“幅值”和“信号类型”控件中分别设置初始值为 8 和 Square Wave，其他选项设置保持默认，单击“运行”按钮，运行 VI。显示的运行结果如图 8-84 所示。

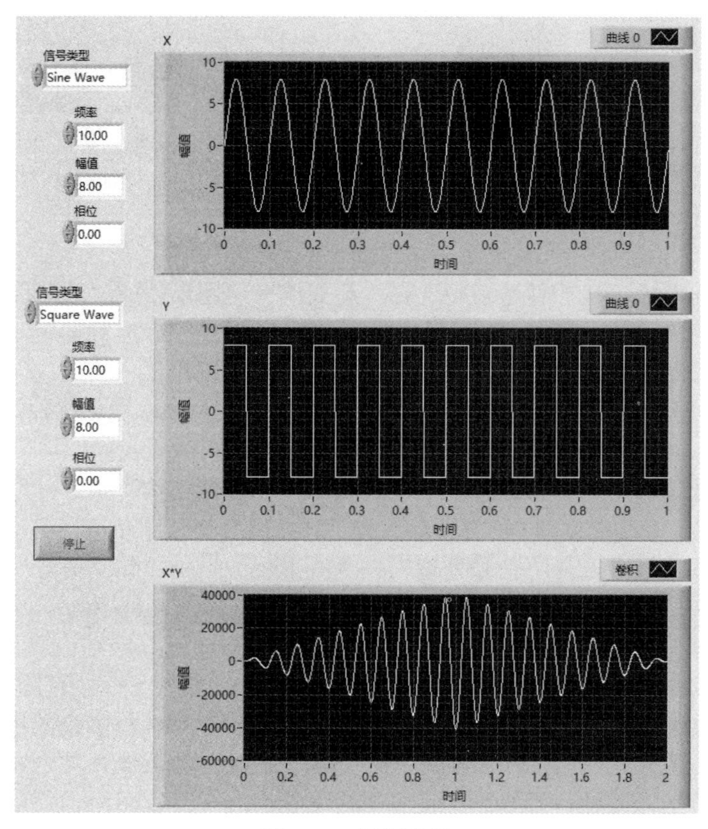

图 8-84　运行结果

8.4 综合演练——生成带噪声仿真信号

本实例演示如何利用仿真信号 Express VI 产生不同形式的信号波形，对应的程序框图如图 8-85 所示。

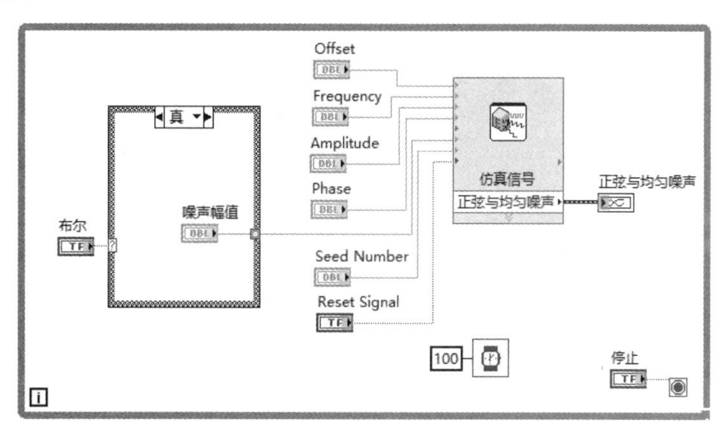

图 8-85　程序框图

1. 设置工作环境

（1）新建 VI。选择菜单栏中的“文件”→“新建 VI”选项，新建一个 VI。

（2）保存 VI。选择菜单栏中的“文件”→“另存为”选项，设置 VI 名称为“生成带噪声仿真信号”。

2. 生成信号

（1）打开前面板，在控件选板中选择“新式”→“图形”→“波形图”控件，将其放置到前面板中。

（2）将界面切换到程序框图，在函数选板中选择“编程”→“结构”→“While 循环”函数，并在程序框图中拖曳出适当大小的矩形框。在 While 循环条件接线端创建“停止”输入控件，并结合快捷菜单取消其“显示为图标”。

（3）在函数选板中选择“编程”→“结构”→“条件结构”函数，创建条件结构。在“分支选择器”接线端创建“布尔”输入控件，并结合快捷菜单取消其“显示为图标”。

（4）在函数选板中选择“信号处理”→“波形生成”→“仿真信号”函数，将其放置到程序框图中。设置弹出的“配置仿真信号”对话框如图 8-86 所示，单击“确定”按钮，退出对话框。

（5）在“仿真信号”函数上单击鼠标右键，选择“创建”→“所有输入控件和显示控件”快捷菜单选项，创建输入控件和显示控件，参照图 8-85 将多余的控件删除，并将其取消“显示为图标”。然后将“仿真信号”函数的输出端连接至“波形图”控件的输入端，并修改“波形图”控件标签为“正弦与均匀噪声”。

（6）在函数选板中选择“编程”→“定时”→“等待”函数，将其放置到程序框图中，并创建常量 100。

（7）单击工具栏中的“整理程序框图”按钮，整理程序框图，结果如图 8-85 所示。

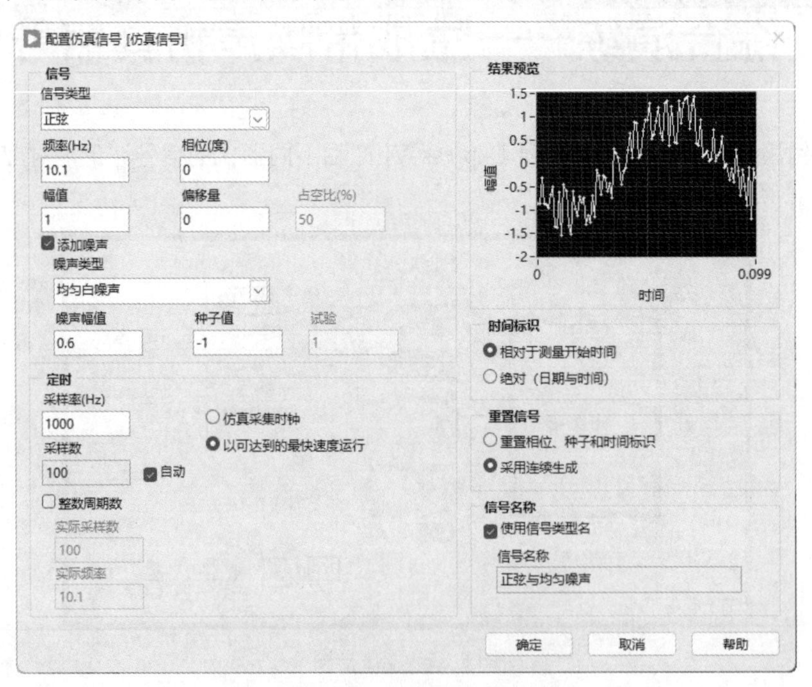

图 8-86 “配置仿真信号”对话框

3．运行程序

（1）打开前面板，修改“正弦与均匀噪声”波形图控件的图例名称为“正弦＋均匀噪声”。将布尔开关替换为“新式”→“布尔”→“水平摇杆开关”控件，并修改标签为“无噪声”，然后设置“水平摇杆开关”控件的“布尔文本”为“添加噪声”。

（2）在“频率”控件中输入 50，其他选项设置保持默认，单击“运行”按钮，运行 VI。显示的运行结果如图 8-87 所示。

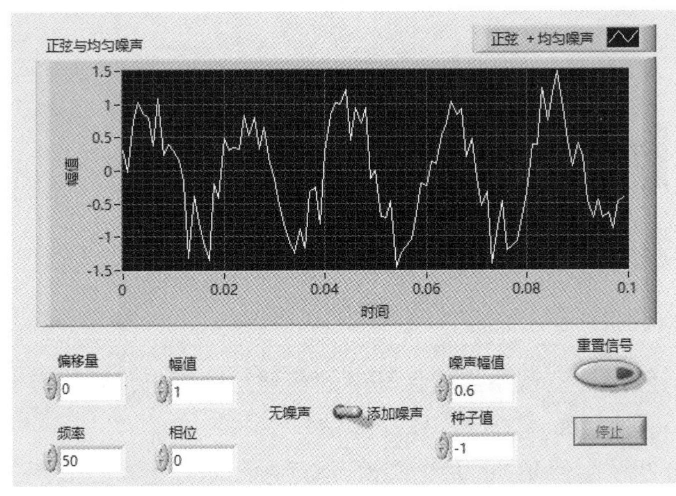

图 8-87　运行结果

文件I/O

文件操作与管理是测试系统软件开发的重要组成部分，数据存储、参数输入、系统管理都离不开文件的建立、操作和维护。

本章首先介绍了文件 I/O 的基础知识，然后在此基础上对 LabVIEW 中与文件 I/O 操作相关的函数和 VI 进行了介绍，并借助具体实例讲解了文件 I/O 操作函数和 VI 的使用方法。

知识重点

☑ 文件 I/O 基础
☑ 文件操作与管理
☑ 文件 I/O 操作的基础 VI 和函数

任务驱动&项目案例

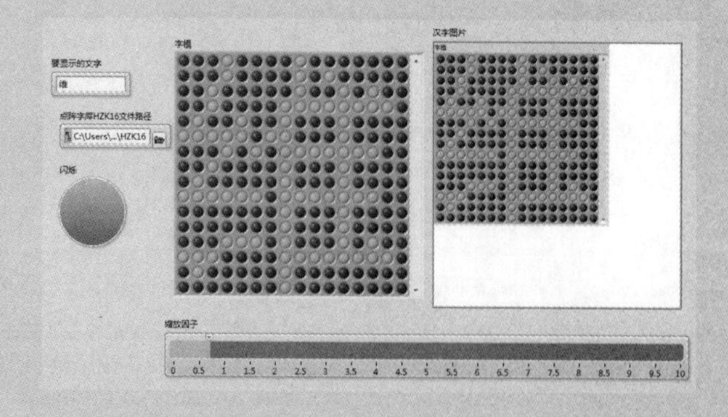

9.1 文件 I/O 基础

Note

LabVIEW 中典型的文件 I/O 操作包括以下流程：

（1）创建或打开一个文件。文件打开后，引用句柄即为该文件的唯一标识符。

（2）文件 I/O 函数或 VI 从文件中读取数据或向文件写入数据。

（3）关闭该文件。

文件 I/O VI 和某些文件 I/O 函数，如读取文本文件和写入文本文件函数，可执行一般文件 I/O 操作的全部三个步骤。但可执行多项操作的 VI 和函数可能在效率上低于只执行单项操作的 VI 和函数。

9.1.1 路径

任何一个文件的操作（如文件的打开、创建、读写、删除、复制等），都需要确定文件在磁盘中的位置。LabVIEW 与 C 语言一样，也是通过文件路径（Path）来定位文件的。不同的操作系统对路径的格式有不同的规定，但大多数的操作系统都支持所谓的树状目录结构，即有一个根目录（Root Directory），在根目录下，可以存在文件和子目录（Sub Directory），子目录下又可以包含各级子目录及文件。

在 Windows 系统下，一个有效的路径格式为：

drive :\<dir…>\<file or dir>

其中，<drive:>是文件所在的逻辑驱动器盘符，<dir…>是文件或目录所在的各级子目录名，<file or dir>是要操作的文件名或目录名。LabVIEW 的路径输入必须满足这种格式要求。

在由 Windows 操作系统构造的网络环境下，LabVIEW 的文件操作节点支持 UNC（Universal Naming Convention，通用命名规则）文件定位方式，可直接用 UNC 文件名对网络中的共享文件进行定位。可在路径控制（Path Control）中直接输入一个网络路径，或者直接在文件对话框中选择一个共享的网络文件（文件对话框参见本节后述内容）。只要权限允许，对用户来说网络共享文件的操作与本地文件的操作并无区别。

一个有效的 UNC 文件名格式为：

\\<machine>\<share name>\<dir>\...\<file>

其中，<machine>是网络中的机器名，<share name>是该机器中的共享驱动器名，<dir>是文件所在的目录，<file>是所选择的文件名。

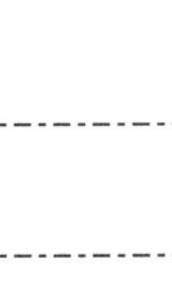

在使用 LabVIEW 操作文件的过程中，要经常用到“文件路径输入”和“文件路径显示”这两个控件。

9.1.2 文件格式的选择

LabVIEW 可读写的文件格式有文本文件、二进制文件和数据记录文件等。使用何种

格式的文件取决于要采集和创建的数据类型及访问这些数据的应用程序。

可根据以下标准确定要使用的文件格式：

☑ 若需在其他应用程序（如 Microsoft Excel）中访问这些数据，则使用最常见且便于存取的文本文件。

☑ 若需随机读写文件或读取速度及磁盘空间有限，则使用二进制文件。在磁盘空间利用和读取速度方面，二进制文件优于文本文件。

☑ 若需在 LabVIEW 中处理复杂的数据记录或不同的数据类型，则使用数据记录文件。如果仅从 LabVIEW 访问数据，而且需存储的数据结构复杂，则数据记录文件是最好的选择。

1. 何时使用文本文件

若磁盘空间、文件 I/O 操作速度和数值精度不是主要的考虑因素，或无须进行随机读写，应使用文本文件存储数据，以方便其他用户和应用程序读取文件。

文本文件是最便于使用和共享的文件格式，几乎适用于任何计算机。许多基于文本的程序可读取基于文本的文件。

若需通过其他应用程序（如文字处理或电子表格应用程序）访问数据，可将数据存储在文本文件中。若需将数据存储在文本文件中，可使用字符串函数将所有数据都转换为文本字符串。文本文件可包含不同数据类型的信息。

如果数据本身不是文本格式（如图形或图标数据），则数据的 ASCII 码表示通常要比数据本身大，因此文本文件要比二进制文件和数据记录文件占用更多内存。例如，将 -123.4567 作为单精度浮点数保存时只需 4 个字节，而使用 ASCII 码表示，则需要 9 个字节，即每个字符占用一个字节。

另外，很难随机访问文本文件中的数值数据。尽管字符串中的每个字符都占用一个字节的空间，但是将一个数字表示为字符串所需要的空间是不固定的。例如，若需查找文本文件中的第 9 个数字，就须先读取和转换前面 8 个数字。

将数值数据保存在文本文件中，可能会影响数值精度。计算机将数值保存为二进制数据，而通常情况下数值是以十进制的形式写入文本文件的。因此，将数据写入文本文件时，可能会丢失数据精度，而二进制文件不存在这种问题。

文件 I/O VI 和函数可在文本文件和电子表格文件中读取或写入数据。

2. 何时使用二进制文件

磁盘用固定的字节数保存包括整数在内的二进制数据。例如，以二进制格式存储 0～40 亿之间的任何一个数，如 1、1000 或 1000000，每个数字都占用 4 个字节的空间。

二进制文件可用来保存数值数据并访问文件中的指定数字，或随机访问文件中的数字。与人可识别的文本文件不同，二进制文件只能通过机器读取。二进制是存储数据最为紧凑和快速的格式。在二进制文件中可使用多种数据类型，但这种情况并不常见。

二进制文件占用较小的磁盘空间，且存储和读取数据时无须在文本表示与数据之间进行转换，因此二进制文件的效率更高。二进制文件可在一个字节的磁盘空间上表示 256 个值。除扩展精度浮点数和复数外，二进制文件中含有数据在内存中存储格式的映像。

因为二进制文件的存储格式与数据在内存中的格式一致，无须转换，所以其读取速度更快。

文本文件和二进制文件均为字节流文件，以字符或字节的序列对数据进行存储。

文件 I/O VI 和函数可在二进制文件中进行读取和写入操作。若需在文件中读写数字值数据，或创建可在多个操作系统上使用的文件，可考虑使用二进制文件函数。

Note

3．何时使用数据记录文件

数据记录文件可访问和操作数据（仅在 LabVIEW 中），并可快速方便地存储复杂的数据结构。

数据记录文件以相同的结构化记录序列存储数据（类似于电子表格），每行均表示一个记录。数据记录文件中的每个记录都必须是相同的数据类型。LabVIEW 会将每个记录作为含有待保存数据的簇写入该文件。每个记录可由任何数据类型组成，并在创建该数据记录文件时确定数据类型。

例如，可创建一个数据记录，其数据类型是包含字符串和数字的簇，则该数据记录文件中的每个记录都是由字符串和数字组成的簇。第一个记录可以是（“abc”，1），而第二个记录可以是（“xyz”，7）。

读写数据记录文件时只需进行少量处理，因而速度更快。创建数据记录文件时，LabVIEW 会按顺序给每个记录分配一个记录号。仅需记录号就可访问记录，因此可更快更方便地随机访问数据记录文件。

从前面板和程序框图均可访问数据记录文件。

每次运行相关的 VI 时，LabVIEW 都会将记录写入数据记录文件，记录在写入后无法被覆盖。读取数据记录文件时，可一次读取一个或多个记录。

若在开发过程中，系统要求更改或在文件中添加其他数据，则可能需要修改文件的相应格式，而修改数据记录文件格式将导致该文件不可用。使用存储/数据插件 VI 可避免该问题。

使用前面板数据记录方法可创建数据记录文件，记录的数据可用于其他 VI 和报表中。

9.2　文件 I/O 操作的基础 VI 和函数

LabVIEW 中的文件 I/O 操作是通过其 I/O 节点来实现的，这些节点位于函数选板的“编程”→“文件 I/O”子选板中，如图 9-1 所示。

在对文件进行操作之前，还需要进行基本的打开/关闭等操作，本节将详细介绍文件 I/O 操作的基本 VI 和函数。

1．打开/创建/替换文件

打开/创建/替换文件函数用于使用编程方式或对话框交互方式打开一个已存在的文件、创建一个新文件或替换一个已存在的文件，其图标及端口定义如图 9-2 所示。

Note

图 9-1 “文件 I/O”子选板

2. 关闭文件

关闭文件函数用于关闭一个由引用句柄指定的已打开的文件，并返回文件的路径及引用句柄，其图标及端口定义如图 9-3 所示。该函数不管有无错误信息输入，都要执行关闭文件的操作。因此，必须从错误输出中判断关闭文件的操作是否成功。关闭文件函数会进行下列操作：

（1）把文件写在缓冲区里的数据写入物理存储介质中。

（2）更新文件列表的信息，如大小、最后更新日期等。

（3）释放引用句柄。

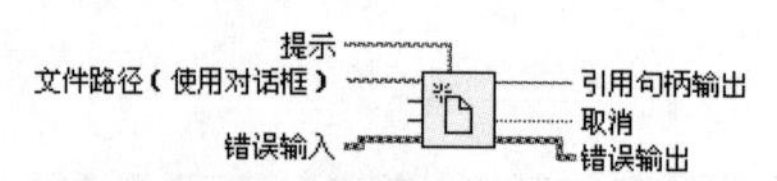

图 9-2 打开/创建/替换文件函数的图标及端口定义

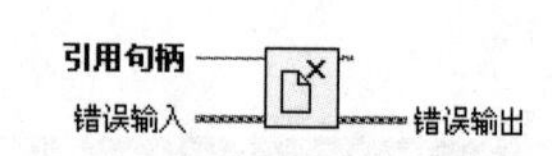

图 9-3 关闭文件函数的图标及端口定义

3. 格式化写入文件

格式化写入文件函数用于将字符串、数值、路径或布尔型数据格式化为文本格式并写入文本文件中，其图标及端口定义如图 9-4 所示。

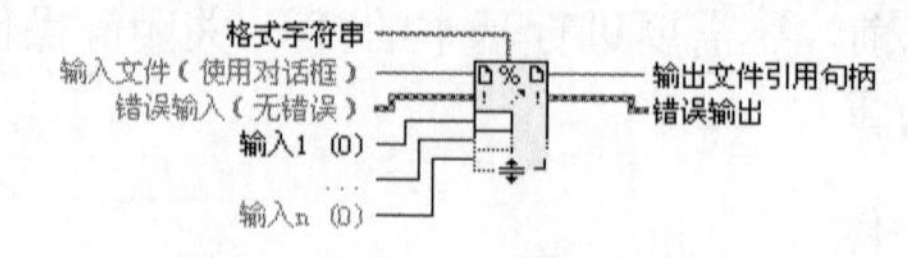

图 9-4 格式化写入文件函数的图标及端口定义

在格式化写入文件函数的图标上双击；或者在图标上右击，在弹出的快捷菜单中选择“编辑格式字符串”选项，打开“编辑格式字符串”对话框，如图 9-5 所示。该对话

框用于将数字转换为字符串。

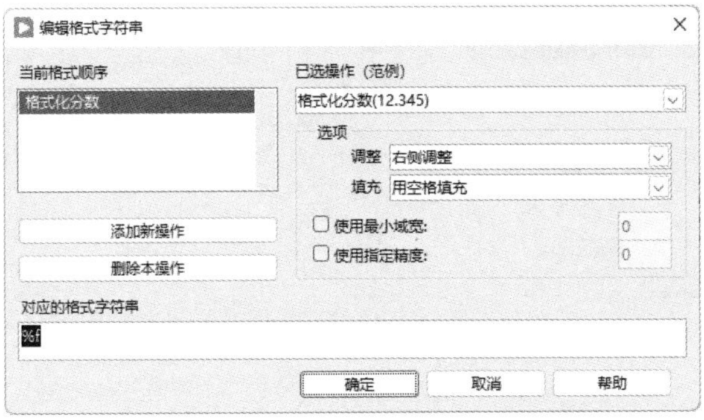

图 9-5　“编辑格式字符串”对话框

该对话框包括以下部分：

☑ 当前格式顺序：将数字转换为字符串的已选操作格式。

☑ 添加新操作：将已选操作（范例）下拉列表中的一个操作添加到当前格式顺序列表框中。

☑ 删除本操作：将选中的操作从当前格式顺序列表框中删除。

☑ 对应的格式字符串：显示已选格式顺序或格式操作的格式字符串。该选项为只读选项。

☑ 已选操作（范例）：列出可选的转换操作。

☑ 选项：指定以下格式化选项。

调整：设置输出字符串为右侧调整或左侧调整。

填充：设置以空格或零对输出字符串进行填充。

使用最小域宽：设置输出字符串的最小域宽。

使用指定精度：根据指定的精度将数字格式化。本选项仅在选中已选操作（范例）下拉列表中的“格式化分数（12.345）”、“格式化科学计数法数字（1.234E1）”或“格式化分数/科学计数法数字（12.345）”后才可用。

4. 扫描文件

扫描文件函数用于在一个文件的文本中扫描字符串、数值、路径和布尔型数据，将文本转换成一种数据类型，并返回引用句柄的副本，以及按顺序输出扫描到的数据。该函数的图标及端口定义如图 9-6 所示。可以使用该函数读取文件中的所有文本，但不能指定读取的起始点。

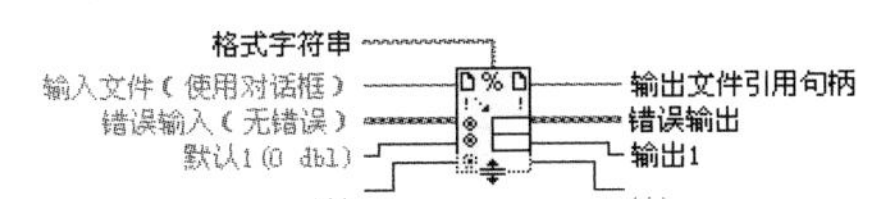

图 9-6　扫描文件函数的图标及端口定义

在扫描文件函数的图标上双击；或者在图标上右击，在弹出的快捷菜单中选择“编辑扫描字符串”选项，打开“编辑扫描字符串”对话框，如图 9-7 所示。该对话框用于指定将输入的字符串转换为输出参数的方式。

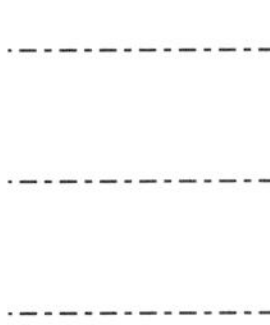
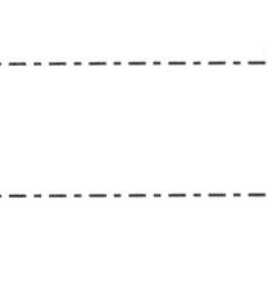

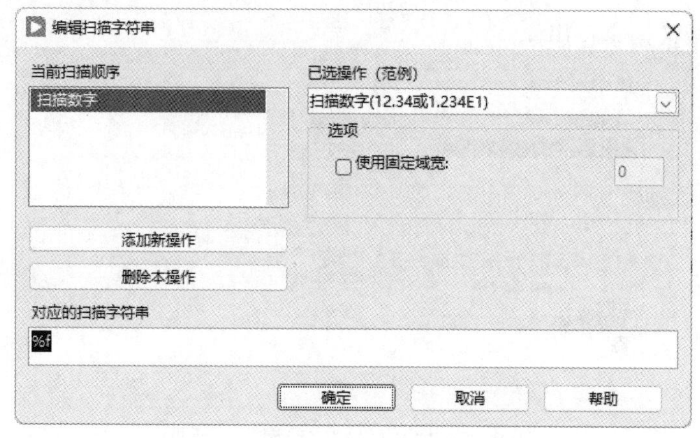

图 9-7　“编辑扫描字符串”对话框

该对话框包括以下部分：

☑ 当前扫描顺序：将数字转换为字符串的已选扫描操作。

☑ 已选操作（范例）：列出可选的转换操作。

☑ 添加新操作：将已选操作（范例）下拉列表中的一个操作添加到当前扫描顺序列表框中。

☑ 删除本操作：将选中的操作从当前扫描顺序列表框中删除。

☑ 使用固定域宽：设置输出参数的固定域宽。

☑ 对应的扫描字符串：显示已选扫描顺序或格式操作的格式字符串。该选项为只读选项。

9.3 文件操作与管理

本节介绍对不同类型的文件进行写入与读取操作的函数。

9.3.1 文本文件

要将数据写入文本文件，必须先将数据转化为字符串。由于大多数文字处理应用程序在读取文本时并不要求格式化的文本，因此将文本写入文本文件无须进行格式化。若需将文本字符串写入文本文件，可用写入文本文件函数自动打开和关闭文件。

1. 写入文本文件

写入文本文件函数用于以字母的形式将一个字符串写入文件或按行的形式将一个字符串数组写入文件，其图标及端口定义如图 9-8 所示。默认情况下，将显示一个文件对话框，并提示用户选择文件。如果指定空路径、相对路径或隐藏文件的路径，此函数将返回错误。

☑ 文件：可以输入参考编号或绝对文件路径。如果将文件路径连接到文件输入端，该函数将在写入文件之前打开或创建文件，并替换任何以前的文件内容。如果将文件参考编号连接到文件输入端，则从当前文件位置开始写入。

2. 读取文本文件

读取文本文件函数用于从一个字节流文件中读取指定数目的字符或行，其图标及端口定义如图 9-9 所示。默认情况下，读取文本文件函数将读取文本文件中所有的字符。将一个整数输入计数输入端，可以从文本文件中读取以第一个字符为起始的指定个数字符。在该函数的右键快捷菜单中选择“读取行”选项，则计数输入端输入的数字是所要读取的以第一行为起始的行数。如果计数输入端输入的值为-1，则读取文本文件中所有的字符和行。

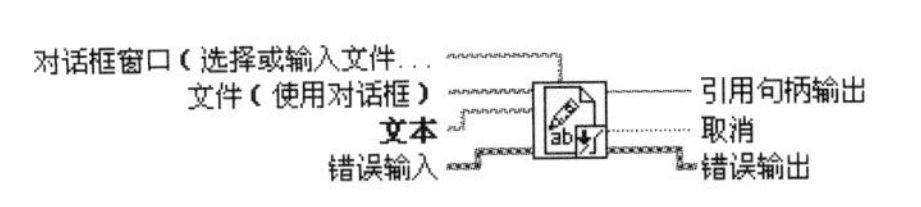

图 9-8　写入文本文件函数的图标及端口定义

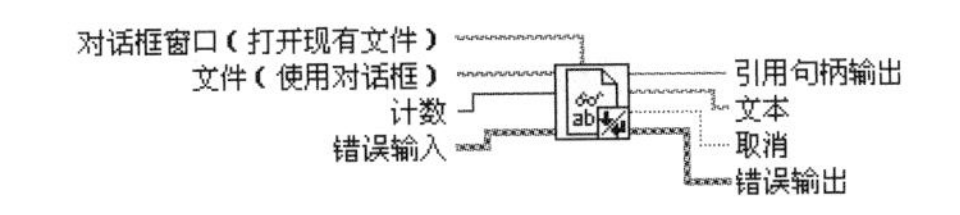

图 9-9　读取文本文件函数的图标及端口定义

9.3.2　带分隔符电子表格文件

LabVIEW 2022 提供了两个 VI 用于写入和读取带分隔符电子表格文件，它们分别为写入带分隔符电子表格 VI 和读取带分隔符电子表格 VI。

要将数据写入带分隔符电子表格，必须格式化字符串为包含分隔符（如制表符）的字符串。

写入带分隔符电子表格 VI 或数组至电子表格字符串转换函数，可将来自图形、图标或采样的数据集转换为电子表格字符串。

1. 写入带分隔符电子表格

写入带分隔符电子表格 VI 用于将字符串、带符号整数或双精度数的二维数组或一维数组转换为文本字符串，并写入字符串至新的字节流文件或添加字符串至现有文件。该函数的图标及端口定义如图 9-10 所示。通过连线数据至二维数据或一维数据输入端可确定要使用的多态实例，也可手动选择实例。

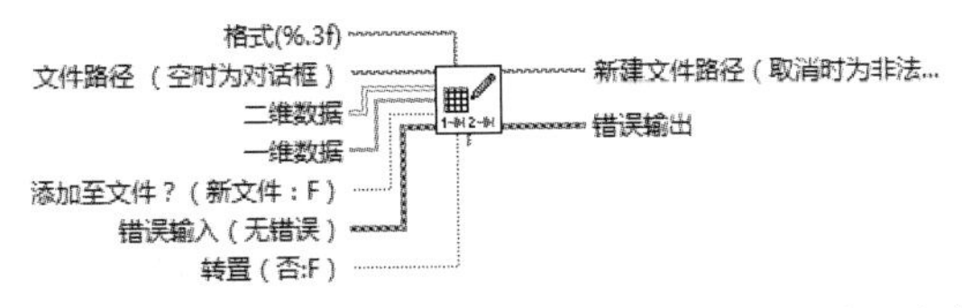

图 9-10　写入带分隔符电子表格 VI 的图标及端口定义

该 VI 在写入之前创建或打开一个文件，写入后关闭该文件。该 VI 会调用数组至电子表格字符串转换函数转换数据。

☑ 格式：指定如何使数字转化为字符。若格式为%.3f（默认），则该 VI 可创建包含小数点后有三位数字的字符串。若格式为%d，则该 VI 可使数据转换为整数，并使用尽可能多的字符包含整个数字。若格式为%s，则该 VI 可复制输入的字符串。

☑ 文件路径：指定文件的路径名。如文件路径为空（默认值）或为<非法路径>，则该 VI 显示用于选择文件的文件对话框。若在对话框内取消选择，则该 VI 返回错误 43。
☑ 二维数据：指定一维数据未连线或为空时，要写入的数据。
☑ 一维数据：指定输入不为空时要写入的数据。该 VI 在开始运算前可使一维数组转换为二维数组。
☑ 添加至文件?：当输入值为 TRUE 时，添加数据至已有文件。当输入值为 FALSE（默认）时，替换已有文件中的数据。若不存在已有文件，则该 VI 将创建新文件。
☑ 错误输入：表明节点运行前的错误情况。该输入端将提供标准错误输入功能。
☑ 转置：指定将数据从字符串转换后是否进行转置。默认值为 FALSE。若输入值为 FALSE，则对该 VI 的每次调用都会在文件中创建新的行。

2. 读取带分隔符电子表格

读取带分隔符电子表格 VI 用于在数值文本文件中从指定字符偏移量开始读取指定数量的行或列，并使数据转换为双精度的二维数组，数组元素可以是数字、字符串或整数。该 VI 的图标及端口定义如图 9-11 所示，其在读取文件之前先打开文件，在读取完毕后关闭文件。可以使用该 VI 读取以文本格式保存的电子表格文件。该 VI 会调用电子表格字符串至数组转换函数来转换数据。

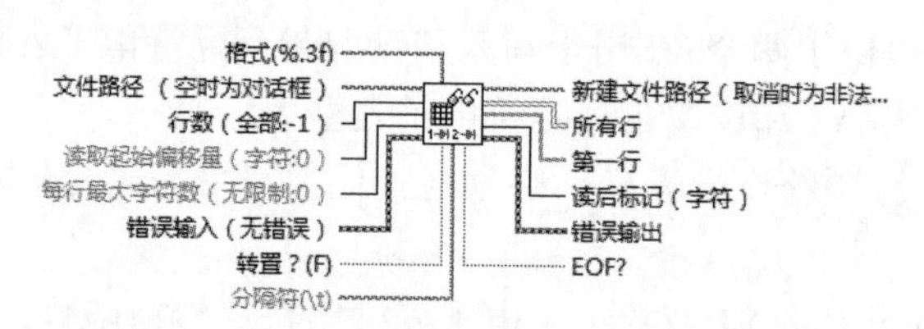

图 9-11　读取带分隔符电子表格 VI 的图标及端口定义

☑ 格式：指定如何使数字转化为字符。如格式为%.3f（默认），则该 VI 可创建包含小数点后有三位数字的字符串。若格式为%d，则该 VI 可使数据转换为整数，并使用尽可能多的字符包含整个数字。若格式为%s，则该 VI 可复制输入的字符串。
☑ 文件路径：指定文件的路径名。
☑ 行数：指定 VI 读取行数的最大值。默认值为−1。
☑ 读取起始偏移量：指定 VI 开始读取操作的位置，以字符（字节）为单位。字节流文件中可能包含不同类型的数据段，因此偏移量的单位为字节而非数字。因此，若需读取包含 100 个数字的数组，且数组头为 57 个字符，则需设置读取起始偏移量为 57。
☑ 每行最大字符数：指定在搜索行的末尾之前，VI 读取的最大字符数。默认值为 0，表示读取的字符数量不受限制。
☑ 错误输入：表明节点运行前的错误情况。
☑ 转置?：指定将数据从字符串转换后是否进行转置。默认值为 FALSE。
☑ 分隔符：指定用于对电子表格文件中的栏进行分隔的字符或由字符组成的字符串。
☑ 新建文件路径：返回文件的路径。
☑ 所有行：从文件中读取的数据。

☑ 第一行：所有行数组中的第一行。可使用该输入端使一行数据读入一维数组。
☑ 读后标记：返回文件中读取操作终结字符后的字符（字节）。
☑ 错误输出：包含错误信息。该输出端提供标准错误输出功能。
☑ EOF?：若需读取的内容超出文件结尾，则该值为 TRUE。

9.3.3　二进制文件

尽管二进制文件的可读性比较差，是一种不能直接编辑的文本格式，但是由于它是 LabVIEW 中格式最为紧凑、存取效率最高的一种文件格式，因而在 LabVIEW 程序设计中得到了广泛的应用。

1. 写入二进制文件

写入二进制文件函数用于将二进制数据写入一个新文件或追加到一个已存在的文件，其图标及端口定义如图 9-12 所示。如果连接到文件输入端的是一个路径，该函数将在写入之前打开或创建文件，或者替换已存在的文件。如果将引用句柄连接到文件输入端，该函数将从当前文件位置开始追加写入内容。

2. 读取二进制文件

读取二进制文件函数用于从一个文件中读取二进制数据，并从数据输出端返回这些数据，数据怎样被读取取决于指定文件的格式。该函数的图标及端口定义如图 9-13 所示。

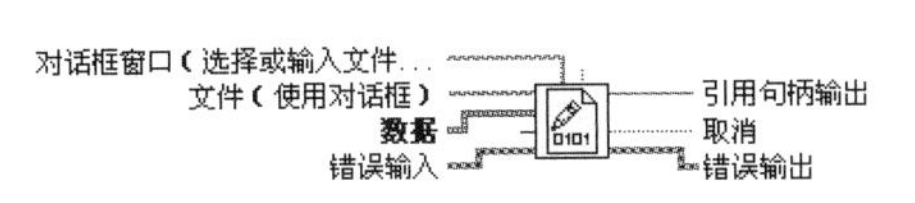

图 9-12　写入二进制文件函数的图标及端口定义

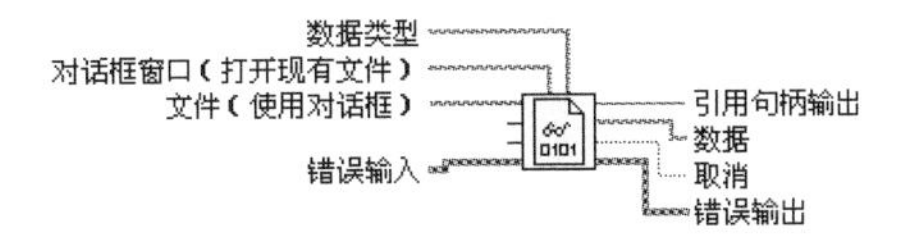

图 9-13　读取二进制文件函数的图标及端口定义

☑ 数据类型：指定函数从二进制文件中读取数据所使用的数据类型。函数从当前文件位置开始以选择的数据类型来翻译数据。如果数据类型是一个数组、字符串或包含数组和字符串的簇，那么函数将认为每一个数据实例都包含大小信息。如果数据实例中不包含大小信息，那么函数将曲解这些数据。如果 LabVIEW 发现数据与数据类型不匹配，它会将数据设置为默认数据类型并返回一个错误。

9.3.4　数据记录文件的创建和读取

启用前面板数据记录，或者使用数据记录函数采集数据并将数据写入文件，从而创建和读取数据记录文件。

无须将数据记录文件中的数据按格式处理。但是，读取或写入数据记录文件时，必须先指定数据类型。例如，采集带有时间和日期标识的温度数据时，将这些数据写入数据记录文件，需要将该数据指定为包含一个数字和两个字符串的簇。同样，若要读取一个带有时间和日期记录的温度读数文件，需将要读取的内容指定为包含一个数字和两个字符串的簇。

Note

数据记录文件中的记录可包含各种数据类型。具体的数据类型由数据记录到文件的方式决定。LabVIEW 向数据记录文件写入数据的类型与写入数据记录文件函数创建的数据记录文件的数据类型一致。

在通过前面板数据记录创建的数据记录文件中，数据类型为由两个簇组成的簇。第一个簇包含时间标识，第二个簇包含前面板数据。时间标识中用 32 位无符号整数代表秒，用 16 位无符号整数代表毫秒，根据 LabVIEW 系统时间计时。前面板数据簇中包含的数据类型与输入控件和显示控件的 Tab 键顺序一一对应。

实例：写入温度计数据

本实例演示温度计数据的写入，需要注意数据记录文件在读/写时需要指定数据类型，对应的程序框图如图 9-14 所示。

（1）新建 VI。选择菜单栏中的“文件”→“新建 VI”选项，新建一个 VI。

（2）保存 VI。选择菜单栏中的“文件”→“另存为”选项，设置 VI 名称为“写入温度计数据”。

（3）打开前面板，在控件选板中选择“新式”→“数值”→“温度计”控件，将其放置到前面板中。将界面切换到程序框图，选择“温度计”控件，结合快捷菜单取消其“显示为图标”。

（4）在函数选板中选择“编程”→“定时”→“获取日期/时间字符串”函数，将其放置到程序框图中，并创建常量，将常量标签“需要秒？(F)”进行显示。

（5）在函数选板中选择“编程”→“簇、类与变体”→“捆绑”函数，将其放置到程序框图中，将“捆绑”函数的输入端分别连接至“温度计”控件和“获取日期/时间字符串”函数的输出端。

（6）在函数选板中选择“编程”→“文件 I/O”→“高级文件函数”→“文件对话框”VI，将其放置到程序框图中，弹出的“配置文件对话框”对话框如图 9-15 所示，直接单击“确定”按钮，退出对话框。设置“文件对话框”VI 的显示形式为图标；在“提示”接线端创建常量“Enter Filename”，并修改常量标签为“提示”；在“默认名称”接线端创建常量“TEMP.DAT”，并修改常量标签为“默认名称”。

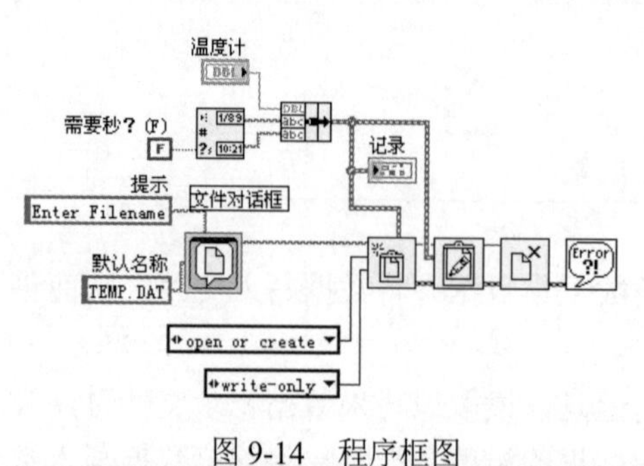

图 9-14　程序框图

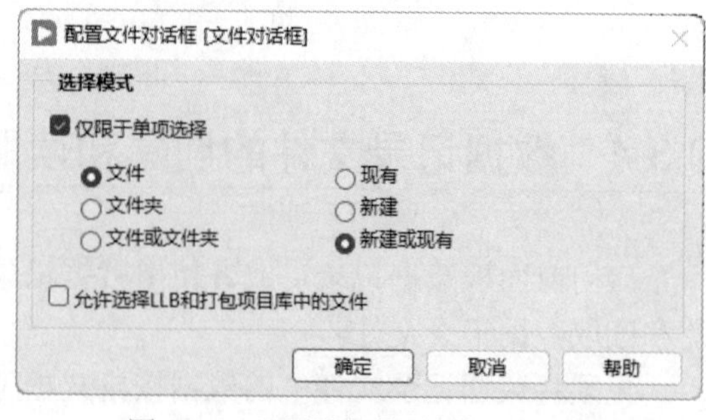

图 9-15　“配置文件对话框”对话框

（7）在函数选板中选择“编程”→“文件 I/O”→“高级文件函数”→“数据记录”

→“打开/创建/替换数据记录”函数，将其放置到程序框图中。将“打开/创建/替换数据记录”函数的输入端连接至“文件对话框”VI 的输出端，并创建常量分别为“open or create”和“write-only”。

（8）在函数选板中选择“编程”→“文件 I/O”→“高级文件函数”→“数据记录”→“写入数据记录文件”函数，将其放置到程序框图中。将“写入数据记录文件”函数的输入端连接至“打开/创建/替换数据记录”函数的输出端。

（9）在函数选板中选择“编程”→“文件 I/O”→“高级文件函数”→“数据记录”→“关闭文件”函数，将其放置到程序框图中。将“关闭文件”函数的输入端连接至“写入数据记录文件”函数的输出端。

（10）在“捆绑”函数输出端右击，在弹出的快捷菜单中选择“创建显示控件”选项，创建“记录”显示控件，结合快捷菜单取消其“显示为图标”，修改标签为“记录”，并按照图 9-14 所示绘制连线。

（11）在函数选板中选择“编程”→“对话框与用户界面”→“简易错误处理器”VI，将其放置到程序框图中。将“简易错误处理器”VI 的输入端连接至“关闭文件”函数的输出端。

（12）单击工具栏中的“整理程序框图”按钮，整理程序框图，结果如图 9-14 所示。

（13）在“温度计”控件中调整初始值，单击“运行”按钮运行 VI，则前面板中显示的运行结果如图 9-16 所示。

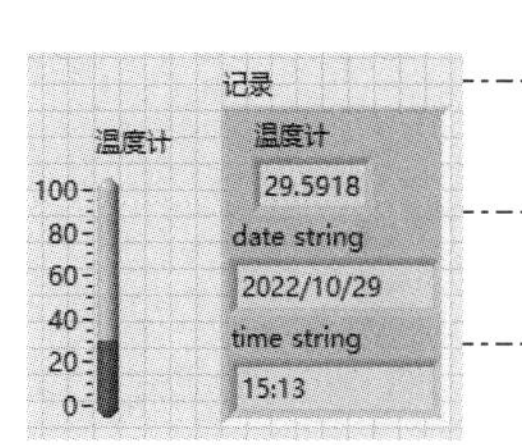

图 9-16　运行结果

实例：读取温度计数据

本实例演示温度计数据的读取，需要注意数据记录文件在读/写时需要指定数据类型，对应的程序框图如图 9-17 所示。

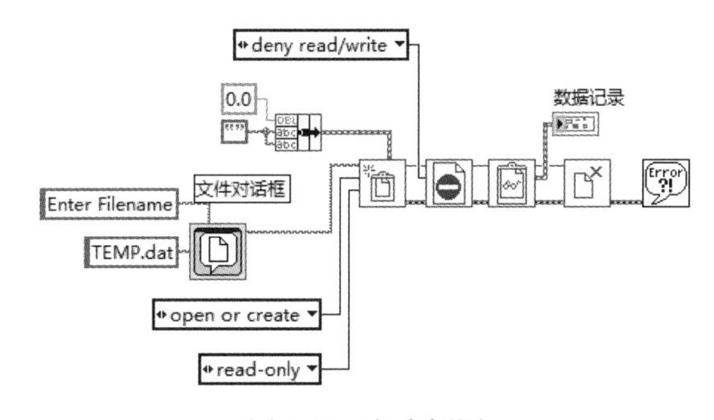

图 9-17　程序框图

（1）新建 VI。选择菜单栏中的“文件”→“新建 VI”选项，新建一个 VI。

（2）保存 VI。选择菜单栏中的“文件”→“另存为”选项，设置 VI 名称为“读取温度计数据”。

（3）打开程序框图，在函数选板中选择“编程”→“文件 I/O”→“高级文件函数”→“文件对话框”VI，将其放置到程序框图中，设置其显示形式为图标，在该 VI 的“提示”和“默认名称”接线端分别创建常量“Enter Filename”和“TEMP.dat”。

（4）在函数选板的“编程”→“文件 I/O”→“高级文件函数”→“数据记录”子

Note

选板中分别选择“打开/创建/替换数据记录”、“读取数据记录文件”和“关闭文件”函数，将其放置到程序框图中。将“打开/创建/替换数据记录”函数的输入端连接至“文件对话框”VI 的输出端，并在“打开/创建/替换数据记录”函数的“操作”输入端创建常量“open or create”，在“权限”输入端创建常量“write-only”。

（5）在函数选板中选择“编程”→“文件 I/O”→“高级文件函数”→“拒绝访问”函数，将其放置到程序框图中，并创建常量“deny read/write”。参照图 9-17，将“拒绝访问”函数的接线端分别连接至“打开/创建/替换数据记录”函数和“读取数据记录文件”函数对应的接线端。

（6）在函数选板中选择“编程”→“簇、类与变体”→“捆绑”函数，将其放置到程序框图中。

（7）在函数选板中选择“编程”→“数值”→“DBL 数值常量”函数，将其放置到程序框图中。将“DBL 数值常量”函数的输出端连接至“捆绑”函数的输入端。

（8）选择“DBL 数值常量”函数右击，在弹出的快捷菜单中选择“属性”选项，打开“数值常量属性”对话框。在“显示格式”选项卡中，将“位数”设置为 2，再取消勾选“隐藏无效零”复选框，如图 9-18 所示。

（9）在函数选板中选择“编程”→“字符串”→“空字符串常量”函数，将其放置到程序框图中。将“空字符串常量”函数的输出端连接至“捆绑”函数的输入端。

（10）在“读取数据记录文件”函数的输出端右击，在弹出的快捷菜单中选择“创建显示控件”选项，创建显示控件，结合快捷菜单取消其“显示为图标”，并修改标签为“数据记录”。

（11）在函数选板中选择“编程”→“对话框与用户界面”→“简易错误处理器”VI，将其放置到程序框图中。将“简易错误处理器”VI 的输入端连接至“关闭文件”函数的输出端。

（12）单击工具栏中的“整理程序框图”按钮，整理程序框图，结果如图 9-17 所示。

（13）单击“运行”按钮运行 VI，在弹出的“Enter Filename”对话框中，选择源文件中的“TEMP”文件，则前面板中显示的运行结果如图 9-19 所示。

图 9-18　设置显示格式

图 9-19　运行结果

9.4 文件 I/O 操作的其他 VI 和函数

9.4.1 文件常量

“文件常量”子选板中的节点可以与文件 I/O 函数和 VI 配合使用。“文件常量”子选板（见图 9-20）位于函数选板的“编程”→“文件 I/O”子选板中。

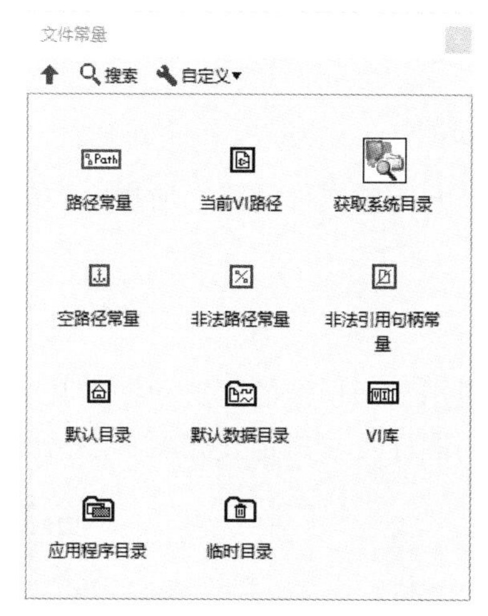

图 9-20　“文件常量”子选板

- ☑ 路径常量：用于在程序框图中提供一个常量路径。
- ☑ 当前 VI 路径：用于返回当前 VI 所在的路径。如果当前 VI 没有保存过，将返回一个非法路径。
- ☑ 空路径常量：用于返回一个空路径。
- ☑ 非法路径常量：用于返回一个值为“非法路径”的路径。当发生错误不想返回一个路径时，可以使用该节点。
- ☑ 非法引用句柄常量：用于返回一个值为“非法引用句柄”的引用句柄。当发生错误时，可使用该节点。
- ☑ 默认目录：用于返回默认目录的路径。
- ☑ 默认数据目录：用于返回所配置的 VI 或函数所产生的数据的存储位置。
- ☑ VI 库：用于返回当前所使用的 VI 库的路径。
- ☑ 临时目录：用于返回临时目录路径。

9.4.2 配置文件

配置文件 VI 可读取和创建标准的 Windows 配置文件（.ini），并以独立于平台的格式写入特定平台的数据（如路径），从而可以跨平台使用 VI 生成的文件。对于配置文件，

配置文件 VI 不使用标准文件格式。通过配置文件 VI 可在任何平台上读写由 VI 创建的文件。“配置文件 VI”子选板如图 9-21 所示，其位于函数选板的“编程”→“文件 I/O”子选板中。

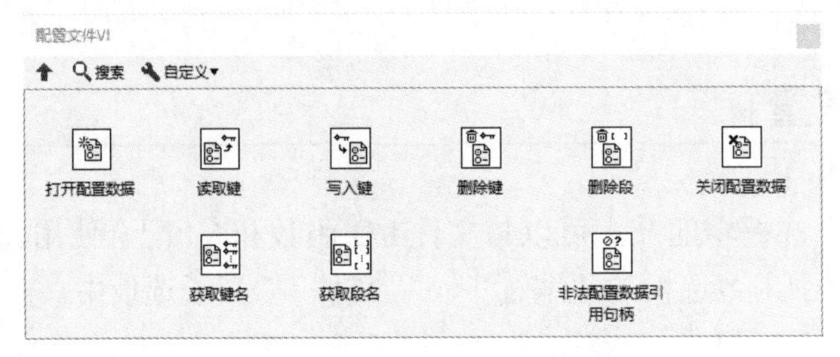

图 9-21 “配置文件 VI”子选板

1. 打开配置数据

打开配置数据函数用于打开配置文件的路径所指定的配置数据的引用句柄，其图标及端口定义如图 9-22 所示。

2. 读取键

读取键函数用于读取由引用句柄指定的配置数据中某个段的键值。如果键不存在，将返回默认值。读取键函数的图标及端口定义如图 9-23 所示。

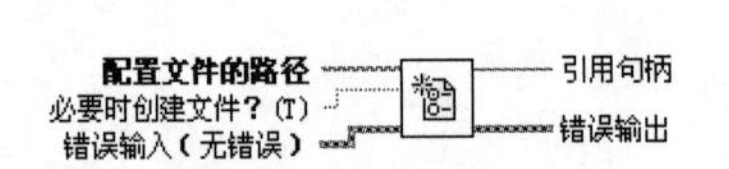

图 9-22 打开配置数据函数的图标及端口定义

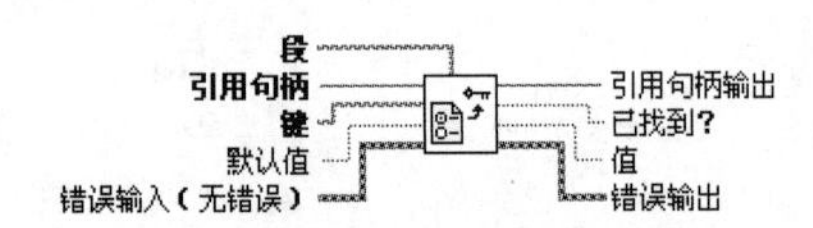

图 9-23 读取键函数的图标及端口定义

☑ 段：所要读取键的所在段的名称。

☑ 键：所要读取键的名称。

☑ 默认值：如果函数在段中没有找到指定的键或者发生错误，将返回默认值。

3. 写入键

写入键函数用于写入由引用句柄指定的配置数据中某个段的键值。该函数会修改内存中的数据，如果想将数据存盘，需要使用关闭配置数据函数。写入键函数的图标及端口定义如图 9-24 所示。

4. 删除键

删除键函数用于删除由引用句柄指定的配置数据中由段输入端指定的段中的键，其图标及端口定义如图 9-25 所示。

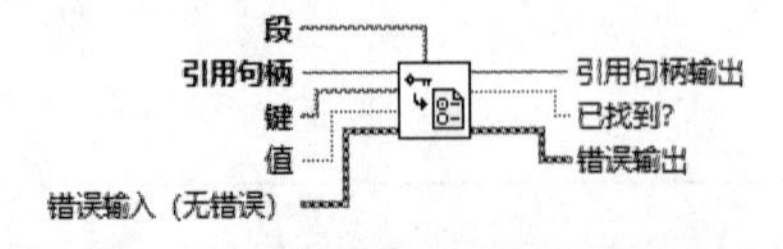

图 9-24 写入键函数的图标及端口定义

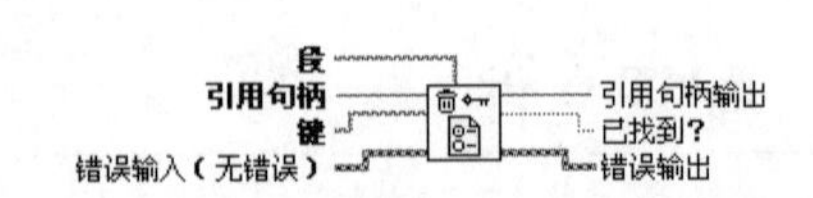

图 9-25 删除键函数的图标及端口定义

5．删除段

删除段函数用于删除由引用句柄指定的配置数据中的段，其图标及端口定义如图9-26所示。

6．关闭配置数据

关闭配置数据函数用于将数据写入由引用句柄指定的独立于平台的配置文件，并关闭对该文件的引用。关闭配置数据函数的图标及端口定义如图9-27所示。

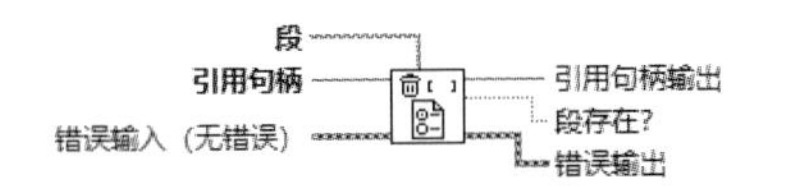

图9-26　删除段函数的图标及端口定义

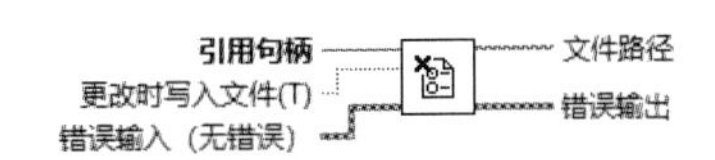

图9-27　关闭配置数据函数的图标及端口定义

☑ 更改时写入文件：如果输入值为TRUE（默认值），函数将配置数据写入独立于平台的配置文件。配置文件由打开配置数据函数选择。如果输入值为FALSE，则配置数据不被写入。

7．获取键名

获取键名函数用于获取由引用句柄指定的配置数据中特定段的所有键名，其图标及端口定义如图9-28所示。

8．获取段名

获取段名函数用于获取由引用句柄指定的配置数据中所有段的段名，其图标及端口定义如图9-29所示。

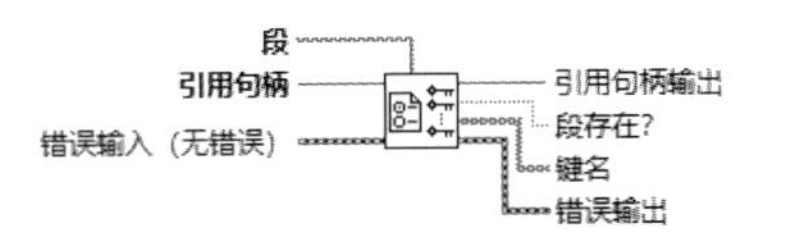

图9-28　获取键名函数的图标及端口定义

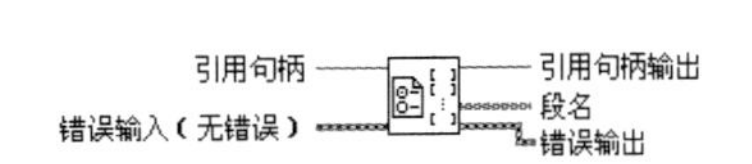

图9-29　获取段名函数的图标及端口定义

9．非法配置数据引用句柄

非法配置数据引用句柄函数用于判断配置数据的引用是否有效，其图标及端口定义如图9-30所示。

图9-30　非法配置数据引用句柄函数的图标及端口定义

9.4.3　TDMS

使用TDMS（Technical Data Management Streaming，技术数据管理流）VI和函数可以将波形数据和属性写入二进制测量文件。“TDMS”子选板如图9-31所示。

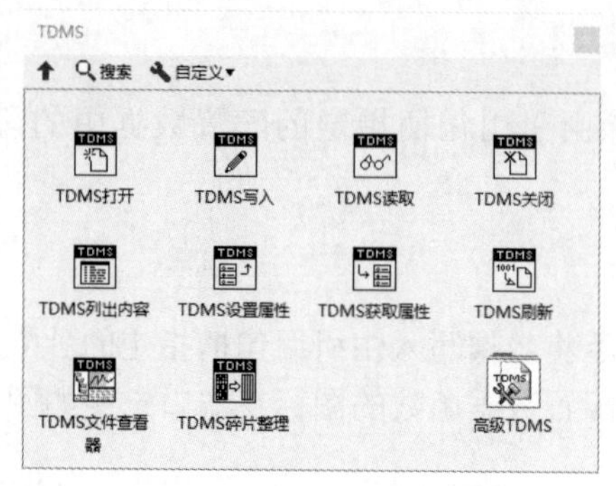

图 9-31 “TDMS”子选板

1. TDMS打开

TDMS 打开函数用于打开一个扩展名为.tdms 的文件，也可以使用该函数新建一个文件或替换一个已存在的文件。TDMS 打开函数的图标及端口定义如图 9-32 所示。

☑ 操作：选择操作的类型。可以指定为下列 5 种类型之一：

open（0）：打开一个要写入的.tdms 文件。

open or create（1）：创建一个新的或打开一个已存在的.tdms 文件。

create or replace（2）：创建一个新的或替换一个已存在的.tdms 文件。

create（3）：创建一个新的.tdms 文件。

open（read-only）（4）：打开一个只读类型的.tdms 文件。

2. TDMS写入

TDMS 写入函数用于将数据流写入指定的.tdms 文件。所要写入的数据子集由组名称输入和通道名输入接线端指定。TDMS 写入函数的图标及端口定义如图 9-33 所示。

☑ 组名称输入：指定要进行操作的组名称。如果该输入端未被连接，则默认为无标题。

☑ 通道名输入：指定要进行操作的通道名。如果该输入端未被连接，则通道将自动命名。如果数据输入端连接的是波形数据，则将使用波形的名称。

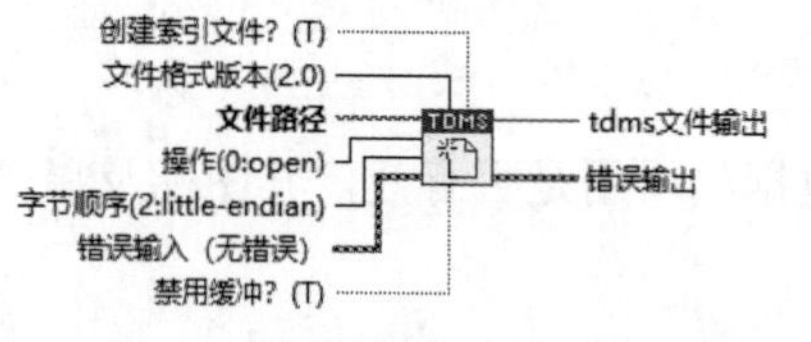

图 9-32 TDMS 打开函数的图标及端口定义

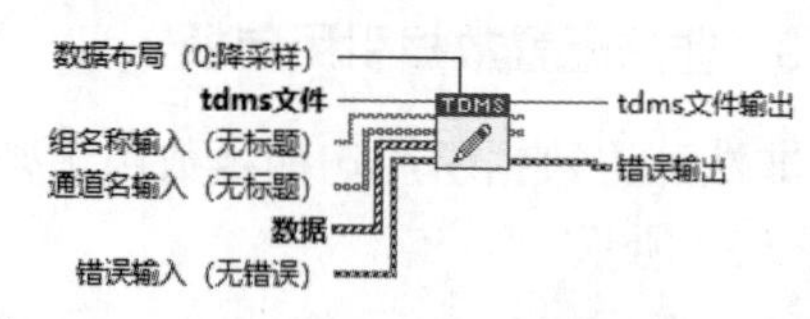

图 9-33 TDMS 写入函数的图标及端口定义

3. TDMS读取

TDMS 读取函数用于打开指定的.tdms 文件，并返回由数据类型输入端指定类型的数据。TDMS 读取函数的图标及端口定义如图 9-34 所示。

4. TDMS关闭

TDMS 关闭函数用于关闭一个使用 TDMS 打开函数打开的.tdms 文件，其图标及端口定义如图 9-35 所示。

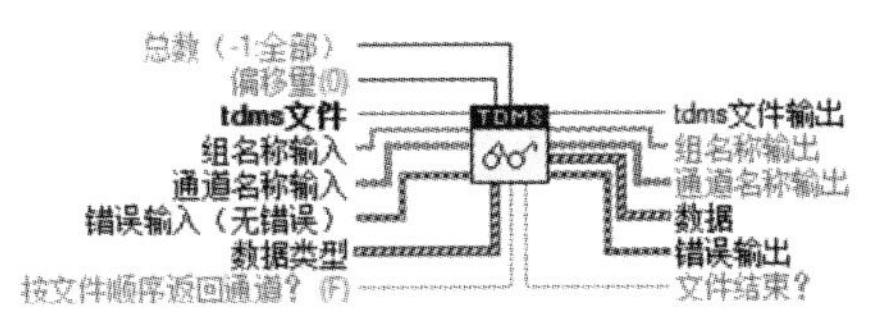

图 9-34　TDMS 读取函数的图标及端口定义

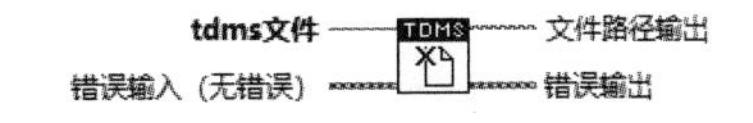

图 9-35　TDMS 关闭函数的图标及端口定义

5．TDMS列出内容

TDMS 列出内容函数用于列出由 tdms 文件输入端指定的.tdms 文件中包含的组和通道的名称，其图标及端口定义如图 9-36 所示。

6．TDMS设置属性

TDMS 设置属性函数用于设置指定.tdms 文件的属性、组名称或通道名。如果组名称或通道名称输入端有输入，属性将被写入组或通道；如果组名称或通道名称无输入，属性将变为文件标识。TDMS 设置属性函数的图标及端口定义如图 9-37 所示。

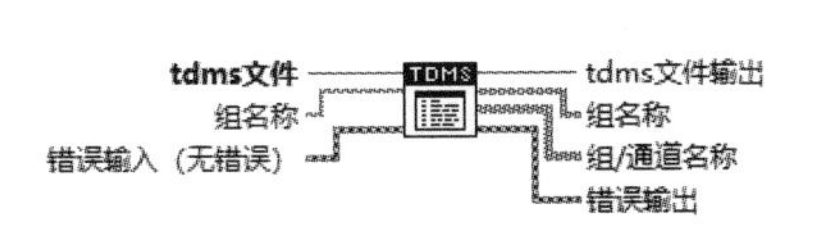

图 9-36　TDMS 列出内容函数的图标及端口定义

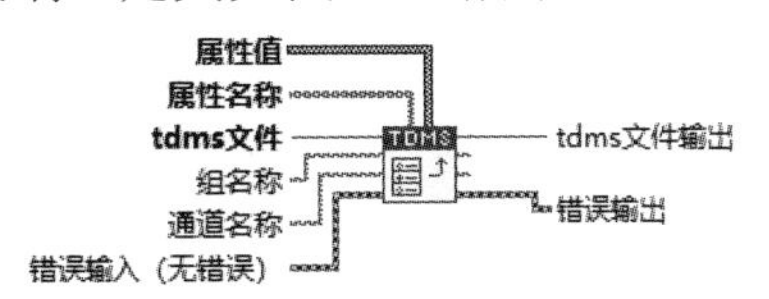

图 9-37　TDMS 设置属性函数的图标及端口定义

7．TDMS获取属性

TDMS 获取属性函数用于返回指定.tdms 文件的属性。如果组名称或通道名称输入端有输入，函数将返回组或通道的属性；如果组名称和通道名称无输入，函数将返回特定.tdms 文件的属性。TDMS 获取属性函数的图标及端口定义如图 9-38 所示。

8．TDMS刷新

TDMS 刷新函数用于刷新系统内存中的.tdms 文件数据以保持数据的安全性，其图标及端口定义如图 9-39 所示。

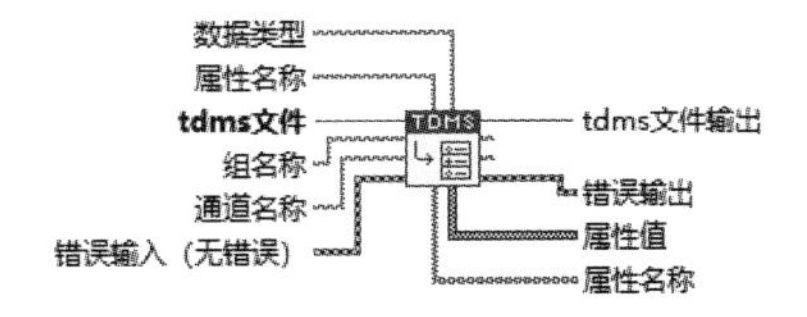

图 9-38　TDMS 获取属性函数的图标及端口定义

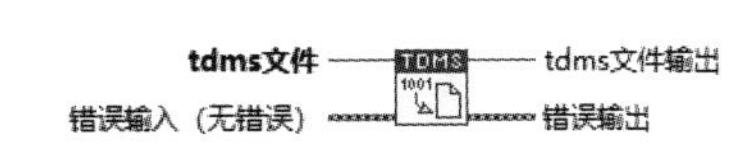

图 9-39　TDMS 刷新函数的图标及端口定义

9．TDMS文件查看器

TDMS 文件查看器函数用于打开由文件输入接线端指定的.tdms 文件，并将文件数据在 TDMS 查看器窗口中显示出来。该函数的图标及端口定义如图 9-40 所示。

10．TDMS碎片整理

TDMS 碎片整理函数用于整理由文件路径输入端指定的.tdms 文件的数据。如果.tdms 文件中的数据很乱，可以使用该函数进行清理，从而提高性能。该函数的图标及端口定义如图 9-41 所示。

Note

文件输入 文件输出
错误输入 错误输出

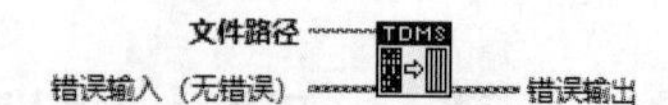

图 9-40　TDMS 文件查看器函数的图标及端口定义　图 9-41　TDMS 碎片整理函数的图标及端口定义

11．高级TDMS

高级 TDMS VI 和函数可用于对.tdms 文件进行高级 I/O 操作（如异步读取和写入）。通过此类 VI 和函数可读取已有.tdms 文件中的数据，写入数据至新建的.tdms 文件，或替换已有.tdms 文件中的部分数据。也可使用此类 VI 和函数转换.tdms 文件的格式版本，或新建未换算数据的换算信息。

“高级 TDMS”子选板如图 9-42 所示。

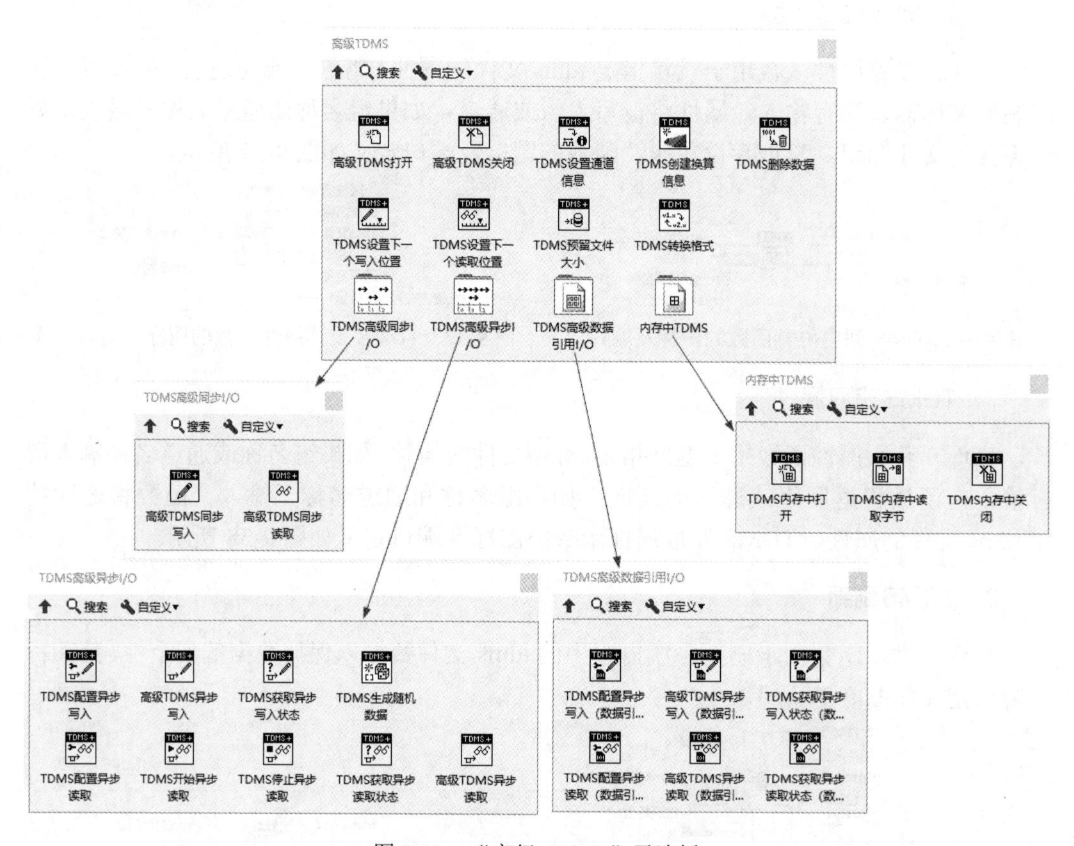

图 9-42　“高级 TDMS”子选板

（1）高级 TDMS 打开：按照主机使用的字节顺序打开用于读写操作的.tdms 文件。该函数也可用于创建新文件或替换现有文件。不同于 TDMS 打开函数，高级 TDMS 打开函数不创建.tdms_index 文件。若使用该函数打开.tdms 文件，且该文件已有对应的.tdms_index 文件，则该函数可删除.tdms_index 文件。该函数的图标及端口定义如图 9-43 所示。

（2）高级 TDMS 关闭：关闭通过高级 TDMS 打开函数打开的.tdms 文件，释放 TDMS 预留文件大小的磁盘空间。该函数的图标及端口定义如图 9-44 所示。

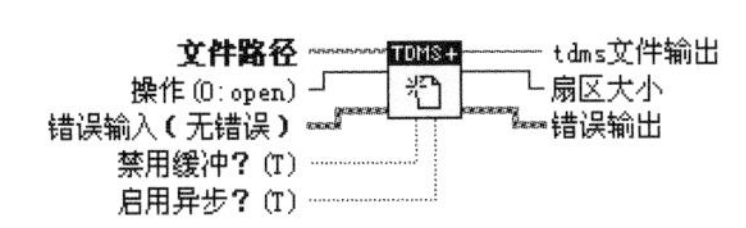

图 9-43　高级 TDMS 打开函数的图标及端口定义

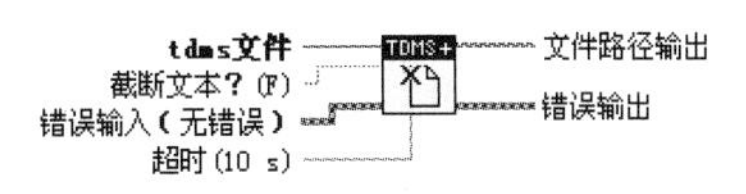

图 9-44　高级 TDMS 关闭函数的图标及端口定义

（3）TDMS 设置通道信息：定义要写入指定.tdms 文件的原始数据中包含的通道信息。通道信息包括数据布局、组名、通道名、数据类型和采样数。该函数的图标及端口定义如图 9-45 所示。

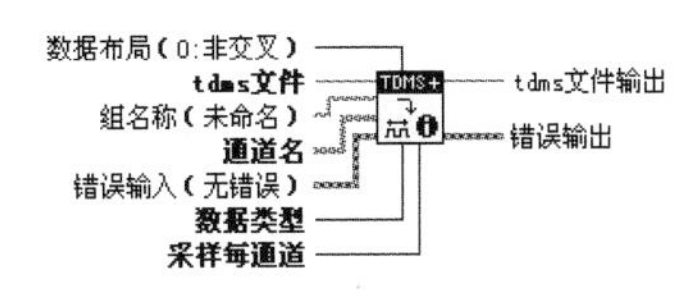

图 9-45　TDMS 设置通道信息函数的图标及端口定义

（4）TDMS 创建换算信息：创建.tdms 文件中未缩放数据的缩放信息。该 VI 用于将缩放信息写入.tdms 文件。必须手动选择所需多态实例。

TDMS 创建换算信息 VI（线性、多项式、热电偶、RTD、表格、应变、热敏电阻、倒数）如图 9-46 所示。

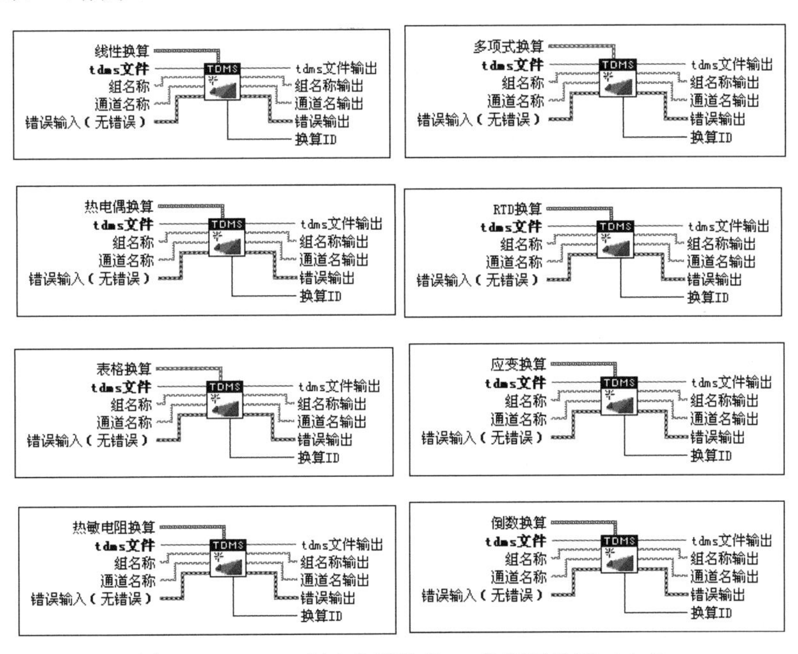

图 9-46　TDMS 创建换算信息 VI 的图标及端口定义

（5）TDMS 删除数据：从一个通道或一个组的多个通道中删除数据。利用该函数删除数据后，若.tdms 文件中数据采样的数量小于通道属性 wf_samples 的值，LabVIEW 将把 wf_samples 的值设置为.tdms 文件中的数据采样数。该函数的图标及端口定义如图 9-47 所示。

（6）TDMS 设置下一个写入位置：配置高级 TDMS 异步写入函数或高级 TDMS 同步写入函数开始重写.tdms 文件中已有的数据。若高级 TDMS 打开函数的禁用缓冲？输入为 TRUE，则设置的下一个写入位置必须为磁盘扇区大小的倍数。该函数的图标及端口定义如图 9-48 所示。

图 9-47　TDMS 删除数据函数的图标及端口定义

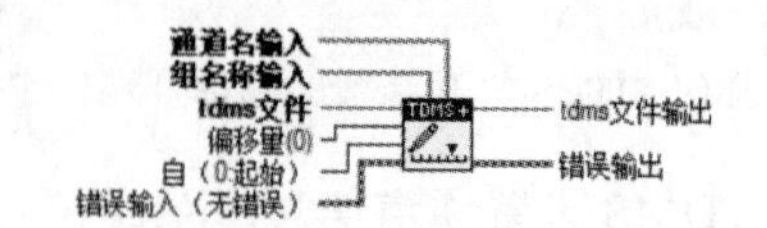

图 9-48　TDMS 设置下一个写入位置函数的图标及端口定义

（7）TDMS 设置下一个读取位置：配置高级 TDMS 异步读取函数读取.tdms 文件中数据的开始位置。若高级 TDMS 打开函数的禁用缓冲？输入为 TRUE，则设置的下一个读取位置必须为磁盘扇区大小的倍数。该函数的图标及端口定义如图 9-49 所示。

（8）TDMS 预留文件大小：为写入操作预分配磁盘空间，防止文件系统碎片的产生。在该函数使用.tdms 文件时，其他进程无法访问同一文件。该函数的图标及端口定义如图 9-50 所示。

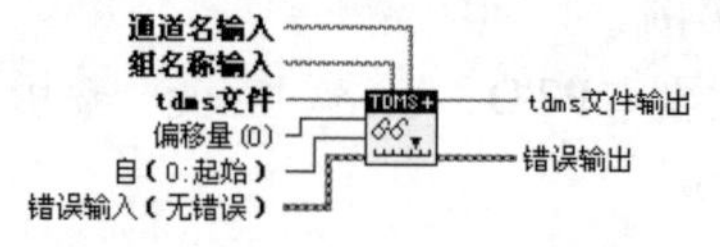

图 9-49　TDMS 设置下一个读取位置函数的图标及端口定义

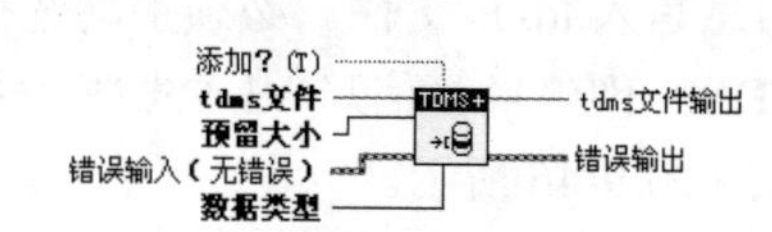

图 9-50　TDMS 预留文件大小函数的图标及端口定义

（9）TDMS 转换格式：将.tdms 文件的格式版本从 1.0 转换为 2.0，或者相反。该 VI 依据目标版本中指定的新文件格式重写.tdms 文件，其图标及端口定义如图 9-51 所示。

（10）TDMS 高级同步 I/O：用于同步读取和写入.tdms 文件。

① 高级 TDMS 同步写入：用于同步写入数据至指定的.tdms 文件。该函数的图标及端口定义如图 9-52 所示。

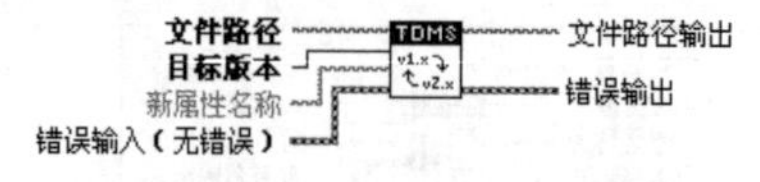

图 9-51　TDMS 转换格式 VI 的图标及端口定义

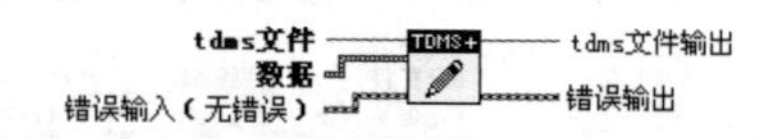

图 9-52　高级 TDMS 同步写入函数的图标及端口定义

② 高级 TDMS 同步读取：用于读取指定的.tdms 文件并以数据类型输入端指定的格式返回数据。该函数的图标及端口定义如图 9-53 所示。

（11）TDMS 高级异步 I/O：用于异步读取和写入.tdms 文件。

① TDMS 配置异步写入：为异步写入操作分配缓冲区并配置超时值。配置的超时值适用于所有后续异步写入操作。该函数的图标及端口定义如图 9-54 所示。

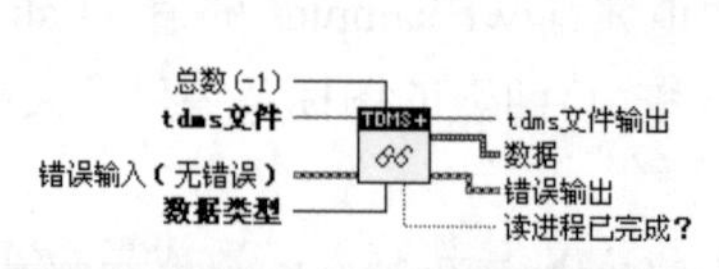

图 9-53　高级 TDMS 同步读取函数的图标及端口定义

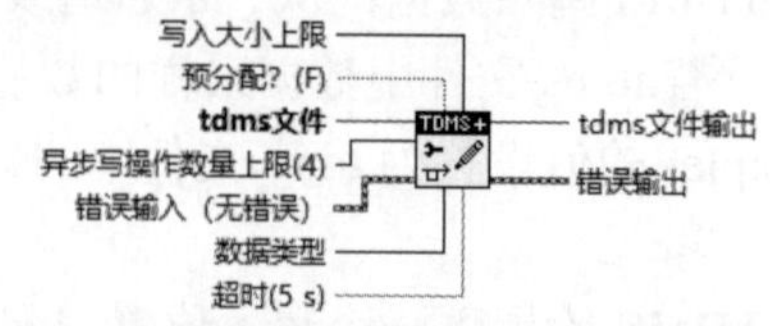

图 9-54　TDMS 配置异步写入函数的图标及端口定义

② 高级 TDMS 异步写入：异步写入数据至指定的.tdms 文件。该函数可同时执行多个在后台执行的异步写入操作，其图标及端口定义如图 9-55 所示。

③ TDMS 获取异步写入状态：获取高级 TDMS 异步写入函数创建的尚未完成的异步写入操作的数量。该函数的图标及端口定义如图 9-56 所示。

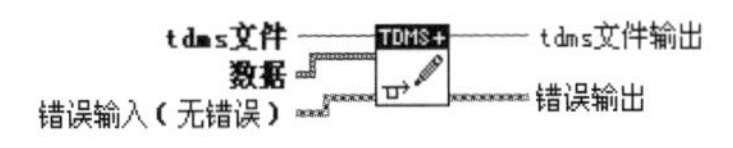

图 9-55　高级 TDMS 异步写入函数的图标及端口定义

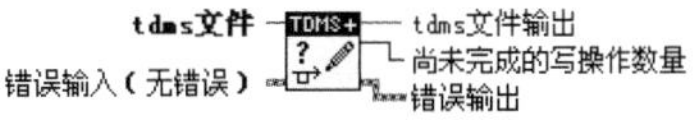

图 9-56　TDMS 获取异步写入状态函数的图标及端口定义

④ TDMS 生成随机数据：可以使用生成的随机数据去测试高级 TDMS VI 或函数的性能。在基准测试中使用该 VI 来模拟从数据采集设备中得到的数据。该 VI 的图标及端口定义如图 9-57 所示。

⑤ TDMS 配置异步读取：为异步读取操作分配缓冲区并配置超时值。配置的超时值适用于所有后续异步读取操作。该函数的图标及端口定义如图 9-58 所示。

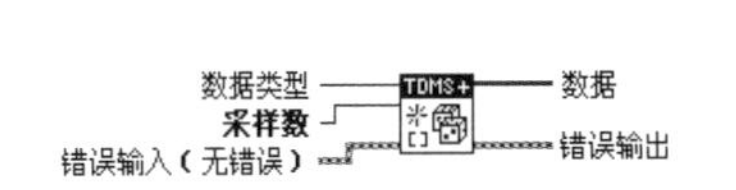

图 9-57　TDMS 生成随机数据 VI 的图标及端口定义

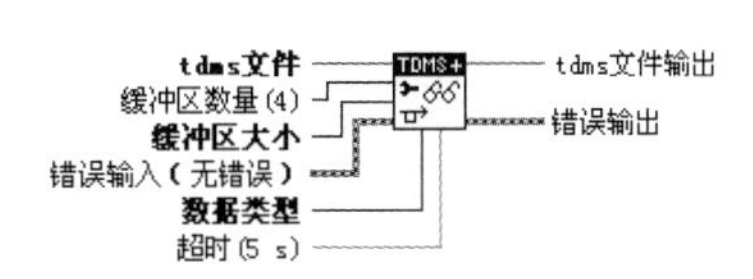

图 9-58　TDMS 配置异步读取函数的图标及端口定义

⑥ TDMS 开始异步读取：开始异步读取过程。该函数的图标及端口定义如图 9-59 所示。在此前的异步读取过程完成或停止前，无法配置或开始异步读取过程，通过 TDMS 停止异步读取函数可停止异步读取过程。

⑦ TDMS 停止异步读取：停止发出新的异步读取。该函数的图标及端口定义如图 9-60 所示。该函数不忽略已完成的异步读取或取消尚未完成的异步读取操作。利用该函数停止异步读取后，可利用高级 TDMS 异步读取函数读取已完成的异步读取操作。

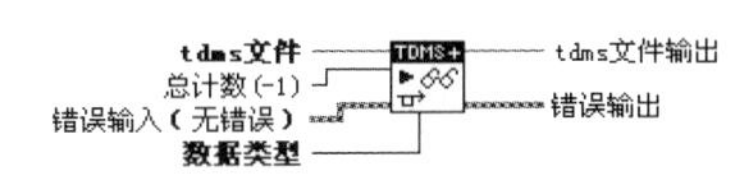

图 9-59　TDMS 开始异步读取函数的图标及端口定义

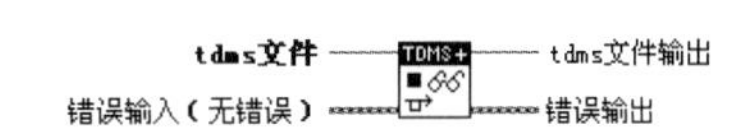

图 9-60　TDMS 停止异步读取函数的图标及端口定义

⑧ TDMS 获取异步读取状态：获取包含高级 TDMS 异步读取函数要读取数据的缓冲区的数量。该函数的图标及端口定义如图 9-61 所示。

⑨ 高级 TDMS 异步读取：读取指定的.tdms 文件并以数据类型输入端指定的格式返回数据。该函数可返回此前读入缓冲区的数据，缓冲区通过 TDMS 配置异步读取函数配置。该函数还可同时执行多个异步读取操作，其图标及端口定义如图 9-62 所示。

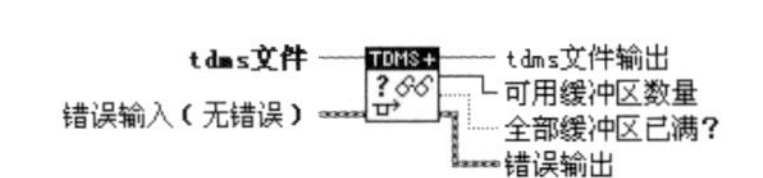

图 9-61　TDMS 获取异步读取状态函数的图标及端口定义

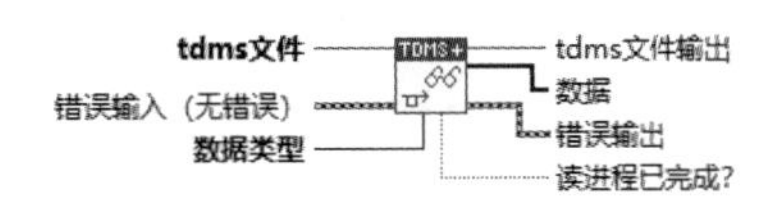

图 9-62　高级 TDMS 异步读取函数的图标及端口定义

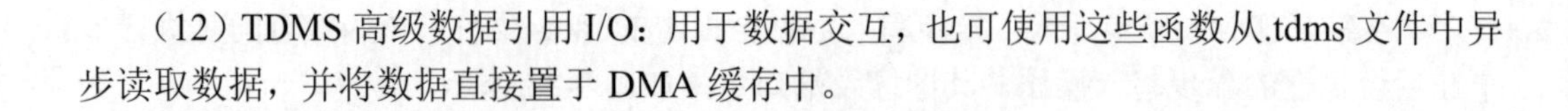

（12）TDMS 高级数据引用 I/O：用于数据交互，也可使用这些函数从.tdms 文件中异步读取数据，并将数据直接置于 DMA 缓存中。

① TDMS 配置异步写入（数据引用）：配置异步写入操作的最大数量及超时值。配置的超时值适用于所有后续写入操作。该函数的图标及端口定义如图 9-63 所示。

② 高级 TDMS 异步写入（数据引用）：将数据引用输入端指向的数据异步写入指定的.tdms 文件。该函数的图标及端口定义如图 9-64 所示。该函数可以在后台执行异步写入操作的同时发出更多的异步写入指令，还可以查询挂起的异步写入操作的数量。在使用该函数之前，必须使用前述 TDMS 配置异步写入（数据引用）函数配置异步写入。

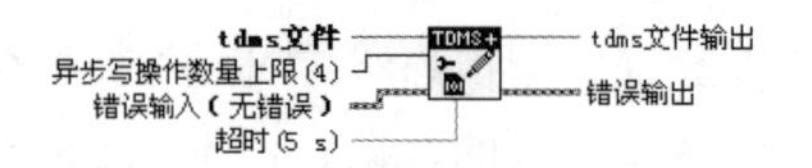

图 9-63　TDMS 配置异步写入（数据引用）函数的图标及端口定义

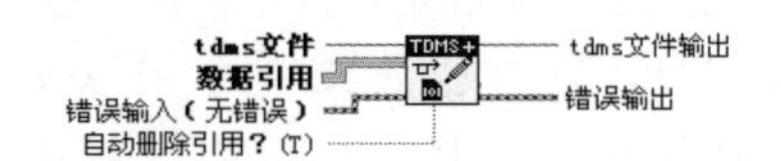

图 9-64　高级 TDMS 异步写入（数据引用）函数的图标及端口定义

③ TDMS 获取异步写入状态（数据引用）：返回高级 TDMS 异步写入（数据引用）函数创建的尚未完成的异步写入操作的数量。该函数的图标及端口定义如图 9-65 所示。

④ TDMS 配置异步读取（数据引用）：配置异步读取操作的最大数量、待读取数据的总量，以及异步读取的超时值。该函数的图标及端口定义如图 9-66 所示。

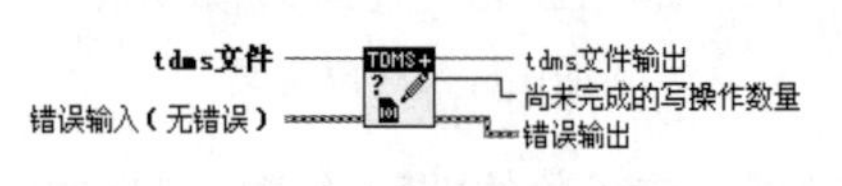

图 9-65　TDMS 获取异步写入状态（数据引用）函数的图标及端口定义

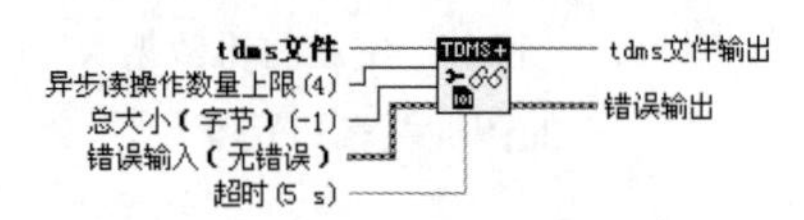

图 9-66　TDMS 配置异步读取（数据引用）函数的图标及端口定义

⑤ 高级 TDMS 异步读取（数据引用）：从指定的.tdms 文件中异步读取数据，并将数据保存在 LabVIEW 之外的存储器中。使用该函数之前，必须使用 TDMS 配置异步读取（数据引用）函数配置异步读取。该函数在后台执行异步读取操作的同时，可以发出更多的异步读取指令，其图标及端口定义如图 9-67 所示。

⑥ TDMS 获取异步读取状态（数据引用）：返回高级 TDMS 异步读取（数据引用）函数创建的尚未完成的异步读取操作的数量。该函数的图标及端口定义如图 9-68 所示。

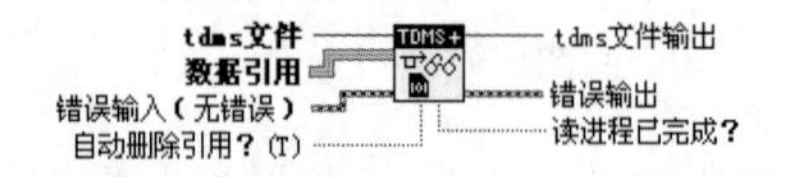

图 9-67　高级 TDMS 异步读取（数据引用）函数的图标及端口定义

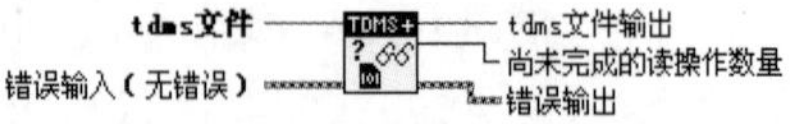

图 9-68　TDMS 获取异步读取状态（数据引用）函数的图标及端口定义

（13）内存中 TDMS：用于打开、关闭、读取和写入内存中的.tdms 文件。

① TDMS 内存中打开：在内存中创建一个空的.tdms 文件以进行读取或写入操作。该函数的图标及端口定义如图 9-69 所示。也可使用该函数基于字节数组或磁盘文件创建一个文件，使用 TDMS 内存中关闭函数可关闭对该文件的引用。

② TDMS 内存中读取字节：读取内存中的.tdms 文件，返回不带符号的 8 位整数数组。该函数的图标及端口定义如图 9-70 所示。

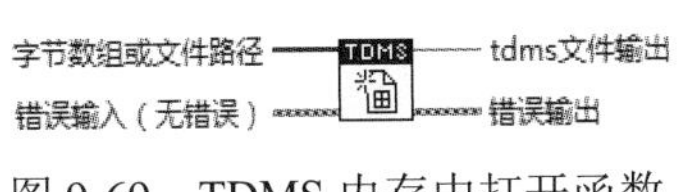

图 9-69　TDMS 内存中打开函数的图标及端口定义

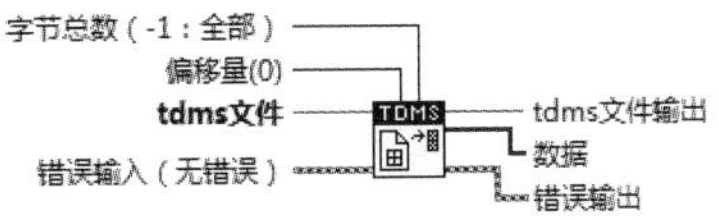

图 9-70　TDMS 内存中读取字节函数的图标及端口定义

③ TDMS 内存中关闭：关闭内存中的.tdms 文件，该文件用内存中 TDMS 打开函数打开。如文件路径输入指定了路径，该函数还将写入磁盘上的.tdms 文件。该函数的图标及端口定义如图 9-71 所示。

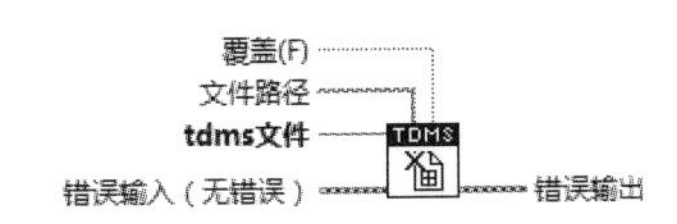

图 9-71　TDMS 内存中关闭函数的图标及端口定义

9.4.4　存储/数据插件

函数选板中的存储/数据插件 VI 可在二进制测量文件（.tdm）中读取和写入波形及波形属性。通过.tdm 文件可在 NI 软件（如 LabVIEW 和 DIAdem）间进行数据交换。

存储/数据插件 VI 将波形和波形属性组合起来，从而构成通道。一个通道组可管理一组通道，一个文件中可包括多个通道组。若按名称保存通道，就可以从现有通道中快速添加或获取数据。除数值之外，存储/数据插件 VI 也支持字符串数组和时间标识数组。在程序框图上，引用句柄可代表文件、通道组和通道。存储/数据插件 VI 可查询文件以获取符合条件的通道组或通道。

若在开发过程中，系统要求发生改动，或需要在文件中添加其他数据，使用存储/数据插件 VI 可修改文件格式且不会导致文件不可用。“存储/数据插件”子选板如图 9-72 所示。

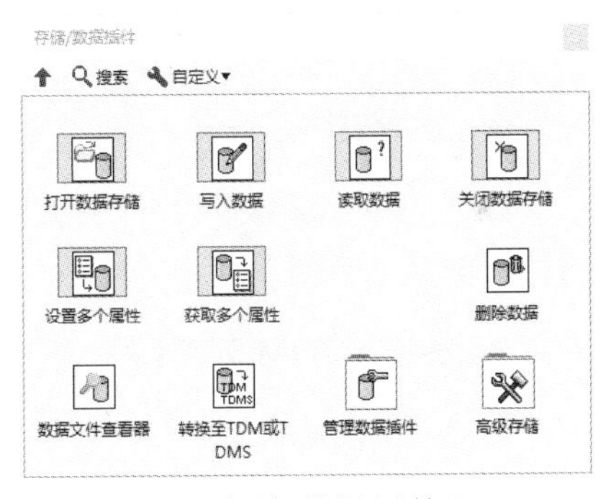

图 9-72　“存储/数据插件”子选板

1．打开数据存储

打开数据存储 VI 用于打开 NI 测试数据格式交换文件（.tdm）以进行读写操作。该 VI 也可以用于创建新文件或替换现有文件。

2．写入数据

写入数据 VI 用于添加一个通道组或单个通道至指定文件。该 VI 也可用于定义被添加的通道组或者单个通道的属性。

3．读取数据

读取数据 VI 可返回用于表示文件中通道组或通道的引用句柄数组。如果选择通道作为配置对话框中的读取对象类型，读取数据 VI 就会读出这个通道中的波形。该 VI 还可以根据指定的查询条件返回符合要求的通道组或者通道。

4. 关闭数据存储

关闭数据存储 VI 用于对文件进行读写操作后，将保存并关闭文件。

5. 设置多个属性

设置多个属性 VI 用于对已经存在的文件、通道组或单个通道定义属性。如果在将句柄连接到存储引用句柄接线端之前配置该 VI，则配置信息可能会根据所连接的句柄修改。例如，若配置 VI 用于单通道，然后连接其至通道组的引用句柄，由于单通道属性不适用于通道组，VI 将在程序框图上显示断线。

6. 获取多个属性

获取多个属性 VI 用于从文件、通道组或单个通道中读取属性值。如果在将句柄连接到存储引用句柄接线端之前配置该 VI，则配置信息可能会根据所连接的句柄修改。例如，若配置 VI 用于单通道，然后连接其至通道组的引用句柄，由于单通道属性不适用于通道组，VI 将在程序框图上显示断线。

7. 删除数据

删除数据 VI 用于删除一个指定的通道组或通道。如果选择删除一个通道组，该 VI 将删除与该通道组相关联的所有通道。

8. 数据文件查看器

数据文件查看器 VI 用于打开文件路径输入端指定的数据文件，并在数据文件查看器对话框中显示数据。

9. 转换至TDM或TDMS

转换至 TDM 或 TDMS VI 用于将指定文件转换成.tdm 文件或.tdms 文件。

10. 管理数据插件

管理数据插件 VI 用于将所选择的.tdms 文件转换成.tdm 格式的文件。

11. 高级存储

高级存储 VI 用于进行程序运行期间数据的读取、写入和查询。

9.4.5 Zip

使用 Zip VI 可以创建新的 Zip 文件、向 Zip 文件添加文件，以及关闭 Zip 文件。“Zip”子选板如图 9-73 所示。

1. 新建Zip文件

新建 Zip 文件 VI 用于创建一个由目标路径指定的 Zip 空白文件，其图标及端口定义如图 9-74 所示。根据确认覆盖？（F）输入端的输入值，创建的文件将覆盖一个已存在的文件或出现一个确认对话框。

☑ 目标：指定新 Zip 文件或已存在 Zip 文件的路径。该 VI 将删除或重写已存在的文件,而不能在 Zip 文件中追加数据。

图 9-73 “Zip”子选板

2. 添加文件至Zip文件

添加文件至 Zip 文件 VI 用于将源文件路径输入端所指定的文件添加到 Zip 文件中。Zip 文件目标路径输入端指定 Zip 文件的路径信息。该 VI 的图标及端口定义如图 9-75 所示。

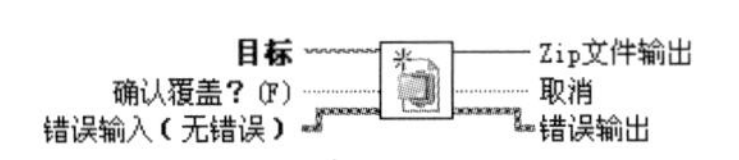

图 9-74 新建 Zip 文件 VI 的图标及端口定义

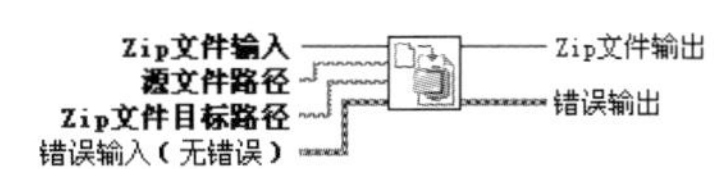

图 9-75 添加文件至 Zip 文件 VI 的图标及端口定义

3. 关闭Zip文件

关闭 Zip 文件 VI 用于关闭 Zip 文件输入端指定的 Zip 文件，其图标及端口定义如图 9-76 所示。

4. 解压缩

解压缩 VI 用于使解压缩的内容解压缩至目标目录，其图标及端口定义如图 9-77 所示。该 VI 无法解压缩有密码保护的压缩文件。

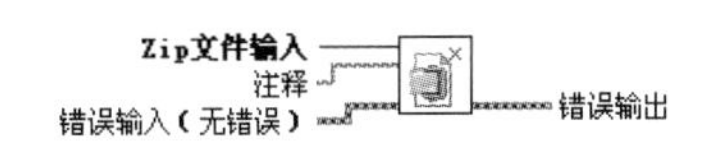

图 9-76 关闭 Zip 文件 VI 的图标及端口定义

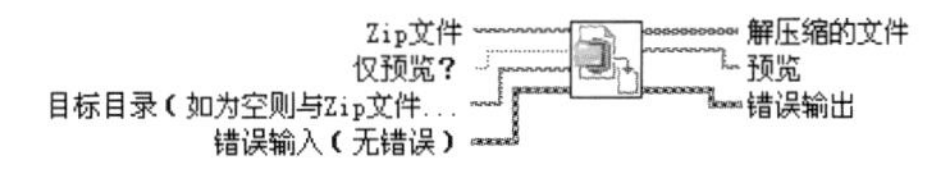

图 9-77 解压缩 VI 的图标及端口定义

9.4.6 XML

XML VI 和函数用于操作 XML 格式的数据。可扩展标记语言（XML）是一种独立于平台的标准化统一标记语言（SGML），可用于存储和交换信息。在使用 XML 文档时，可使用解析器提取和操作文档中的数据，而不必直接转换 XML 格式。例如，文档对象模型（DOM）核心规范定义了创建、读取和操作 XML 文档的编程接口，以及 XML 解析器必须支持的属性和方法。“XML”子选板如图 9-78 所示。

图 9-78 “XML”子选板

1. LabVIEW模式VI和函数

LabVIEW 模式 VI 和函数用于操作 XML 格式的 LabVIEW 数据。“LabVIEW 模式”子选板如图 9-79 所示。

（1）平化至 XML：将连接至任何数据输入端的数据类型依据 LabVIEW XML 模式转换为 XML 字符串。该函数的图标及端口定义如图 9-80 所示。若 XML 字符串中含有<、>或&等字符，该函数将分别把这些字符转换为<、>或&。使用转换特殊字符至 XML VI 可将其他字符（如"）转换为 XML 语法。

（2）从 XML 还原：依据 LabVIEW XML 模式将 XML 字符串转换为 LabVIEW 数据类型。该函数的图标及端口定义如图 9-81 所示。若 XML 字符串中含有<、>或&等字符，该函数将分别把这些字符转换为<、>或&。

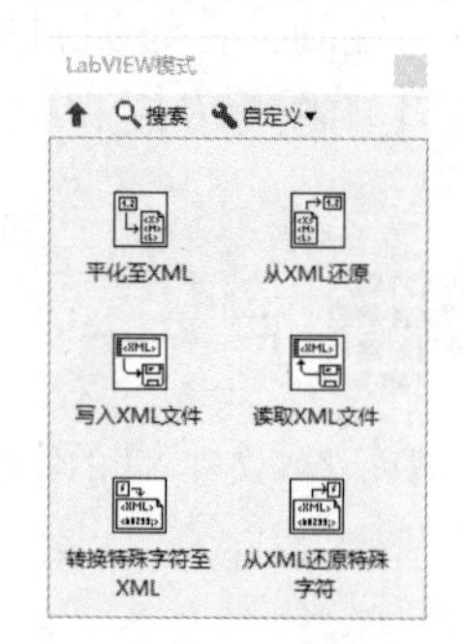

图 9-79 “LabVIEW 模式”子选板

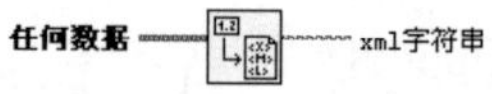

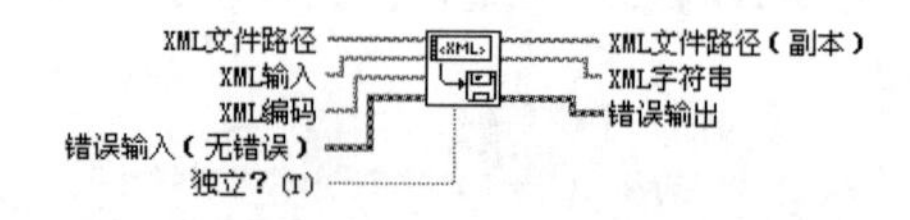

图 9-80 平化至 XML 函数的图标及端口定义

（3）写入 XML 文件：将 XML 数据的文本字符串与文件头标签同时写入文本文件。该 VI 的图标及端口定义如图 9-82 所示。通过将数据连线至 XML 输入接线端可确定要使用的多态实例，也可手动选择实例。所有 XML 数据必须符合标准的 LabVIEW XML 模式。

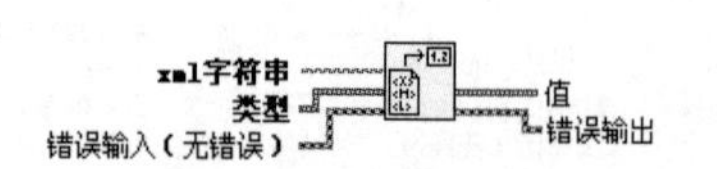

图 9-81 从 XML 还原函数的图标及端口定义

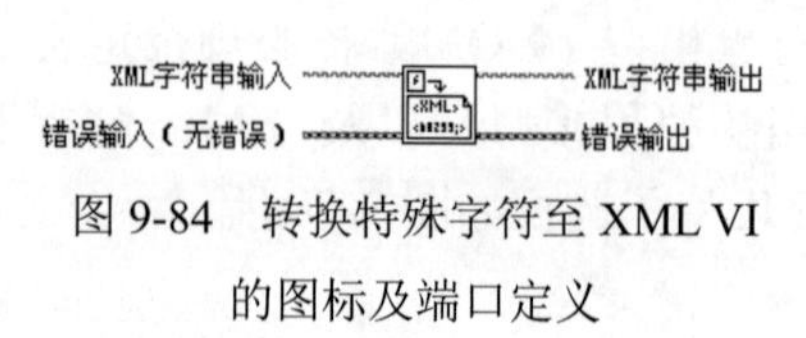

图 9-82 写入 XML 文件 VI 的图标及端口定义

（4）读取 XML 文件：读取并解析 LabVIEW XML 文件中的标签。该 VI 的图标及端口定义如图 9-83 所示。将该 VI 放置在程序框图中时，会出现多态 VI 选择器，通过该选择器可选择多态实例。所有 XML 数据必须符合标准的 LabVIEW XML 模式。

（5）转换特殊字符至 XML：依据 LabVIEW XML 模式将特殊字符转换为 XML 语法。该 VI 的图标及端口定义如图 9-84 所示。平化至 XML 函数可将<、>或&等字符分别转换为<、>或&。但若需将其他字符（如"）转换为 XML 语法，则必须使用转换特殊字符至 XML VI。

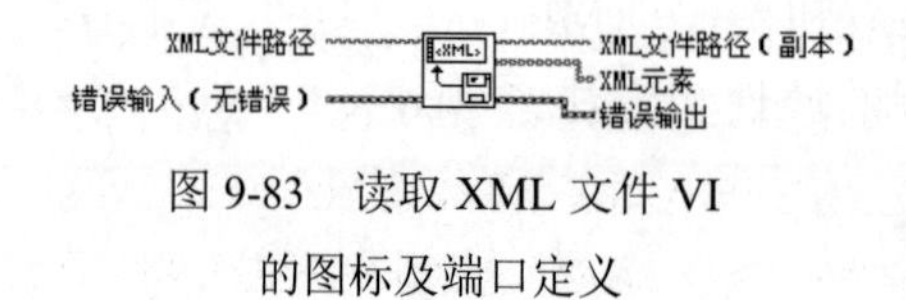

图 9-83 读取 XML 文件 VI 的图标及端口定义

图 9-84 转换特殊字符至 XML VI 的图标及端口定义

（6）从 XML 还原特殊字符：依据 LabVIEW XML 模式将特殊字符的 XML 语法转换为特殊字符。该 VI 的图标及端口定义如图 9-85 所示。从 XML 还原函数可将<、>或&等字符分别转换为<、>或&。但若需转换其他字符（如"），则必须使用从 XML 还原特殊字符 VI。

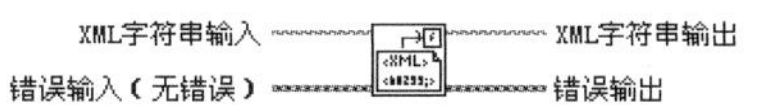

图 9-85　从 XML 还原特殊字符 VI 的图标及端口定义

2. XML解析器

XML 解析器可配置为确定某个 XML 文档是否有效。若文档与外部词汇表相符合，则该文档为有效文档。在 LabVIEW 解析器中，外部词汇表可以是文档类型定义（DTD）或模式（Schema）。有的解析器只解析 XML 文件，在加载前不会验证 XML。LabVIEW 中的解析器是一个验证解析器，验证解析器根据 DTD 或模式检验 XML 文档，并报告找到的非法项。必须确保文档的形式和类型是已知的。使用验证解析器可省去为每种文档创建自定义验证代码的时间。

XML 解析器在加载文件方法的解析错误中报告验证错误。

XML 解析器在 LabVIEW 加载文档或字符串时验证文档或 XML 字符串。如果对文档或字符串进行了修改，并要验证修改后的文档或字符串，请使用加载文件或加载字符串方法重新加载文档或字符串。解析器会再一次验证内容。

“XML 解析器”子选板如图 9-86 所示。

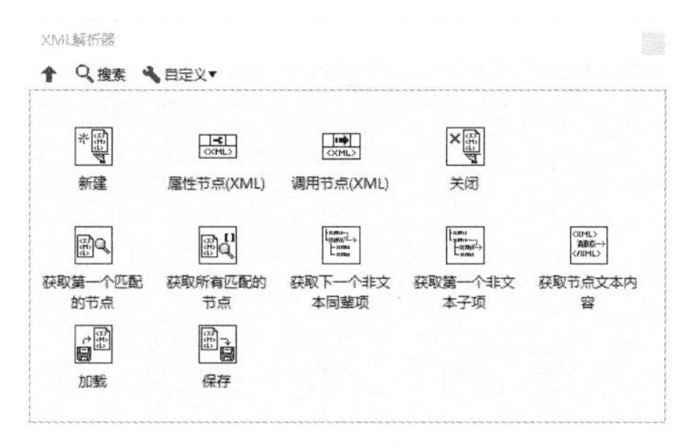

图 9-86　“XML 解析器”子选板

（1）新建：新建 XML 解析器会话句柄。该 VI 的图标及端口定义如图 9-87 所示。

（2）属性节点（XML）：获取（读取）和/或设置（写入）XML 引用的属性。该函数的图标及端口定义如图 9-88 所示，其操作与属性节点的操作相同。

图 9-87　新建 VI 的图标及端口定义　　　　图 9-88　属性节点（XML）函数的图标及端口定义

（3）调用节点（XML）：调用 XML 引用的方法或动作。该函数的图标及端口定义如图 9-89 所示，其操作与调用节点的操作相同。

（4）关闭：关闭对所有 XML 解析器类的引用。该 VI 的图标及端口定义如图 9-90

所示。通过该多态 VI 可关闭对 XML_指定节点映射类、XML_节点列表类、XML_实现类和 XML_节点类的引用句柄。其中，XML_节点类包含其他 XML 类。

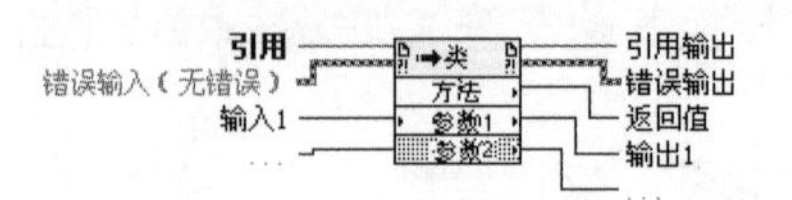

图 9-89 调用节点（XML）函数的图标及端口定义

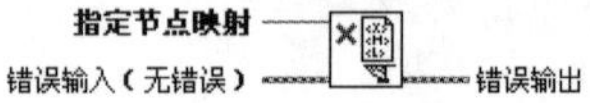

指定节点映射
错误输入（无错误）
错误输出

图 9-90 关闭 VI 的图标及端口定义

（5）获取第一个匹配的节点：返回节点输入中第一个匹配 XPath 表达式的节点。该 VI 的图标及端口定义如图 9-91 所示。

（6）获取所有匹配的节点：返回节点输入中所有匹配 XPath 表达式的节点。该 VI 的图标及端口定义如图 9-92 所示。

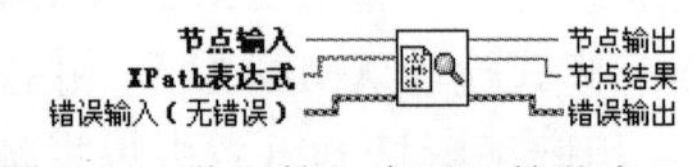

图 9-91 获取第一个匹配的节点 VI 的图标及端口定义

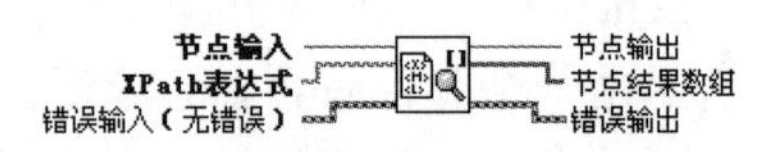

图 9-92 获取所有匹配的节点 VI 的图标及端口定义

（7）获取下一个非文本同辈项：返回节点输入中第一个类型为 Text_Node 的同辈项。该 VI 的图标及端口定义如图 9-93 所示。

（8）获取第一个非文本子项：返回节点输入中第一个类型为 Text_Node 的子项。该 VI 的图标及端口定义如图 9-94 所示。

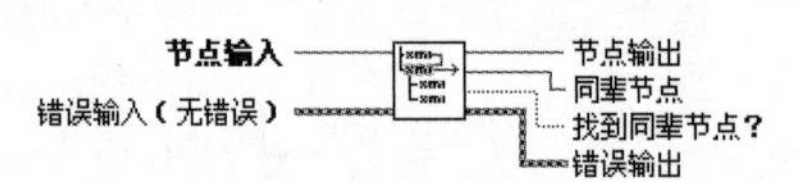

图 9-93 获取下一个非文本同辈项 VI 的图标及端口定义

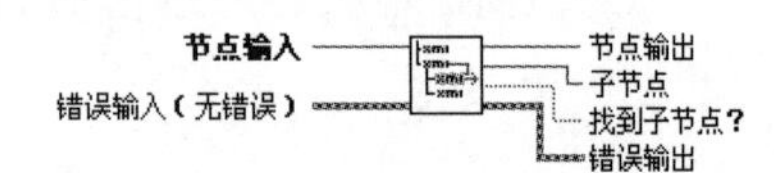

图 9-94 获取第一个非文本子项 VI 的图标及端口定义

（9）获取节点文本内容：返回节点输入中包含的 Text_Node 的子项。该 VI 的图标及端口定义如图 9-95 所示。

（10）加载：打开 XML 文件，并配置 XML 解析器依据 DTD 或模式，以对文件进行验证。该 VI 的图标及端口定义如图 9-96 所示。

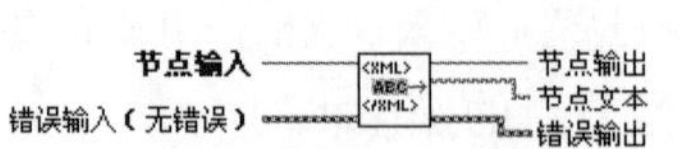

图 9-95 获取节点文本内容 VI 的图标及端口定义

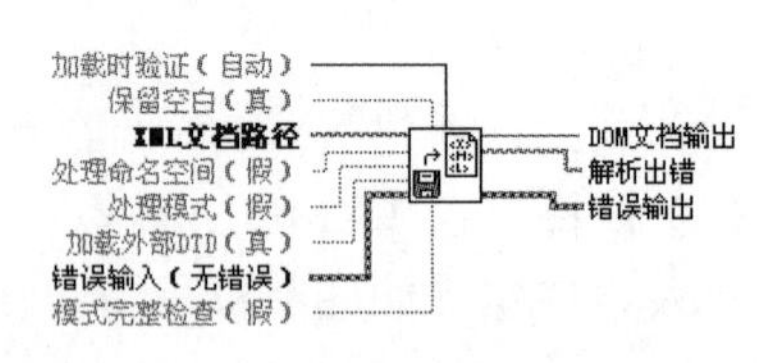

图 9-96 加载 VI 的图标及端口定义

（11）保存：保存 XML 文档。该 VI 的图标及端口定义如图 9-97 所示。

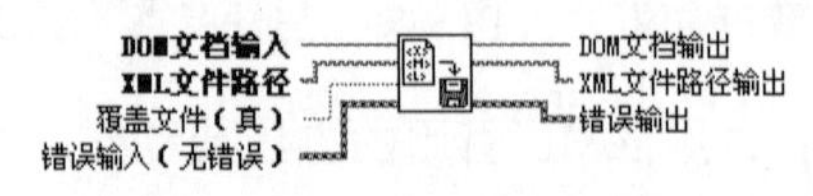

图 9-97 保存 VI 的图标及端口定义

9.4.7 波形文件 I/O

“波形文件 I/O”子选板中的 VI 用于从文件中读取/写入波形数据。“波形文件 I/O”子选板如图 9-98 所示。

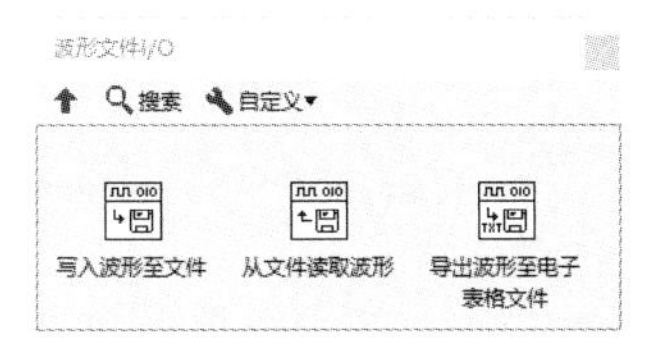

图 9-98 “波形文件 I/O”子选板

1. 写入波形至文件

写入波形至文件 VI 用于创建新文件或添加波形数据至现有文件，在文件中指定确定数量的记录，然后关闭文件，同时检查是否发生错误。该 VI 的图标及端口定义如图 9-99 所示。

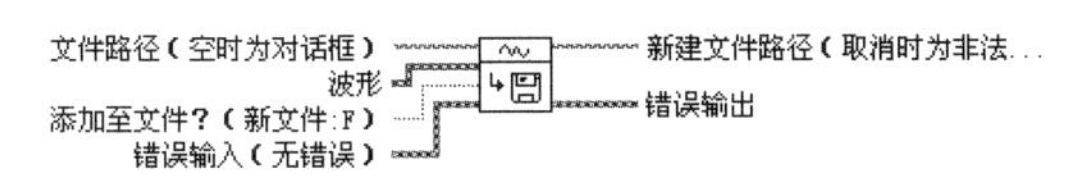

图 9-99 写入波形至文件 VI 的图标及端口定义

2. 从文件读取波形

从文件读取波形 VI 可打开使用写入波形至文件 VI 创建的文件，每次从文件中读取一条记录。该 VI 的图标及端口定义如图 9-100 所示。

3. 导出波形函数至电子表格文件

导出波形函数至电子表格文件 VI 用于将波形数据转换为文本字符串，然后将字符串写入新字节流文件或添加字符串至现有文件。该 VI 的图标及端口定义如图 9-101 所示。

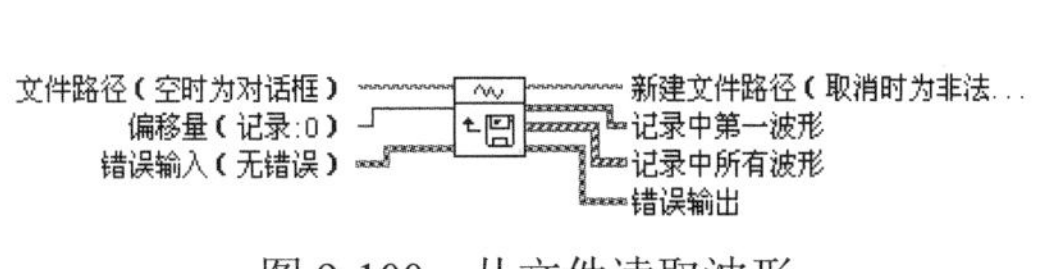

图 9-100 从文件读取波形 VI 的图标及端口定义

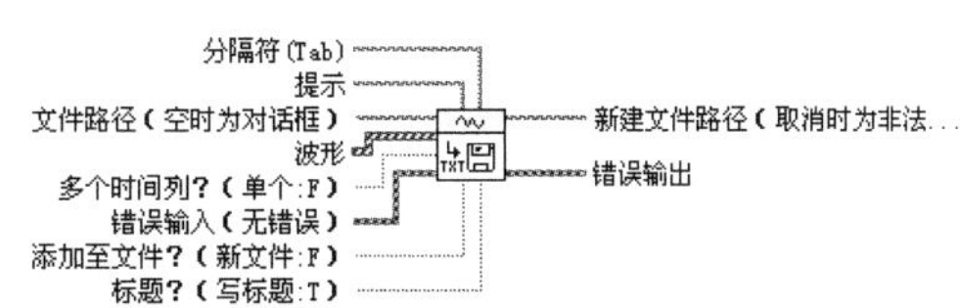

图 9-101 导出波形函数至电子表格文件 VI 的图标及端口定义

9.4.8 高级文件函数

“高级文件函数”子选板中的 VI 和函数可控制单个文件的 I/O 操作。除创建或打开文件、向文件读写数据及关闭文件之外，还实现以下任务：

（1）创建目录。

（2）移动、复制或删除文件。

（3）列出目录内容。

（4）修改文件特性。

（5）对文件路径进行操作。

“高级文件函数”子选板如图 9-102 所示。

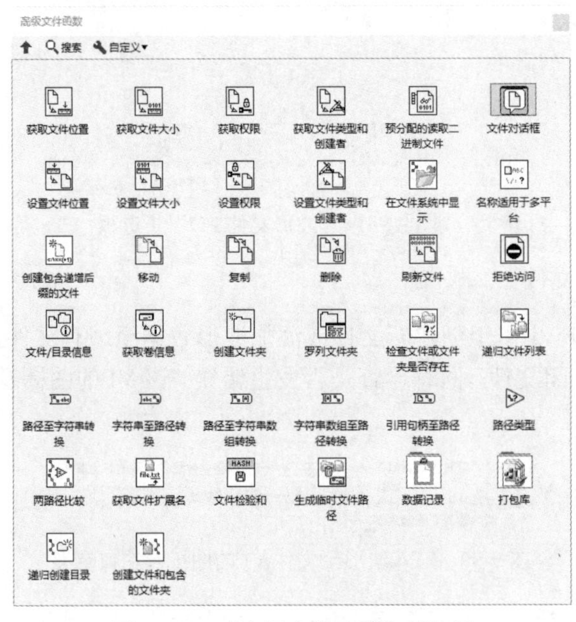

图 9-102　“高级文件函数”子选板

1．获取文件位置

获取文件位置函数用于返回引用句柄指定的文件的相对位置。该函数的图标及端口定义如图 9-103 所示。

2．获取文件大小

获取文件大小函数用于返回指定文件的大小。该函数的图标及端口定义如图 9-104 所示。

图 9-103　获取文件位置函数的图标及端口定义　　图 9-104　获取文件大小函数的图标及端口定义

☑ 文件：该输入可以是路径也可以是引用句柄。如果是路径，函数将打开文件路径所指定的文件。

☑ 引用句柄输出：输出函数读取的文件的引用句柄。根据所要对文件进行的操作，可以将该输出连接到其他文件操作函数上。如果文件输入端的输入为一个路径，则操作完成后该函数默认将文件关闭。如果文件输入端的输入为一个引用句柄，或者该输出连接了另一个函数节点，则 LabVIEW 认为文件仍在使用，直到使用关闭函数将其关闭。

3. 获取权限

获取权限函数用于返回由路径指定的文件或目录的所有者、组和权限。该函数的图标及端口定义如图 9-105 所示。

☑ 权限：包含函数执行后文件或目录的当前权限设置。

☑ 所有者：包含函数执行后文件或目录的当前所有者设置。

4. 获取文件类型和创建者

获取文件类型和创建者函数用于获取由路径指定的文件的类型和创建者。如果指定的文件名后有 LabVIEW 认可的字符，如.vi 和.llb，那么函数将返回相应的类型和创建者。如果指定的文件为未知的 LabVIEW 文件类型，那么函数将在类型和创建者输出端返回“????”。获取文件类型和创建者函数的图标及端口定义如图 9-106 所示。

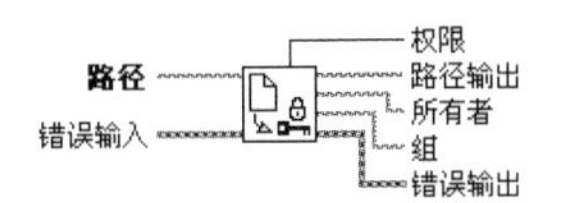

图 9-105　获取权限函数的图标及端口定义

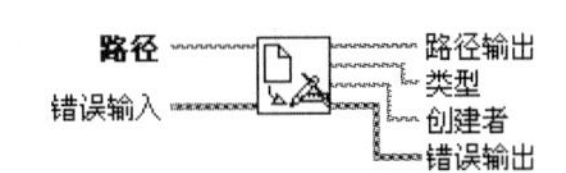

图 9-106　获取文件类型和创建者函数的图标及端口定义

5. 预分配的读取二进制文件

预分配的读取二进制文件函数用于从文件中读取二进制数据，并将数据放置在已分配的数组中，而不另行分配数据的副本空间。该函数的图标及端口定义如图 9-107 所示。

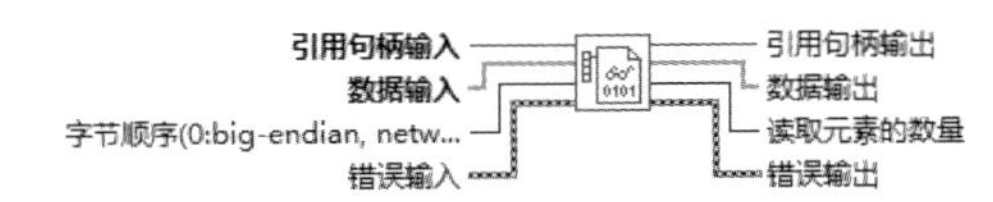

图 9-107　预分配的读取二进制文件函数的图标及端口定义

6. 设置文件位置

设置文件位置函数用于将引用句柄所指定的文件根据模式自（0：起始）移动到偏移量指定的位置。该函数的图标及端口定义如图 9-108 所示。

7. 设置文件大小

设置文件大小函数通过将文件结束标记设置为从文件起始处到文件结束位置的字节大小，从而设置文件的大小。该函数的图标及端口定义如图 9-109 所示，其不可用于 LLB 文件。

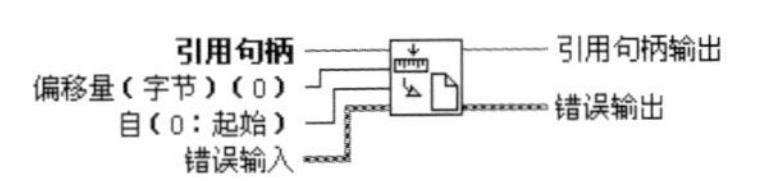

图 9-108　设置文件位置函数的图标及端口定义

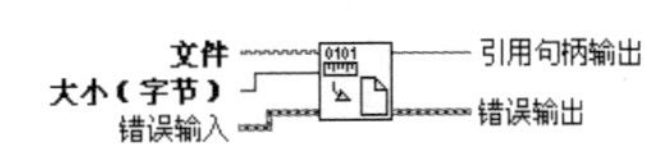

图 9-109　设置文件大小函数的图标及端口定义

8. 设置权限

设置权限函数用于设置由路径指定的文件或目录的所有者、组和权限。该函数的图标及端口定义如图 9-110 所示，其不可用于 LLB 文件。

9. 设置文件类型和创建者

设置文件类型和创建者函数用于设置由路径指定的文件的类型和创建者。其中，类型和创建者均为含有四个字符的字符串。该函数的图标及端口定义如图 9-111 所示，其不可用于 LLB 文件。

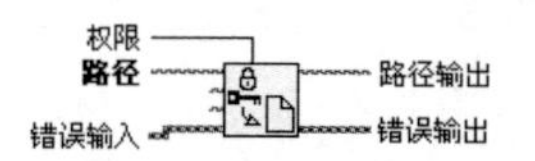

图 9-110 设置权限函数的图标及端口定义

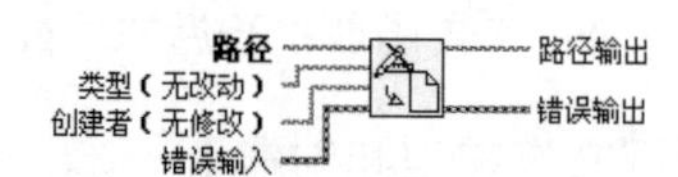

图 9-111 设置文件类型和创建者函数的图标及端口定义

10. 创建包含递增后缀的文件

创建包含递增后缀的文件 VI 的作用是：若文件已经存在，则创建一个文件并在文件名的末尾添加递增后缀；若文件不存在，则创建一个文件但不在文件名的末尾添加递增后缀。该 VI 的图标及端口定义如图 9-112 所示。

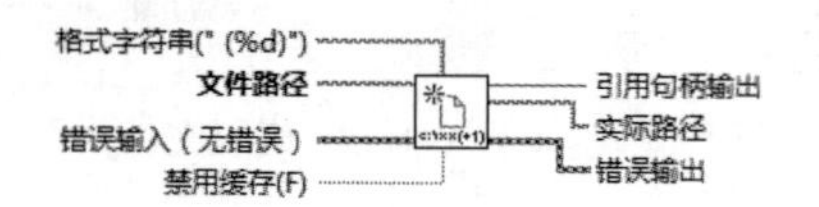

图 9-112 创建包含递增后缀的文件 VI 的图标及端口定义

实例：创建正弦波形电子表格文件

本实例演示将创建的正弦数据转换成电子表格文件输出，对应的程序框图如图 9-113 所示。

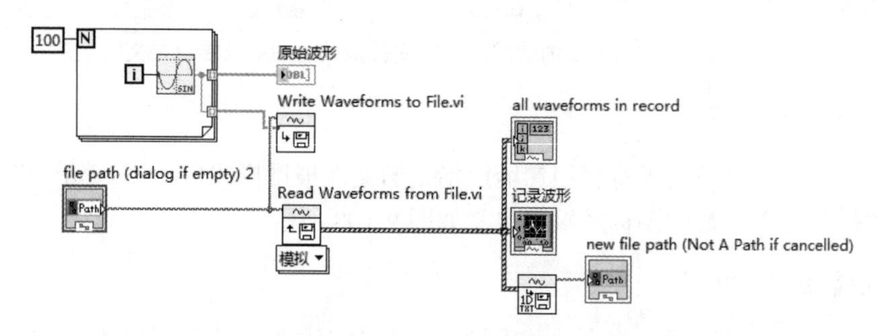

图 9-113 程序框图

（1）新建 VI。选择菜单栏中的“文件”→“新建 VI”选项，新建一个 VI。

（2）保存 VI。选择菜单栏中的“文件”→“另存为”选项，设置 VI 名称为“创建正弦波形电子表格文件”。

（3）打开前面板，在控件选板中选择“新式”→“图形”→“波形图”控件，放置两个“波形图”控件到前面板中，并将标签分别修改为“原始波形”和“记录波形”。将界面切换到程序框图，结合快捷菜单将两个“波形图”控件取消其“显示为图标”。

（4）在函数选板中选择“编程”→“结构”→“For 循环”函数，将其放置到程序框图中，并在“N”输入端创建常量 100。

（5）在函数选板中选择“数学”→“初等与特殊函数”→“三角函数”→“正弦”

函数，将其放置到程序框图中，将“正弦”函数接线端分别连接至“For 循环”函数的“循环计数”输出端和“原始波形”控件的输入端。

（6）在函数选板的“编程”→“文件 I/O”→“波形文件 I/O”子选板中选择“写入波形至文件”VI 和“从文件读取波形”VI，将其放置到程序框图中，并将标签进行显示。在“从文件读取波形”VI 的“文件路径（空时为对话框）”输入端创建“file path (dialog if empty)”输入控件，在“记录中所有波形”输出端创建“all waveforms in record”显示控件，并按照图 9-114 所示绘制连线。

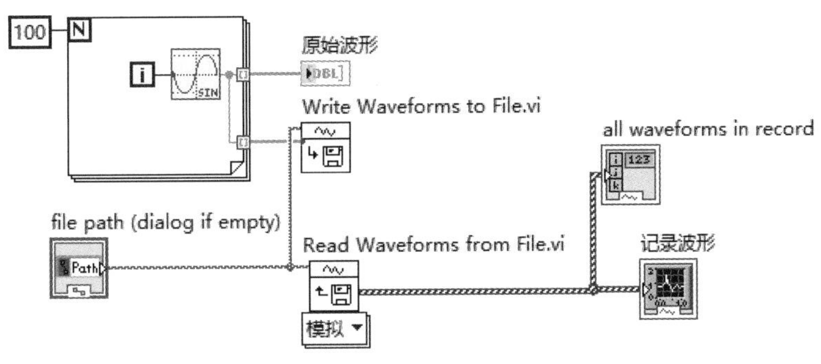

图 9-114　绘制连线

（7）在函数选板中选择“编程”→“文件 I/O”→“波形文件 I/O”→“导出波形至电子表格文件”VI，将其放置到程序框图中。将“导出波形至电子表格文件”VI 的输入端连接至“从文件读取波形”VI 的输出端，并在其输出端创建“new file path (Not A Path if cancelled)”显示控件。

（8）单击工具栏中的“整理程序框图”按钮，整理程序框图，结果如图 9-113 所示。

（9）将界面切换到前面板，在“文件路径（空时为对话框）”控件中单击按钮，在弹出的“打开”对话框中选择“源文件/9”中的“sine”和“sine_excel”文件。单击“运行”按钮运行 VI，显示的运行结果如图 9-115 所示。

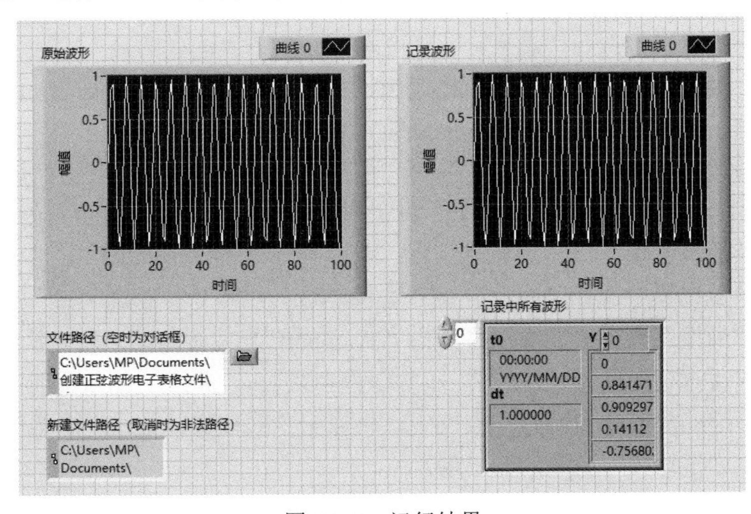

图 9-115　运行结果

9.5 综合演练——二进制文件的字节顺序

本实例展示用读取二进制文件函数读取不同类型和字节顺序的数据时，需要考虑的参数。其中，来源于不同文件（不同格式）的数据将显示在不同的图中，对应的程序框图如图 9-116 所示。

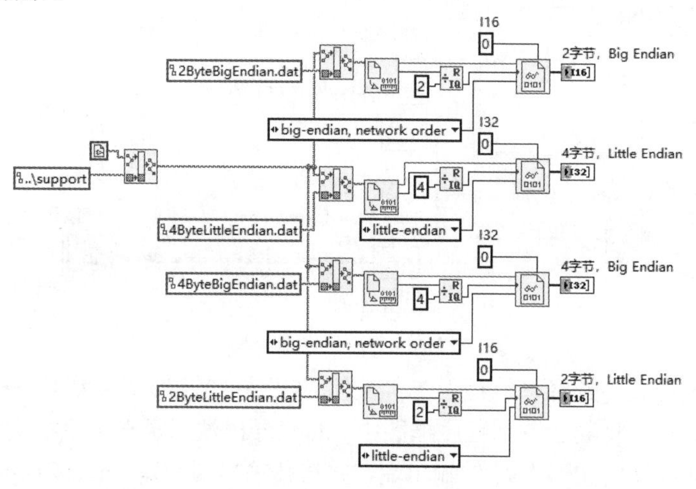

图 9-116　程序框图

（1）新建 VI。选择菜单栏中的“文件”→“新建 VI”选项，新建一个 VI。

（2）打开前面板，在控件选板中选择“银色”→“图形”→“波形图”控件，连续放置 4 个到前面板中，并修改标签为“2 字节，Little Endian”“4 字节，Little Endian”“2 字节，Big Endian”“4 字节，Big Endian”。将界面切换到程序框图，选择所有的“波形图”控件右击，结合快捷菜单取消其“显示为图标”。

（3）在函数选板中选择“编程”→“文件 I/O”→“创建路径”函数，连续放置 4 个到程序框图中，分别创建常量“2ByteBigEndian.dat”“4ByteLittleEndian.dat”“4ByteBigEndian.dat”“2ByteLittleEndian.dat”。

（4）在函数选板中选择“编程”→“文件 I/O”→“文件常量”→“当前 VI 路径”函数，将其放置到程序框图中，将“当前 VI 路径”函数的输出端连接至未创建常量的“创建路径”函数的输入端。

（5）在函数选板中选择“编程”→“文件 I/O”→“文件常量”→“路径常量”函数，将其放置到程序框图中，添加路径为“..\support”，并按照图 9-117 所示绘制连线。

（6）在函数选板中选择“编程”→“文件 I/O”→“高级文件函数”→“获取文件大小”函数，连续放置 4 个到程序框图中。将 4 个“获取文件大小”函数的输入端一一连接至 4 个“创建路径”函数的输出端。

（7）在函数选板中选择“编程”→“数值”→“商与余数”函数，连续放置 4 个到程序框图中，将 4 个“商与余数”函数的输入端一一连接至“获取文件大小”函数的输

出端，并参照图 9-116 分别创建常量“2”“4”“4”“2”。

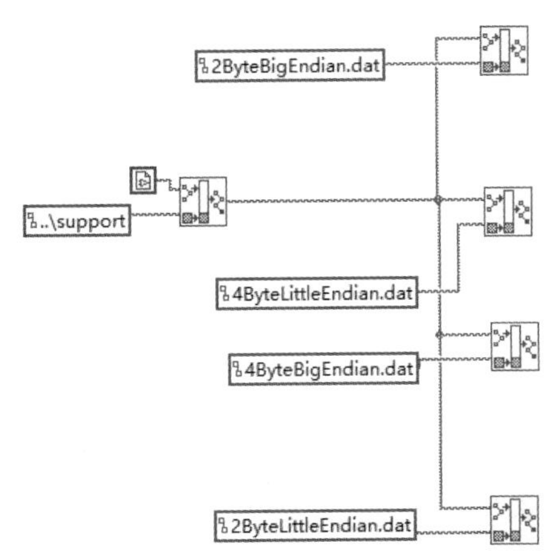

图 9-117　放置“创建路径”函数

（8）在函数选板中选择“编程”→“文件 I/O”→“读取二进制文件”函数，将其放置到程序框图中。将“读取二进制文件”函数的输出端连接至“2 字节，Big Endian”波形图控件的输入端，并在“数据类型”输入端创建常量 0，在“字节顺序”输入端创建常量“big-endian,network order”。

（9）选择 0 常量，右击，在弹出的快捷菜单中选择“表示法”→“I16”选项，即设置表示法为“I16”，并将标签显示为“I16”。

（10）参考步骤（8）、步骤（9）及图 9-116，绘制另外三个不同字节的文件获取过程。

（11）单击工具栏中的“整理程序框图”按钮，整理程序框图，结果如图 9-116 所示。

（12）单击“运行”按钮运行 VI，则前面板中显示的运行结果如图 9-118 所示。

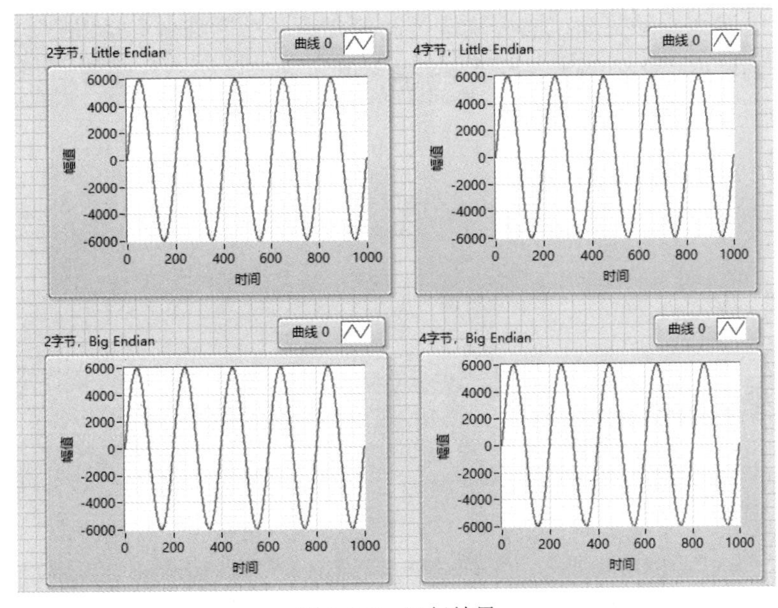

图 9-118　运行结果

数据采集和仪器控制

随着计算机和总线技术的发展，基于 PC 的数据采集（Data Acquisition， DAQ）与通信技术（网络数据传输）得到广泛应用。丰富的 DAQ 产品支持和强大的 DAQ 编程功能一直是 LabVIEW 系统的显著特色之一，并且许多厂商也将 LabVIEW 驱动程序作为其 DAQ 产品的标准配置。工业现场仪器或设备常用的通信方式有多种，其中，串行通信是工业现场仪器或设备常用的通信方式，网络通信则是构建智能化分布式自动测试系统的基础。DataSocket 是一项先进的网络数据传输技术，可用于数据的高速实时发布，目前也有不少仪器或芯片仍然使用串口与计算机进行通信，如 PLC、Modem、OEM 电路板等。

本章首先对数据采集与仪器控制进行简单介绍，然后结合 LabVIEW 的函数和 VI 及实例，介绍使用 LabVIEW 进行数据采集和数据通信的特点与步骤。

知识重点

☑ 数据采集
☑ 仪器控制
☑ 数据通信

任务驱动&项目案例

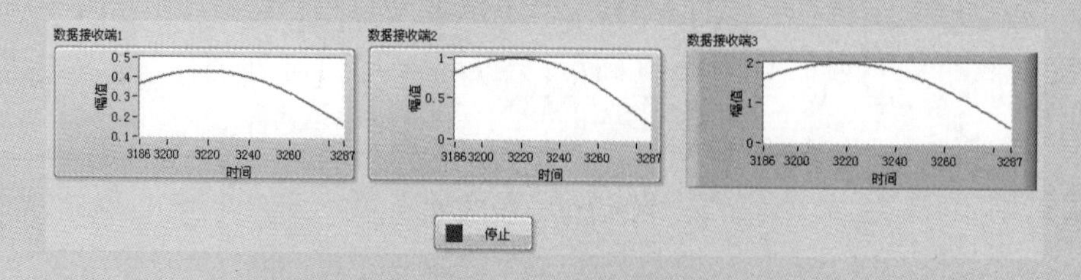

10.1 数据采集

在学习 LabVIEW 所提供的功能强大的数据采集和分析功能之前，对 DAQ 系统的原理、构成进行了解是非常有必要的。因此，本节首先对 DAQ 系统进行介绍，然后对 NI-DAQ（LabVIEW 的 DAQ 软件）的安装及 NI-DAQ 中的常用参数进行介绍。

10.1.1 DAQ 系统概述

典型的基于 PC 的 DAQ 系统组成如图 10-1 所示。其包括传感器、信号调理模块、数据采集硬件以及装有 DAQ 软件的 PC。

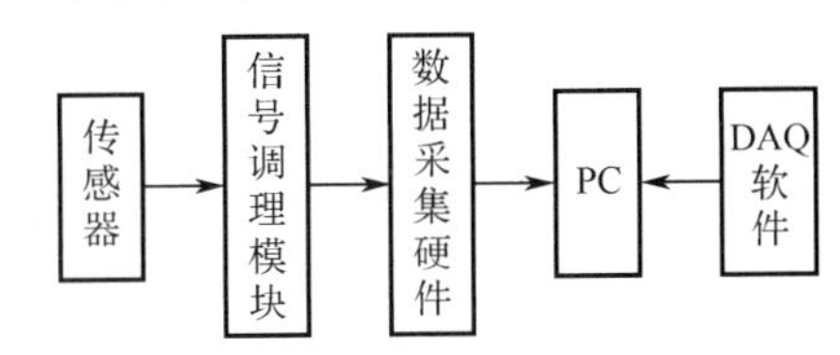

图 10-1　典型的基于 PC 的 DAQ 系统组成

下面对 DAQ 系统的各个组成部分进行介绍，并介绍使用各组成部分的最重要的原则。

1. 个人计算机（PC）

DAQ 系统所使用的 PC 性能会极大地影响连续采集数据的最大速度，而当今的技术已经可以使用 Pentium 和 PowerPC 级的处理器，它们能结合更高性能的 PCI、PXI/Compact PCI 和 IEEE 1394（火线）总线以及传统的 ISA 总线和 USB 总线。PCI 总线和 USB 接口是目前绝大多数台式计算机的标准设备，而 ISA 总线已不再经常使用。PCMCIA、USB 和 IEEE 1394 的出现，为基于 PC 的 DAQ 系统提供了一种更为灵活的总线替代选择。对于使用 RS-232 或 RS-485 串口通信的远程数据采集应用，串口通信的速率常常会使数据吞吐量受到限制。在选择数据采集设备和总线方式时，请记住所选择的设备和总线所能支持的数据传输方式。

计算机的数据传送能力会极大地影响 DAQ 系统的性能。所有 PC 都具有可编程 I/O 和中断传送方式。目前，绝大多数的 PC 可以使用直接内存访问（Direct Memory Access，DMA）传送方式，其使用专门的硬件把数据直接传送到计算机内存，从而提高了系统的数据吞吐量。采用这种方式后，处理器不需要控制数据的传送，因此它就可以用来处理更为复杂的工作。为了利用 DMA 或中断传送方式，所选择的数据采集设备必须能支持这些传送类型。例如，PCI、ISA 和 IEEE1394 设备可以支持 DMA 和中断传送方式，而 PCMCIA 和 USB 设备只能使用中断传送方式。所选用的数据传送方式会影响数据采集设备的数据吞吐量。

限制采集大量数据的因素常常是硬盘，磁盘的访问时间和硬盘的分区会极大地降低数据采集和存储到硬盘的最大速率。对于要求采集高频信号的系统，就需要为 PC 选择

高速硬盘，从而保证有连续（非分区）的硬盘空间来保存数据。此外，要用专门的硬盘进行采集，并且在把数据存储到磁盘中时，使用另一个独立的磁盘运行操作系统。

对于要实时处理高频信号的应用，需要用到 32 位的高速处理器以及相应的协处理器或专用的插入式处理器，如数字信号处理（DSP）板卡。然而，对于在 1s 内只需采集或换算一两次数据的应用系统而言，使用低端的 PC 就可以满足要求。

2. 传感器和信号调理模块

传感器感应物理现象并生成 DAQ 系统可测量的电信号。例如，热电偶、电阻式测温计（RTD）、热敏电阻器和 IC 传感器可以把温度转变为模拟数字转化器（Analog-to-Digital Converter，ADC）可测量的模拟信号。其他例子包括应力计、流速传感器、压力传感器，它们可以相应地测量应力、流速和压力。在所有例子中，传感器可以生成与它们所检测的物理量呈比例的电信号。

为了匹配数据采集设备的输入范围，由传感器生成的电信号必须经过处理。为了更精确地测量信号，信号调理模块能放大低电压信号，并对信号进行隔离和滤波。此外，某些传感器需要有电压或电流激励源来输出电信号。

3. 数据采集硬件

数据采集硬件涉及以下内容。

（1）模拟输入：用于测量模拟信号。

（2）模拟输出：常用于为 DAQ 系统提供激励源。数模转换器（DAC）的一些技术指标决定了所产生输出信号的质量、稳定时间、转换速率和输出分辨率。

（3）触发器：许多数据采集过程需要基于一个外部事件来启动或停止。数字触发使用外部数字脉冲来同步采集与电压生成。模拟触发主要用于模拟输入操作，当输入信号达到指定的模拟电压值时，根据相应的变化方向来启动或停止数据采集操作。

（4）RTSI 总线：NI 公司为数据采集产品开发了 RTSI 总线。RTSI 总线使用一种定制的门阵列和一条带形电缆，实现在一块数据采集卡上的多个功能之间或者两块甚至多块数据采集卡之间发送定时信号和触发信号。通过 RTSI 总线，可以同步模数转换、数模转换、数字输入、数字输出和计数器/计时器的操作。例如，通过 RTSI 总线，两个输入板卡可以同时采集数据，同时第三个设备可以以该采样率同步产生波形输出。

（5）数字 I/O（DIO）：DIO 接口经常在基于 PC 的 DAQ 系统中使用，它被用来控制过程、产生测试波形、与外围设备进行通信。最重要的参数有：可应用的数字线的数目、在这些通路上能接收和提供数据的速率及通路的驱动能力。如果数字线被用来控制事件，如打开或关掉加热器、电动机或灯，由于上述设备并不能很快地响应，因此通常不采用高速输入/输出。

数字线的数量当然应该与需要被控制的过程数目相匹配。在上述的例子中，需要打开或关掉设备的总电流都必须小于设备的有效驱动电流。

（6）定时 I/O：计数器/定时器在许多应用中都具有很重要的作用，包括对数字事件产生次数的计数、数字脉冲计时，以及产生方波和脉冲。通过三个计数器/计时器信号就可以实现上述所有应用——门、输入源和输出。门是用来使计数器开始或停止工作的一个数字输入信号。输入源是一个数字输入，它的每次翻转都导致计数器的计数递增，因

而用来提供计数器工作的时间基准。在输出线上输出数字方波和脉冲。

4. DAQ软件

DAQ 软件使 PC 和数据采集硬件形成了一个完整的数据采集、分析和显示系统。没有 DAQ 软件或者使用比较差的软件，数据采集硬件是毫无用处或几乎无法工作的。大部分数据采集应用实例都使用了驱动软件。软件层中的驱动软件可以直接对数据采集硬件的寄存器进行编程，管理数据采集硬件的操作并将它与处理器中断、DMA 和内存这样的计算机资源结合在一起。驱动软件隐藏了复杂的底层编程细节，为用户提供容易理解的接口。

随着数据采集硬件、PC 和 DAQ 软件复杂程度的增加，好的驱动软件就显得尤为重要。合适的驱动软件可以最大限度地结合灵活性和高性能，同时还能极大地降低开发数据采集程序所需的时间。

为了开发出用于测量和控制的高质量 DAQ 系统，用户必须了解组成系统的各个部分。在所有 DAQ 系统的组成部分中，DAQ 软件是最重要的。这是由于插入式数据采集设备没有显示功能，软件是用户和系统的唯一接口。软件提供了系统的所有信息，用户也需要通过它来控制系统。DAQ 软件把传感器、信号调理模块、数据采集硬件集成为一个完整的多功能 DAQ 系统。

10.1.2　NI-DAQ 的安装

NI 公司提供了支持 LabVIEW 2022 的 DAQ 驱动程序。将 DAQ 卡与计算机连接后，就可以安装驱动程序了。

（1）把压缩包解压后，双击“Install.exe”文件，就会出现如图 10-2 所示的安装界面。

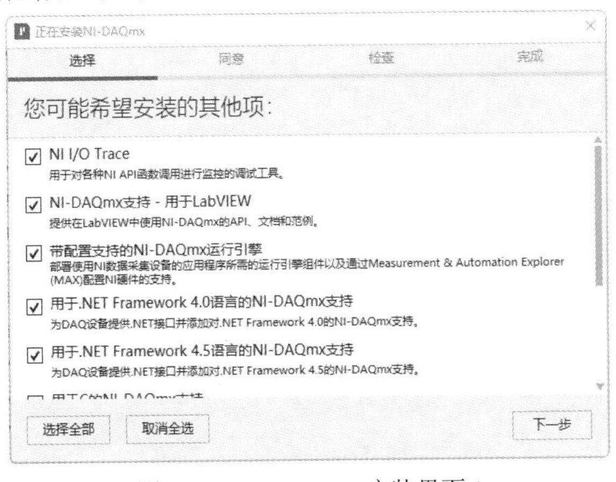

图 10-2　NI-DAQmx 安装界面 1

（2）单击“选择全部”按钮，将所有选项进行勾选，单击“下一步”按钮，进入如图 10-3 所示的安装界面。

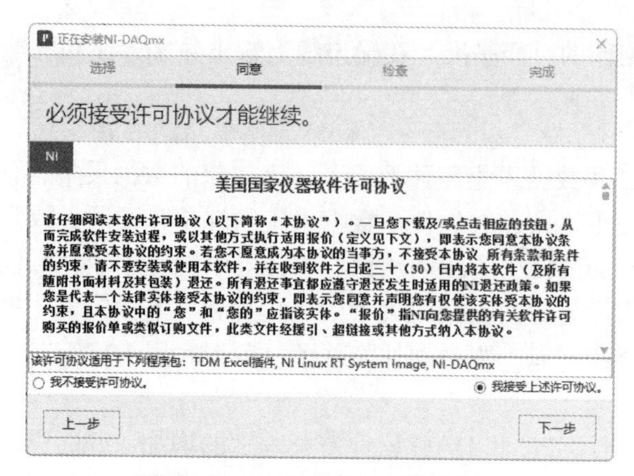

图 10-3　NI-DAQmx 安装界面 2

（3）选中“我接受上述许可协议”单选按钮，单击“下一步”按钮，进入如图 10-4 所示的安装界面。

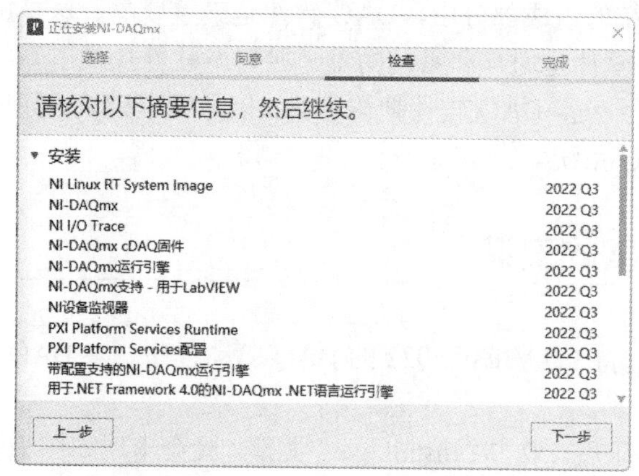

图 10-4　NI-DAQmx 安装界面 3

（4）单击“下一步”按钮，出现安装进度条，如图 10-5 所示。

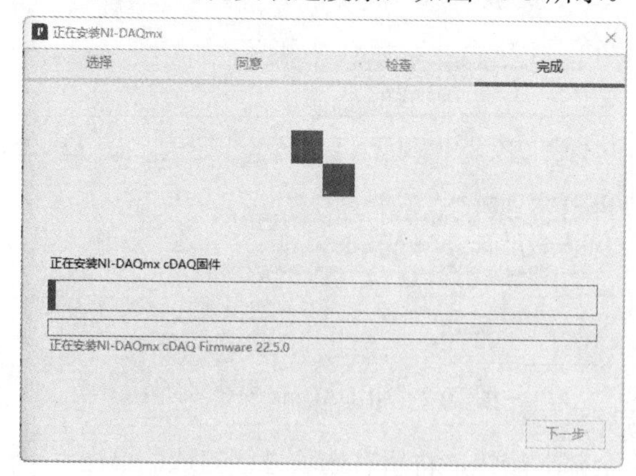

图 10-5　NI-DAQmx 安装界面 4

（5）待界面如图 10-6 所示后，单击“立即重启”按钮，完成安装。

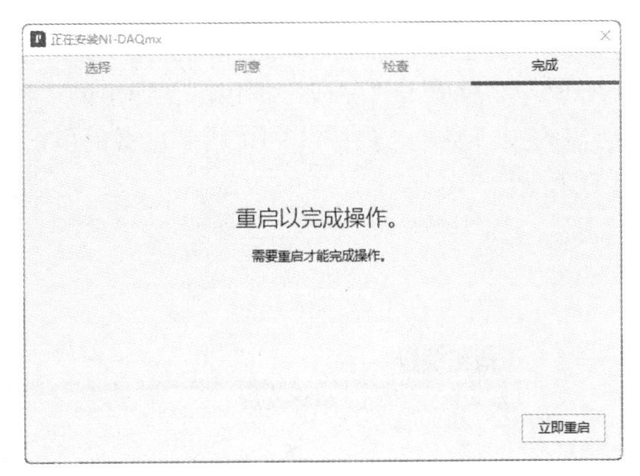

图 10-6　完成安装的界面

10.1.3　设备和接口的安装

在“开始”菜单中选择“NI MAX”选项，将出现“我的系统-Measurement&Automation Explorer”窗口。从该窗口可以看到现在计算机所拥有的 NI 公司的硬件和软件情况，如图 10-7 所示。

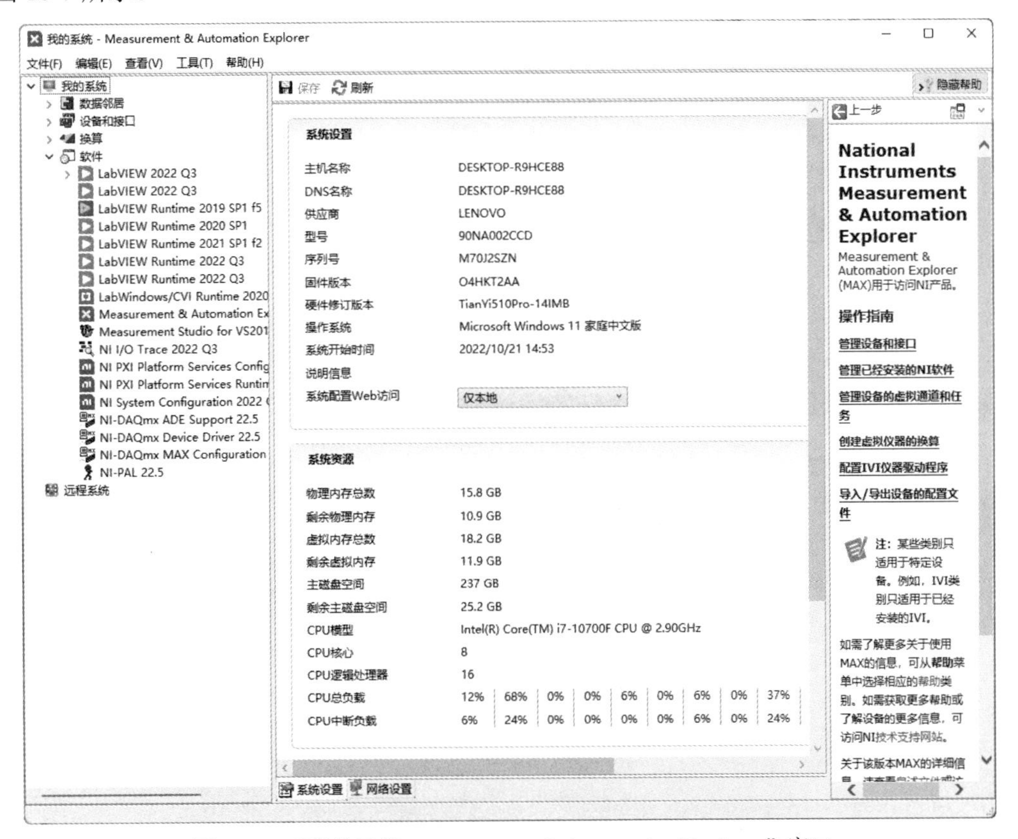

图 10-7　“我的系统-Measurement & Automation Explorer”窗口

在如图 10-7 所示的窗口中，在“设备和接口”分支上单击右键，选择“新建”选项，如图 10-8 所示。在弹出的“新建”对话框中，选择“仿真 NI-DAQmx 设备或模块化仪器”选项，如图 10-9 所示。然后单击“完成”按钮，在弹出的“创建 NI-DAQmx 仿真设备”对话框中选择所需的接口型号，如图 10-10 所示。最后单击“确定”按钮，完成接口的新建，如图 10-11 所示。

Note

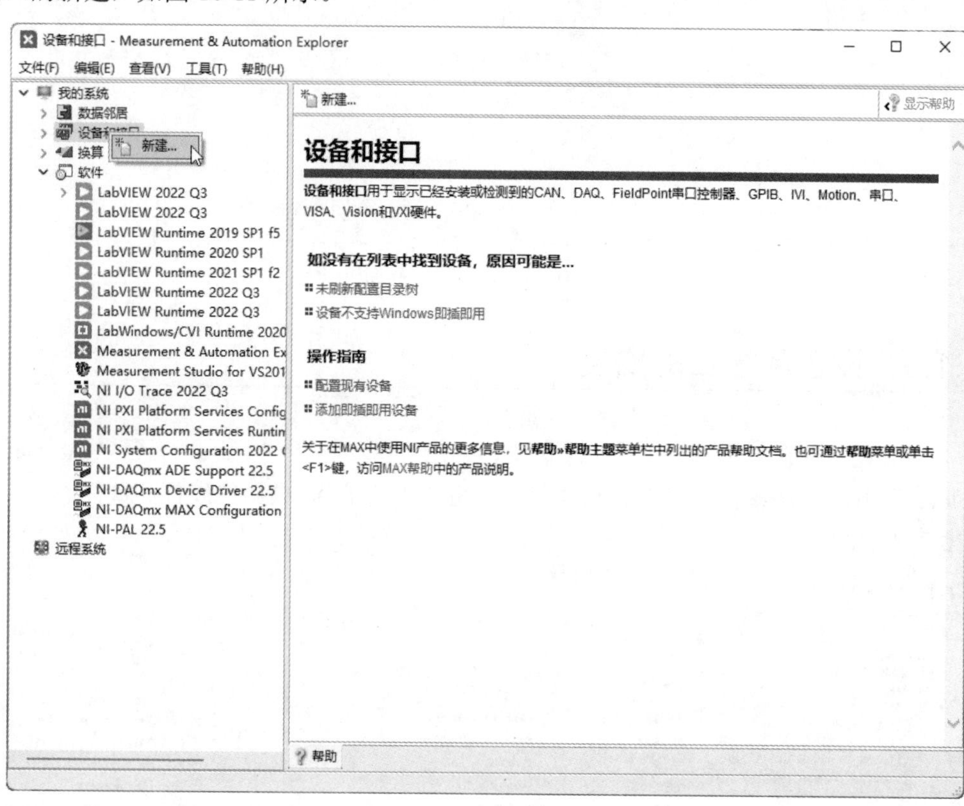

图 10-8　接口的新建

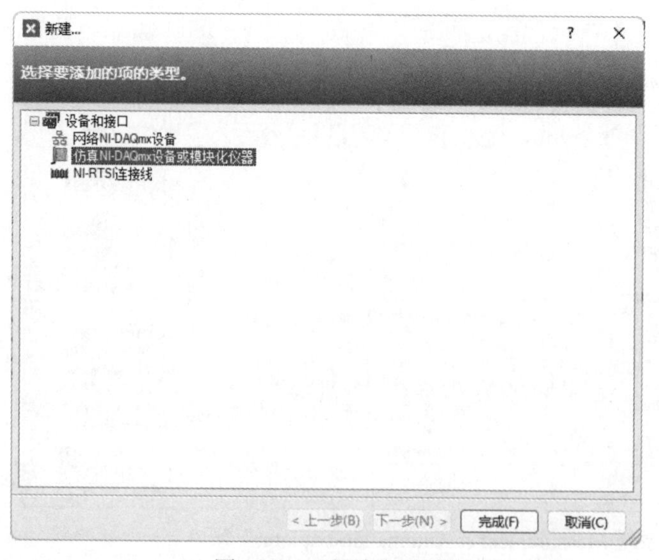

图 10-9　“新建”对话框

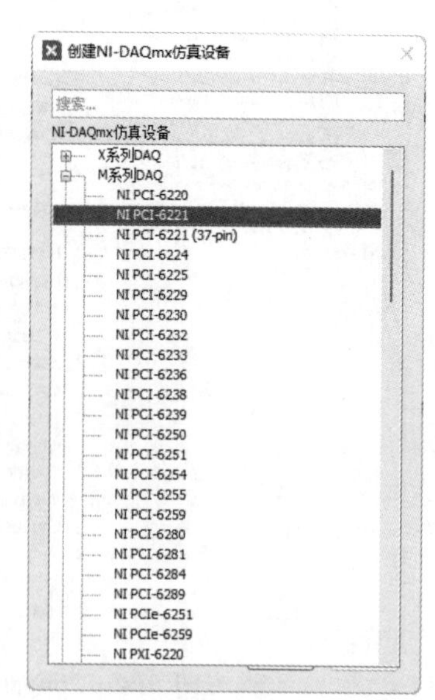

图 10-10　选择接口型号

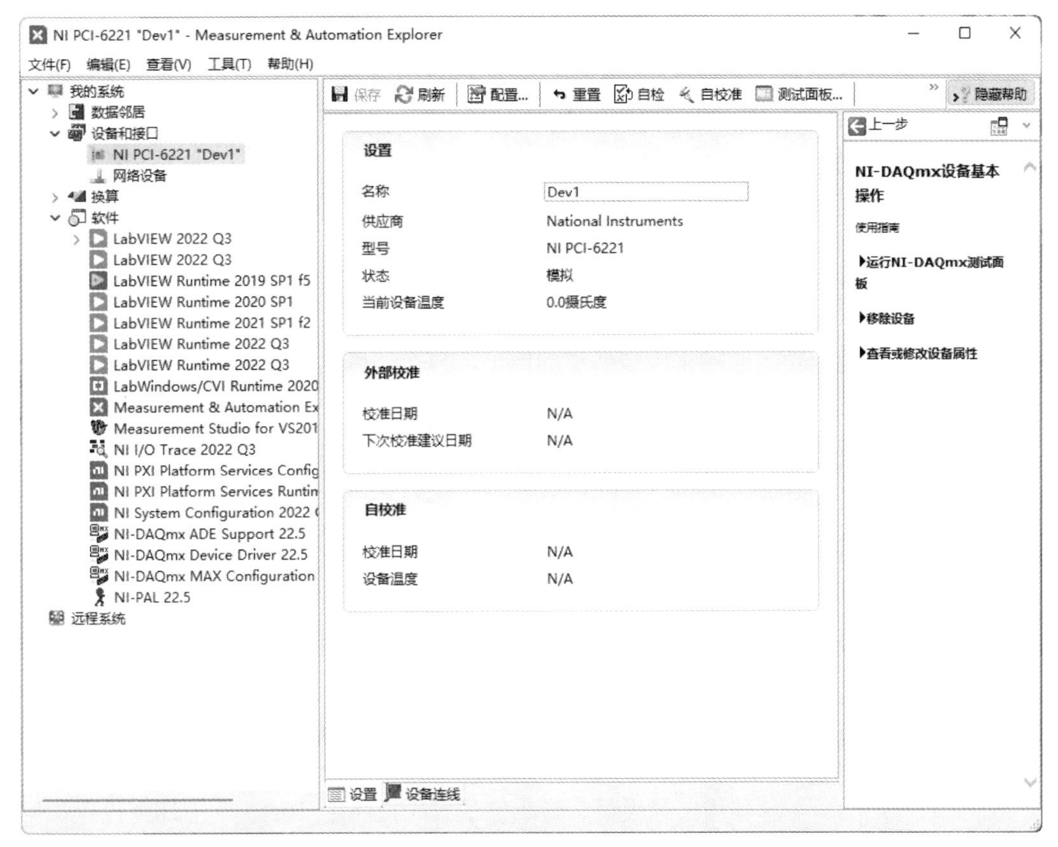

图 10-11　新建的接口

10.1.4　NI-DAQ 常用参数简介

在详细介绍 NI-DAQ 的功能之前，为使用户更加方便地学习和使用其中的节点，有必要先介绍一些 LabVIEW 通用的 DAQ 参数的定义。

1. 设备号和任务号（Device ID和Task ID）

设备号 Device ID 是指在 DAQ 配置软件中分配给所用 DAQ 设备的编号，每一个 DAQ 设备都有一个唯一的编号与之对应。在使用工具 DAQ 节点配置 DAQ 设备时，这个编号可以由用户指定。任务号 Task ID 是系统给特定的 I/O 操作分配的一个唯一的标识号，贯穿于 DAQ 操作的始终。

2. 通道（Channels）

在输入/输出信号时，每一个端口叫作一个 Channel。Channels 中所有指定的通道会形成一个通道组（Group）。VI 会按照 Channels 中所列出的通道顺序进行采集或输出数据的 DAQ 操作。

3. 通道命名（Channel Name Addressing）

要在 LabVIEW 中应用 DAQ 设备，必须对 DAQ 设备进行配置，为了使 DAQ 设备

的 I/O 通道的功能和意义更加直观地为用户所理解，用每个通道所对应的实际物理参数的意义或名称来命名通道是一个理想的方法。在 LabVIEW 中配置 DAQ 设备的 I/O 通道时，可以在 Channels 中输入一定物理意义的名称来确定通道的地址。

用户在使用通道名称控制 DAQ 设备时，就不需要再配置 device、input limits 及 input config 这些输入参数了，LabVIEW 会按照在 DAQ Channel Wizard 中的通道配置自动来配置这些参数。

4. 通道编号命名（Channel Number Addressing）

如果用户不使用通道名称来确定通道的地址，那么还可以在 channels 中使用通道编号来确定通道的地址。可以将每个通道编号都作为一个数组中的元素；也可以将数个通道编号填入一个数组元素中，编号之间用逗号隔开；还可以在一个数组元素中指定通道的范围，如用 0:2 表示通道 0、通道 1 和通道 2。

5. I/O范围设置（Limit Setting）

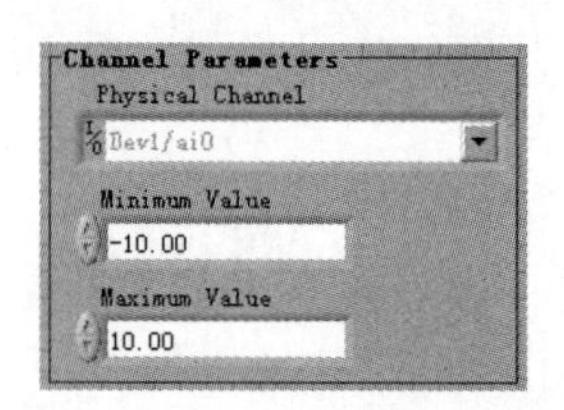

图 10-12　I/O 范围设置

I/O 范围设置用于设定 DAQ 卡所采集或输出的模拟信号的最大值与最小值。请注意，在使用模拟输入功能时，用户设定的最大值、最小值必须在 DAQ 设备允许的范围之内。一对最大值、最小值组成一个簇，多个这样的簇形成一个簇数组，每一个通道对应一个簇，这样用户就可以为每一个模拟输入或模拟输出通道单独指定最大值、最小值了。如按照图 10-12 中的通道设置，第一个设备的 ai0 通道的范围是-10～10。

在模拟信号的数据采集应用中，用户不但需要设定信号的范围，还要设定 DAQ 设备的极性和范围。单极性范围只包含正值或只包含负值，而双极性范围可以同时包含正值和负值。用户需要根据自己的需要来设定 DAQ 设备的极性。

6. 组织2D数组中的数据

当用户在多个通道进行多次采集时，采集到的数据以 2D 数组的形式返回。在 LabVIEW 中，用户可以用两种方式来组织 2D 数组中的数据。

第一种方式是通过数组中的行（row）来组织数据。假如数组中包含了来自模拟输入通道中的数据，那么数组中的一行就代表一个通道中的数据，这种方式通常称为行顺方式（row major order）。当用户用一组嵌套 for 循环来产生一组数据时，内层的 for 循环每循环一次就产生 2D 数组中的一行数据。用这种方式构成的 2D 数组如图 10-13 所示。

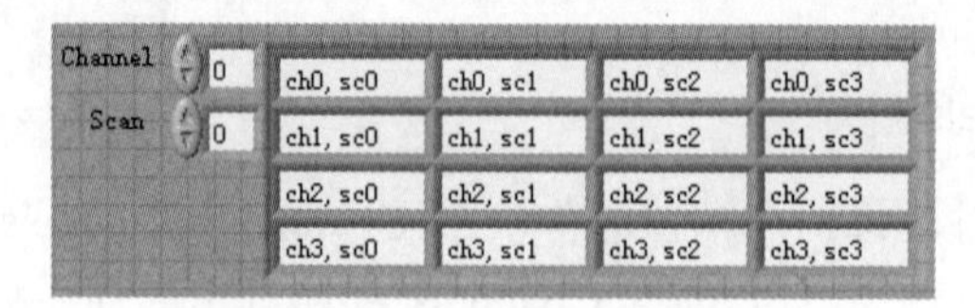

图 10-13　用行顺方式组织数据

第二种方式是通过 2D 数组中的列（column）来组织数据。节点把从一个通道采集来的数据放到 2D 数组中的一列，这种方式通常称为列顺方式（column major order），此时 2D 数组的构成如图 10-14 所示。

Scan 0 / Channel 0				
	sc0, ch0	sc1, ch1	sc0, ch2	sc0, ch3
	sc1, ch0	sc1, ch1	sc1, ch2	sc1, ch3
	sc2, ch0	sc2, ch1	sc2, ch2	sc2, ch3
	sc3, ch0	sc3, ch1	sc3, ch2	sc3, ch3

图 10-14　用列顺方式组织数据

假如需要从这个 2D 数组中取出其中某一个通道的数据，将数组中相对应的一列数据取出即可，如图 10-15 所示。

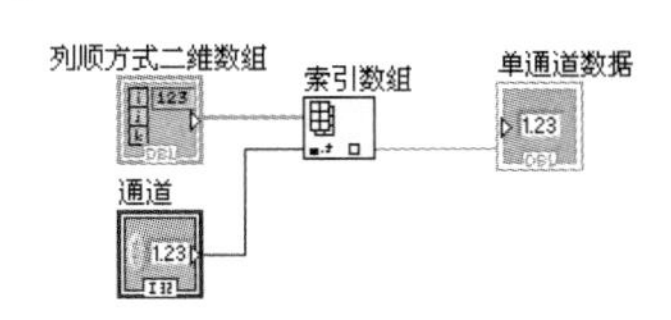

图 10-15　从 2D 数组中取出其中某一个通道的数据

在图 10-13 和图 10-14 中出现了一个术语“Scan”（扫描），一次扫描是指对用户指定的一组通道按顺序进行一次数据采集。

7．扫描次数（Number of Scans to Acquire）

扫描次数是指对用户指定的一组通道进行数据采集的次数。

8．采样点数（Number of Samples）

采样点数是指一个通道中采样点的个数。

9．扫描速率（Scan Rate）

扫描速率是指每秒完成一组指定通道数据采集的次数，它决定了在一定时间内对所有通道进行数据采集次数的总和。

10.1.5　DAQmx 节点

完成 NI-DAQ 的安装后，函数面板中将显示 DAQmx 节点，下面对常用的 DAQmx 节点进行介绍。

1．DAQmx创建虚拟通道

DAQmx 创建虚拟通道 VI 用于创建一个虚拟通道并且将其添加至任务。该 VI 也可以用来创建多个虚拟通道并将其全部添加至任务。如果没有指定任务，那么该 VI 将创建一个任务。DAQmx 创建虚拟通道 VI 有许多的实例，这些实例对应于特定的虚拟通道所实现的测量或生成类型。DAQmx 创建虚拟通道 VI 的图标及端口定义如图 10-16 所示。图 10-17 所示是 6 个不同的 DAQmx 创建虚拟通道 VI 的实例例程。

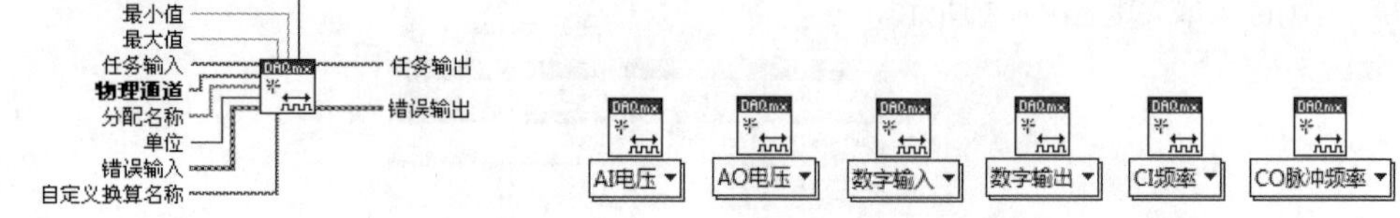

图 10-16　DAQmx 创建虚拟通道 VI 的图标及端口定义

图 10-17　DAQmx 创建虚拟通道 VI 的实例例程

DAQmx 创建虚拟通道 VI 的输入随实例的不同而不同，但是，某些输入对大部分 VI 实例来说是相同的。例如，需要一个输入来指定虚拟通道将使用的物理通道（模拟输入和模拟输出）、线数（数字）或计数器。此外，模拟输入、模拟输出和计数器操作使用最小值和最大值输入，来配置和优化基于信号最小和最大预估值的测量和生成。而且，一个自定义的刻度可以用于许多虚拟通道类型。在图 10-18 所示的程序框图中，DAQmx 创建虚拟通道 VI 用来创建一个热电偶虚拟通道。

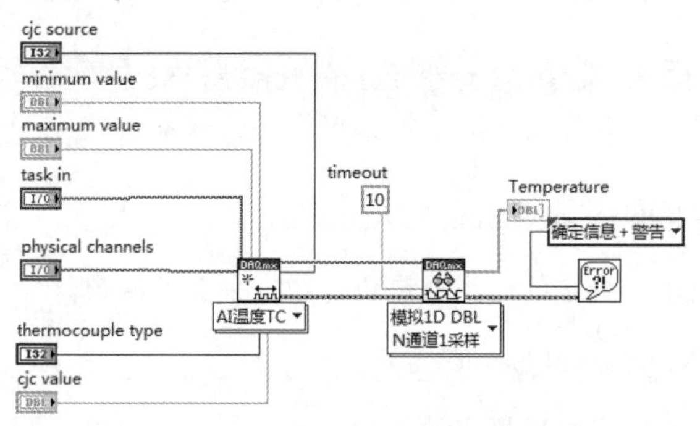

图 10-18　利用 DAQmx 创建虚拟通道 VI 创建热电偶虚拟通道

2. DAQmx清除任务

DAQmx 清除任务 VI 可以清除特定的任务。如果任务现在正在运行，那么该 VI 首先中止任务然后释放掉任务所有的资源。一旦一个任务被清除，那么它就不能被使用，除非重新创建它。因此，如果一个任务还会被使用，那么就必须用 DAQmx 停止任务 VI 来中止任务，而不是清除它。DAQmx 清除任务 VI 的图标及端口定义如图 10-19 所示。

图 10-19　DAQmx 清除任务 VI 的图标及端口定义

对于连续的操作，DAQmx 清除任务 VI 必须用来结束真实的采集或生成。在图 10-20 所示的程序框图中，一个二进制数组不断输出直至等待循环退出和 DAQmx 清除任务 VI 执行。

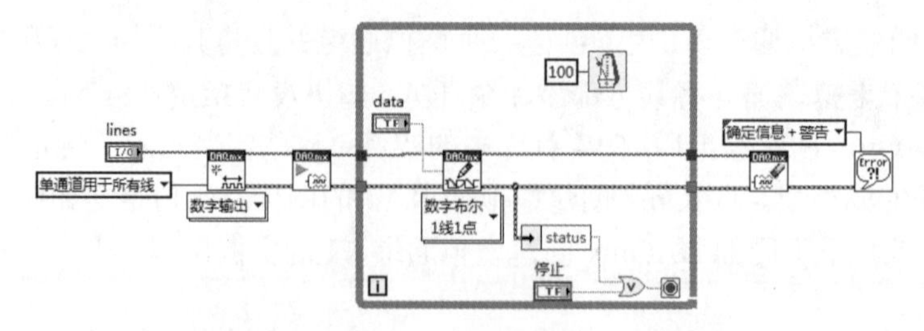

图 10-20　DAQmx 清除任务 VI 应用实例

3. DAQmx读取

DAQmx 读取 VI 用于从特定的采集任务中读取采样。该 VI 的不同实例允许选择不同的采集类型（模拟、数字或计数器）、虚拟通道数、采样数和数据类型，其图标及端口定义如图 10-21 所示。图 10-22 所示是 4 个不同的 DAQmx 读取 VI 的实例例程。

图 10-21　DAQmx 读取 VI 的图标及端口定义　　图 10-22　DAQmx 读取 VI 的实例例程

可以读取多个采样的 DAQmx 读取 VI 实例包含一个输入端——每通道采样数接线端，来指定在 VI 执行时每个通道要读取的采样数。对于有限采集，将每通道采样数接线端的输入指定为-1，会使 VI 等待采集完所有请求的采样数，再读取这些采样。对于连续采集，将每通道采样数接线端的输入指定为-1，会使 VI 在执行时读取所有已保存在缓冲区中的可得采样。在如图 10-23 所示的程序框图中，DAQmx 读取 VI 被配置成从多个模拟输入虚拟通道中读取多个采样并以波形的形式返回数据。其中，每通道采样数接线端的输入被配置成常数 10，那么 VI 每次执行时就会从每一个虚拟通道中读取 10 个采样。

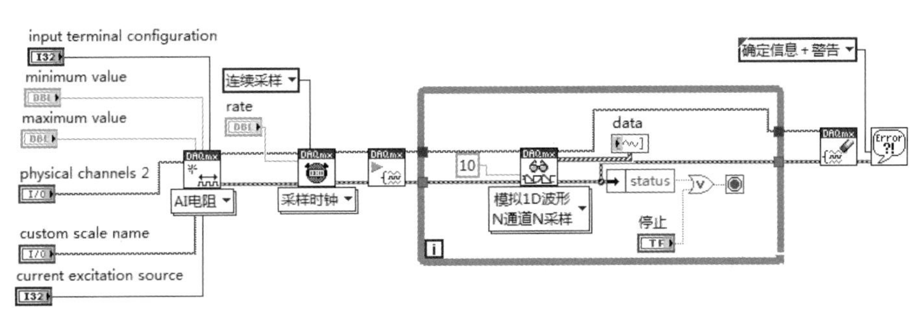

图 10-23　DAQmx 读取 VI 从模拟输入虚拟通道中读取多个采样值实例

4. DAQmx开始任务

DAQmx 开始任务 VI 显式地将任务转换到运行状态，使该任务完成特定的采集或生成工作。如果没有使用 DAQmx 开始任务 VI，那么在 DAQmx 读取 VI 执行时，一个任务可以隐式地转换到运行状态，或者自动开始。这个隐式的转换也发生在 DAQmx 开始任务 VI 未被使用而 DAQmx 写入 VI 与它相应指定的自启动输入一起执行时。DAQmx 开始任务 VI 的图标及端口定义如图 10-24 所示。

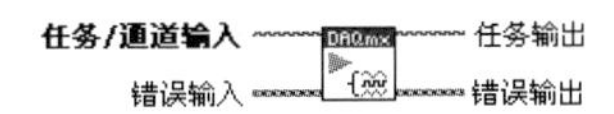

图 10-24　DAQmx 开始任务 VI 的图标及端口定义

5. DAQmx停止任务

DAQmx 停止任务 VI 用于停止任务，使任务返回 DAQmx 开始任务 VI 执行之前或自动开始输入端为 TRUE 时 DAQmx 写入 VI 执行之前的状态。该 VI 的图标及端口定义如图 10-25 所示。

如果在循环中多次使用 DAQmx 读取 VI 或 DAQmx 写入 VI，而未使用 DAQmx 开始任务 VI 和 DAQmx 停止任务 VI，任务将反复执行开始和停止操作，导致应用程序的性能降低。

6．DAQmx定时

DAQmx 定时 VI 用于配置定时以进行硬件定时的数据采集操作，包括指定操作是否连续或有限、为有限操作选择要采集或生成的采样数，以及在需要时创建一个缓冲区。DAQmx 定时 VI 的图标及端口定义如图 10-26 所示。

图 10-25　DAQmx 停止任务 VI 的图标及端口定义　　图 10-26　DAQmx 定时 VI 的图标及端口定义

对于需要采样定时的操作（模拟输入、模拟输出和计数器），DAQmx 定时 VI 中的采样时钟实例设置了采样时钟的源（内部源或外部源均可）和它的速率。采样时钟控制了采集或生成采样的速率。每一个时钟脉冲为每一个包含在任务中的虚拟通道初始化一个采样的采集或生成。

为了在数据采集应用程序中实现同步，如同触发信号必须在同一设备的不同功能区域或多个设备之间传递一样，定时信号也必须以同样的方式传递。DAQmx 自动地实现这个传递。所有有效的定时信号都可以作为 DAQmx 定时 VI 的源输入。例如，在如图 10-27 所示的程序框图中，设备的模拟输出采样时钟作为了同一个设备的模拟输入采样时钟源，而无须完成任何显式的传递。

大部分计数器操作不需要采样定时，因为被测量的信号提供了定时信息。DAQmx 定时 VI 的隐式实例应当用于这些程序。

某些数据采集设备支持将握手协议作为数字 I/O 操作的定时信号。这种方式通过与外部设备交换请求和确认的定时信号来传输每一个采样。DAQmx 定时 VI 的握手实例为数字 I/O 操作配置了这种握手定时。

7．DAQmx触发

DAQmx 触发 VI 用于配置任务的触发，其为特定的动作配置相应的触发器。最为常用的配置是启动触发器（Start Trigger）和参考触发器（Reference Trigger）。启动触发器用于初始化一个采集或生成过程。参考触发器用于确定所采集的采样集的位置。这些触发器都可以配置成响应数字信号边沿、模拟信号边沿，或者当模拟信号进入或退出特定的阈值窗口时触发。DAQmx 触发 VI 的图标及端口定义如图 10-28 所示。

图 10-27　模拟输出采样时钟作为模拟输入采样时钟源　图 10-28　DAQmx 触发 VI 的图标及端口定义

在使用 DAQmx 触发 VI 时，所有有效的触发信号都可以作为该 VI 的源输入。

8．DAQmx结束前等待

DAQmx 结束前等待 VI 用于在任务结束前确保指定操作（如测量或生成操作）的完成。DAQmx 结束前等待 VI 最常用于有限操作。一旦该 VI 完成了执行，有限采集或生成操作就完成了，而无须中断操作就可以结束任务。该 VI 的超时输入端允许指定一个最长等待时间。如果采集或生成操作不能在这段时间内完成，那么该 VI 将退出并会生成一个合适的错误信号。DAQmx 结束前等待 VI 的图标及端口定义如图 10-29 所示。

9．DAQmx写入

DAQmx 写入 VI 用于将采样写入指定的生成任务中。该 VI 的不同实例允许选择不同的生成类型（模拟或数字）、虚拟通道数、采样数和数据类型，其图标及端口定义如图 10-30 所示。

图 10-29　DAQmx 结束前等待 VI 的图标及端口定义

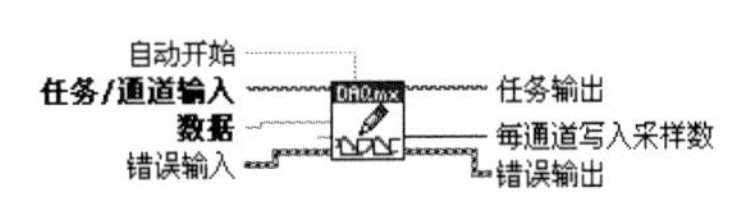

图 10-30　DAQmx 写入 VI 的图标及端口定义

10．DAQmx属性节点

DAQmx 属性节点提供了对所有与数据采集操作相关的属性的访问入口，如图 10-31 所示。这些属性可以通过 DAQmx 写入属性节点进行设置，当前的属性值可以通过 DAQmx 读取属性节点来读取。在 LabVIEW 中，一个 DAQmx 属性节点可以用来写入或读取多个属性。例如，图 10-32 所示的 DAQmx 定时属性节点设置了采样时钟源，以及读取了采样时钟源，并设置了采样时钟的有效边沿属性。

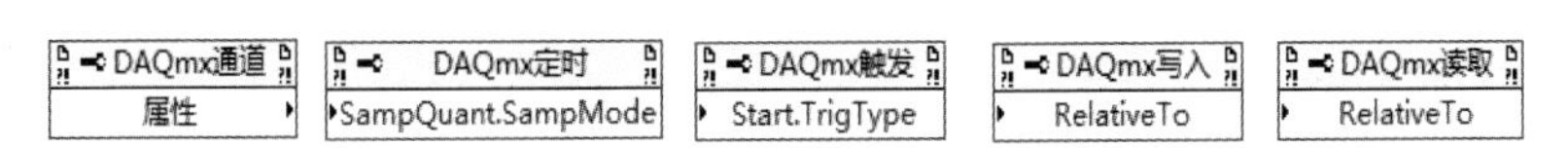

图 10-31　DAQmx 属性节点

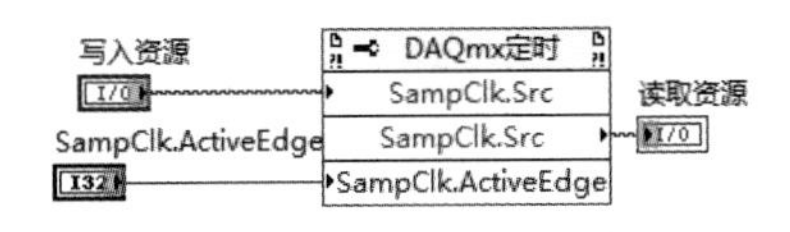

图 10-32　DAQmx 定时属性节点的使用

许多属性可以使用前面讨论的 DAQmx 节点来设置。例如，采样时钟源和采样时钟有效边沿属性可以使用 DAQmx 定时 VI 来设置。但一些相对不常用的属性只可以通过 DAQmx 属性节点进行访问和设置。

实例：输出单一模拟信号

图 10-33 所示的程序框图演示了不需要使用 DAQmx 开始任务 VI 的情形，因为模拟

输出仅生成包含一个单一的、软件定时的采样。

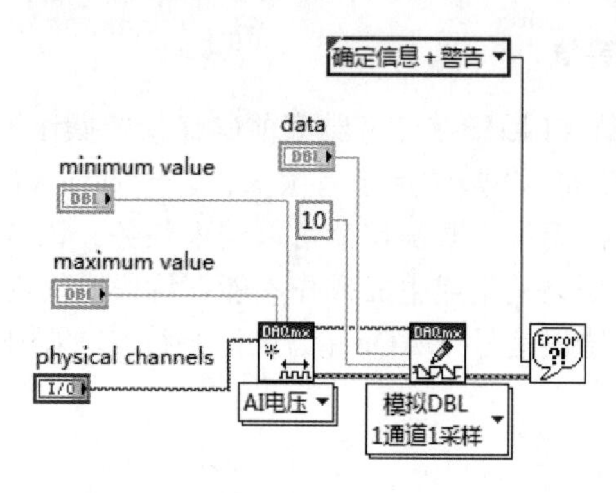

图 10-33　模拟输出一个单一的采样

（1）新建并保存 VI，设置 VI 名称为“输出单一模拟信号”。

（2）打开程序框图窗口，在函数选板中选择“测量 I/O”→“DAQmx-数据采集”→“DAQmx 创建虚拟通道”VI，将其放置到程序框图窗口中，在其“最小值”、“最大值”和“物理通道”接线端分别创建“minimum value”、“maximum value”和“physical channels”输入控件，并结合快捷菜单取消其“显示为图标”。

（3）在函数选板中选择“测量 I/O”→“DAQmx-数据采集”→“DAQmx 写入”VI，将其放置到程序框图窗口中，并为其创建输入控件和常量 10，结合快捷菜单取消其“显示为图标”。

（4）在函数选板中选择“编程”→“对话框与用户界面”→“简易错误处理器”VI，将其放置到程序框图窗口中，并将其输入端连接至“DAQmx 写入”VI 的输出端，并创建常量“确定信息+警告”。

（5）单击工具栏中的“整理程序框图”按钮，整理程序框图，结果如图 10-33 所示。

10.1.6　DAQ 助手

DAQ 助手 Express VI（简称 DAQ 助手）是一个图形化的界面，用于交互式地创建、编辑与运行 DAQmx 虚拟通道和任务。一个 DAQmx 虚拟通道包括一个 DAQ 设备上的物理通道和对这个物理通道的配置信息，如输入范围和自定义缩放比例。一个 DAQmx 任务是虚拟通道、定时和触发信息及其他与采集或生成相关的属性的组合。未配置前的 DAQ 助手图标如图 10-34 所示。

图 10-34　未配置前的 DAQ 助手图标

实例：DAQ 助手的使用

本实例对 DAQ 助手的使用方法进行介绍。

在函数选板的“测量 I/O”→“DAQmx-数据采集”子选板中选择“DAQ 助手”Express

VI，将其放置在程序框图窗口中，系统会自动弹出如图 10-35 所示的新建任务对话框。

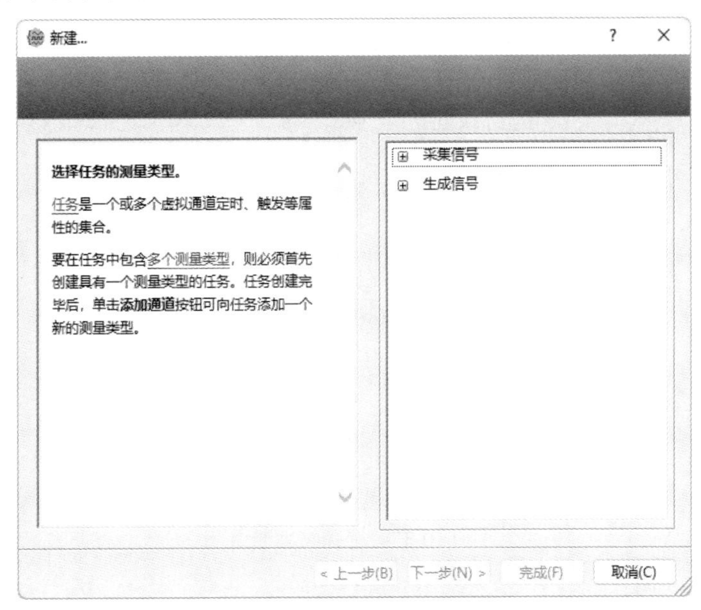

图 10-35　新建任务对话框

下面以输出正弦波为例来介绍 DAQ 助手的配置方法。

（1）选择“生成信号”→“模拟输出”→“电压”选项，如图 10-36 所示，以用电压的变化来表示波形，然后对话框界面将更新至如图 10-37 所示。

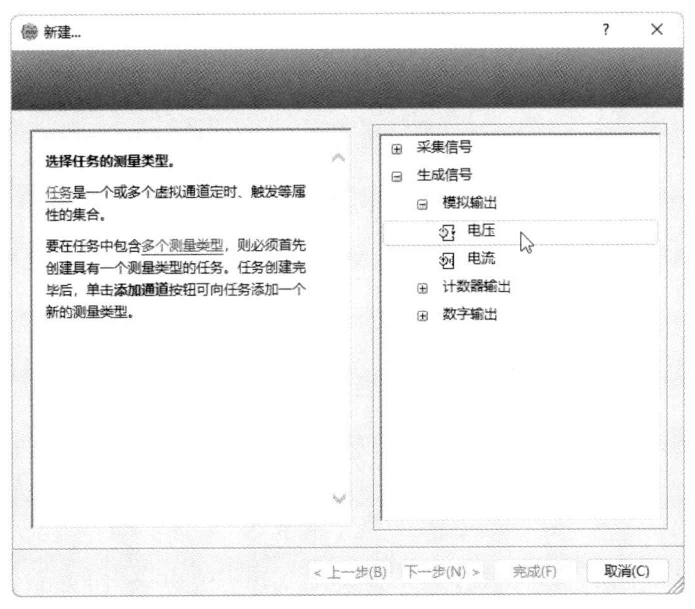

图 10-36　选择“电压”选项

（2）选择物理通道 ao0，单击“完成”按钮，将弹出如图 10-38 所示的对话框。按照图中所示完成配置后，单击“确定”按钮，系统便开始对 DAQ 任务进行初始化，如图 10-39 所示。

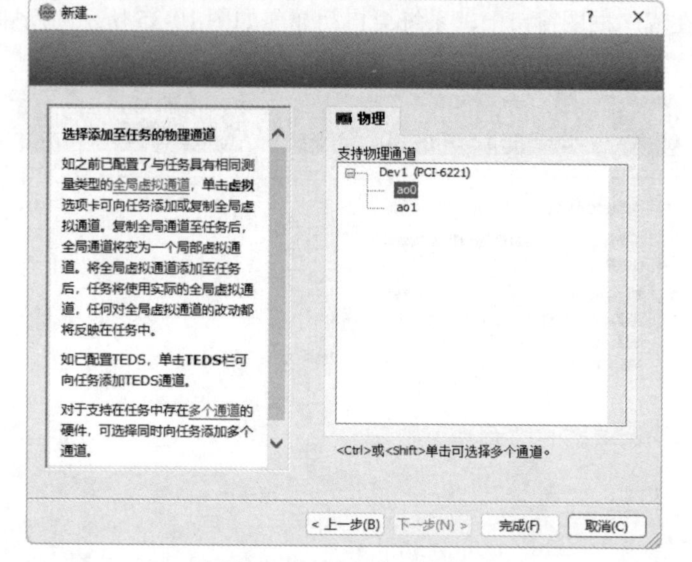

图 10-37　选择物理通道

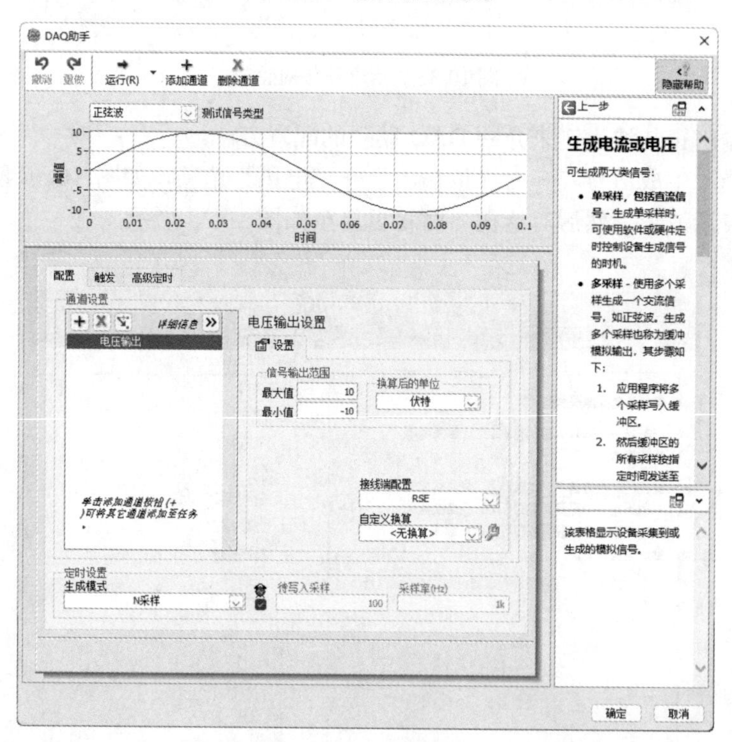

图 10-38　输出配置

（3）初始化完成后，DAQ 助手的图标会变为如图 10-40 所示的样子。

图 10-39　DAQ 任务初始化

图 10-40　初始化完成后的 DAQ 助手图标

（4）在函数选板中选择“信号处理”→“波形生成”→“仿真信号”函数，将其放置到程序框图窗口中，将“DAQ助手”Express VI的输入端连接至“仿真信号”函数的输出端。

（5）在函数选板中选择“编程”→“结构”→“While循环”函数，创建While循环，并在其条件接线端创建“停止”输入控件。

（6）打开前面板窗口，在控件选板中选择“新式”→“图形”→“波形图”控件，将其放置到前面板窗口中，修改标签为“正弦”。将界面切换至程序框图窗口，将“正弦”波形图控件的输入端连接至“仿真信号”函数与“DAQ助手”Express VI的连线上。

（7）单击工具栏中的“整理程序框图”按钮，整理程序框图，结果如图10-41所示。

（8）保持所有控件的默认初始值，单击“运行”按钮运行VI，前面板中显示的运行结果如图10-42所示。

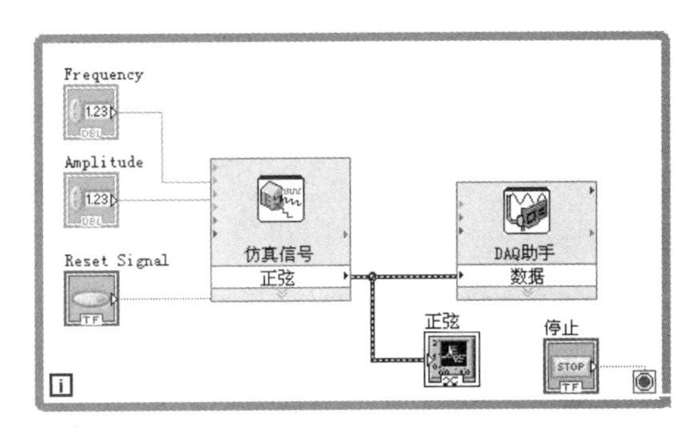

图10-41　程序框图

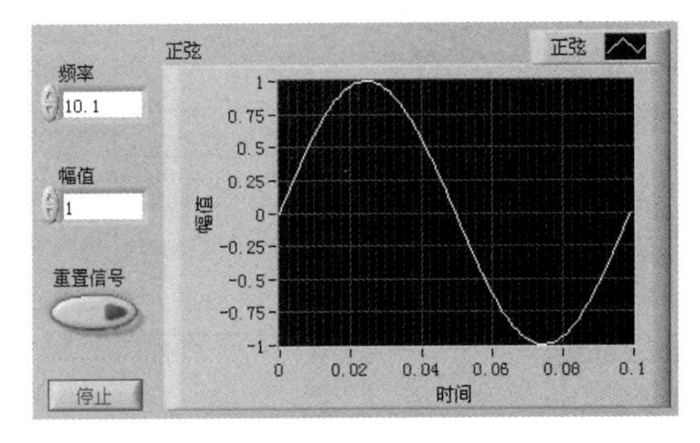

图10-42　运行结果

10.2 仪器控制

在仪器和计算机之间发送命令和数据，可实现仪器控制。用户可开发各种LabVIEW应用程序，用于配置和控制各种仪器。仪器I/O VI和函数可与GPIB、串口、模块、PXI及其他类型的仪器进行交互，这些节点位于函数选板的“仪器I/O”子选板中，如图10-43所示。

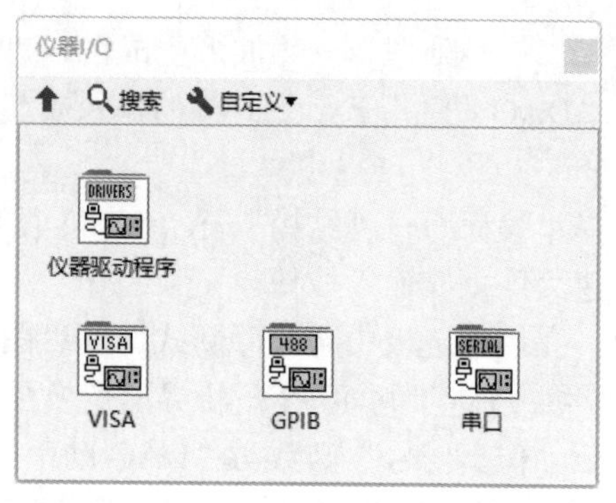

图 10-43 “仪器 I/O”子选板

10.2.1 仪器控制概述

LabVIEW 中的仪器控制是指，使用 NI 设备驱动 DVD 上的仪器和设备驱动（如 NI-CAN），控制用于实现工业自动化的 NI 模块化仪器与设备。

1. 选择仪器控制方法

从多种仪器和仪器控制接口中挑选合适的仪器控制方法尤其重要。图 10-44 所示的流程图可帮助用户挑选合适的仪器控制方法。

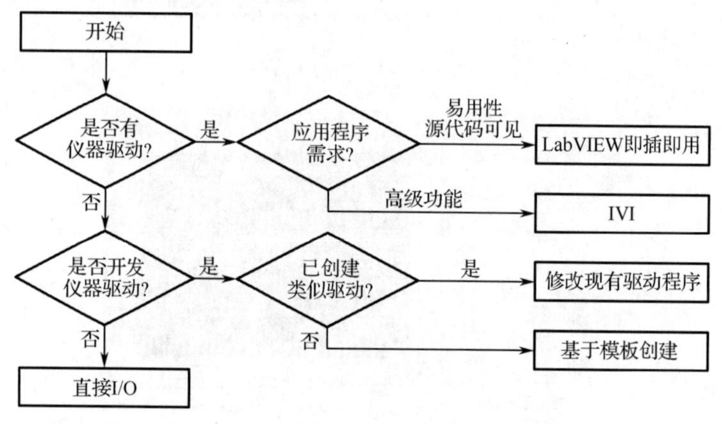

图 10-44 选择仪器控制方法的流程图

2. 使用仪器驱动

仪器驱动用于控制系统中的仪器硬件，并与之通信。LabVIEW 的仪器驱动包含一系列 VI，简化了仪器控制并减少了开发测试程序所需的时间，用户无须学习各种仪器底层的复杂编程命令。

3. 查找和安装仪器驱动程序

使用仪器驱动程序查找器，可在不离开 LabVIEW 开发环境的情况下搜索和安装 LabVIEW 即插即用的仪器驱动。在前面板或程序框图的菜单栏中选择“工具”→“仪器”→“查找仪器驱动”选项或“帮助”→“查找仪器驱动”选项，即可打开仪器驱动程序

查找器。若没有找到可用的仪器驱动，可新建一个仪器驱动。

4. 其他类型的通信

仪器 I/O 助手可与基于消息的仪器通信，并以图形化的方式解析响应信息。它可向仪器发送查询命令，以验证与该仪器的通信是否畅通。

10.2.2 VISA 通信节点

用户除创建仪器驱动外，也可使用 VISA（Virtual Instruments Software Architecture）控制 GPIB、串口、USB、以太网、LXI、PXI 和 VXI 仪器。VISA 是控制多种设备的标准 API，其根据要控制的仪器种类进行相应的驱动调用。LabVIEW 中的 VISA 通信节点位于函数选板的“仪器 I/O”→“VISA”子选板中，如图 10-45 所示。

下面对各函数或 VI 的参数定义、用法及功能进行介绍。

1. VISA写入

VISA 写入函数用于将写入缓冲区的数据写入 VISA 资源名称指定的设备或接口。根据不同的平台，数据传输可设置为同步或异步。右键单击节点图标并从快捷菜单中选择“同步 I/O 模式”→“同步”选项可设置同步写入数据。VISA 写入函数的图标及端口定义如图 10-46 所示。

☑ 写入缓冲区：包含要写入设备的数据。

☑ 返回数：包含实际写入的字节数。

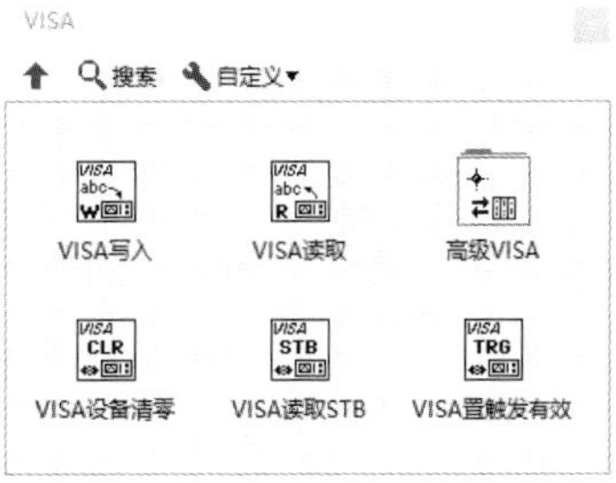

图 10-45 “VISA”子选板

2. VISA读取

VISA 读取函数用于从 VISA 资源名称所指定的设备或接口中读取指定数量的字节，并将数据返回至读取缓冲区。数据传输同样可设置为同步或异步。VISA 读取函数的图标及端口定义如图 10-47 所示。

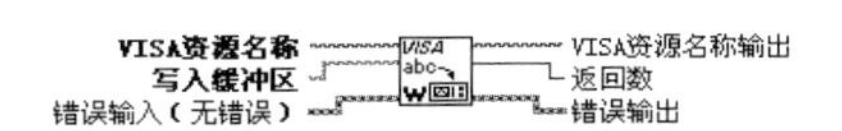

图 10-46 VISA 写入函数的图标及端口定义

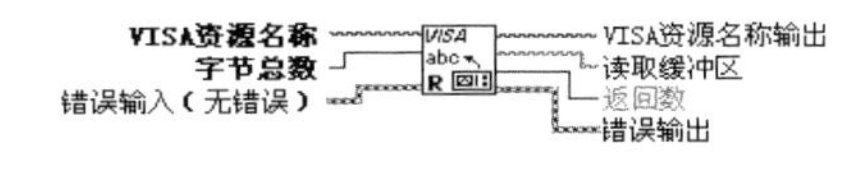

图 10-47 VISA 读取函数的图标及端口定义

☑ 字节总数：包含要读取的字节数。

☑ 读取缓冲区：包含从设备或接口中读取的数据。

☑ 返回数：包含实际读取的字节数。

3. VISA设备清零

VISA 设备清零函数用于对设备的输入和输出缓冲区进行清零，其图标及端口定义如图 10-48 所示。

☑ VISA 资源名称：指定要打开的资源。也可指定会话句柄和类。

☑ VISA 资源名称输出：输出由 VISA 函数返回的 VISA 资源名称的副本。

☑ 错误输入：表明节点运行前发生的错误。

☑ 错误输出：返回错误信息。该输出提供标准错误输出功能。

Note

4．VISA读取STB

VISA 读取 STB 函数用于从 VISA 资源名称指定的基于消息的设备中读取服务请求状态字节，其图标及端口定义如图 10-49 所示。

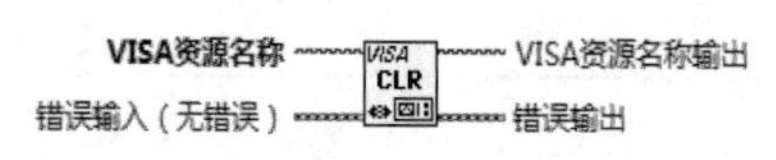

图 10-48　VISA 设备清零函数的图标及端口定义

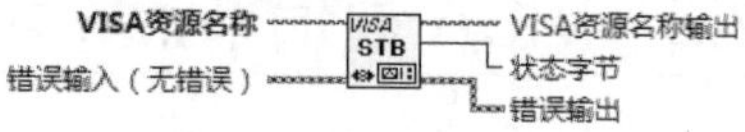

图 10-49　VISA 读取 STB 函数的图标及端口定义

☑ VISA 资源名称：指定要打开的资源。也可指定会话句柄和类。

☑ VISA 资源名称输出：输出由 VISA 函数返回的 VISA 资源名称的副本。

☑ 错误输入：表明节点运行前发生的错误。

☑ 状态字节：包含从设备中读取的状态字节。

☑ 错误输出：返回错误信息。该输出提供标准错误输出功能。

5．VISA置触发有效

VISA 置触发有效函数依据接口类型置软件或硬件的触发有效。对于软件触发，Default(0)是唯一的有效协议。对于 VXI 硬件触发，Default(0)与 Sync(5)等效。对于 PXI 触发，PXI:保留(6)和 PXI:未保留(7)是有效协议。VISA 置触发有效函数的图标及端口定义如图 10-50 所示。

☑ VISA 资源名称：指定要打开的资源。也可指定会话句柄和类。

☑ VISA 资源名称输出：输出由 VISA 函数返回的 VISA 资源名称的副本。

☑ 协议：设置用于置有效操作的触发协议。

☑ 错误输入：表明节点运行前发生的错误。

☑ 错误输出：返回错误信息。该输出提供标准错误输出功能。

6．高级VISA VI和函数

“高级 VISA”子选板（见图 10-51）中的 VI 和函数用于完成高级 VISA 任务。

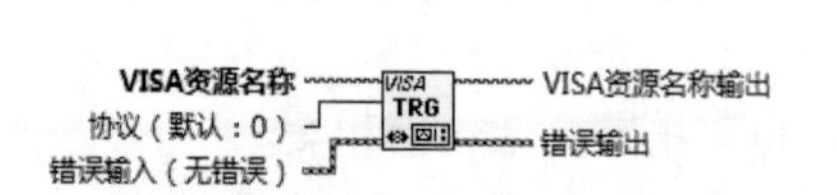

图 10-50　VISA 置触发有效函数的图标及端口定义

图 10-51　“高级 VISA”子选板

10.2.3 GPIB 通信节点

GPIB（General-Purpose Interface Bus）是通用接口总线，大多数台式仪器是通过 GPIB 及 GPIB 接口与计算机相连的。使用 GPIB 函数时，GPIB 控制器的默认主地址为 0，无次地址。它被指定为系统控制器。GPIB 函数的默认超时值为 10 秒，若需重新设置主地址或超时值，可使用 GPIB 控制器附带的配置函数。GPIB 函数用于与 GPIB（IEEE-488）设备进行通信，GPIB 通信节点位于函数选板的“仪器 I/O”→“GPIB”子选板中，如图 10-52 所示。

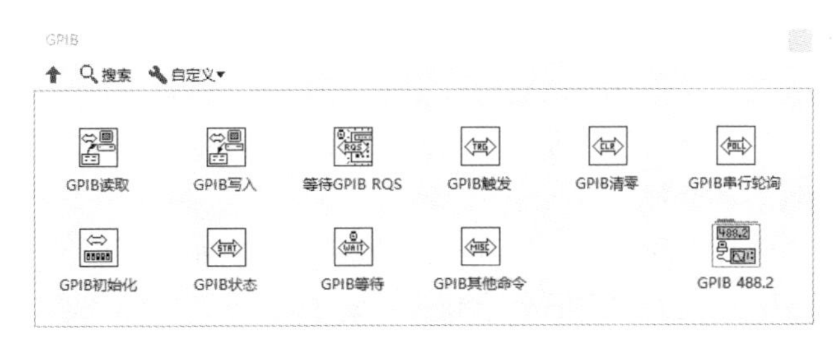

图 10-52 “GPIB”子选板

1. GPIB初始化

GPIB 初始化函数用于在地址字符串中配置 GPIB 接口，其图标及端口定义如图 10-53 所示。

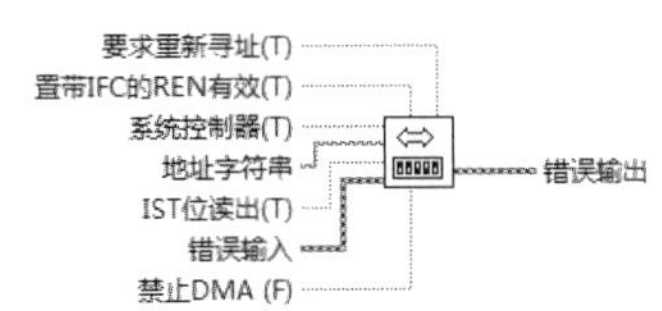

图 10-53 GPIB 初始化函数的图标及端口定义

- ☑ 要求重新寻址：若值为 TRUE，函数在每次读取或写入操作前寻址设备；若值为 FALSE，则设备须保持寻址状态，直至下一次读取或写入操作。
- ☑ 置带 IFC 的 REN 有效：若值为 TRUE，且控制器（由地址字符串中的 ID 指定）为系统控制器，则函数将置远程启用线有效。
- ☑ 系统控制器：若值为 TRUE，则控制器会作为系统控制器。
- ☑ 地址字符串：用于设置 GPIB 控制器自身的 GPIB 地址。
- ☑ IST 位读出：若值为 TRUE，设备的个别状态位用 TRUE 响应并行轮询；若值为 FALSE，设备的个别状态位用 FALSE 响应并行轮询。
- ☑ 错误输入：表明节点运行前发生的错误。该输入将提供标准错误输入功能。
- ☑ 禁止 DMA：若值为 TRUE，设备使用程序控制 I/O 传输数据。
- ☑ 错误输出：返回错误信息。该输出将提供标准错误输出功能。

2. GPIB读取

GPIB 读取函数用于从地址字符串指定的 GPIB 设备中读取数量为字节总数的字节，

其图标及端口定义如图 10-54 所示。硬件设备同步传输数据时，调用线程在数据传输期间处于锁定状态。依据传输的速度，该操作可阻止其他需要调用线程的进程。但是，若应用程序需尽可能快地传输数据，同步执行操作可独占调用线程。

Note

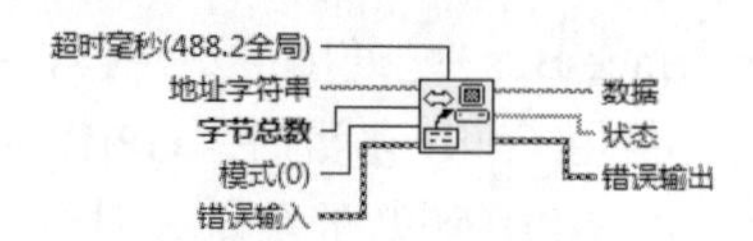

图 10-54　GPIB 读取函数的图标及端口定义

☑ 超时毫秒：指定函数在超时前等待的时间，以毫秒为单位。
☑ 地址字符串：包含与函数通信的 GPIB 设备的地址。
☑ 字节总数：指定函数从 GPIB 设备中读取的字节数量。
☑ 模式：指定在没有达到字节总数时终止读取的条件。
☑ 错误输入：表明节点运行前发生的错误。该输入将提供标准错误输入功能。
☑ 数据：函数读取的数据。
☑ 状态：该布尔数组中的每一位都用于表明 GPIB 控制器的一个状态。若发生错误，函数将设置第 15 比特位。GPIB 错误仅在设置了第 15 比特位状态后才有效。
☑ 错误输出：返回错误信息。该输出将提供标准错误输出功能。

3．GPIB写入

GPIB 写入函数用于将数据写入地址字符串指定的 GPIB 设备，其图标及端口定义如图 10-55 所示。

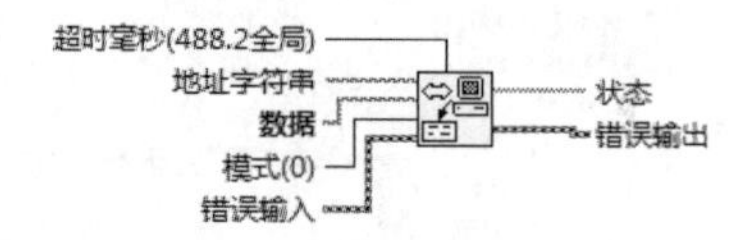

图 10-55　GPIB 写入函数的图标及端口定义

☑ 超时毫秒：指定函数在超时前等待的时间，以毫秒为单位。
☑ 地址字符串：包含与函数通信的 GPIB 设备的地址。
☑ 数据：函数读取的数据。
☑ 模式：指定在没有达到字节总数时终止读取的条件。
☑ 错误输入：表明节点运行前发生的错误。该输入将提供标准错误输入功能。
☑ 状态：该布尔数组中的每一位都用于表明 GPIB 控制器的一个状态。若发生错误，函数将设置第 15 比特位。GPIB 错误仅在设置了第 15 比特位状态后才有效。
☑ 错误输出：返回错误信息。该输出将提供标准错误输出功能。

10.2.4　串行通信节点

LabVIEW 中用于串行通信的节点实际上是 VISA 节点，为了方便用户使用，LabVIEW 将这些 VISA 节点集成到一个子选板中，分别实现配置串口、串口写入、串口读取、关闭串口、检测串口缓冲区和设置串口缓冲区等功能。这些节点位于函数选板的“仪器 I/O”

→“串口”子选板中（也可在函数选板的“数据通信”→“协议”→“串口”子选板中查找到同样的节点），如图 10-56 所示。

串行通信节点的使用方法比较简单且易于理解，下面对各节点的参数定义、用法及功能进行介绍。

1. VISA配置串口

VISA 配置串口函数用于初始化、配置串口。利用该函数可以设置串口的波特率、数据位、停止位、奇偶校验位、缓存大小以及流量控制等参数，其图标及端口定义如图 10-57 所示。

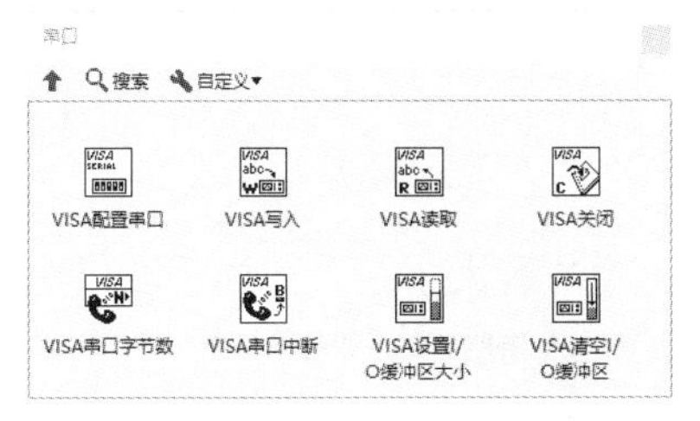

图 10-56 “串口”子选板

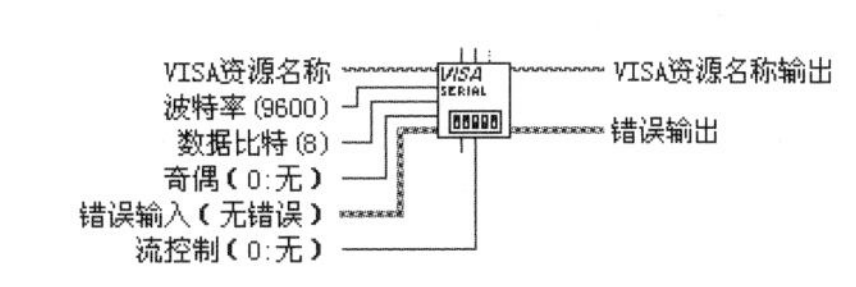

图 10-57 VISA 配置串口函数的图标及端口定义

- ☑ VISA 资源名称：指定要打开的资源。也可指定会话句柄和类。
- ☑ 波特率：设置传输率。默认值为 9600。
- ☑ 数据比特：设置输入数据的位数，其值介于 5 和 8 之间。默认值为 8。
- ☑ 奇偶：指定要传输或接收的每一帧所使用的奇偶校验。默认为无校验。
- ☑ 错误输入：表示节点运行前发生的错误情况。默认为无错误。
- ☑ 流控制：设置传输机制使用的控制类型。
- ☑ VISA 资源名称输出：输出 VISA 函数返回的 VISA 资源名称的副本。
- ☑ 错误输出：返回错误信息。若错误输入表明在节点运行前已出现错误，则错误输出将返回相同的错误信息。否则，它返回节点中产生的错误状态。

2. VISA串口字节数

VISA 串口字节数属性节点用于返回指定串口的输入缓冲区的字节数，其图标如图 10-58 所示。

3. VISA关闭

VISA 关闭函数用于关闭 VISA 资源名称指定的设备会话句柄或事件对象。该函数采用特殊的错误 I/O 操作，无论前次操作是否产生错误，该函数都将关闭设备会话句柄。打开 VISA 会话句柄并完成操作后，应关闭该会话句柄。该函数可接受各个会话句柄类。VISA 关闭函数的图标及端口定义如图 10-59 所示。

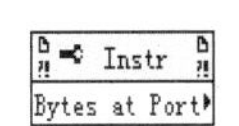

图 10-58 VISA 串口字节数属性节点的图标

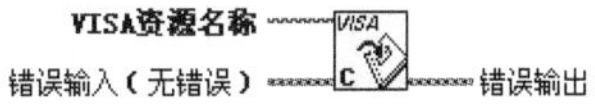

VISA资源名称
错误输入（无错误）
错误输出

图 10-59 VISA 关闭函数的图标及端口定义

Note

4．VISA串口中断

VISA 串口中断 VI 用于发送指定端口上的中断，将指定的输出端口中断一段时间（至少 250ms），该时间由持续时间输入端指定，单位为毫秒。VISA 串口中断 VI 的图标及端口定义如图 10-60 所示。

图 10-60　VISA 串口中断 VI 的图标及端口定义

☑ 持续时间：指定中断的长度（毫秒），默认值为 250ms。VI 运行时，该值暂时覆盖 VISA Serial Settings: Break Length 属性的当前设置。此后，VI 将把其当前设置返回到初始值。

5．VISA设置I/O缓冲区大小

VISA 设置 I/O 缓冲区大小函数用于设置 I/O 缓冲区大小，其图标及端口定义如图 10-61 所示。若需设置串口缓冲区大小，须先运行 VISA 配置串口 VI。

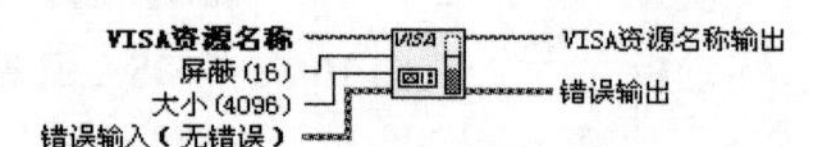

图 10-61　VISA 设置 I/O 缓冲区大小函数的图标及端口定义

☑ 屏蔽：指明要设置大小的缓冲区。屏蔽的有效值是 I/O 接收缓冲区（16）和 I/O 传输缓冲区（32）、I/O 接收和传输缓冲区（48）。

☑ 大小：指明 I/O 缓冲区的大小，以字节为单位。其值应略大于要传输或接收的数据量。若在未指定缓冲区大小的情况下调用该函数，函数可设置缓冲区大小为 4096 字节。如未调用该函数，缓冲区大小取决于 VISA 和操作系统的设置。

6．VISA清空I/O缓冲区

VISA 清空 I/O 缓冲区函数用于清空由屏蔽输入端指定的 I/O 缓冲区，其图标及端口定义如图 10-62 所示。

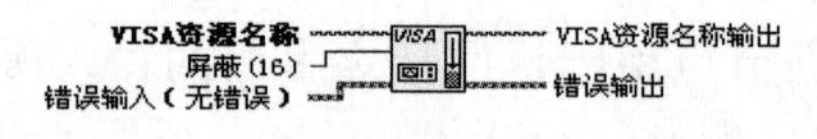

图 10-62　VISA 清空 I/O 缓冲区函数的图标及端口定义

☑ 屏蔽：指明要刷新的缓冲区。接收缓冲区和传输缓冲区使用不同的屏蔽值。该输入支持的屏蔽值见表 10-1。按位合并（逻辑 OR 或加）缓冲区屏蔽值可同时刷新多个缓冲区。

表 10-1　VISA 清空 I/O 缓冲区函数的可用屏蔽值

屏　蔽　值	十六进制代码	说　　明
16	0x10	刷新接收缓冲区并放弃内容（与 64 相同）
32	0x20	通过将所有缓冲数据写入设备，刷新传输缓冲区并放弃内容
64	0x40	刷新接收缓冲区并放弃内容（设备不执行任何 I/O）
128	0x80	刷新传输缓冲区并放弃内容（设备不执行任何 I/O）

10.3 数据通信

LabVIEW 提供了强大的网络通信功能，这种功能使得 LabVIEW 的用户可以很容易地编写出具有强大网络通信能力的 LabVIEW 应用软件，实现远程虚拟仪器。LabVIEW 支持 TCP、UDP、DataSocket 等，其中，基于 TCP 的通信方式是最为基本的网络通信方式，TCP/IP（传输控制协议/互联网络协议）是 Internet 最基本的协议，已成为事实标准。本节将详细介绍怎样在 LabVIEW 中实现基于 TCP 协议的网络通信。

10.3.1　TCP 通信

TCP/IP 是 20 世纪 70 年代中期美国国防部为其 ARPANET 广域网开发的网络体系结构和协议标准，以它为基础组件的 Internet 是目前国际上规模最大的计算机网络，Internet 的广泛使用，使得 TCP/IP 成了事实上的标准。TCP/IP 实际上是一个由不同层次的多个协议组合而成的协议族，共分为四层：链路层、网络层、传输层和应用层，如图 10-63 所示。从图中可以看出 TCP 是 TCP/IP 传输层中的协议，使用 IP 作为网络层协议。

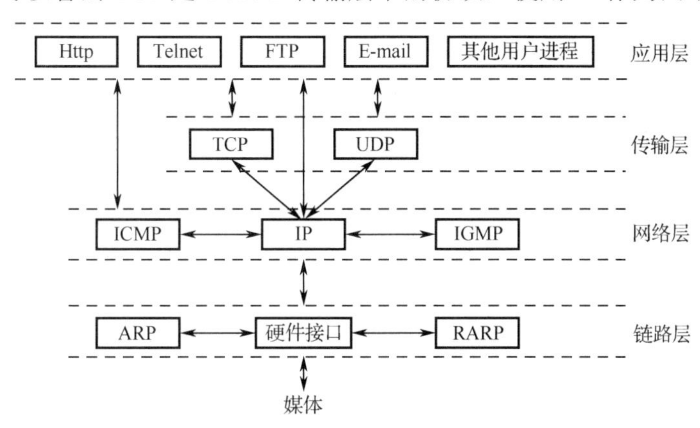

图 10-63　TCP/IP 协议族层次图

TCP 使用不可靠的 IP 服务，提供一种面向连接的、可靠的传输层服务，其中面向连接是指在数据传输前就建立好了点到点的连接。大部分基于网络的软件都采用了 TCP 协议。TCP 采用比特流（即数据被当作无结构的字节流）通信分段传送数据，在主机间交换数据前必须建立会话。每个 TCP 传输的数据段都包含顺序号，以确保可靠性。如果一个数据段被分解成多个小段，接收主机可以检测到是否所有小段都已收到。对于接收的每一个小段，接收主机必须在指定的时间内返回确认应答。如果发送者未收到确认，其会重新发送数据；如果收到的数据段损坏，接收主机会将其舍弃，因为确认应答未被发送，发送者会重新发送该分段。

TCP 对话通过三次握手来初始化，其目的是使数据段的发送和接收同步，告知其他主机其一次可接受的数量，并建立虚连接。三次握手的过程如下：

（1）发起连接的主机通过发送一个带有同步标志的置位数据段来发出会话请求。

（2）接收主机通过发回具有以下信息的数据段来响应：同步标志、即将发送的数据段的起始字节的顺序号、确认号。

（3）发送主机再回送一个带有确认顺序号和确认号的数据段。

在 LabVIEW 中，可以利用 TCP 进行网络通信。LabVIEW 对基于 TCP 的编程进行了高度集成，用户可以通过简单的编程实现网络通信。

在 LabVIEW 中，可以采用 TCP 节点来实现局域网通信，TCP 节点位于函数选板的“数据通信”→“协议”→“TCP”子选板中，如图 10-64 所示。

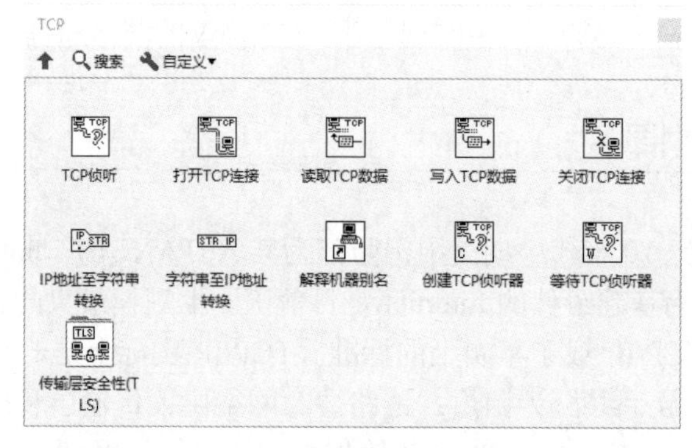

图 10-64　“TCP”子选板

下面对 TCP 节点及其用法进行介绍。

1. TCP侦听

TCP 侦听 VI 用于创建侦听器，并在指定的端口上等待 TCP 连接请求。该 VI 只能在作为服务器的计算机上使用。TCP 侦听 VI 的图标及端口定义如图 10-65 所示。

- ☑ 端口：指定所要侦听连接的端口号。
- ☑ 超时毫秒：指定连接所要等待的毫秒数。如果在规定的时间内连接没有建立，该 VI 将结束并返回一个错误信息。默认值为-1，表明该 VI 将无限等待。
- ☑ 连接 ID：返回一个唯一标识 TCP 连接的网络连接引用句柄。该连接句柄用于在以后的 VI 调用中引用连接。
- ☑ 远程地址：返回与 TCP 连接协同工作的远程计算机的地址。
- ☑ 远程端口：返回使用该连接的远程系统的端口号。

2. 打开TCP连接

打开 TCP 连接函数用于通过指定的计算机名称和远程端口来打开一个 TCP 连接。该函数只能在作为客户机的计算机上使用。打开 TCP 连接函数的图标及端口定义如图 10-66 所示。

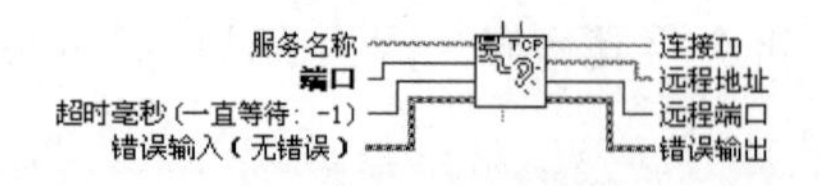

图 10-65　TCP 侦听 VI 的图标及端口定义

地址
远程端口
超时毫秒(60000)
错误输入(无错误)
连接ID
错误输出

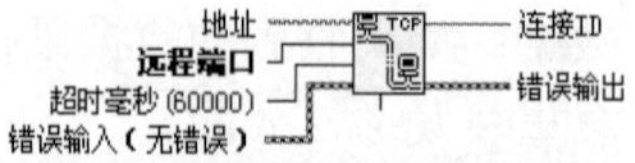

图 10-66　打开 TCP 连接函数的图标及端口定义

Note

☑ 超时毫秒：在函数执行完成并返回一个错误信息之前所等待的毫秒数。默认值为60000ms。如果值为-1，则表明该函数将无限等待。

3. 读取TCP数据

读取 TCP 数据函数用于从指定的 TCP 连接中读取数据，其图标及端口定义如图 10-67 所示。

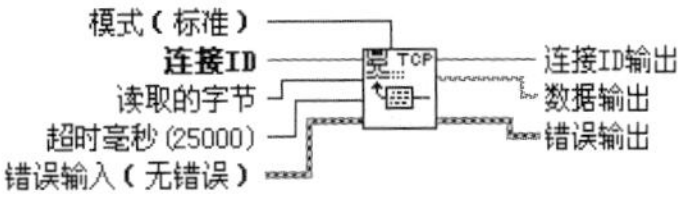

模式（标准）
连接ID
读取的字节
超时毫秒 (25000)
错误输入（无错误）
连接ID输出
数据输出
错误输出

图 10-67 读取 TCP 数据函数的图标及端口定义

☑ 模式：指定读取操作的行为特性。可选值如下。

0：标准模式（默认），等待直到设定需要读取的字节全部读出或超时，会返回读取的全部字节数。如果读取的字节数少于所期望得到的字节数，将返回已经读取到的字节数并报告一个超时错误。

1：缓冲模式，等待直到设定需要读取的字节全部读出或超时。如果读取的字节数少于所期望得到的字节数，将不返回任何字节数并报告一个超时错误。

2：CRLF 模式，等待直到函数接收到 CR（Carriage Return，回车）和 LF（Line Feed，换行）或发生超时，会返回所接收到的所有字节数及 CR 和 LF。如果函数没有接收到 CR 和 LF，将不返回任何字节数并报告一个超时错误。

3：立即模式，只要接收到字节便返回，会返回已经读取的字节数。如果函数没有接收到任何字节，将返回一个超时错误。

☑ 读取的字节：所要读取的字节数。可以使用以下方式来处理数据。

在数据之前放置长度固定的描述数据的信息。例如，可以是一个标识数据类型的数字，或说明数据长度的整型量。客户机和服务器都先接收 8 字节数据，把它们转换成两个整数，使用长度信息决定再次读取的数据包含多少字节。数据读取完成后，再次重复以上过程。该方法灵活性非常高，但是需要两次读取数据。实际上，如果所有数据都是用一个写入函数写入的话，那么第二次读取操作会立即完成。

使每个数据都具有相同的长度。如果所要发送的数据比确定的数据长度短，则按照事先确定的长度发送。这种方式的效率非常高，因为它以偶尔发送无用数据为代价，使接收数据只读取一次就完成。

以严格的 ASCII 码为内容发送数据，每一段数据都以 CR 和 LF 为结尾。如果函数的模式输入端连接了 CRLF，那么直到读取到 CRLF 时，函数才结束。对于该方法，如果数据中恰好包含了 CRLF，那么将变得很麻烦，不过在很多 Internet 协议里，如 POP3、FTP 和 HTTP，这种方式应用得很普遍。

☑ 超时毫秒：指定在所选择的读取模式下返回超时错误之前所要等待的最长时间。默认值为 25000ms。如果值为-1，则表明将无限等待。

☑ 连接 ID 输出：返回与连接 ID 相同的值。

☑ 数据输出：包含从 TCP 连接中读取的数据。

4. 写入TCP数据

写入 TCP 数据函数通过数据输入端将数据写入指定的 TCP 连接中，其图标及端口定义如图 10-68 所示。

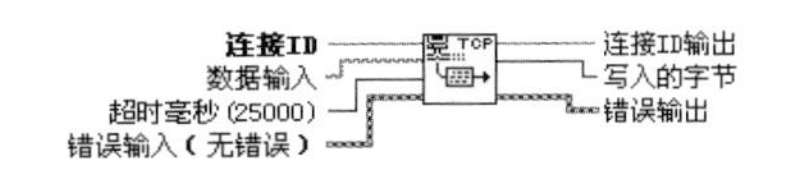

图 10-68 写入 TCP 数据函数的图标及端口定义

☑ 数据输入：包含要写入指定连接的数据。数据操作的方式参见读取 TCP 数据函数部分的解释。

☑ 超时毫秒：指定函数在完成或返回超时错误之前将所有字节写入指定设备的时间，以毫秒为单位。默认值为 25000ms。如果值为-1，则表明将无限等待。

☑ 写入的字节：返回写入 TCP 连接的字节数。

5. 关闭TCP连接

关闭 TCP 连接函数用于关闭指定的 TCP 连接，其图标及端口定义如图 10-69 所示。

6. 解释机器别名

解释机器别名 VI 用于返回机器的网络地址，在联网或在 VI 服务器函数中使用，其图标及端口定义如图 10-70 所示。

☑ 机器别名：指定计算机的别名。

☑ 网络标识：返回计算机的物理地址，如 IP 地址。

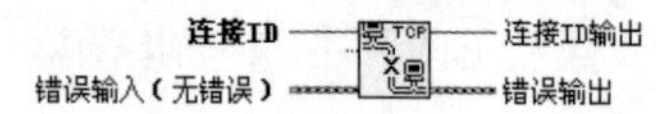

图 10-69　关闭 TCP 连接函数的图标及端口定义

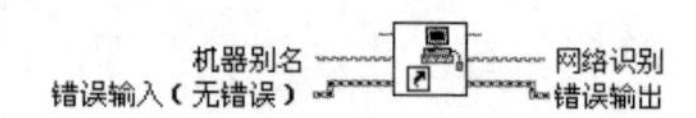

图 10-70　解释机器别名 VI 的图标及端口定义

7. 创建TCP侦听器

创建 TCP 侦听器函数用于 TCP 网络连接创建侦听器。如果向端口输入端写入 0，该函数将动态选择一个系统判断为有效的可用 TCP 端口。创建 TCP 侦听器函数的图标及端口定义如图 10-71 所示。

☑ 端口（输入端）：指定所侦听连接的端口号。

☑ 侦听器 ID：返回能够唯一表示侦听器的网络连接标识。

☑ 端口（输出端）：返回函数所使用的端口号。如果输入端口号不是 0，则输出端口号与输入端口号相同。如果输入端口号为 0，则函数将动态选择一个可用的端口号。根据 IANA（Internet Assigned Numbers Authority）的规定，可用的端口号范围是 49152～65535。最常用的端口号是 0～1023，已注册的端口号是 1024～49151。但并非所有的操作系统都遵从 IANA 标准，如 Windows 返回 1024～5000 的动态端口号。

8. 等待TCP侦听器

等待 TCP 侦听器函数用于在指定的端口上等待 TCP 连接请求。TCP 侦听 VI 就是创建 TCP 侦听器函数与此函数的功能集成。等待 TCP 侦听器函数的图标及端口定义如图 10-72 所示。

☑ 侦听器 ID 输入：指定能够唯一表明侦听器身份的网络连接标识。

☑ 超时毫秒：指定等待连接的毫秒数。如果在规定的时间内连接没有建立，函数将返回一个错误。默认值为-1，表明将无限等待。

☑ 侦听器 ID 输出：返回侦听器 ID 输入的副本。

☑ 连接 ID：返回唯一标识 TCP 连接的网络连接引用句柄。

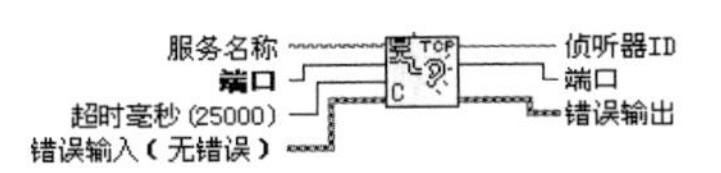

图 10-71　创建 TCP 侦听器函数的图标及端口定义

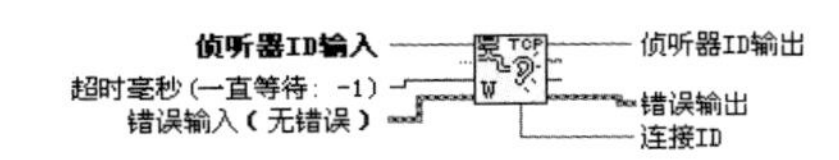

图 10-72　等待 TCP 侦听器函数的图标及端口定义

9. IP地址至字符串转换

IP 地址至字符串转换函数用于将 IP 地址转换为字符串，其图标及端口定义如图 10-73 所示。

☑ 网络地址：指定想要转换的 IP 网络地址。
☑ dot notation?：指定输出的名称是否是点符号格式的。默认为 FALSE，即返回的 IP 地址是 machinename.domain.com 格式的。如果选择 dot notation 格式，则返回的 IP 地址是 128.0.0.25 格式的。
☑ 名称：返回等同于网络地址的字符串。

10. 字符串至IP地址转换

字符串至 IP 地址转换函数用于将字符串转换为 IP 地址或 IP 地址数组，其图标及端口定义如图 10-74 所示。若不指定名称输入端的输入，则该函数输出的是当前计算机的 IP 地址。

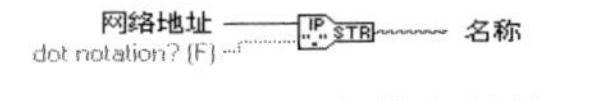

图 10-73　IP 地址至字符串转换函数的图标及端口定义

名称 STR IP 网络地址

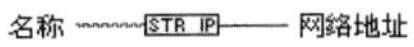

图 10-74　字符串至 IP 地址转换函数的图标及端口定义

10.3.2　DataSocket

DataSocket 技术是虚拟仪器的网络应用中一项非常重要的技术，如果需要实时传输数据，就可以采用 DataSocket 技术。本节将对 DataSocket 的概念和在 LabVIEW 中的使用方法进行介绍。

DataSocket 可用于一个计算机内或网络中多个应用程序之间的数据交换，其技术实现示意图如图 10-75 所示。虽然目前已经有 TCP/IP、DDE 等多种用于两个应用程序之间共享数据的技术，但是这些技术都不是用于实时数据（Live Data）传输的。

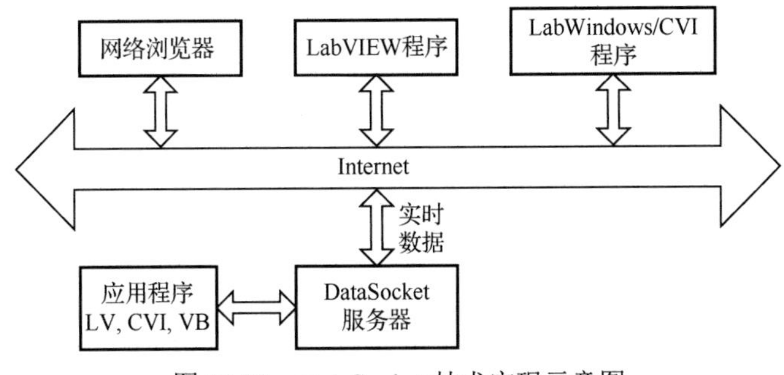

图 10-75　DataSocket 技术实现示意图

DataSocket 基于 Microsoft 的 COM 和 ActiveX 技术，源于 TCP/IP 并对其进行高度封

Note

装，面向测量和自动化应用，用于共享和发布实时数据，是一种易用的高性能数据交换编程接口。它能有效地支持本地计算机上不同应用程序对特定数据的同时应用，以及网络上不同计算机的多个应用程序之间的数据交互，实现跨机器、跨语言、跨进程的实时数据共享。用户只需要知道数据源和数据库收集需要交换的数据，就可以直接进行高层应用程序的开发，实现高速数据传输，而不必关心底层的实现细节，从而简化通信程序的编写过程，提高编程效率。

DataSocket 实际上是一个基于 URL 的单一的、一元化的末端用户 API，是一个独立于协议、独立于语言、独立于操作系统的 API。DataSocket API 被制作成 ActiveX 控件、LabWindows 库和一些 LabVIEW VI，用户可以在任何编辑环境中使用。

DataSocket 包括 DataSocket Server Manager、DataSocketServer 和 DataSocket 函数库三大部分，以及 DSTP（DataSocket Transfer Protocol）、通用资源定位符（Uniform Resource Locator，URL）和文件格式等规程。DataSocket 遵循 TCP/IP，所提供的参数简单友好，只需要设置 URL 就可以在 Internet 中即时分送所需传输的数据。用户可以像使用 LabVIEW 中的其他数据类型一样使用 DataSocket 读写字符串、整型数、布尔量及数组数据。DataSocket 提供了三种数据目标：file、DataSocket Server、OPC Server，因而可以支持多进程并发。这样，DataSocket 摒除了较为复杂的 TCP/IP 底层编程，克服了传输速率较慢的缺点，大大简化了 Internet 网上测控数据交换的编程。

1. DataSocket Server Manager

DataSocket Server Manager 是一个独立运行的程序，它的主要功能是设置 Server 可连接的客户程序的最大数目和可创建的数据项的最大数目，创建用户组和用户，设置用户创建数据项（Data Item）和读写数据项的权限。数据项实际上是 DataSocket Server 中的数据文件，未经授权的用户不能在 DataSocket Server 上创建或读写数据项。

在安装好 LabVIEW 之后，用户可以在 Windows 菜单中选择“开始”→“National Instruments”→“DataSocket Server Manager”选项，运行 DataSocket Server Manager，其窗口如图 10-76 所示。

DataSocket Server Manager 窗口左栏中的 Server Settings（服务器配置）用于设置与服务器性能有关的参数。其中，参数 MaxConnections 用于设置 DataSocket Server 最多允许连接到服务器的客户端数量，默认值是 50；参数 MaxItems 用于设置服务器允许创建的数据项的最大数量。

DataSocket Server Manager 窗口左栏中的 Permission Groups（许可组）是与安全有关的部分设置，Groups（组）是用一个组名来代表一组 IP 地址的合集，这对以组为单位进行设置比较方便。DataSocket Server 共有三个内建组：DefaultReaders、DefaultWriters 和 Creators，这三个组分别配置了读、写及创建数据项的默认主机设置。可以利用“New Group”按钮来添加新的组。

DataSocket Server Manager 窗口左栏中的 Predefined Data Items（预定义的数据项）中预先定义了一些用户可以直接使用的数据项，并且可以设置每个数据项的数据类型、默认值及访问权限等属性。默认的数据项共有三个：SampleNum、SampleString 和 SampleBool，用户可以利用“New Item”按钮添加新的数据项。

2. DataSocket Server

DataSocket Server 也是一个独立运行的程序，它能为用户解决大部分网络通信方面的问题。它负责监管 DataSocket Server Manager 中所设定的各种权限和客户程序之间的数据交换。DataSocket Server 与测控应用程序可安装在同一台计算机上，也可以分装在不同的计算机上。后一种方式可增加整个系统的安全性，因为两台计算机之间可用防火墙加以隔离。而且 DataSocket Server 程序不会占用测控计算机 CPU 的工作时间，测控应用程序可以运行得更快。DataSocket Server Manager 窗口如图 10-77 所示。

在安装好 LabVIEW 之后，用户可以在 Windows 菜单中选择“开始”→“National Instruments”→“DataSocket Server”选项，运行 DataSocket Server。

在 LabVIEW 中进行 DataSocket 通信之前，必须首先运行 DataSocket Server。

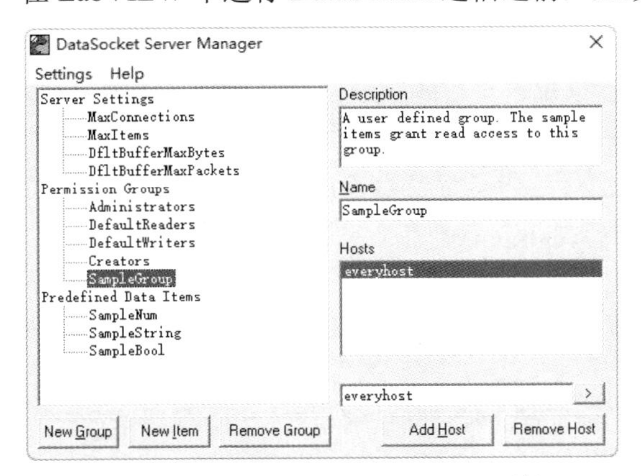

图 10-76　DataSocket Server Manager 窗口

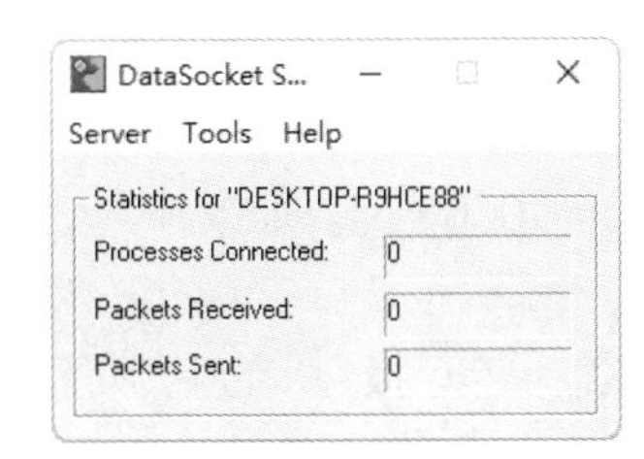

图 10-77　DataSocket Server 窗口

3. DataSocket函数库

DataSocket 函数库用于实现 DataSocket 通信。利用 DataSocket 发布数据需要三个要素：Publisher（发布器）、DataSocket Server 和 Subscriber（订阅器）。Publisher 利用 DataSocket API 将数据写到 DataSocket Server 中，而 Subscriber 利用 DataSocket API 从 DataSocket Server 中读取数据，其过程如图 10-78 所示。Publisher 和 Subscriber 都是 DataSocket Server 的客户程序。这三个要素可以驻留在同一台计算机中。

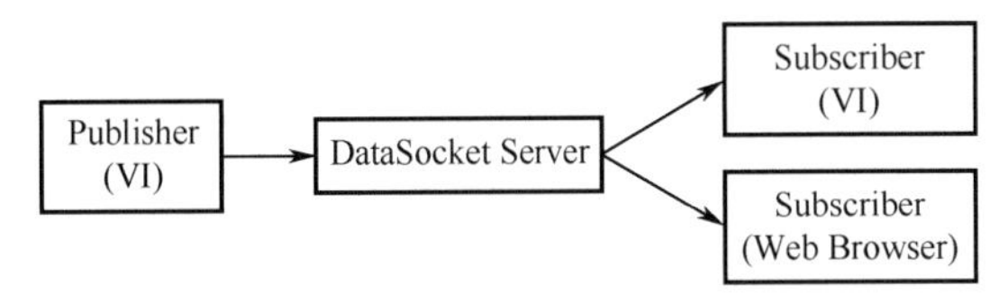

图 10-78　DataSocket 通信过程

在 LabVIEW 中，利用 DataSocket 节点就可以完成 DataSocket 通信。DataSocket 节点位于函数选板的“数据通信”→“DataSocket”子选板中，如图 10-79 所示。

LabVIEW 将 DataSocket 函数库的功能高度集成到了 DataSocket 节点中，与 TCP/IP 节点相比，DataSocket 节点的使用方法更为简单和易于理解。

下面对 DataSocket 节点的参数定义及功能进行介绍。

1）读取 DataSocket

读取 DataSocket 函数用于从由连接输入端口指定的 URL 连接中读出数据，其图标及端口定义如图 10-80 所示。

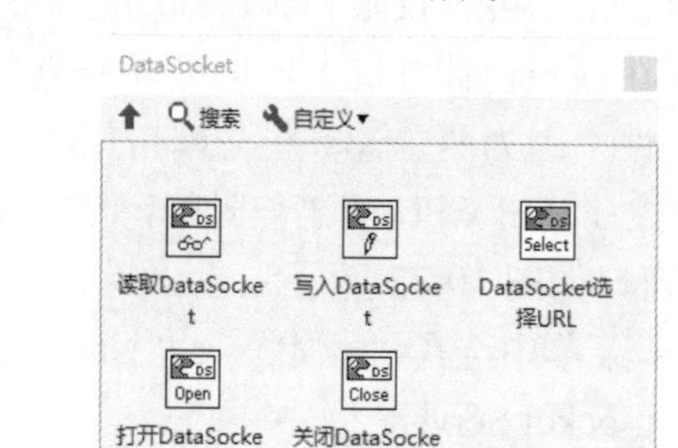

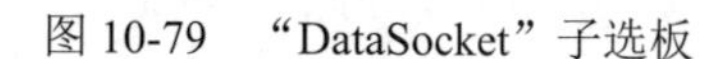

图 10-79 “DataSocket”子选板

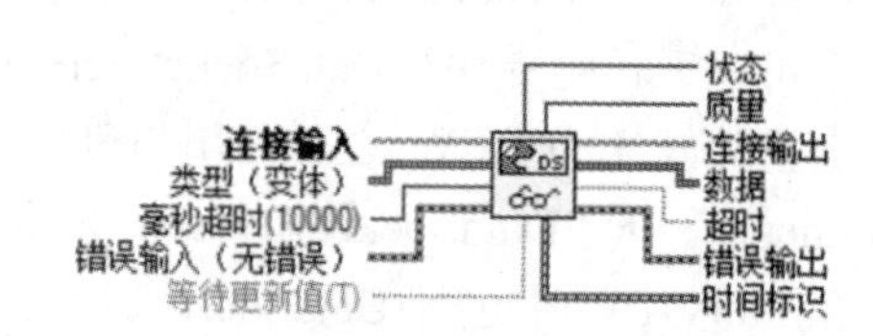

图 10-80 读取 DataSocket 函数的图标及端口定义

- ☑ 连接输入：指定读取数据的来源，其输入可以是 DataSocket URL 字符串，也可以是 DataSocket connection refnum（即打开 DataSocket 节点返回的连接 ID）。
- ☑ 类型：指定所要读取的数据的类型，并确定了函数输出数据的类型。默认为变体类型，该类型可以是任何一种数据类型。
- ☑ 毫秒超时：确定在连接输入缓冲区出现有效数据之前所等待的时间。默认值为 10000ms。如果等待更新值端口的输入为 FALSE 或连接输入端口的输入为有效值，那么该端口输入的值会被忽略。
- ☑ 状态：报告来自 PSP 服务器或 Field Point 控制器的警告或错误。如果第 31 个 bit 位为 1，则状态表示错误。其他情况下该端口的输入是一个状态代码。
- ☑ 质量：从共享变量或 NI PSP 数据项中读取的数据的质量。该端口的输出数据是用来进行 VI 调试的。
- ☑ 连接输出：返回连接数据所指定数据源的副本。
- ☑ 数据：返回读取的结果。如果函数有多次输出，那么该端口将返回函数最后一次读取的结果。如果在读取任何数据之前，函数多次输出或者类型端口确定的类型与该端口类型不匹配，那么该端口将返回 0、空值或无效值。
- ☑ 超时：如果等待有效值的时间超过毫秒超时端口规定的时间，该端口将返回 TRUE。
- ☑ 时间标识：返回共享变量和 NI-PSP 数据项的时间标识数据。

2）写入 DataSocket

写入 DataSocket 函数用于将数据写入由连接输入端口指定的 URL 连接中，其图标及端口定义如图 10-81 所示。写入的数据可以是单个或数组形式的字符串、逻辑（布尔）量和数值量等多种类型。

- ☑ 连接输入：指定要写入的数据项。其输入可以是一个描述 URL 或共享变量的字符串。
- ☑ 数据：指定被写入的数据。该数据可以是 LabVIEW 支持的任何数据类型。
- ☑ 毫秒超时：指定函数等待操作结束的时间。默认值为 0，即函数将不等待操作结束。如果连接输入端口的输入为-1，函数将一直等待直到操作完成。
- ☑ 超时：如果函数在毫秒超时端口所规定的时间内无错误地操作完成，该端口将返回 FALSE。如果毫秒超时端口的输入为 0，该端口也将输出 FALSE。

3）打开 DataSocket

打开 DataSocket 函数用于打开用户指定 URL 的 DataSocket 连接，其图标及端口定义如图 10-82 所示。

Note

- ☑ 模式：指定数据连接的模式，具体模式有只读、只写、读/写、读缓冲区、读/写缓冲区。默认值为 0，即只读。当使用读取 DataSocket 函数读取服务器数据时使用缓冲区。
- ☑ 毫秒超时：指定等待 LabVIEW 建立连接的时间，单位为毫秒。默认值为 10000ms。如果该端口的输入为-1，函数将无限等待。如果输入为 0，LabVIEW 将不建立连接并返回一个错误信息。

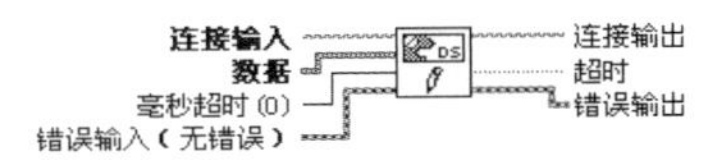

图 10-81　写入 DataSocket 函数的图标及端口定义

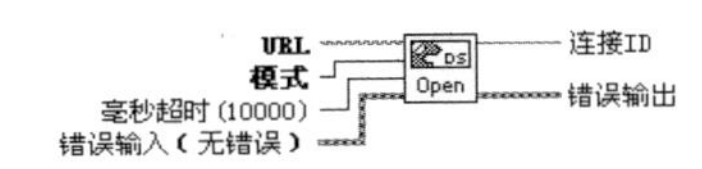

图 10-82　打开 DataSocket 函数的图标及端口定义

4）关闭 DataSocket

关闭 DataSocket 函数用于关闭一个 DataSocket 连接，其图标及端口定义如图 10-83 所示。

- ☑ 毫秒超时：指定函数等待操作完成的毫秒数。默认值为 0，即函数不等待操作完成。当该端口的输入为-1 时，函数将一直等待直到操作完成。
- ☑ 超时：如果函数在毫秒超时端口规定的时间内无错误地完成操作，该端口将返回 FALSE。如果毫秒超时端口的输入为 0，该端口也将输出 FALSE。

5）DataSocket 选择 URL

DataSocket 选择 URL VI 会返回一个 URL 地址，其图标及端口定义如图 10-84 所示。

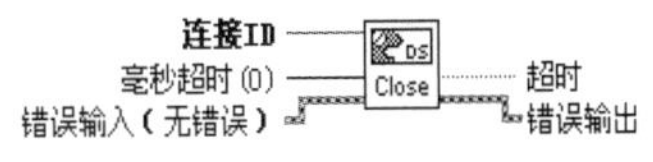

图 10-83　关闭 DataSocket 函数的图标及端口定义

图 10-84　DataSocket 选择 URLVI 的图标及端口定义

- ☑ 起始 URL：指定打开对话框的 URL。起始 URL 可以是空白字符串、文件标识或完整的 URL。
- ☑ 标题：指定对话框的标题。
- ☑ 已选定 URL：如果选择了有效的数据源，该端口将返回 TRUE。
- ☑ URL：输出所选择数据源的 URL。只有当已选定 URL 的输出为 TRUE 时，该值才有效。

与 TCP/IP 通信一样，利用 DataSocket 进行通信时也需要指定 URL，DataSocket 可用的 URL 共有下列 6 种：

（1）PSP：Windows 或 RT（实时）模块 NI 发布一订阅协议（PSP）是 NI 为实现本地计算机与网络间的数据传输而开发的技术。使用该协议时，VI 将与共享变量引擎通信。使用 PSP 协议可将共享变量与服务器或设备上的数据项相连接。用户需要为数据项命名并把名称追加到 URL，数据连接将通过这个名称从共享变量引擎中找到某个特定的数据项。该协议也可用于使用前面板数据绑定的情况。而 fieldpoint 协议可作为 NI-PSP 协议

的一个别名。

（2）DSTP：DataSocket 传输协议。使用该协议时，VI 将与 DataSocket 服务器通信。用户必须为数据提供一个命名标签并附加于 URL，数据连接将按照这个命名标签寻找 DataSocket 服务器上某个特定的数据项。要使用该协议，必须运行 DataSocket 服务器。

（3）OPC：Windows 过程控制 OLE。该协议专门用于共享实时生产数据，如工业自动化操作中产生的数据。该协议须在运行 OPC 服务器时使用。

（4）FTP：Windows 文件传输协议。使用 DataSocket 函数从 FTP 站点读取文本文件时，需要将[text]添加到 URL 的末尾。

（5）FILE：用于提供指向含有数据的本地文件或网络文件的链接。

（6）HTTP：用于提供指向含有数据的网页的链接。

表 10-2 列举了上述 6 种协议下的 URL 应用实例。

PSP、DSTP 和 OPC 协议的 URL 用于共享实时数据，因为这些协议能够更新远程和本地的输入控件及显示控件。FTP 和 FILE 协议的 URL 用于从文件中读取数据，因为这些协议无法更新远程和本地的输入控件及显示控件。

表 10-2　URL 应用实例

URL	范　例
PSP	对于共享变量： psp://computer/******/shared_variable
	对于 NI-PSP 数据项，如服务器和设备数据项： psp://computer/******/data_item fieldpoint://host/FP/******/channel
	对于动态标签： psp://******/system/mypoint，其中 mypoint 是数据的命名标签
DSTP	dstp://******.com/numeric，其中 numeric 是数据的命名标签
OPC	opc:******.OPCTest\item1 opc:\\computer******.OPCModbus\Modbus Demo Box.4:0 opc:\\computer******.OPCModbus\ModbusDemoBox.4:0?updaterate=100&deadband=0.7
FTP	ftp://ftp.******.com/datasocket/ping.wav ftp://ftp.******.com/support/00README.txt[text]
FILE	file: ******.wav file:c:\mydata******.wav file:\\computer\mydata******.wav
HTTP	http://******.com

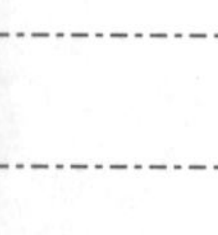

DataSocket VI 和函数可传递任何类型的 LabVIEW 数据。此外，DataSocket VI 和函数还可读写以下数据：

（1）原始文本：用于向字符串显示控件发送字符串。

（2）制表符化文本：用于将数据写入数组，方式同电子表格。LabVIEW 把制表符化文本当作数组数据进行处理。

（3）.wav 数据：使用.wav 数据，将声音写入 VI 或函数。

（4）变体数据：用于从另外一个应用程序读取数据，如 NI Measurement Studio 的 ActiveX 控件。

利用 DataSocket VI 和函数进行通信的过程与利用 TCP VI 和函数进行通信的过程相同，具体操作步骤如下：

（1）利用打开 DataSocket 函数打开一个 DataSocket 连接。

（2）利用写入 DataSocket 函数和读取 DataSocket 函数完成通信。

（3）利用关闭 DataSocket 函数关闭这个 DataSocket 连接。

由于 DataSocket 功能的高度集成性，用户在进行 DataSocket 通信时，可以省略第一步和第三步，只利用写入 DataSocket 函数和读取 DataSocket 函数就可以完成通信了。

实例：传递正弦波形信息

本实例演示将 DataSocket 服务器 VI 中的正弦信息传递到 DataSocket 客户机 VI 中，对应的程序框图如图 10-85、图 10-86 所示。

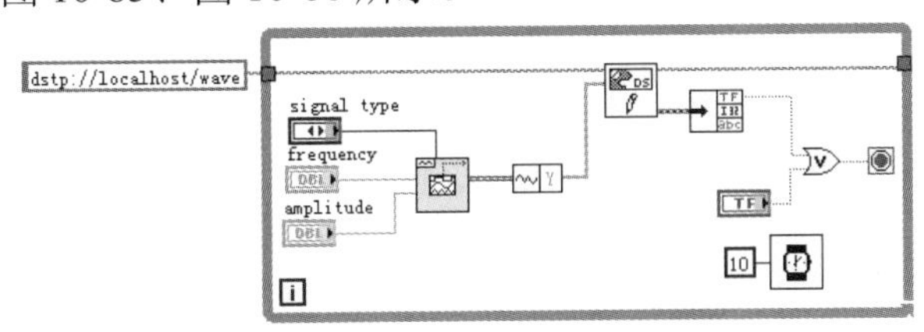

图 10-85　DataSocket 服务器 VI 的程序框图

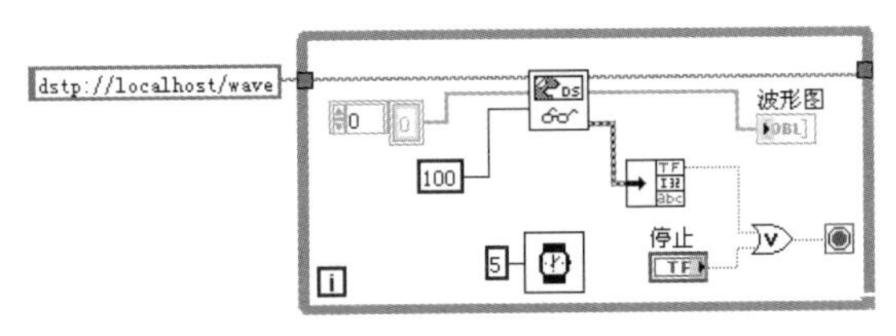

图 10-86　DataSocket 客户机 VI 的程序框图

1．设计DataSocket服务器

（1）新建一个 VI，保存为“DataSocket 服务器.vi”。

（2）打开程序框图窗口，在函数选板中选择“编程”→“结构”→“While 循环”函数，创建 While 循环。在 While 循环的条件接线端创建“停止”输入控件，结合快捷菜单取消其“显示为图标”，并将标签取消显示。

（3）在函数选板中选择“信号处理”→“波形生成”→“基本函数发生器”VI，将其放置到程序框图窗口中，并创建“signal type”、“frequency”和“amplitude”输入控件，结合快捷菜单取消其“显示为图标”。

（4）在函数选板中选择“编程”→“波形”→“获取波形成分”函数，将其放置到程序框图窗口中，将“获取波形成分”函数的输入端连接至“基本函数发生器”VI 的输出端。

（5）在函数选板中选择“数据通信”→“DataSocket”→“写入 DataSocket”函数，将其放置到程序框图窗口中，将“写入 DataSocket”函数的输入端连接至“获取波形成

分”函数的输出端，并创建常量“dstp://localhost/wave”。

（6）在函数选板中选择“编程”→“簇、类与变体”→“解除捆绑”函数，将其放置到程序框图窗口中，将“解除捆绑”函数的输入端连接至“写入 DataSocket”函数的输出端。

（7）在函数选板中选择“编程”→“布尔”→“或”函数，将其放置到程序框图窗口中，参考图 10-85 所示绘制连线。

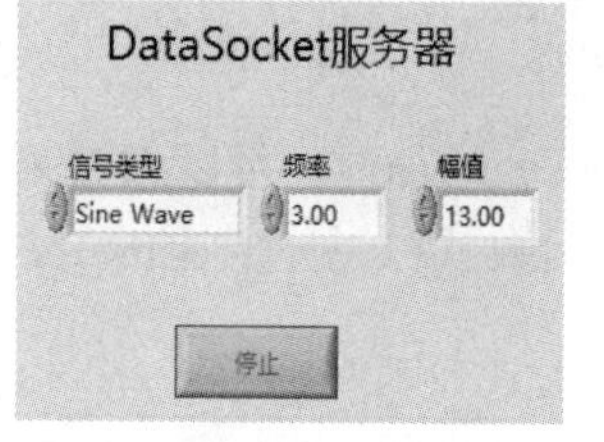

图 10-87　DataSocket 服务器 VI 前面板运行结果

（8）在函数选板中选择“编程”→“定时”→“等待”函数，将其放置到程序框图窗口中，并创建常量 10。

（9）单击工具栏中的“整理程序框图”按钮，整理程序框图，结果如图 10-85 所示。

（10）打开前面板窗口，输入文字“DataSocket 服务器”，单击“运行”按钮运行 VI，前面板中显示的运行结果如图 10-87 所示。

2．设计DataSocket客户机

（1）新建一个 VI，保存为“DataSocket 客户机.vi”。

（2）打开程序框图窗口，在函数选板中选择“编程”→“结构”→“While 循环”函数，创建 While 循环。在 While 循环的条件接线端创建“停止”输入控件，并结合快捷菜单取消其“显示为图标”。

（3）在函数选板中选择“数据通信”→“DataSocket”→“读取 DataSocket”函数，将其放置到程序框图窗口中，并创建常量 100。

（4）在函数选板中选择“编程”→“数组”→“数组常量”函数，将其放置到程序框图窗口中，然后选择“DBL 数值常量”函数将其放置到“数组常量”函数内，创建数值数组，然后将其连接至“读取 DataSocket”函数的“类型（变体）”输入端。

（5）打开前面板窗口，在控件选板中选择“新式”→“图形”→“波形图”控件，将其放置到程序框图窗口中，双击“波形图”控件，将界面切换到程序框图窗口，结合快捷菜单取消其“显示为图标”，并将“波形图”控件的输入端连接至“读取 DataSocket”函数的输出端。

（6）在函数选板中选择“编程”→“簇、类与变体”→“解除捆绑”函数，将其放置到程序框图窗口中，将“解除捆绑”函数的输入端连接至“读取 DataSocket”函数的输出端，并在“读取 DataSocket”函数的输入端继续创建常量“dstp://localhost/wave”。

（7）在函数选板中选择“编程”→“布尔”→“或”函数，将其放置到程序框图窗口中，参考图 10-86 所示绘制连线。

（8）在函数选板中选择“编程”→“定时”→“等待”函数，将其放置到程序框图窗口中，并创建常量 5。

（9）单击工具栏中的“整理程序框图”按钮，整理程序框图，结果如图 10-86 所示。

（10）打开前面板窗口，输入文字“DataSocket 客户机”，单击“运行”按钮运行 VI，前面板中显示的运行结果如图 10-88 所示。

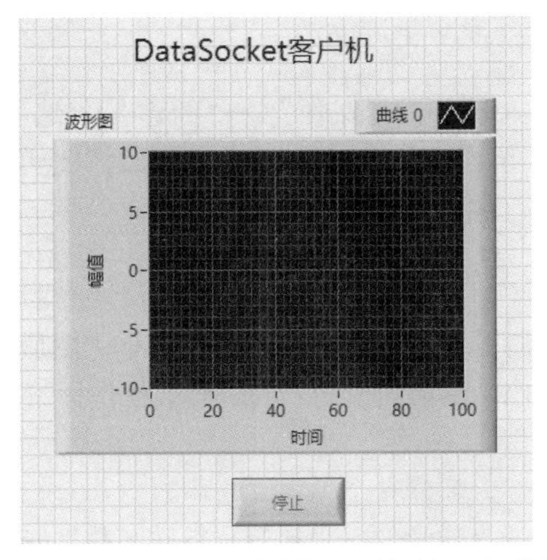

图 10-88　DataSocket 客户机 VI 前面板运行结果

10.4 综合演练——多路解调器

本实例演示使用通知器函数实现多路解调器的作用。使用发送通知函数发送数据，并利用等待通知函数接收数据，最终显示在数据接收端图标中。

绘制完成的前面板如图 10-89 所示，程序框图如图 10-90 所示。

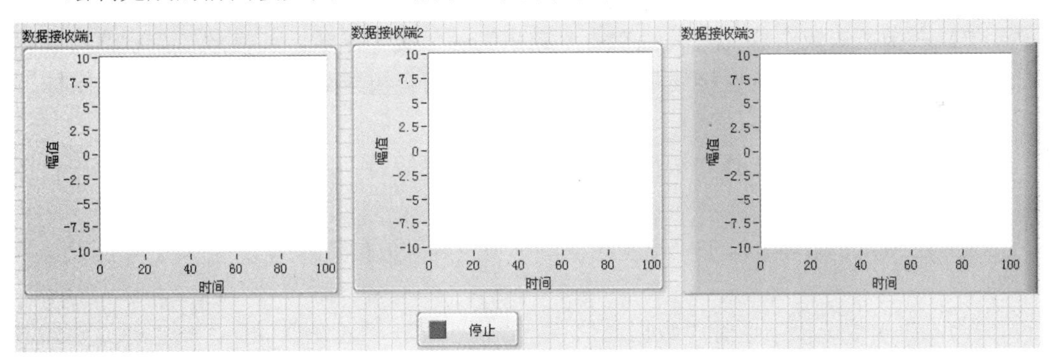

图 10-89　前面板

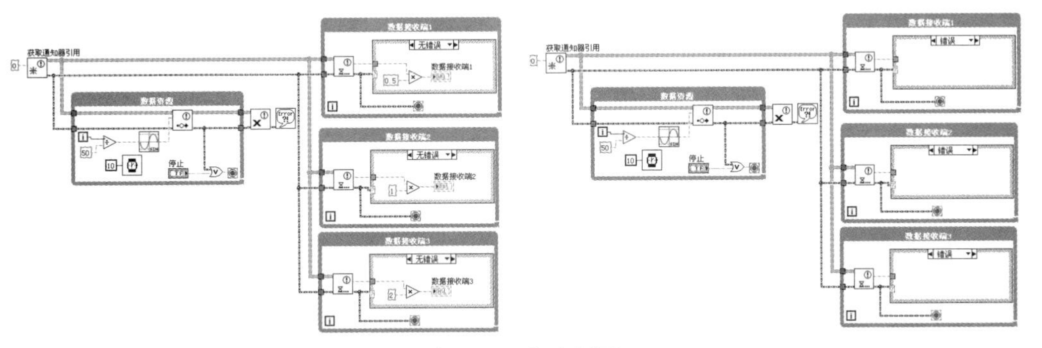

图 10-90　程序框图

Note

1. 设置工作环境

（1）新建 VI。选择菜单栏中的“文件”→“新建 VI”选项，新建一个 VI。

（2）保存 VI。选择菜单栏中的“文件”→“另存为”选项，设置 VI 名称为“多路解调器”。

2. 创建数据

（1）在前面板窗口中打开控件选板，在“银色”→“图形”子选板中选取“波形图标”控件，连续放置 3 个控件到前面板中，同时修改控件标签为“数据接收端 1”“数据接收端 2”“数据接收端 3”。

（2）打开程序框图窗口，新建一个 While 循环。

（3）在函数选板中选择“数学”→“初等与特殊函数”→“三角函数”→“正弦”函数，将其放置到程序框图窗口中。

（4）在函数选板中选择“数据通信”→“同步”→“通知器操作”→“获取通知器引用”函数，将其放置到程序框图窗口中，并创建常量 0。

（5）在函数选板中选择“编程”→“数值”→“除”函数，将其放置到程序框图窗口中，将“除”函数的输出端连接至“正弦”函数的输入端，将其输入端连接至“循环计数”函数的输出端，并创建常量 50。

（6）在函数选板中选择“数据通信”→“同步”→“通知器操作”→“发送通知”函数，将其放置到程序框图窗口中，将“发送通知”函数的输入端分别连接至“正弦”函数和“获取通知器引用”函数的输出端。

（7）在函数选板中选择“编程”→“布尔”→“或”函数，将其放置到程序框图窗口中，在 While 循环的条件接线端创建输入控件，结合快捷菜单取消其“显示为图标”，并参考图 10-90 绘制连线。

（8）在函数选板中选择“编程”→“定时”→“等待”函数，将其放置到程序框图窗口中，并创建常量 10。

（9）在 While 循环上添加“子程序框图标签”为“数据资源”，并将文字颜色设置为白色。

（10）在函数选板中选择“数据通信”→“同步”→“通知器操作”→“释放通知器引用”函数，将其放置到程序框图窗口中，以在 While 循环外接收数据。

（11）在函数选板中选择“编程”→“对话框与用户界面”→“简易错误处理器”VI，将其放置到程序框图窗口中，并将“简易错误处理器”VI 的输入端连接至“释放通知器引用”函数的输出端。

3. 数据接收

（1）在函数选板中选择“编程”→“结构”→“While 循环”函数，再次新建一个 While 循环。在 While 循环上添加“子程序框图标签”为“数据接收端 1”，并将文字颜色设置为白色。

（2）在函数选板中选择“数据通信”→“同步”→“通知器操作”→“等待通知”函数，将其放置到程序框图窗口中，将“等待通知”函数的输入端分别连接至“获取通

Note

知器引用”函数的输出端和“发送通知”函数与“获取通知器引用”函数的连线上，可以参照图 10-90 进行绘制。

（3）在函数选板中选择“编程”→“结构”→“条件结构”函数，在 While 循环内创建条件结构。

（4）将“条件结构”函数“选择器标签”中的“真”“假”标签修改为“错误”“无错误”。

（5）在条件结构中选择“无错误”条件，在条件结构中放置“乘”函数（位于“编程”→“数值”子选板），同时创建常量 0.5，并将“乘”函数输出端连接至“数据接收端 1”的输入端。

（6）在条件结构中选择“错误”条件，默认为空。

（7）同样的方法，创建 While 循环“数据接收端 2”“数据接收端 3”。

（8）将光标放置在函数及控件的输入输出端口，光标变为连线状态，参考图 10-90 所示完善程序框图。

4．程序运行

打开前面板窗口，单击“运行”按钮运行 VI，前面板中显示的运行结果如图 10-91 所示。

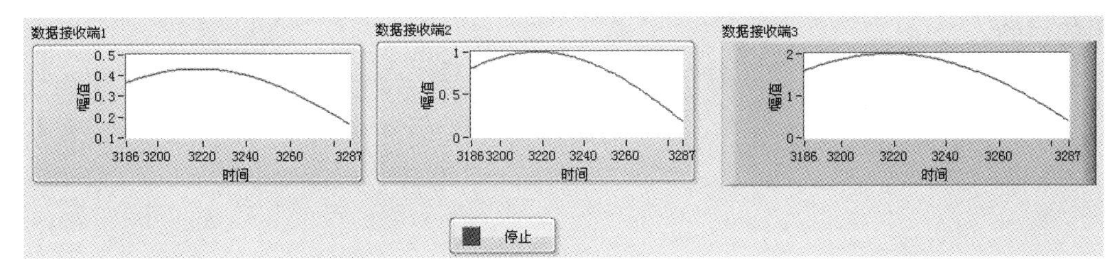

图 10-91　运行结果

2D图片缩放显示设计实例

本章通过 2D 图片缩放显示设计实例演示使用缩放因子属性缩放图像的方法。

通过本章的学习，读者可巩固对本书所讲述知识的掌握，达到熟练进行实际应用的目的。

知识重点

☑ 设置图片信息

☑ 监控用户界面事件

任务驱动&项目案例

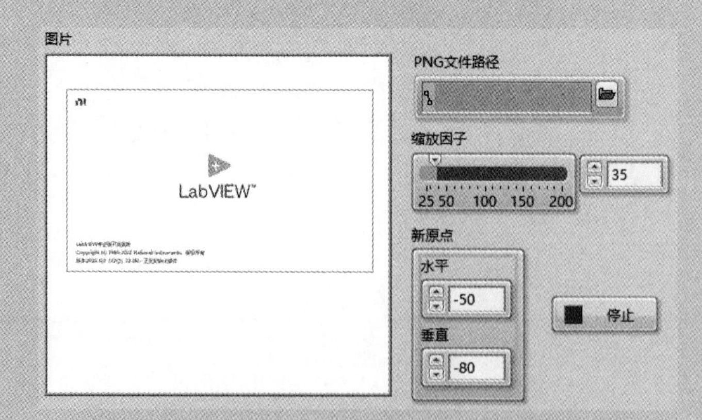

11.1 设置工作环境

（1）新建 VI。选择菜单栏中的“文件”→“新建 VI”选项，新建一个 VI。

（2）保存 VI。选择菜单栏中的“文件”→“另存为”选项，设置 VI 名称为“2D 图片缩放显示”。

11.2 设置图片信息

本节将实现图片信息的读取，并将图片信息转换为 RGB 信息显示，同时利用缩放因子属性节点来设置图片显示的大小。

11.2.1 读取图片数据

（1）打开程序框图窗口，在函数选板中选择“编程”→“结构”→“平铺式顺序结构”函数，拖曳出适当大小的矩形框，创建单帧顺序结构。

（2）在函数选板中选择“编程”→“图形与声音”→“图形格式”→“读取 PNG 文件”VI，将其放置到程序框图窗口中，在“读取 PNG 文件”VI 的输入端创建“path to PNG file”输入控件。

（3）在函数选板中选择“编程”→“图形与声音”→“图片函数”→“绘制平化像素图”VI，将其放置到程序框图窗口中，在“绘制平化像素图”VI 的输出端创建“图片”显示控件，结合快捷菜单取消其“显示为图标”，并将“绘制平化像素图”VI 的输入端连接至“读取 PNG 文件”VI 的输出端，如图 11-1 所示。

（4）打开前面板窗口，单击“运行”按钮运行 VI，在“图片”控件中可以查看运行结果，如图 11-2 所示。

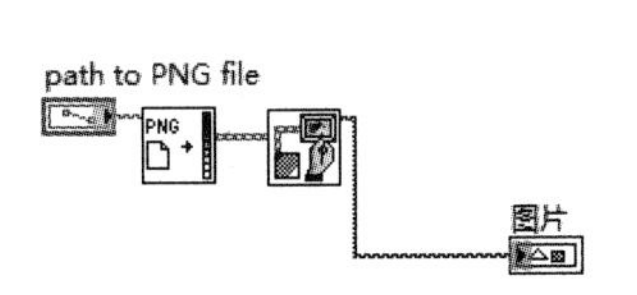

图 11-1　读取图片数据的程序框图

图 11-2　运行结果

11.2.2 设置缩放数据

Note

(1)打开前面板窗口，在控件选板中选择“银色”→“数值”→“水平指针滑动杆(银色)”控件，将其放置到前面板中，修改标签为“缩放因子”，在“水平指针滑动杆(银色)”控件上单击右键，选择“显示项”→“数字显示”快捷菜单选项，以便于能更精确地显示旋转数值，然后结合快捷菜单设置标尺样式，并修改标尺值，如图 11-3 所示。

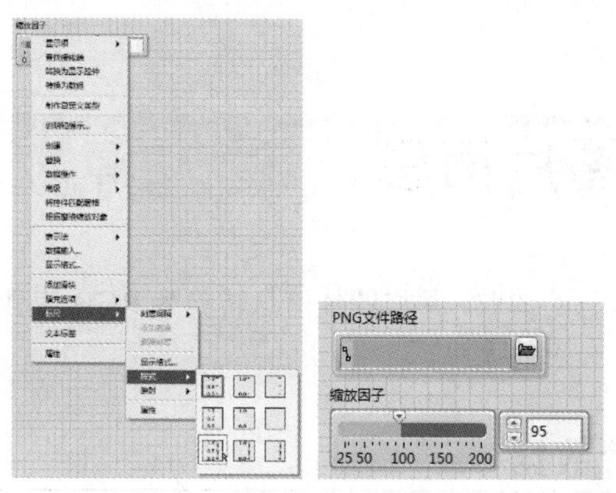

图 11-3　修改标尺样式

(2)将界面切换到程序框图窗口，在“图片”控件上单击右键，选择“创建”→“属性节点”→“缩放因子”快捷菜单选项，如图 11-4 所示，向下拖动边框添加属性“Origin”(原点)。

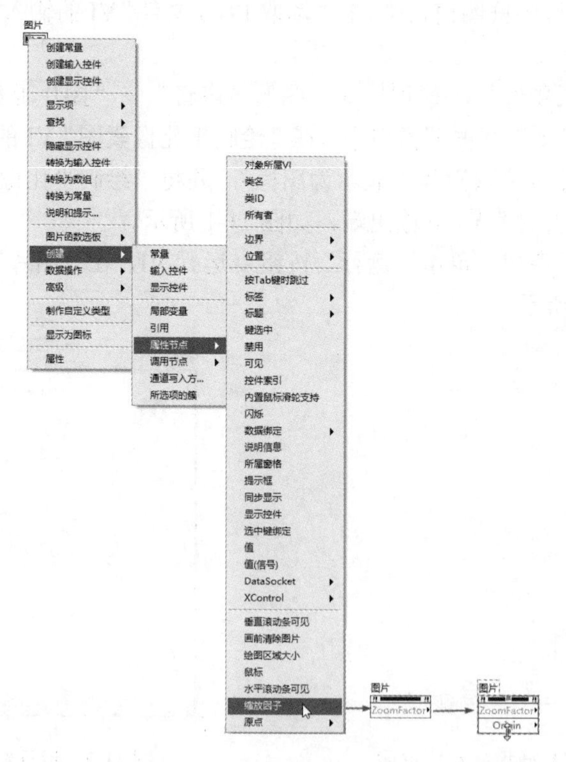

图 11-4　添加属性节点

（3）在函数选板中选择“编程”→“数值”→“除”函数，将其放置到程序框图窗口中，将“除”函数的输出端连接至“ZoomFactor”（缩放因子）属性节点的输入端，将“除”函数的输入端连接至“缩放因子”控件的输出端，并创建常量 100。

（4）在“Origin”（原点）属性节点的输入端创建“新原点”输入控件，并结合快捷菜单取消其“显示为图标”。

（5）在函数选板中选择“编程”→“对话框与用户界面”→“简易错误处理器”VI，将其放置到程序框图窗口中，将“简易错误处理器”VI 的输入端连接至“ZoomFactor”（缩放因子）属性节点的输出端，并将“简易错误处理器”VI 的输出端连接至平铺式顺序结构的右边框上。

11.3 监控用户界面事件

属性节点实现了对控件不同属性的控制，本节将详细介绍控制过程。

11.3.1 设置事件

（1）在函数选板中选择“编程”→“结构”→“While 循环”函数，新建一个 While 循环。在 While 循环的条件接线端创建“停止”输入控件。双击“停止”输入控件，返回前面板窗口，利用右键命令将控件替换为“银色”→“布尔”→“停止按钮”控件。

（2）在函数选板中选择“编程”→“结构”→“事件结构”函数，将其放置到程序框图窗口中，在事件结构的边框上单击右键，从弹出的快捷菜单中选择“编辑本分支所处理的事件”选项，如图 11-5 所示。此时系统会弹出“编辑事件”对话框，每个事件分支都可以配置为多个事件，当这些事件中有一个发生时，对应的事件分支代码就会得到执行。“事件说明符”列表框中的每一行都是一个配置好的事件，每行分为左右两部分，左边列出事件源，右边列出该事件源产生事件的名称。

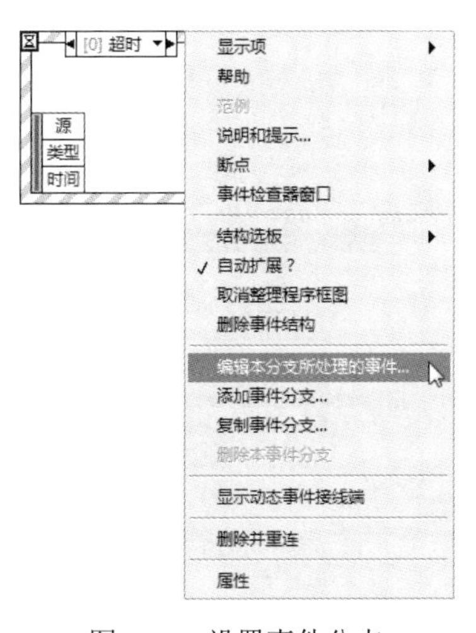

图 11-5　设置事件分支

（3）在“编辑事件”对话框中设置“事件源”为“缩放因子”，设置“事件”为“值改变”，如图 11-6 所示。

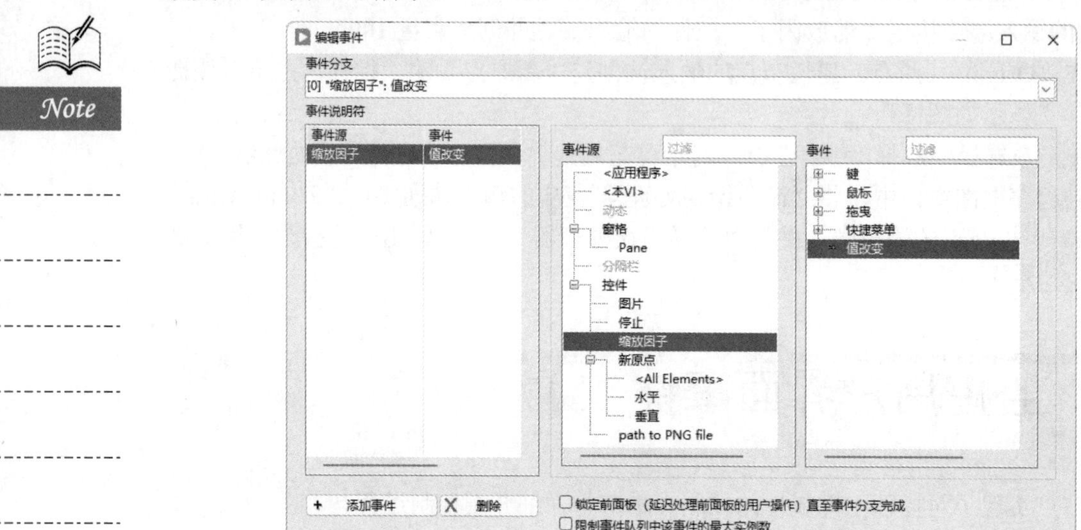

图 11-6　“编辑事件”对话框 1

（4）在事件结构的边框上单击右键，从弹出的快捷菜单中选择“添加事件分支”选项，在弹出的“编辑事件”对话框中设置“事件源”为“新原点”→“<All Elements>”，设置“事件”为“值改变”，如图 11-7 所示。

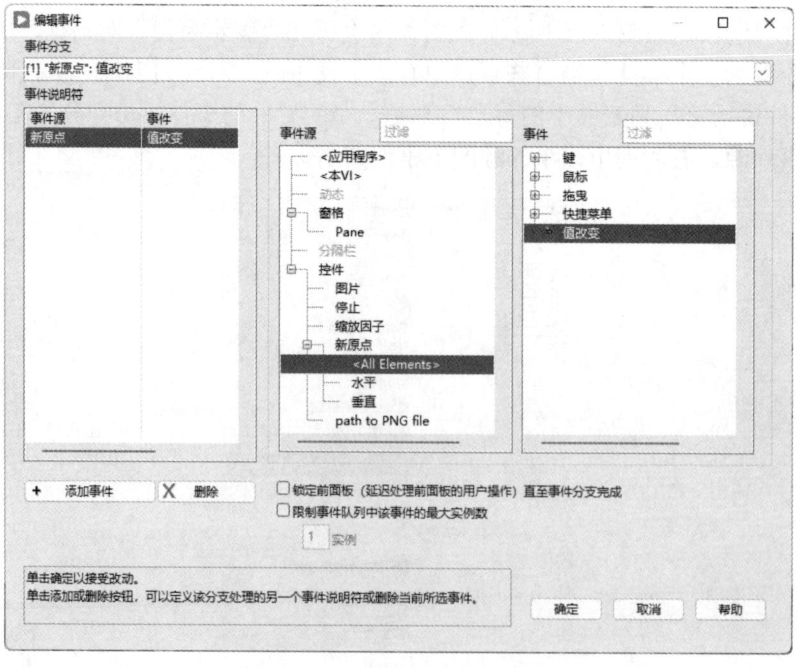

图 11-7　“编辑事件”对话框 2

（5）在事件结构的边框上单击右键，从弹出的快捷菜单中选择“添加事件分支”选项，在弹出的“编辑事件”对话框中设置“事件源”为“停止”，设置“事件”为“值改变”，如图 11-8 所示。

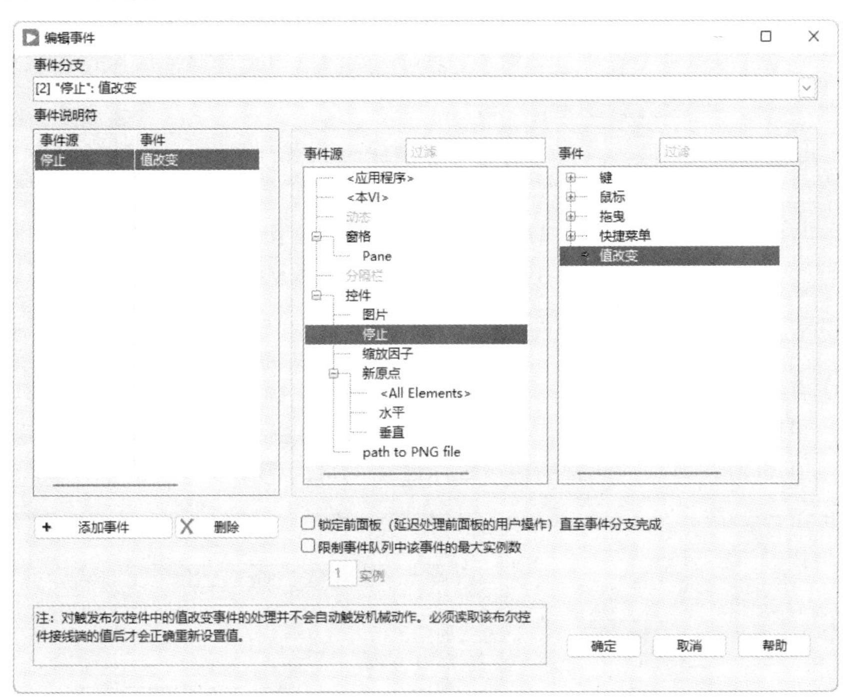

图 11-8　“编辑事件”对话框 3

11.3.2　编辑事件数据

1. 设置“缩放因子”数据流，修改缩放因子

（1）在事件结构左侧“事件数据节点”上单击右键，选择“选择项”→“新值”快捷菜单选项，如图 11-9 所示。

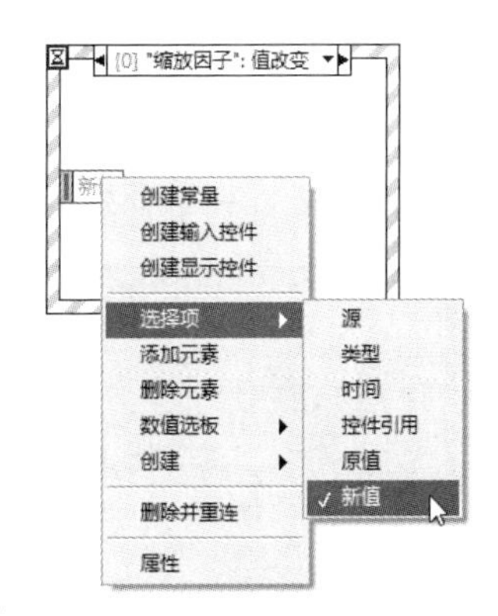

图 11-9　设置事件数据节点

（2）在函数选板中选择“编程”→“数值”→“除”函数，将其放置到程序框图窗口中，将“除”函数的输出端连接至“ZoomFactor”（缩放因子）属性节点的输入端，并创建常量 100。

（3）在函数选板中选择“编程”→“布尔”→“或”函数，将其放置到程序框图窗口中，将“或”函数的输入端连接至“ZoomFactor”（缩放因子）属性节点的输出端。

（4）在函数选板中选择“编程”→“对话框与用户界面”→“简易错误处理器”VI，将其放置到程序框图窗口中，将其连接至“ZoomFactor”（缩放因子）属性节点的输出端，以不至于发生错误导致程序出现异常，此时的程序框图如图 11-10 所示。

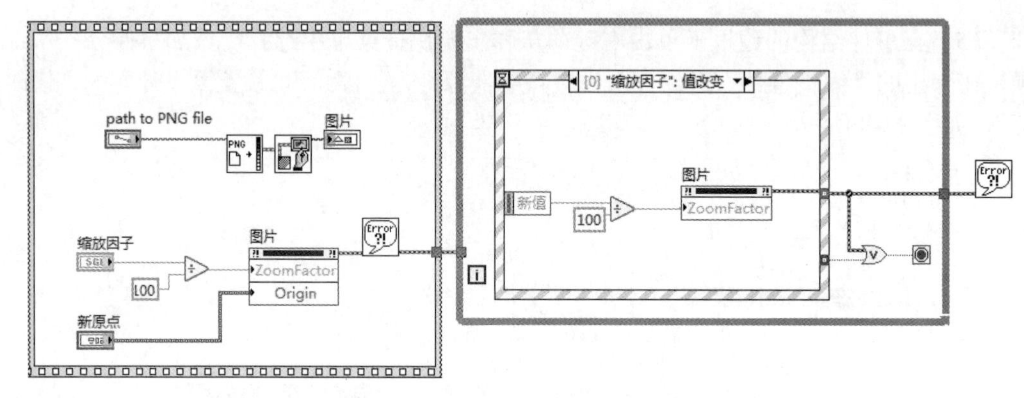

图 11-10 设置“缩放因子”数据流

2. 设置“新原点”数据流，更新图片原点

将事件结构切换至“新原点：值改变”事件分支，将“图片”控件复制到事件结构框内，将“图片”控件的属性节点“Origin”（原点）连接至事件数据节点“新值”，以设置水平、垂直原点坐标，此时的程序框图如图 11-11 所示。

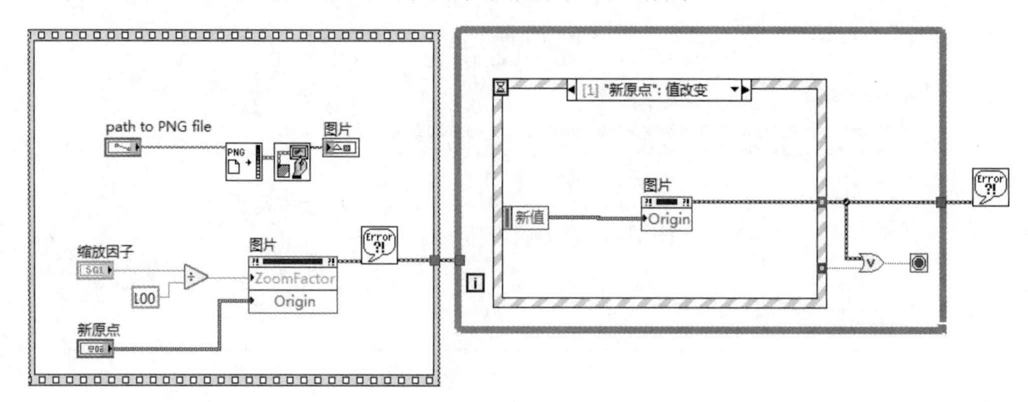

图 11-11 设置“新原点”数据流

3. 设置“停止”数据流，停止VI

将事件结构切换至“停止：值改变”事件分支，将事件数据节点设置为“源”，将“停止”控件放置到事件结构框内，绘制连线如图 11-12 所示。

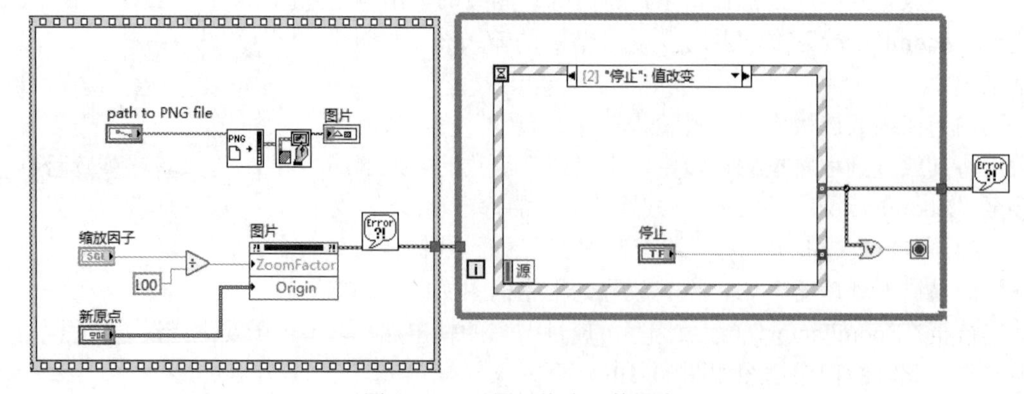

图 11-12 设置“停止”数据流

Note

11.4 程序运行

（1）打开前面板窗口，单击“运行”按钮⇨运行 VI，前面板中显示的运行结果如图 11-13 所示。

（2）在“缩放因子”控件上滑动指针，“数值”显示控件中将显示对应的缩放比例，同时“图片”控件中将显示缩放后的图片，如图 11-14 所示。

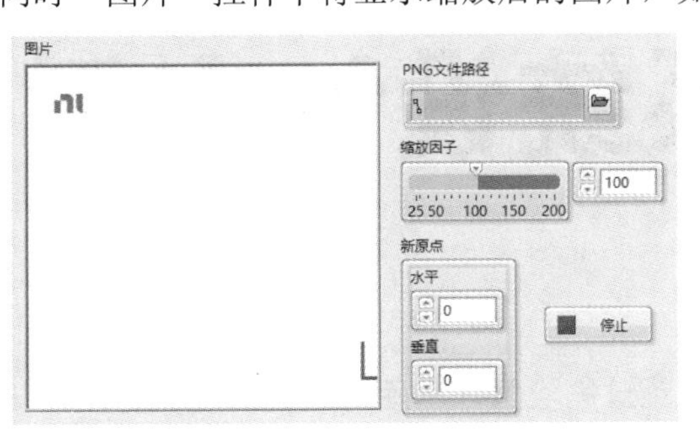

图 11-13　运行结果

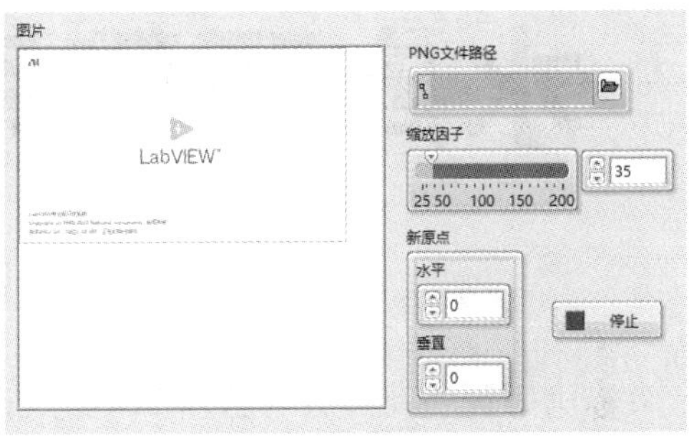

图 11-14　缩放图片效果

（3）在“新原点”控件上修改“水平”“垂直”坐标，“图片”控件中将显示移动后的图片，如图 11-15 所示。

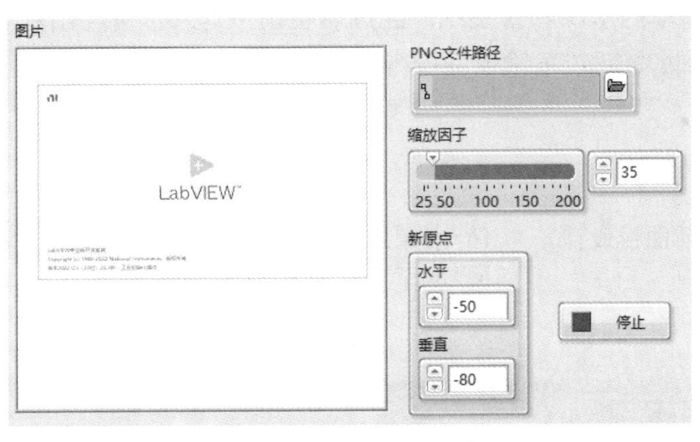

图 11-15　调整图片位置效果

水库预警系统设计实例

暴雨等天气状况会导致水库中的水量超过危险值，水库可通过定期或不定期进行开闸泄洪工作缓解蓄水压力，减少危害。在泄洪之前应提醒上游水库区域及下游河道区域相关范围内的有关人员。通过建设水库预警系统来实现高效便捷的通知，是非常有效的手段。

本章设计简单的水库预警系统，通过调整模拟的入水量与出水量来显示水库的蓄水量，一旦蓄水量超过危险值就进行广播预警。

知识重点

- ☑ 水库预警系统前面板设计
- ☑ 水库入水量计算
- ☑ 水库蓄水量计算
- ☑ 水库预警系统程序框图设计

任务驱动&项目案例

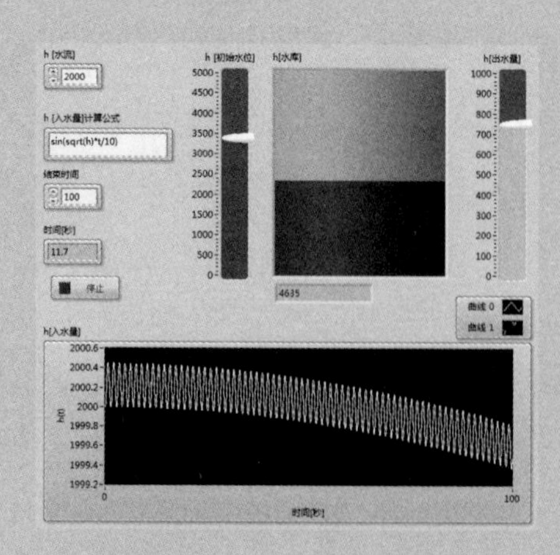

12.1 水库预警系统前面板设计

1. 设置工作环境

（1）新建 VI。选择菜单栏中的“文件”→“新建 VI”选项，新建一个 VI。

（2）保存 VI。选择菜单栏中的“文件”→“另存为”选项，设置 VI 名称为“水库预警系统”。

2. 放置控件

（1）在控件选板中选择“新式”→“数值”→“液罐”控件，将其放置到前面板中，修改标签为“h[水库]”。

（2）在“h[水库]”控件上单击右键，从弹出的快捷菜单中选择“显示项”→“数字显示”选项，在该控件右侧添加数字显示并调整其位置。继续右击该控件，从弹出的快捷菜单中选择“标尺”→“样式”选项，选择如图 12-1 所示的标尺样式，以取消该控件的标尺显示。

（3）在控件选板中选择“新式”→“数值”→“垂直指针滑动杆”控件，放置 2 个控件到前面板中的适当位置，分别修改标签为“h[初始水位]”和“h[出水量]”。

（4）右击“h [初始水位]”控件，从弹出的快捷菜单中选择“属性”选项，在弹出的“滑动杆类的属性: h [初始水位]”对话框的“外观”选项卡中设置“高度”和“宽度”。使用同样的方法，修改“h[出水量]”控件的大小，并设置标尺刻度的最大值，结果如图 12-2 所示。

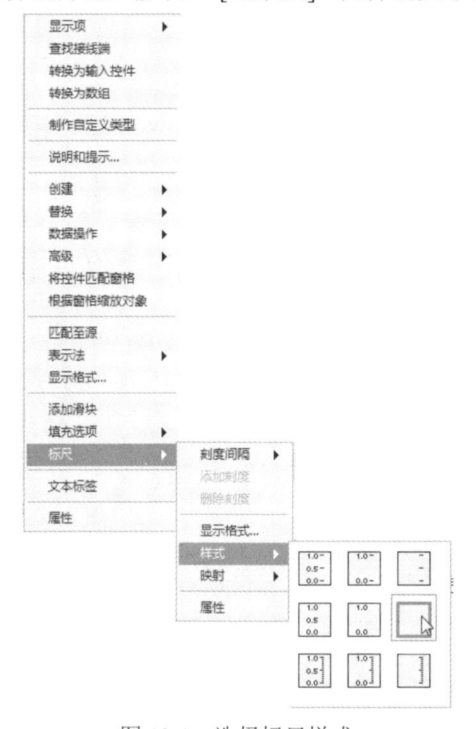

图 12-1　选择标尺样式

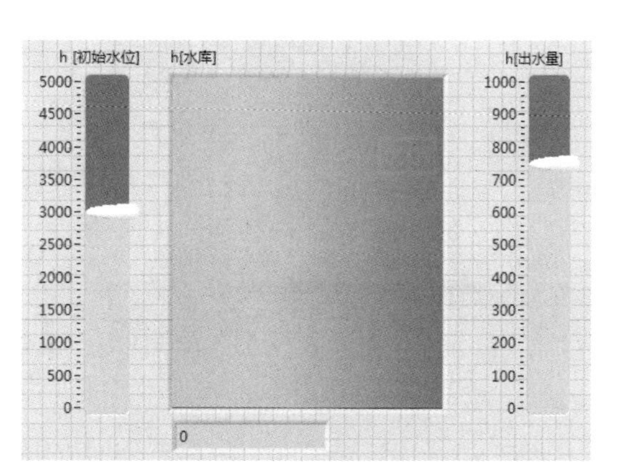

图 12-2　放置控件

（5）右击“h [初始水位]”控件，选择“属性”快捷菜单选项，在弹出的“滑动杆类的属性：h[初始水位]”对话框的“外观”选项卡中设置“颜色”→“填充”选项的颜色为红色，如图 12-3 所示。

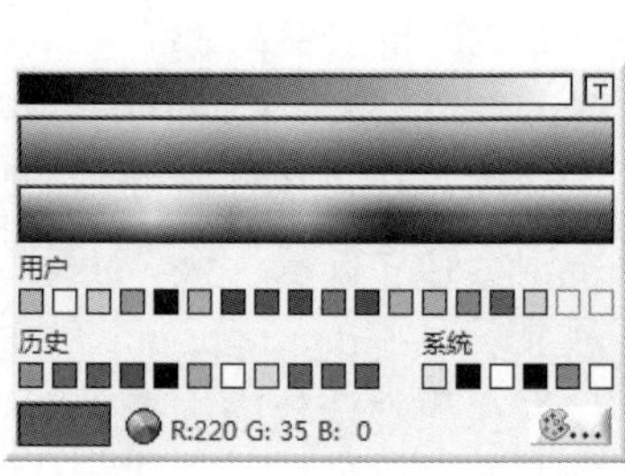

图 12-3　设置填充颜色

（6）参考步骤（5），用同样的方法设置“h[出水量]”控件的填充颜色为黄色，所设计的水库蓄水系统前面板如图 12-4 所示。

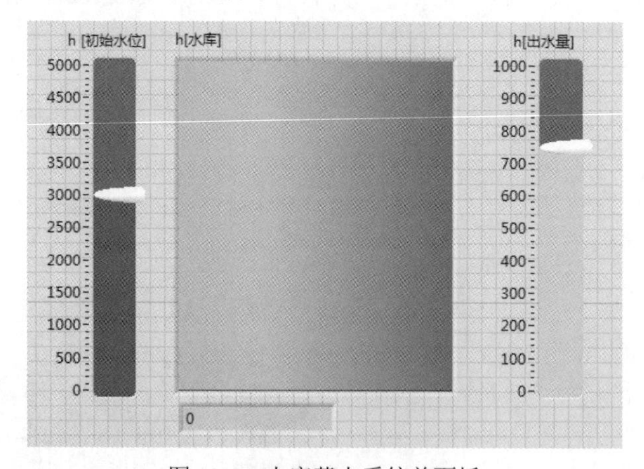

图 12-4　水库蓄水系统前面板

12.2 水库入水量计算

经研究，水库入水量与流经河流检测到的水流 h 有以下关系：

$$\begin{cases} y = \sin\dfrac{t\sqrt{h}}{10} \\ y(0) = 2000 \end{cases}$$

可见计算水库入水量需要解常微分方程。

Note

1. 设计前面板

（1）在控件选板中选择“银色”→“数值”→“数值输入控件（银色）”控件，放置 2 个控件到程序框图窗口中，分别修改标签为“h [水流]”和“结束时间”，并分别设置输入为 2000 和 100。

（2）在控件选板中选择“银色”→“数值”→“数值显示控件（银色）”控件，将其放置到程序框图窗口中，修改标签为“时间[秒]”。

（3）在控件选板中选择“银色”→“字符串与路径”→“字符串输入控件（银色）”控件，将其放置到程序框图窗口中，修改标签为“h[入水量]计算公式”，设置输入为“sin(sqrt(h)*t/10)”。

（4）在控件选板中选择“银色”→“图形”→“XY 图（银色）”控件，将其放置到程序框图窗口中，将“XY 图（银色）”控件背景颜色设置为黑色，修改标签为“h[入水量]”。“h[入水量]”控件用于显示入水量与时间的数据图形。

2. 求解h[入水量]

（1）打开程序框图窗口，结合快捷菜单将所有控件取消“显示为图标”。在函数选板中选择“编程”→“数组”→“创建数组”函数，放置 2 个该函数到程序框图窗口中，将两个“创建数组”函数的输入端分别连接至“h [水流]”控件和“h [入水量]计算公式”控件的输出端。

（2）在函数选板中选择“数学”→“微分方程”→“常微分方程”→“ODE 库塔四阶方法”VI，将其放置到程序框图窗口中。连接 2 个“创建数组”函数的输出端至“ODE 库塔四阶方法”VI 的输入端。

（3）在函数选板中选择“编程”→“数值”→“除”函数，将其放置到程序框图窗口中，将“除”函数的输入端连接至“结束时间”控件的输出端，并创建常量 5000。

（4）在函数选板中选择“编程”→“数组”→“数组常量”函数和“字符串”→“字符串常量”函数，创建字符串数组，将其输出端连接至“ODE 库塔四阶方法”VI 的输入端，并输入字符串常量为 h，可以参照图 12-5 绘制连线。

（5）在函数选板中选择“编程”→“数组”→“索引数组”函数，将其放置到程序框图窗口中，将“索引数组”函数的输入端连接至“ODE 库塔四阶方法”VI 的输出端，并创建常量 0。

（6）在函数选板中选择“编程”→“簇、类与变体”→“捆绑”函数，将其放置到程序框图窗口中，将“捆绑”函数的输入端连接至“索引数组”函数和“ODE 库塔四阶方法”VI 的输出端。

3. 动态显示入水量

（1）在函数选板中选择“编程”→“结构”→“While 循环”函数，新建一个 While 循环。

（2）在 While 循环的停止按钮上右击，选择“创建”→“输入控件”快捷菜单选项，创建“停止”输入控件，然后结合快捷菜单取消其“显示为图标”。将界面切换到前面板窗口，在“停止”输入控件上单击右键，选择“替换”选项，在控件选板中选择“银色”→“布尔”→“停止按钮（银色）”控件，此时的前面板如图 12-6 所示。

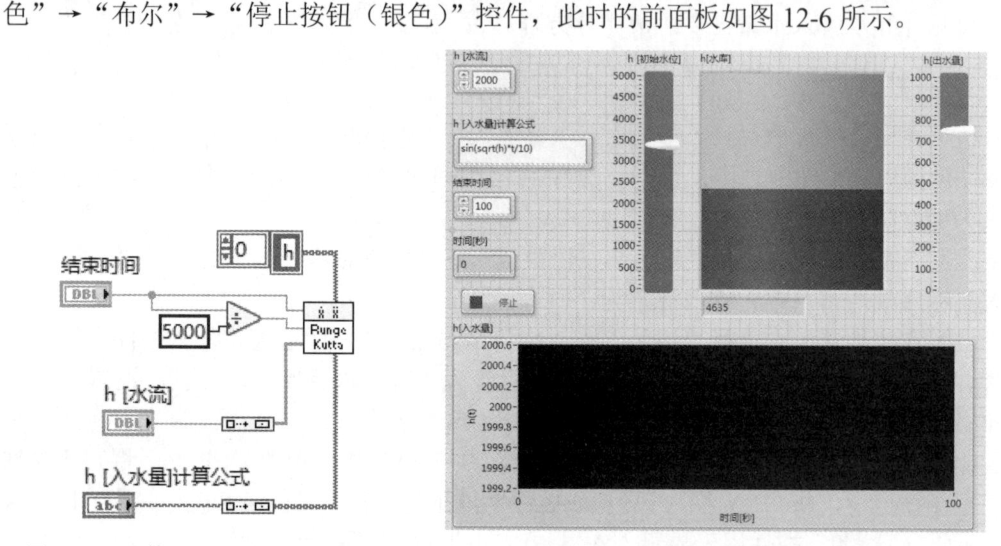

图 12-5　计算 h [入水量]的程序框图　　　　图 12-6　蓄水系统前面板设计

（3）打开程序框图窗口，在函数选板中选择“编程”→“数组”→“创建数组”函数，将 2 个该函数放置到 While 循环框内，参考图 12-7 绘制连线。

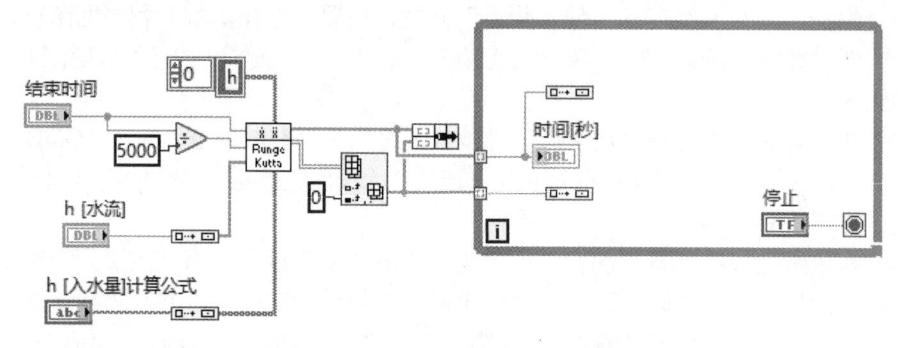

图 12-7　动态显示入水量的程序框图

（4）在函数选板中选择“编程”→“簇、类与变体”→“捆绑”函数，将其放置到 While 循环框内，将“捆绑”函数的输入端连接至 2 个“创建数组”函数的输出端。

（5）在函数选板中选择“编程”→“数组”→“创建数组”函数，将其放置到 While 循环框内，将“创建数组”函数的输入端分别连接至两个“捆绑”函数的输出端，并将“创建数组”函数的输出端连接至“h[入水量]”控件输入端。

12.3 水库蓄水量计算

在函数选板的“编程”→“数值”子选板中选取“加”“减”函数，将其放置到 While

循环框内，参考图 12-8 绘制连线，以计算 h[水库]（水库蓄水值）=h [初始水位]+ h[入水量]- h[出水量]。

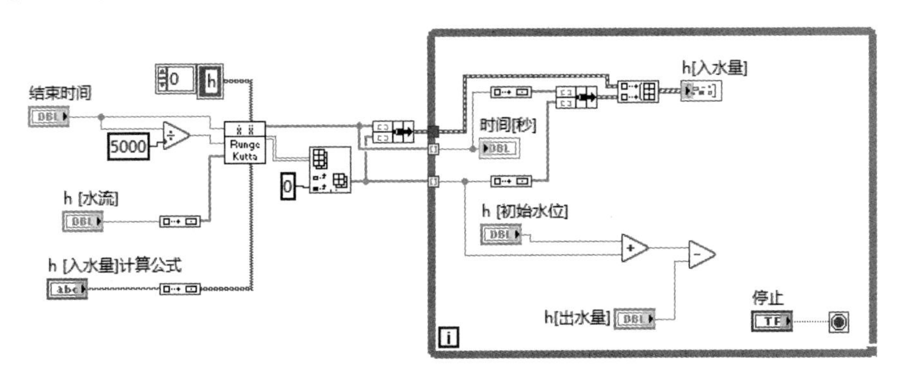

图 12-8　计算水库蓄水量的程序框图

12.4 水库预警系统程序框图设计

（1）在函数选板中选择“编程”→“比较”→“大于？”函数和“小于？”函数，将其放置到程序框图窗口中，并分别创建常量 8000 和 2000，参考图 12-9 绘制连线。

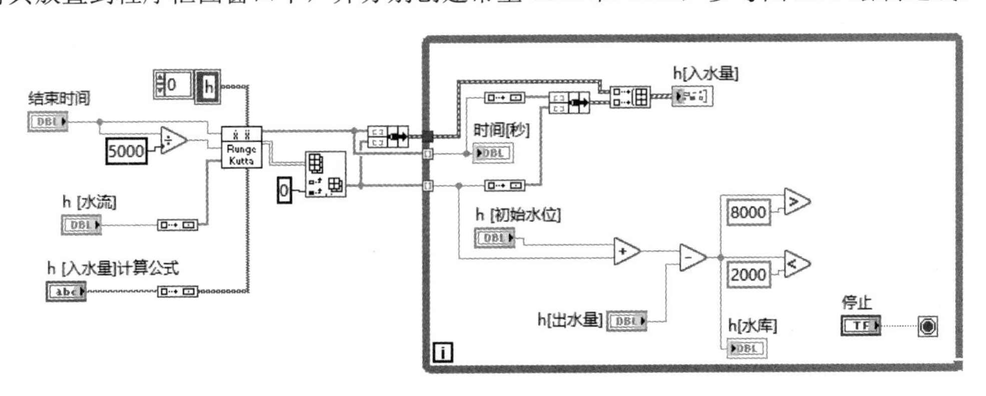

图 12-9　绘制连线

（2）在函数选板中选择“编程”→“布尔”→“或”函数，放置 2 个该函数到程序框图窗口中，设计若水库蓄水值（h[水库]）大于 8000 或小于 2000 时，停止循环，即通过停止按钮与水库中危险蓄水值来控制蓄水操作，可以参照图 12-10 绘制连线。

（3）在函数选板中选择“编程”→“图形与声音”→“蜂鸣声”函数，将其放置到程序框图窗口中，将“蜂鸣声”函数的输入端连接至 2 个“或”函数之间的连线上。

（4）在函数选板中选择“编程”→“定时”→“等待(ms)”函数，将其放置到程序框图窗口中，并创建常量 2，最终的程序框图如图 12-10 所示。

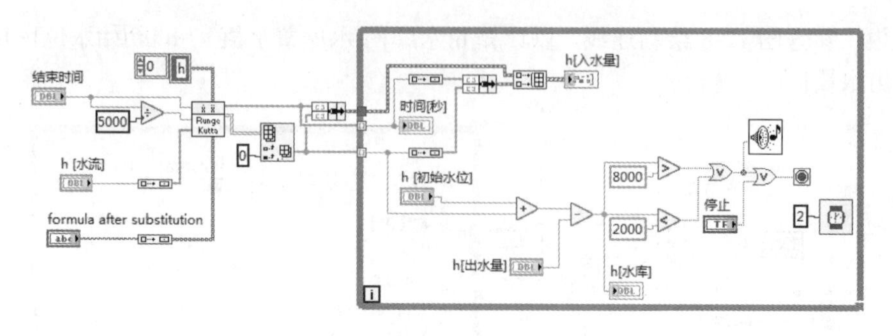

图 12-10　最终的程序框图

（5）打开前面板窗口，“h[入水量]”控件的图例进行显示，具体为向上拖动图例，显示“曲线 0”和“曲线 1”图例。在“曲线 1”图例上单击右键，从弹出的快捷菜单中选择对应的点样式，如图 12-11 所示。使用同样的方法，在“曲线 1”图例上设置对应的插值，并且将“曲线 0”图例的颜色设置为白色，“曲线 1”图例的颜色设置为红色。

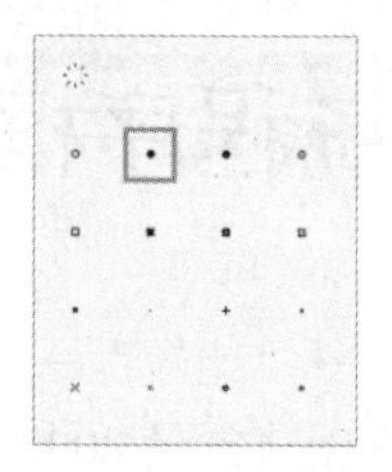

图 12-11　点样式

（6）设置输入控件的初始值，然后选择菜单栏中的“编辑”→“当前值设置为默认值”选项，保存 VI 中输入控件的初始值。

（7）单击“运行”按钮运行 VI，前面板中显示的运行结果如图 12-12 所示。

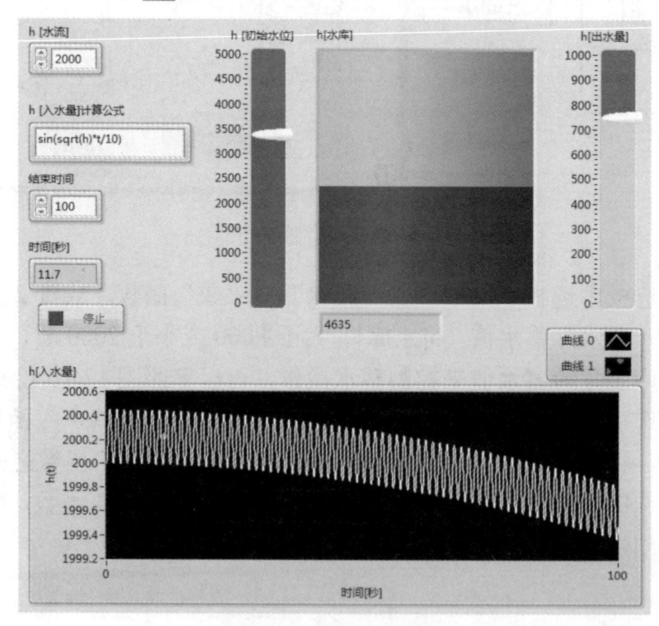

图 12-12　运行结果

第13章 绘图软件设计使用实例

绘图软件通常是指计算机中用于绘图的一组程序，通常由高级算法语言编写，以子程序的方式表示，每个子程序都具有某种独立的绘图功能。使用LabVIEW节点同样可以编写具有绘图功能的程序。

知识重点

- ☑ 导入图片
- ☑ 启用绘制按钮
- ☑ 设置运行环境

任务驱动&项目案例

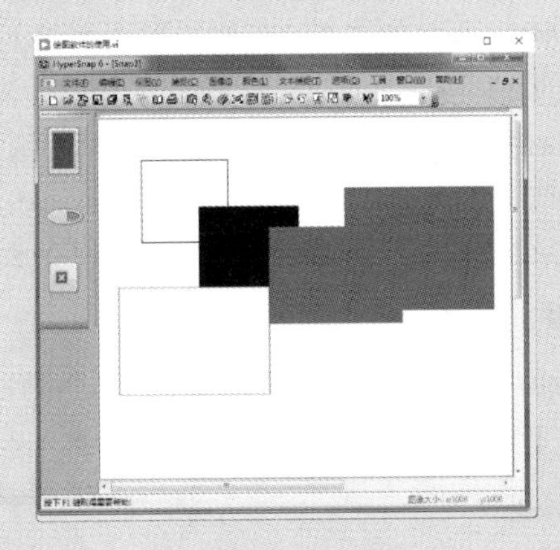

13.1 导入图片

Note

1. 设置工作环境

（1）新建 VI。选择菜单栏中的“文件”→“新建 VI”选项，新建一个 VI。

（2）保存 VI。选择菜单栏中的“文件”→“另存为”选项，设置 VI 名称为“绘图软件的使用”。

2. 初始化图片

（1）打开程序框图窗口，在函数选板中选择“编程”→“图形与声音”→“图片函数”→“空图片”函数，将其放置到程序框图窗口中，在“空图片”函数的输出端创建显示控件，结合快捷菜单取消其“显示为图标”，并修改标签为“矩形”，结果如图 13-1 所示。

图 13-1　创建控件

（2）在函数选板中选择“编程”→“结构”→“While 循环”函数，创建一个 While 循环。为 While 循环创建移位寄存器，然后将“空图片”函数的输出端连接至 While 循环边框的左侧移位寄存器上，以循环绘制矩形。

（3）在“矩形”控件上单击右键，从弹出的快捷菜单中选择“创建”→“局部变量”选项，以创建局部变量，然后将局部变量的输出端连接至“空图片”函数的输入端。

3. 创建矩形第一点坐标

（1）在“矩形”控件上单击右键，选择“创建”→“属性节点”→“鼠标”快捷菜单选项，创建“矩形”属性节点 Mouse，以将鼠标的按键操作转化成矩形的角点参数。

（2）在函数选板中选择“编程”→“簇、类与变体”→“按名称解除捆绑”函数，将其放置到程序框图窗口中，拖动调整其显示为 3 个元素，将“按名称解除捆绑”函数的输入端连接至“矩形”属性节点 Mouse 的输出端。

（3）在“按名称解除捆绑”函数的第 1 个元素上单击右键，选择“选择项”→“Mouse Position”→“X”快捷菜单选项，如图 13-2 所示，以输出矩形第一点的 X 坐标。

（4）在“按名称解除捆绑”函数的第 2 个元素上单击右键，选择“选择项”→“Mouse Position”→“Y”快捷菜单选项，以输出矩形第一点的 Y 坐标。

（5）在“按名称解除捆绑”函数的第 3 个元素上单击右键，选择“选择项”→“Mouse Modifiers”→“Button Down”快捷菜单选项，设置鼠标属性为单击有效。（也可以直接单击“按名称解除捆绑”函数的元素，在弹出的快捷菜单中选择相应的选项）。“按名称解除捆绑”函数通过名称属性的选择，直接控制输出对象，通过获取鼠标的单击位置来控制矩形第一点的 X、Y 坐标值，对应的程序框图如图 13-3 所示。

4. 判断光标是否在指定区域

（1）在函数选板中选择“编程”→“比较”→“大于等于 0？”函数和“编程”→“数值”→“复合运算”函数，将其放置到程序框图窗口中，设置“复合运算”函数的运算模式为“与”，将“按名称解除捆绑”函数的输出数据连至其上，以进行“与”运算，如图 13-4 所示。

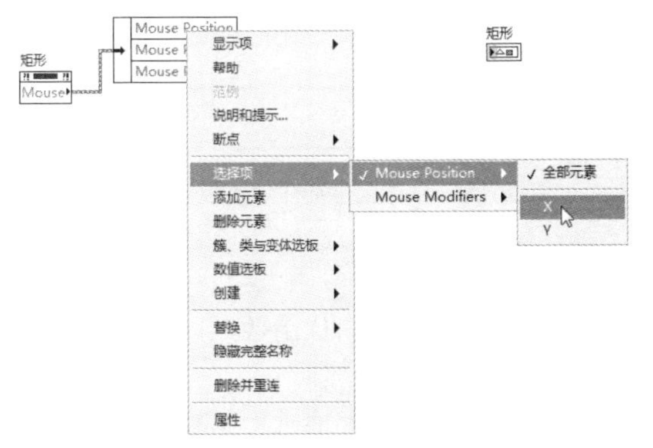

图 13-2　设置函数元素

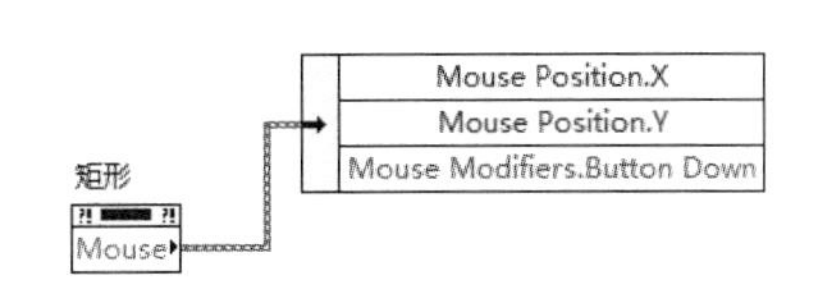

图 13-3　控制矩形第一点坐标

（2）在 While 循环的条件接线端创建“停止”输入控件，以控制程序的停止，如图 13-5 所示。

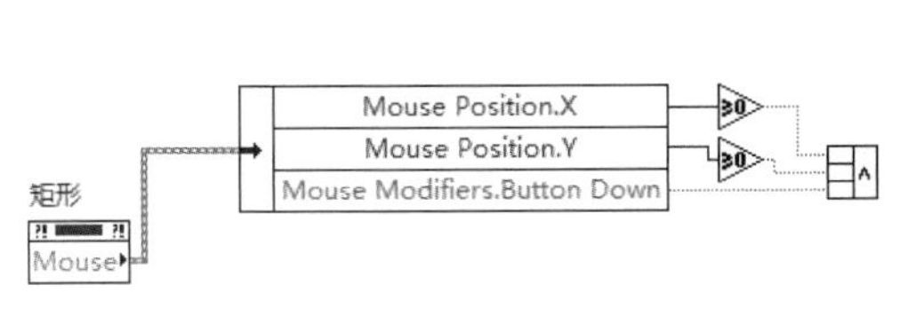

图 13-4　判断位置程序框图

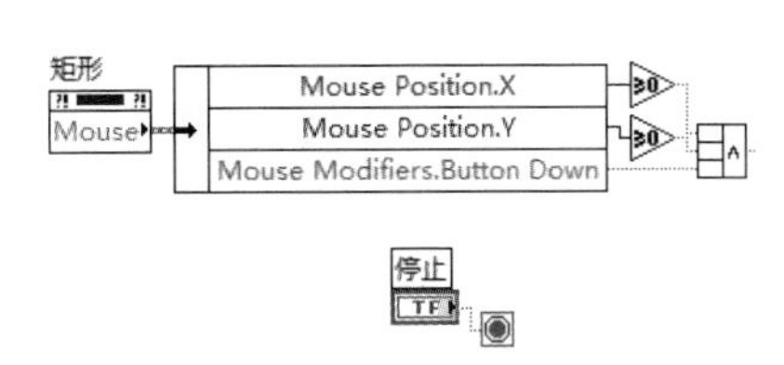

图 13-5　控制循环程序框图

13.2 启用绘制按钮

1. 启动绘制功能

在函数选板中选择“编程”→“结构”→“条件结构”函数，将“复合运算”函数的输出端连接至条件结构的输入端，则当光标在图片内并单击鼠标时，X、Y 值为 1，符合“真”条件，启动绘制进程；而当光标不在图片内时，X、Y 值为-1，符合“假”条件，不进行绘制。

2. 确定矩形第2点

（1）打开“真”条件分支，设置鼠标的动作与启用绘制的关系；在函数选板中选择“编程”→“结构”→“While 循环”函数，将该循环嵌入条件结构当中。

（2）在内侧 While 循环内部放置“矩形”属性节点 Mouse 与“按名称解除捆绑”函数，将嵌套 While 循环的条件接线端连接至“按名称解除捆绑”函数的第 3 个元素的输出端，如图 13-6 所示。

（3）打开“假”条件分支，默认为空，即当光标不在图片内时不执行任何操作，如图 13-7 所示。

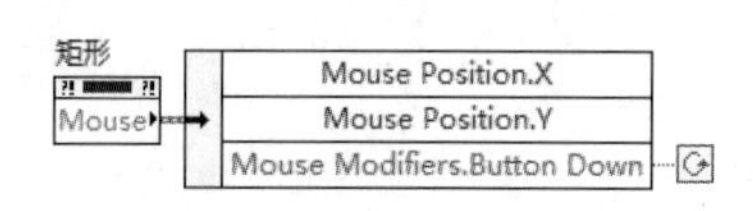

图 13-6　设置循环条件

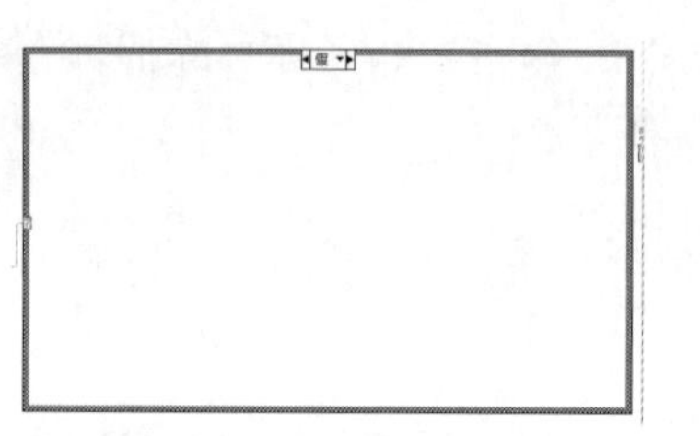

图 13-7　“假”条件分支设置

3．绘制矩形

（1）在函数选板中选择“编程”→“图形与声音”→“图片函数”→“绘制矩形”函数，将其放置到程序框图窗口中，以通过该函数进行矩形绘制。

（2）在函数选板中选择“编程”→“簇、类与变体”→“捆绑”函数，将其放置到程序框图窗口中，连接矩形第 1 点、第 2 点坐标值，输出包含 4 个元素的簇。

（3）在“绘制矩形”函数的“矩形”输入端连接至矩形的 2 个点坐标，即 4 个双整形元素的簇；将“空图片”函数连接至“绘制矩形”函数的“图片”输入端，可参照图 13-10 绘制连线。

（4）在函数选板中选择“编程”→“数值”→“转换”→“转换为双字节整型”函数，将其放置到程序框图窗口中，将“捆绑”函数输出的簇转换成双字节整型数据，如图 13-8 所示，再连接至“绘制矩形”函数的“矩形”输入端。

（5）将界面切换到前面板，在控件选板中选择“银色”→“数值”→“颜色盒（银色）”控件和“银色”→“布尔”→“开关按钮（银色）”控件，将其放置到前面板中，并分别修改标签为“填充颜色”和“是否填充”，结果如图 13-9 所示。

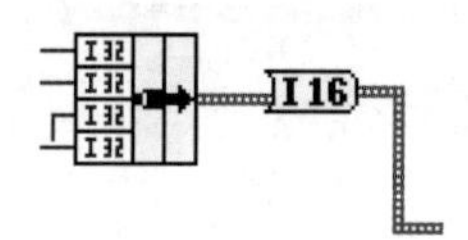

图 13-8　转换数据类型

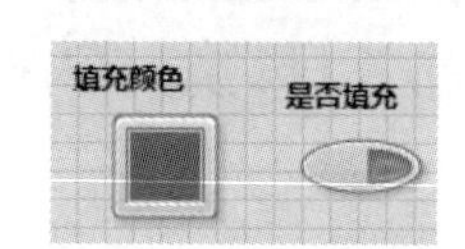

图 13-9　配置填色控件

（6）打开程序框图窗口，将“绘制矩形”函数的“填充？”和“颜色”输入端分别连接至上一步创建的“是否填充”和“填充颜色”控件的输出端，可参照图 13-10 绘制连线。

（7）将“绘制矩形”函数的“新图片”输出端连接至“矩形”显示控件的输入端，将输出信息连接至最外层的 While 循环右侧边框上的移位寄存器。程序框图设计结果如图 13-10 所示。

（8）打开前面板窗口，在源文件中找到“绘图”图片，将其复制粘贴到前面板中，通过“重新排序”按钮将图片放置到控件的后面。在控件选板中选择“银色”→“修饰”→“圆盒（银色）”控件，将其放置到前面板中，调整控件的大小和位置，将颜色设置为浅蓝色，并取消标签显示。前面板设计结果如图 13-11 所示。

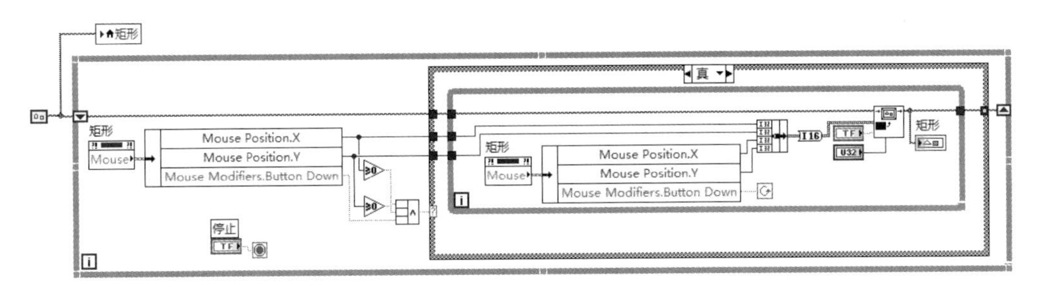

（a）“真”条件分支

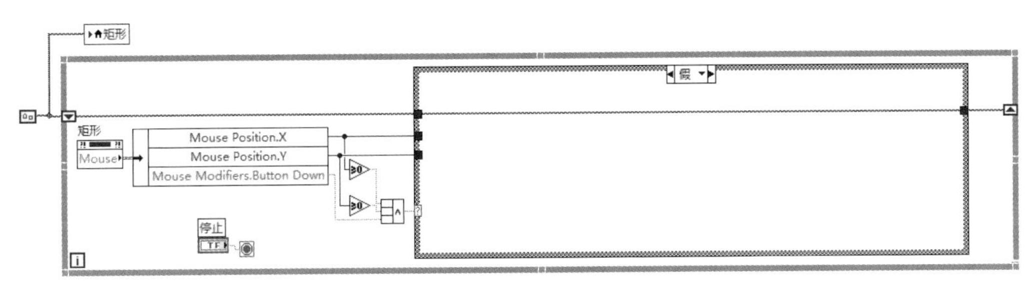

（b）“假”条件分支

图 13-10　程序框图设计结果

图 13-11　前面板设计结果

Note

13.3 设置运行环境

1. 设置VI属性

选择菜单栏中的“文件”→“VI 属性”选项，弹出“VI 属性”对话框，在“类别”下拉列表中选择“窗口外观”选项，选中“对话框”单选按钮，如图 13-12 所示。单击“自定义”按钮，弹出“自定义窗口外观”对话框，保持默认设置，如图 13-13 所示，单击“确定”按钮关闭上述对话框，完成运行过程中前面板显示的设置。

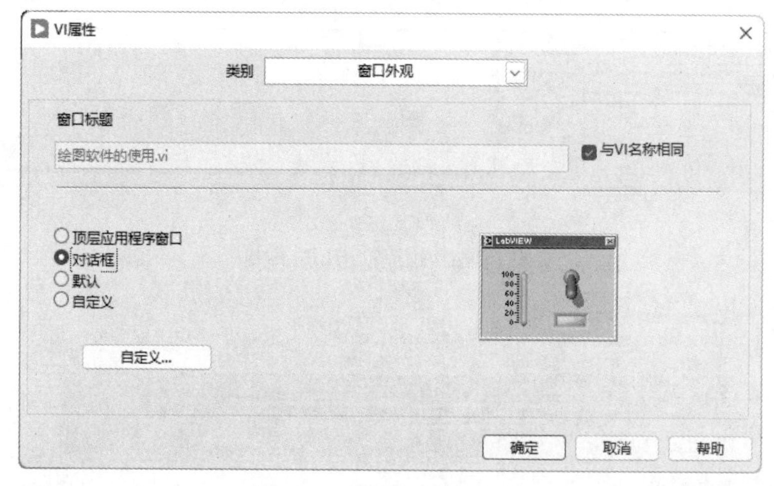

图 13-12　设置对话框外观

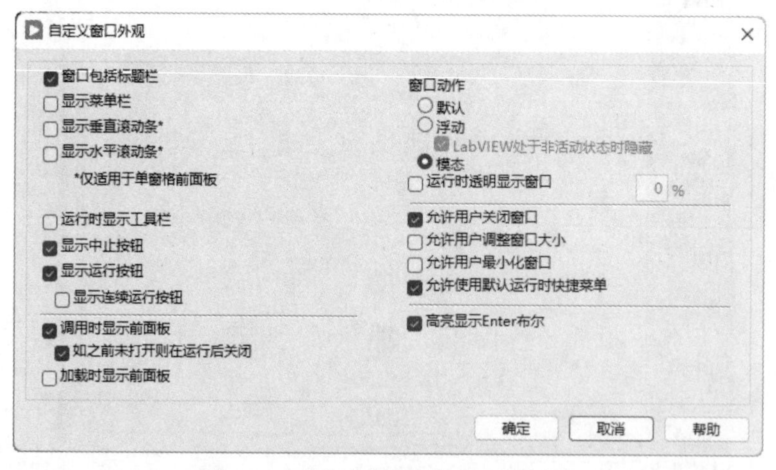

图 13-13　“自定义窗口外观”对话框

2. 运行程序

设置“填充颜色”控件的颜色，单击“运行”按钮运行 VI，进行矩形的绘制。示例结果如图 13-14 所示。

Note

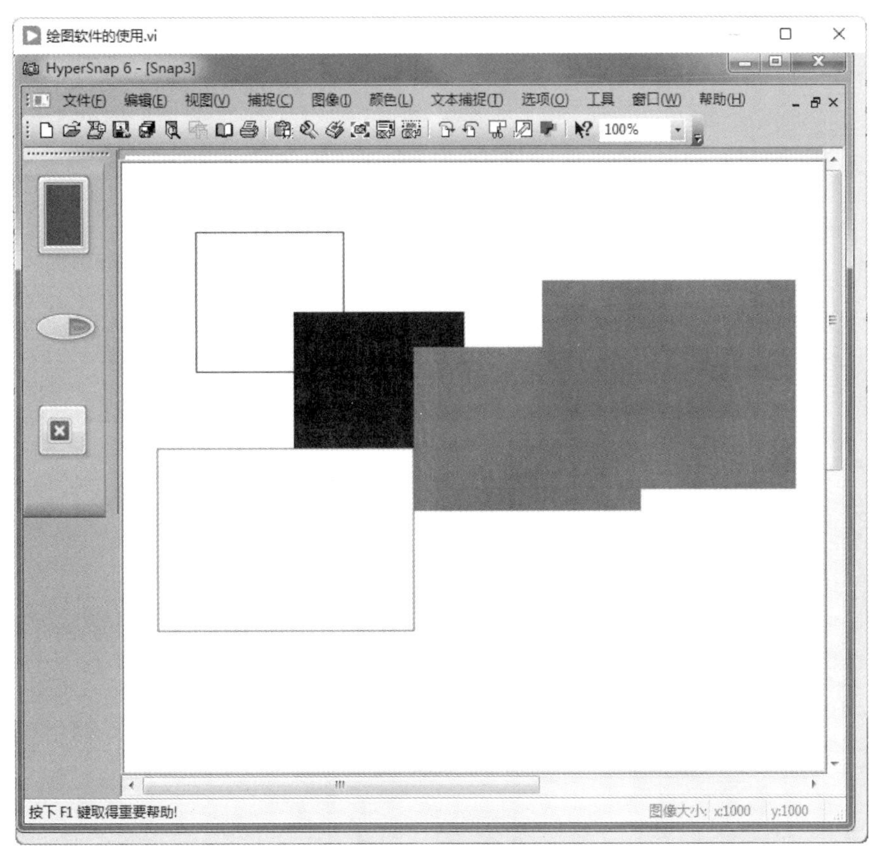

图 13-14 运行结果